westermann

**Herausgegeben von**
Matthias Lösche

6

# ELEMENTE der Mathematik

ELEMENTE der Mathematik

**Herausgegeben von**
Matthias Lösche

**Bearbeitet von**
Florian Ehrmann, Bernhard Euler, Dr. Tatjana Hoenig, Eva Marks, Elke Renwanz, Martin Zacharias

**Für Berlin und Brandenburg bearbeitet von**
Annika Kiwatt, Carmen Kück, Matthias Lösche, Martin zur Nedden, Daniel Winter

Zum Schulbuch erscheinen:
Lösungen: Best.-Nr. 978-3-14-137383-7
Arbeitsheft mit Lösungen: Best.-Nr. 978-3-14-137384-4
Arbeitsheft mit Lösungen und interaktiven Übungen: Best.-Nr. 978-3-14-137385-1
Unterrichtsmaterial: Best.-Nr. 978-3-14-137387-5





Druck A[1] / Jahr 2025
Alle Drucke der Serie A sind im Unterricht parallel verwendbar.

Redaktion: Kira von Bülow
Illustrationen: Mario Valentinelli, Rostock
Umschlagentwurf: Lio Designagentur, Braunschweig
Innenlayout: Janssen Kahlert Design & Kommunikation GmbH, Hannover
Druck und Bindung: Westermann Druck GmbH, Georg-Westermann-Allee 66, 38104 Braunschweig

ISBN 978-3-14-**137382**-0

## 1 Brüche

## 2 Rechnen mit Brüchen

## 3 Dezimalzahlen

# 4 Körper

# 5 Rauminhalt von Körpern

# 6 Statistische Daten

# 7 Zuordnungen

# 8 Terme und Gleichungen

# Vorbereiten und Wiederholen

**Vorbereiten:** Grundlagen nachschlagen und üben

**QR-Code:** Link auf Videos und weitere Materialien
Den **Web-Code** unter www.westermann.de/webcode eingeben.

Die **Überschriften** verraten dir, was dich in den Aufgaben erwartet.

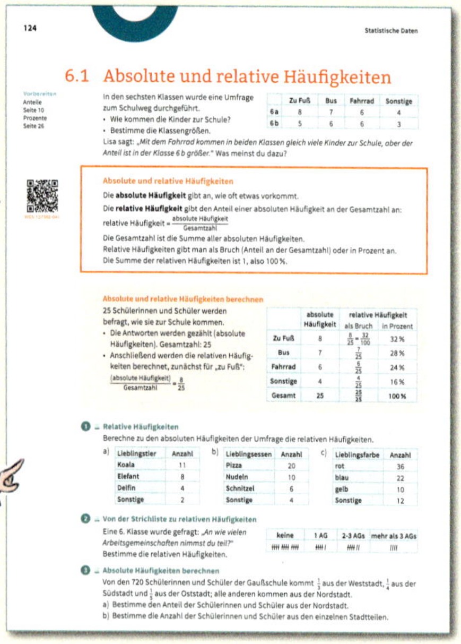

124 — Statistische Daten

## 6.1 Absolute und relative Häufigkeiten

Vorbereiten: Anteile Seite 10, Prozente Seite 26

In den sechsten Klassen wurde eine Umfrage zum Schulweg durchgeführt.
- Wie kommen die Kinder zur Schule?
- Bestimme die Klassengrößen.

| | Zu Fuß | Bus | Fahrrad | Sonstige |
|---|---|---|---|---|
| 6a | 8 | 7 | 6 | 4 |
| 6b | 5 | 6 | 6 | 3 |

Lisa sagt: *„Mit dem Fahrrad kommen in beiden Klassen gleich viele Kinder zur Schule, aber der Anteil ist in der Klasse 6 b größer."* Was meinst du dazu?

**Absolute und relative Häufigkeiten**
Die **absolute Häufigkeit** gibt an, wie oft etwas vorkommt.
Die **relative Häufigkeit** gibt den Anteil einer absoluten Häufigkeit an der Gesamtzahl an:
relative Häufigkeit $= \frac{\text{absolute Häufigkeit}}{\text{Gesamtzahl}}$
Die Gesamtzahl ist die Summe aller absoluten Häufigkeiten.
Relative Häufigkeiten gibt man als Bruch (Anteil an der Gesamtzahl) oder in Prozent an.
Die Summe der relativen Häufigkeiten ist 1, also 100 %.

**Absolute und relative Häufigkeiten berechnen**
25 Schülerinnen und Schüler werden befragt, wie sie zur Schule kommen.
- Die Antworten werden gezählt (absolute Häufigkeiten). Gesamtzahl: 25
- Anschließend werden die relativen Häufigkeiten berechnet, zunächst für „zu Fuß": $\frac{\text{absolute Häufigkeit}}{\text{Gesamtzahl}} = \frac{8}{25}$

| | absolute Häufigkeit | relative Häufigkeit als Bruch | in Prozent |
|---|---|---|---|
| Zu Fuß | 8 | $\frac{8}{25} = \frac{32}{100}$ | 32 % |
| Bus | 7 | $\frac{7}{25}$ | 28 % |
| Fahrrad | 6 | $\frac{6}{25}$ | 24 % |
| Sonstige | 4 | $\frac{4}{25}$ | 16 % |
| Gesamt | 25 | $\frac{25}{25}$ | 100 % |

1 **Relative Häufigkeiten**
Berechne zu den absoluten Häufigkeiten der Umfrage die relativen Häufigkeiten.

a)

| Lieblingstier | Anzahl |
|---|---|
| Koala | 11 |
| Elefant | 8 |
| Delfin | 4 |
| Sonstige | 2 |

b)

| Lieblingsessen | Anzahl |
|---|---|
| Pizza | 20 |
| Nudeln | 10 |
| Schnitzel | 6 |
| Sonstige | 4 |

c)

| Lieblingsfarbe | Anzahl |
|---|---|
| rot | 36 |
| blau | 22 |
| gelb | 10 |
| Sonstige | 12 |

2 **Von der Strichliste zu relativen Häufigkeiten**
Eine 6. Klasse wurde gefragt: *„An wie vielen Arbeitsgemeinschaften nimmst du teil?"*
Bestimme die relativen Häufigkeiten.

| keine | 1 AG | 2-3 AGs | mehr als 3 AGs |
|---|---|---|---|
| 𝍸 𝍸 𝍸 | 𝍸 I | 𝍸 II | IIII |

3 **Absolute Häufigkeiten berechnen**
Von den 720 Schülerinnen und Schüler der Gaußschule kommt $\frac{1}{3}$ aus der Weststadt, $\frac{1}{4}$ aus der Südstadt und $\frac{1}{5}$ aus der Oststadt; alle anderen kommen aus der Nordstadt.
a) Bestimme den Anteil der Schülerinnen und Schüler aus der Nordstadt.
b) Bestimme die Anzahl der Schülerinnen und Schüler aus den einzelnen Stadtteilen.

**Einstieg:** Neugierig werden, Neues kennenlernen

**Information:** Neues kurz erklärt und zusammengefasst

**Beispiele:** Neues Wissen konkret angewendet

**Üben, üben, üben**
trainieren, verstehen, vertiefen
▬ einfach
▬ mittel
▬ schwieriger

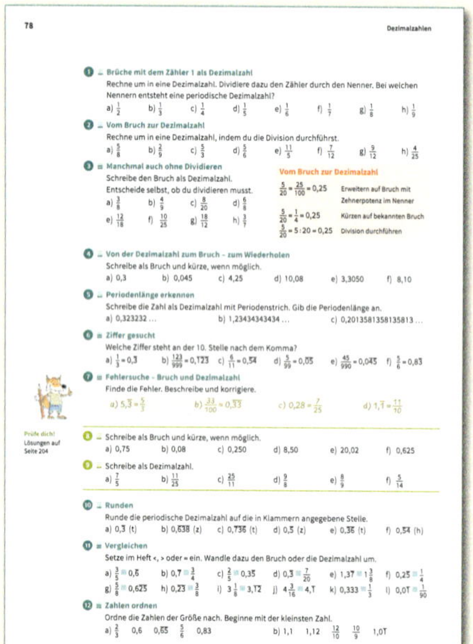

78 — Dezimalzahlen

1 **Brüche mit dem Zähler 1 als Dezimalzahl**
Rechne um in eine Dezimalzahl. Dividiere dazu den Zähler durch den Nenner. Bei welchen Nennern entsteht eine periodische Dezimalzahl?
a) $\frac{1}{2}$ b) $\frac{1}{3}$ c) $\frac{1}{4}$ d) $\frac{1}{5}$ e) $\frac{1}{6}$ f) $\frac{1}{7}$ g) $\frac{1}{8}$ h) $\frac{1}{9}$

2 **Vom Bruch zur Dezimalzahl**
Rechne um in eine Dezimalzahl, indem du die Division durchführst.
a) $\frac{5}{8}$ b) $\frac{2}{9}$ c) $\frac{5}{3}$ d) $\frac{5}{6}$ e) $\frac{11}{5}$ f) $\frac{7}{12}$ g) $\frac{9}{12}$ h) $\frac{4}{25}$

3 **Manchmal auch ohne Dividieren**
Schreibe den Bruch als Dezimalzahl.
Entscheide selbst, ob du dividieren musst.
a) $\frac{3}{8}$ b) $\frac{4}{9}$ c) $\frac{8}{20}$ d) $\frac{6}{8}$
e) $\frac{12}{18}$ f) $\frac{10}{25}$ g) $\frac{18}{12}$ h) $\frac{3}{7}$

**Vom Bruch zur Dezimalzahl**
$\frac{5}{20} = \frac{25}{100} = 0{,}25$ Erweitern auf Bruch mit Zehnerpotenz im Nenner
$\frac{5}{20} = \frac{1}{4} = 0{,}25$ Kürzen auf bekannten Bruch
$\frac{5}{20} = 5 : 20 = 0{,}25$ Division durchführen

4 **Von der Dezimalzahl zum Bruch – zum Wiederholen**
Schreibe als Bruch und kürze, wenn möglich.
a) 0,3 b) 0,045 c) 4,25 d) 10,08 e) 3,3050 f) 8,10

5 **Periodenlänge erkennen**
Schreibe die Zahl als Dezimalzahl mit Periodenstrich. Gib die Periodenlänge an.
a) 0,323232 … b) 1,23434343434 … c) 0,2013581358135813 …

6 **Ziffer gesucht**
Welche Ziffer steht an der 10. Stelle nach dem Komma?
a) $\frac{1}{3} = 0{,}\overline{3}$ b) $\frac{123}{999} = 0{,}\overline{123}$ c) $\frac{6}{11} = 0{,}\overline{54}$ d) $\frac{5}{99} = 0{,}\overline{05}$ e) $\frac{45}{990} = 0{,}0\overline{45}$ f) $\frac{5}{6} = 0{,}8\overline{3}$

7 **Fehlersuche – Bruch und Dezimalzahl**
Finde die Fehler. Beschreibe und korrigiere.
a) $5{,}\overline{3} = \frac{5}{3}$ b) $\frac{33}{100} = 0{,}\overline{33}$ c) $0{,}28 = \frac{7}{25}$ d) $1{,}\overline{1} = \frac{11}{10}$

Prüfe dich! Lösungen auf Seite 204

8 Schreibe als Bruch und kürze, wenn möglich.
a) 0,75 b) 0,08 c) 0,250 d) 8,50 e) 20,02 f) 0,625

9 Schreibe als Dezimalzahl.
a) $\frac{7}{5}$ b) $\frac{11}{25}$ c) $\frac{25}{11}$ d) $\frac{9}{8}$ e) $\frac{8}{9}$ f) $\frac{5}{14}$

10 **Runden**
Runde die periodische Dezimalzahl auf die in Klammern angegebene Stelle.
a) $0{,}\overline{3}$ (t) b) $0{,}\overline{638}$ (z) c) $0{,}\overline{736}$ (t) d) $0{,}\overline{5}$ (z) e) $0{,}\overline{36}$ (t) f) $0{,}\overline{54}$ (h)

11 **Vergleichen**
Setze im Heft <, > oder = ein. Wandle dazu den Bruch oder die Dezimalzahl um.
a) $\frac{3}{5}$ ▪ $0{,}\overline{6}$ b) 0,7 ▪ $\frac{3}{4}$ c) $\frac{2}{5}$ ▪ $0{,}3\overline{5}$ d) $0{,}\overline{3}$ ▪ $\frac{7}{20}$ e) 1,37 ▪ $1\frac{3}{8}$ f) $0{,}2\overline{5}$ ▪ $\frac{1}{4}$
g) $\frac{5}{8}$ ▪ $0{,}6\overline{25}$ h) $0{,}\overline{23}$ ▪ $\frac{3}{8}$ i) $3\frac{1}{8}$ ▪ $3{,}\overline{12}$ j) $4\frac{3}{16}$ ▪ $4{,}\overline{1}$ k) 0,333 ▪ $\frac{1}{3}$ l) $0{,}0\overline{1}$ ▪ $\frac{1}{90}$

12 **Zahlen ordnen**
Ordne die Zahlen der Größe nach. Beginne mit der kleinsten Zahl.
a) $\frac{2}{3}$ 0,6 $0{,}\overline{65}$ $\frac{5}{6}$ 0,83 b) 1,1 1,12 $\frac{12}{10}$ $\frac{10}{9}$ $1{,}0\overline{1}$

Viele **Beispiele** zu den Aufgaben zeigen dir, wie es geht.

**Schlau wie der Fuchs:** Prüfen, forschen, Fehler finden

**Prüfe dich! Dein Etappenziel!** Erst rechnen, dann kontrollieren

**Sonderseite**
Themen, Methoden, Ausblicke
Was gibt es zu entdecken?

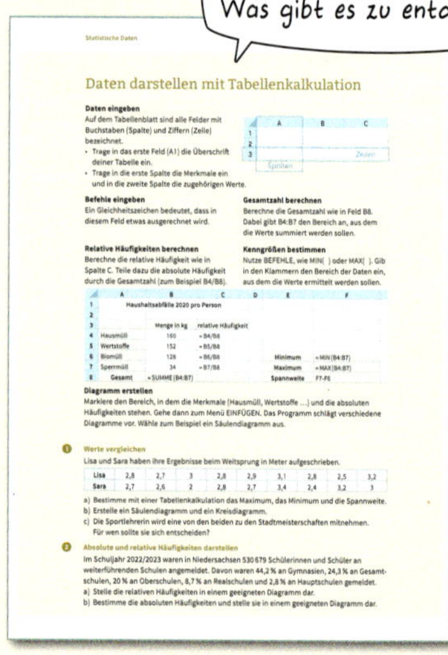

Statistische Daten

## Daten darstellen mit Tabellenkalkulation

**Daten eingeben**
Auf dem Tabellenblatt sind alle Felder mit Buchstaben (Spalte) und Ziffern (Zeile) bezeichnet.
- Trage in das erste Feld (A1) die Überschrift deiner Tabelle ein.
- Trage in die erste Spalte die Merkmale ein und in die zweite Spalte die zugehörigen Werte.

**Befehle eingeben**
Ein Gleichheitszeichen bedeutet, dass in diesem Feld etwas ausgerechnet wird.

**Gesamtzahl berechnen**
Berechne die Gesamtzahl wie in Feld B8. Dabei gibt B4:B7 den Bereich an, aus dem die Werte summiert werden sollen.

**Relative Häufigkeiten berechnen**
Berechne die relative Häufigkeit wie in Spalte C. Teile dazu die absolute Häufigkeit durch die Gesamtzahl (zum Beispiel B4/B8).

**Kenngrößen bestimmen**
Nutze BEFEHLE, wie MIN( ) oder MAX( ). Gib in den Klammern den Bereich der Daten ein, aus dem die Werte ermittelt werden sollen.

| | A | B | C | D | E | F |
|---|---|---|---|---|---|---|
| 1 | Haushaltsabfälle 2020 pro Person | | | | | |
| 2 | | | | | | |
| 3 | | Menge in kg | relative Häufigkeit | | | |
| 4 | Hausmüll | 160 | =B4/B8 | | | |
| 5 | Wertstoffe | 152 | =B5/B8 | | | |
| 6 | Biomüll | 128 | =B6/B8 | | Minimum | =MIN(B4:B7) |
| 7 | Sperrmüll | 34 | =B7/B8 | | Maximum | =MAX(B4:B7) |
| 8 | Gesamt | =SUMME(B4:B7) | | | Spannweite | F7-F6 |

**Diagramm erstellen**
Markiere den Bereich, in dem die Merkmale (Hausmüll, Wertstoffe …) und die absoluten Häufigkeiten stehen. Gehe dann zum Menü EINFÜGEN. Das Programm schlägt verschiedene Diagramme vor. Wähle zum Beispiel ein Säulendiagramm aus.

1 **Werte vergleichen**
Lisa und Sara haben ihre Ergebnisse beim Weitsprung in Meter aufgeschrieben.

| | | | | | | | | | |
|---|---|---|---|---|---|---|---|---|---|
| Lisa | 2,8 | 2,7 | 3 | 2,8 | 2,9 | 3,1 | 2,8 | 2,5 | 3,2 |
| Sara | 2,7 | 2,6 | 2 | 2,8 | 2,7 | 3,4 | 2,4 | 3,2 | 3 |

a) Bestimme mit einer Tabellenkalkulation das Maximum, das Minimum und die Spannweite.
b) Erstelle ein Säulendiagramm und ein Kreisdiagramm.
c) Die Sportlehrerin wird eine von den beiden zu den Stadtmeisterschaften mitnehmen. Für wen sollte sie sich entscheiden?

2 **Absolute und relative Häufigkeiten darstellen**
Im Schuljahr 2022/2023 waren in Niedersachsen 530 679 Schülerinnen und Schüler an weiterführenden Schulen angemeldet. Davon waren 44,2 % an Gymnasien, 24,3 % an Gesamtschulen, 20 % an Oberschulen, 8,7 % an Realschulen und 2,8 % an Hauptschulen gemeldet.
a) Stelle die relativen Häufigkeiten in einem geeigneten Diagramm dar.
b) Bestimme die absoluten Häufigkeiten und stelle sie in einem geeigneten Diagramm dar.

Ausgezeichnete Aufgaben

Mathematik in Worten ausdrücken

Zusammenarbeiten im Team

Medien nutzen und recherieren

Digitale Hilfsmittel nutzen

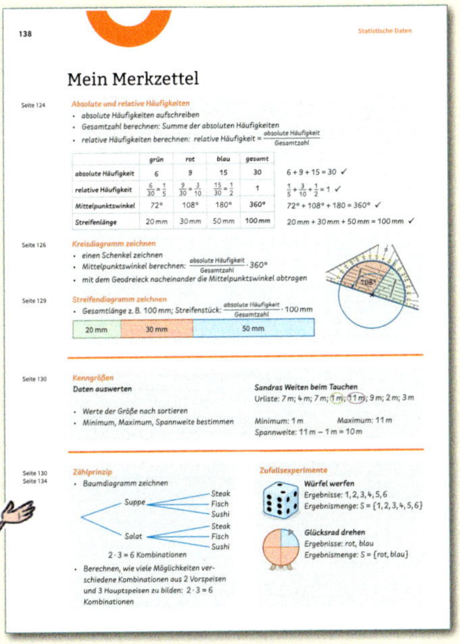

**Mein Merkzettel**
Hier findest du kurz zusammengefasst, was du gelernt hast und für die Klassenarbeit brauchst.

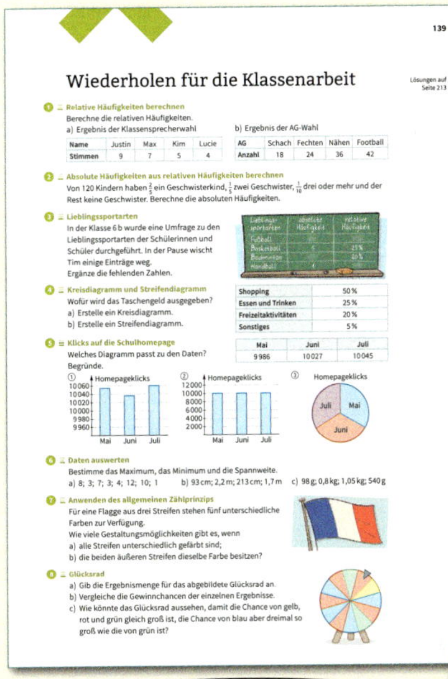

**Wiederholen für die Klassenarbeit**
Eine Sammlung von möglichen Klassenarbeitsaufgaben.
Nutze deinen Merkzettel, wenn du beim Üben nicht weiterkommst.

**3-Minuten-Runden**
Grundwissen immer wieder üben und wachhalten.

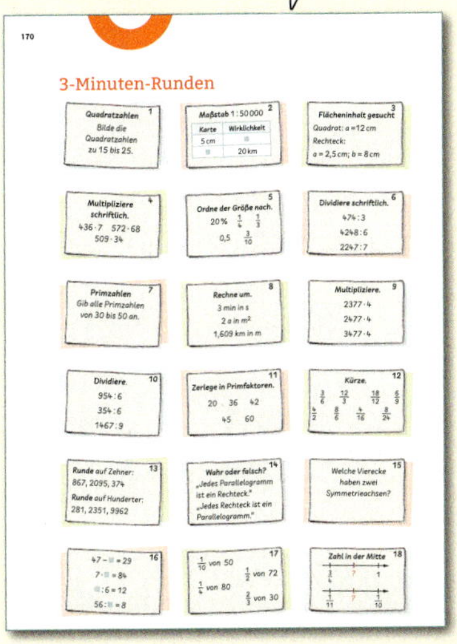


**Vorbereiten**
Angebot zum Wiederholen und Vorbereiten auf ein neues Thema.

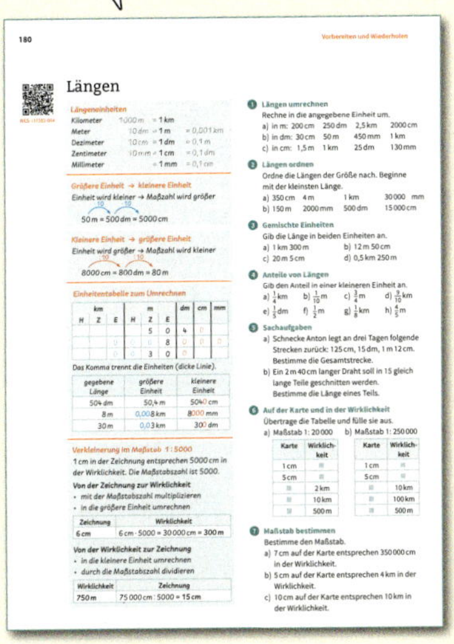


**Lösungen**
Prüfe dich!
Wiederholen für die Klassenarbeit

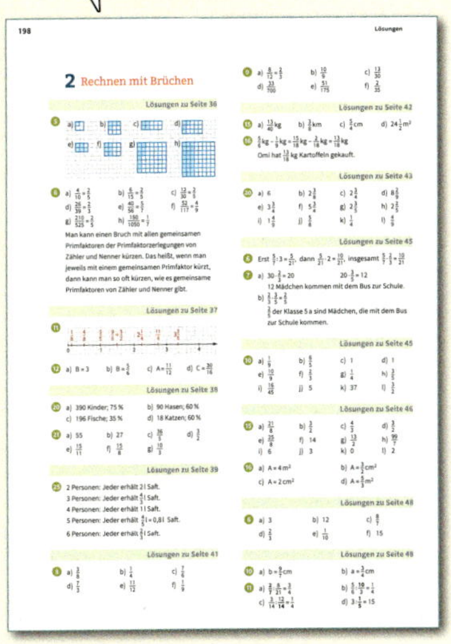

# 1 Brüche

Beim Backen misst du Anteile von Mehl und Wasser ab.

Beim Aufteilen von Pizza und Kuchen bildest du Anteile vom Ganzen. Mit Brüchen kann man diese Anteile beschreiben.

Antonia möchte drei Achtel der Pizza essen. Wie viel bleibt für dich übrig?

- **Sind Brüche Zahlen?**
- **Kann man Brüche der Größe nach ordnen?**
- **Wie viele gleichwertige Brüche gibt es?**
- **Warum gibt es Brüche in der Musik?**
- **Was haben Brüche mit Prozenten zu tun?**

# 1.1 Anteile mit Brüchen angeben

Opa Hans ist Mathematiker. Er hat einmal im Jahr Geburtstag, wie andere Menschen auch. Heute ist solch ein Tag!
Seine Enkelin Annika isst sehr gerne Kuchen, aber sie kann erst später zum Fest kommen. Deshalb fragt sie Opa Hans am Telefon, wie viel Kuchen noch übrig ist. Typisch Opa, er antwortet: *„Acht Fünfzehntel Schokokuchen"*
- Was meint er damit?
- Was sagt Opa Hans zum Rest der Torte?

*Schokokuchen*

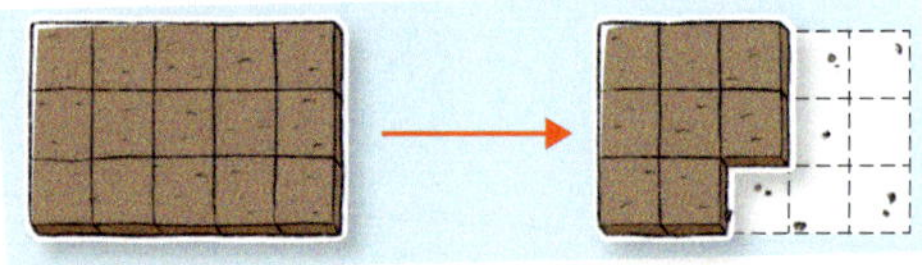

*Torte*

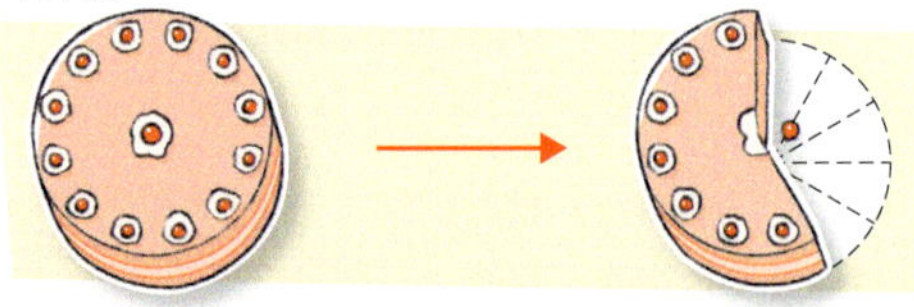

WES-137382-001

## Anteile als Bruch angeben

Wenn etwas aufgeteilt wird, kann man das mit Brüchen beschreiben. Ein Bruch gibt an, wie groß der Anteil am Ganzen ist.

$\frac{7}{12}$ eines kreisrunden Kuchens bedeutet:
Teile den Kuchen in 12 gleich große Teile und nimm 7 davon.

Der Nenner gibt an, in wie viele gleich große Teile ein Ganzes geteilt wird und wie man einen einzelnen Teil **nennt**, hier Zwölftel.

Der Zähler gibt an, wie viele gleich große Teile man nimmt – wie viele Teile man also **zählt**.

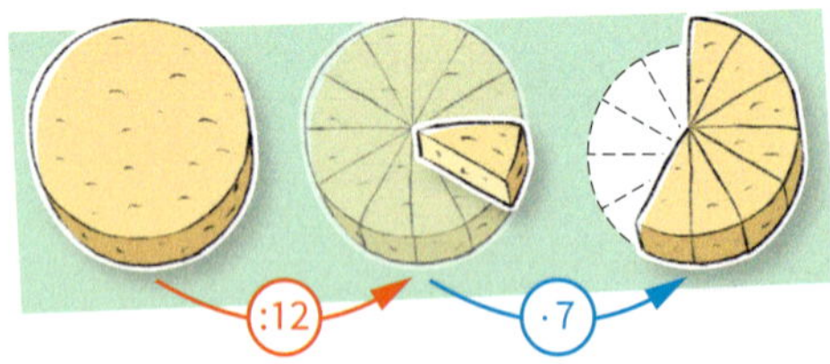


$\frac{7}{12}$ — Zähler (7), Bruchstrich, Nenner (12)

Sprechweise: *„sieben Zwölftel"*

## Anteile als Bruch angeben

Beschreibe am Beispiel eines Rechtecks, wie ein Anteil entsteht und wie man den Anteil nennt.

**Lösung**

| Was ist das Ganze? | Wie heißt ein Teil? | Wie heißt der Anteil? |
| --- | --- | --- |
| Ein Rechteck | Ein Zehntel | Drei Zehntel |

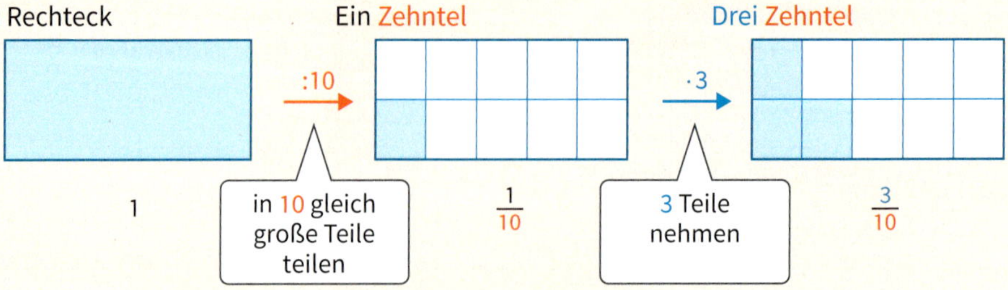


Das ergibt den Nenner 10. Das ergibt den Zähler 3.

Der Bruch $\frac{3}{10}$ bedeutet: durch 10 mal 3.
Bruch in Worten: *„Das Ganze in 10 gleich große Teile teilen und 3 Teile davon nehmen."*

**1** **Anteile als Bruch angeben – unvollständiges Tafelbild**

Übertrage das unvollständige Tafelbild in dein Heft und ergänze es.

a) 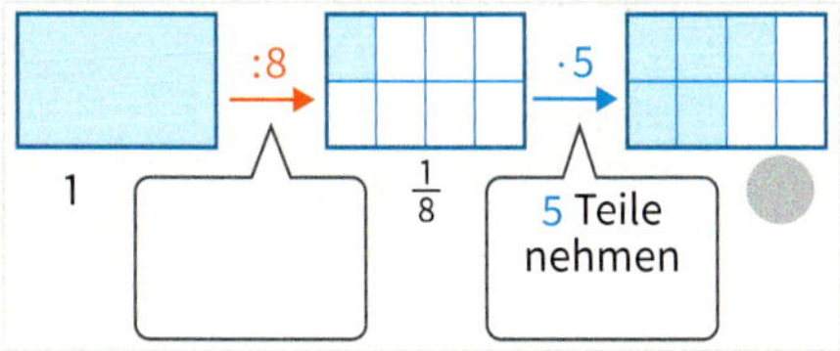


b) 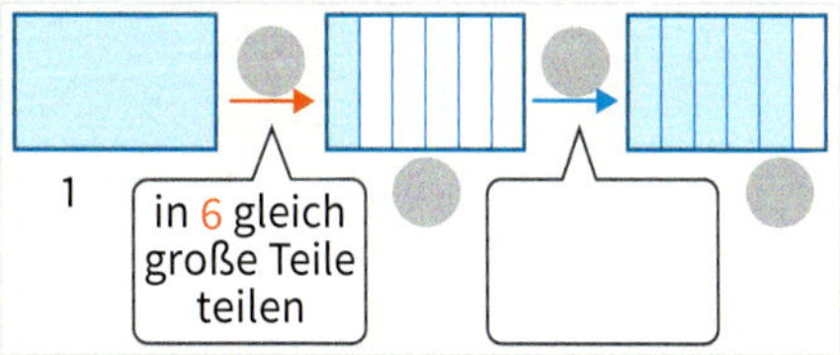


c) 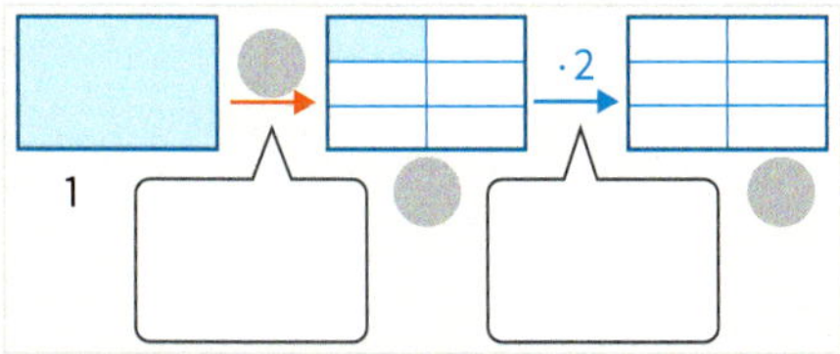


d) 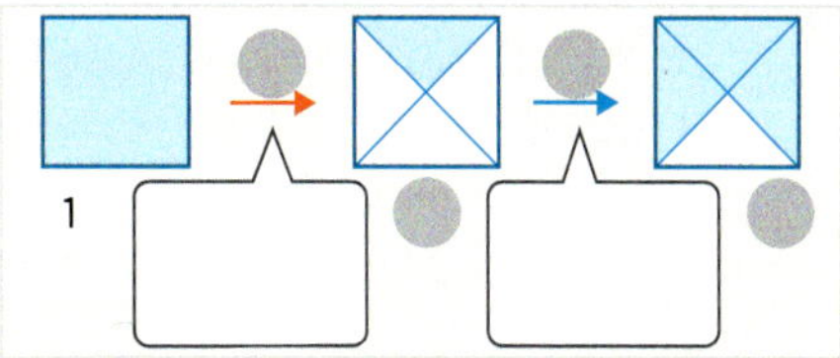


**2** **Brüche in Worten**

Schreibe zu dem gefärbten Anteil einen Satz: „*Das Ganze in … teilen und … nehmen.*“
Gib den gefärbten Anteil als Bruch an.

a) 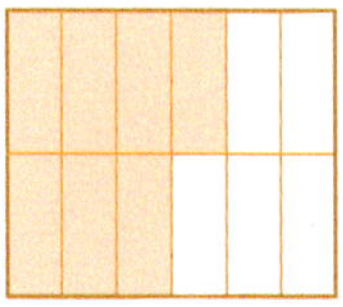 b) 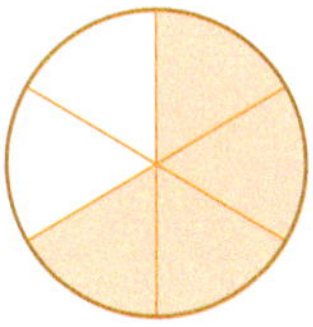 c)  d) 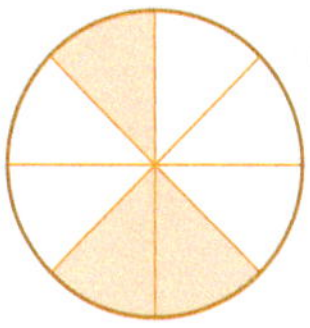

**3** **Anteile am Rechteck angeben**

Gib den gefärbten Anteil als Bruch an.

a) 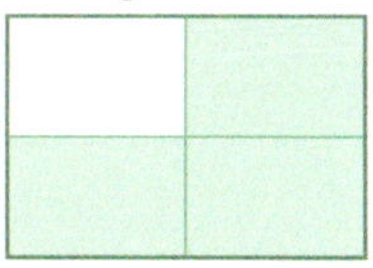 b) 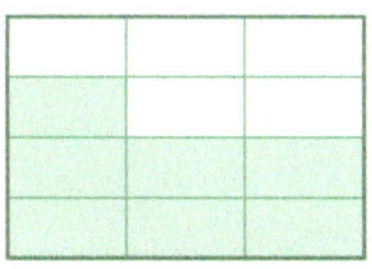 c) 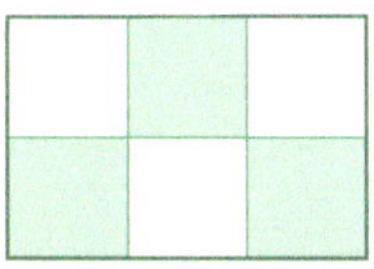 d) 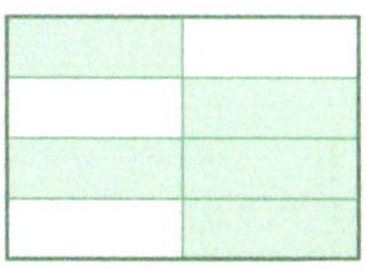

**4** **Anteile am Kreis angeben**

Gib den gefärbten Anteil als Bruch an.

a) 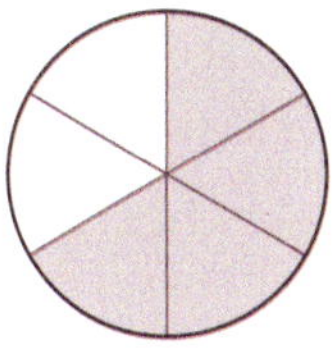 b) 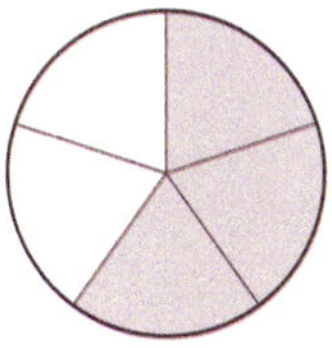 c) 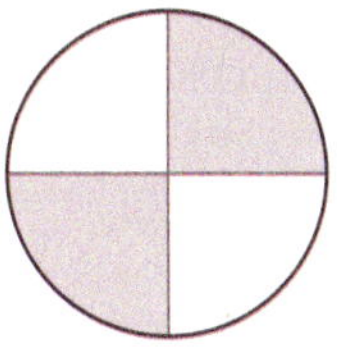 d) 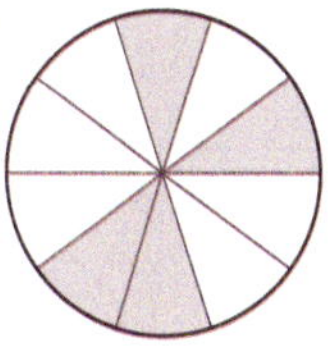

**5** Schreibe zu dem Anteil einen Satz: „*Das Ganze in … teilen und … nehmen.*“
Gib den gefärbten Anteil als Bruch an.

**Prüfe dich!**
Lösungen auf Seite 193

a) 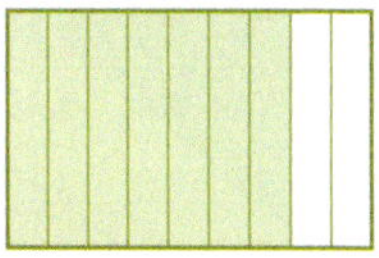 b) 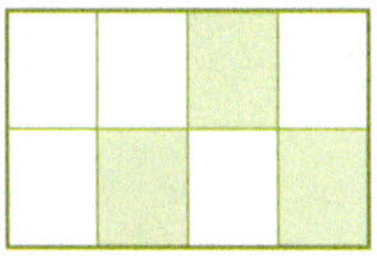 c) 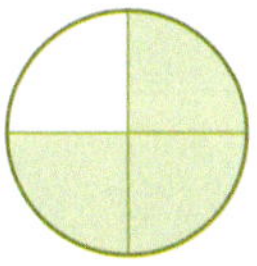 d) 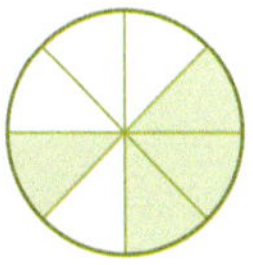

**6** **Anteile im Rechteck**

Stelle den Anteil zeichnerisch in einem Rechteck dar. Wie geht das am einfachsten? Erkläre.

a) $\frac{3}{4}$ b) $\frac{2}{3}$ c) $\frac{2}{5}$ d) $\frac{3}{8}$ e) $\frac{5}{6}$ f) $\frac{7}{10}$ g) $\frac{5}{5}$ h) $\frac{5}{9}$

## 7 Anteile beschreiben

Beschreibe, wie der Anteil gebildet wird, und gib den Anteil als Bruch an.
Nutze Wörter wie „teilen“, „gleich groß“, „nehmen“, „das ergibt“.

a) 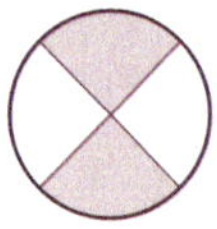 b) 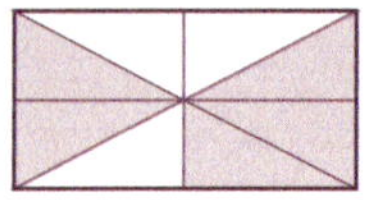 c) 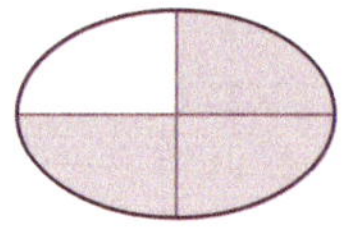 d) 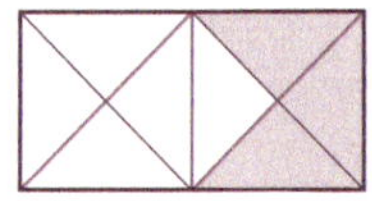

## 8 Ein Ganzes kann auch eine beliebige Figur sein

Die Figur ist ein Ganzes, der Anteil ist blau gefärbt. Gib den Anteil als Bruch an.

a) 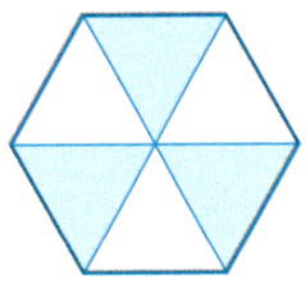 b) 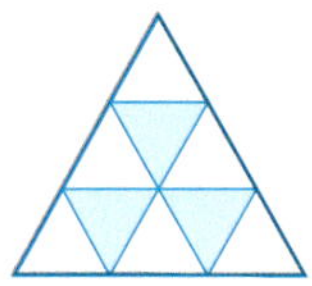 c) 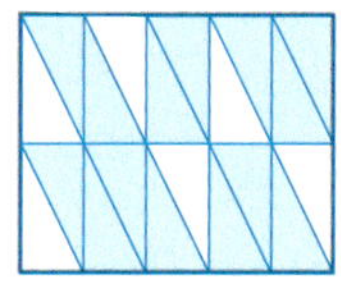 d) 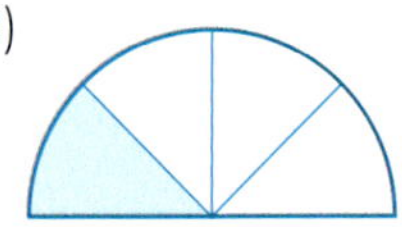

## 9 Problematische Anteile

Josha möchte den gefärbten Anteil als Bruch angeben. Diskutiere mit deinem Nachbarn die auftretenden Probleme.

a) 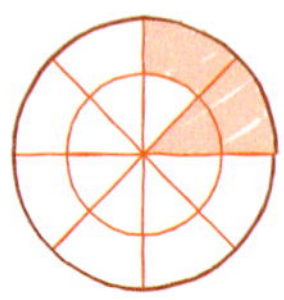 b) 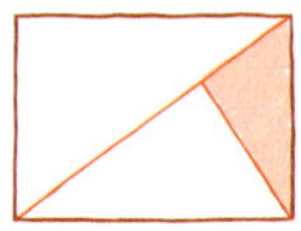 c) 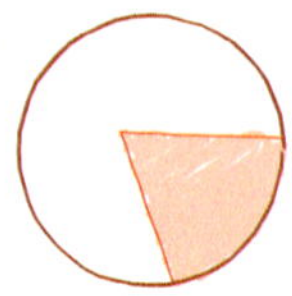 d) 

**Prüfe dich!**
Lösungen auf Seite 193

**10** Gib den Anteil als Bruch an.

a) 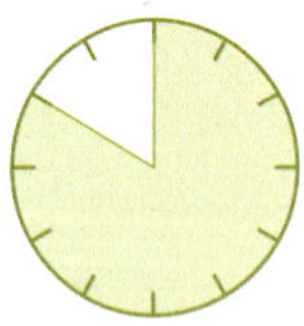 b) 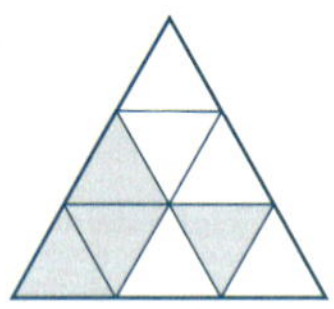 c) 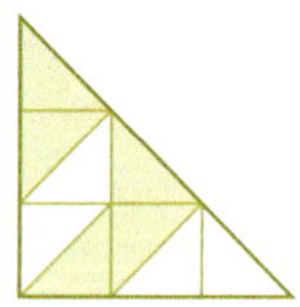 d) 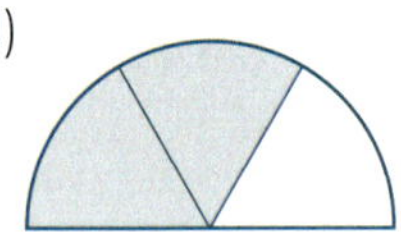

**11** Stelle den Bruch als Anteil eines Rechtecks dar.

a) $\frac{1}{4}$ b) $\frac{5}{8}$ c) $\frac{3}{10}$ d) $\frac{4}{9}$

**12** Untersuche die Darstellung auf Fehler.

a) 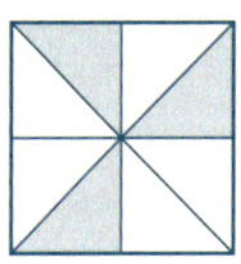 $\frac{3}{5}$ b) 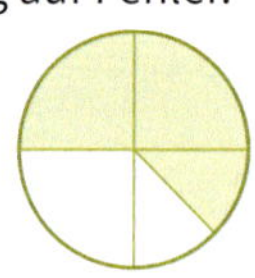 $\frac{3}{5}$ c) 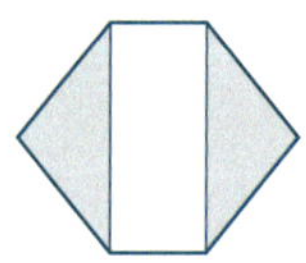 $\frac{2}{3}$ d) 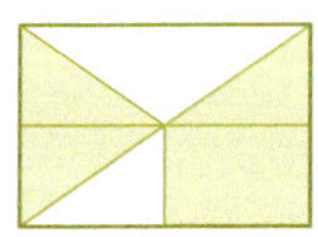 $\frac{5}{8}$

## 13 Flaggen

a) Gib für jede Flagge den Anteil der einzelnen Farben an.
b) Suche weitere Flaggen und bestimme die Farbanteile zeichnerisch.
c) Entwirf eine Flagge auf kariertem Papier, bei der $\frac{1}{5}$ rot und $\frac{3}{10}$ blau ist. Der Rest soll weiß bleiben. Welcher Anteil ist weiß geblieben?

**14** ≡ **Platz für Isolde**

Frau Märkle möchte ihrer Kuh Isolde ein Viertel der Wiese zum Weiden überlassen. Doch ihr fallen mindestens fünf Möglichkeiten ein, wie sie die Wiese aufteilen kann. Eine davon ist in der Abbildung dargestellt.
Zeichne die quadratische Wiese in dein Heft, acht Kästchen lang und acht Kästchen breit, und teile ein Viertel ab. Finde möglichst viele verschiedene Weideflächen für die Kuh Isolde.

**15** ≡ **120 Kaninchen**

In einer Zoohandlung gibt es insgesamt 120 Kaninchen. Davon sind $\frac{1}{3}$ Angoras, $\frac{2}{5}$ Chinchillas und 26 Holländer. Der Rest sind Farbenzwerge. Bestimme aus den Angaben die Anzahl der Chinchillas sowie die Anzahl der Angoras. Bestimme die jeweiligen Anteile der Holländer und der Farbzwerge.

**16** ≡ **Zum Ganzen ergänzen im Kopf**

Ergänze den Anteil im Kopf zum Ganzen und gib den fehlenden Anteil an.

a) $\frac{1}{4}$ b) $\frac{5}{8}$ c) $\frac{7}{8}$ d) $\frac{2}{7}$ e) $\frac{2}{5}$ f) $\frac{7}{12}$ g) $\frac{3}{10}$ h) $\frac{4}{9}$

**17** ≡ **Figuren zum Ganzen ergänzen**

Du siehst jeweils einen Anteil eines Ganzen. Übertrage die Figur ins Heft und ergänze so wie im Beispiel den Anteil zu einem Ganzen. Oft ist die ganze Figur ein Rechteck.
Bei den Teilaufgaben e) und f) erhältst du für das Ganze kein Rechteck. Begründe.

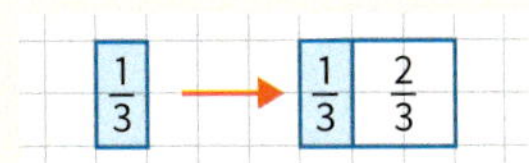


$\frac{1}{3}$ wird mit $\frac{2}{3}$ zu einem Ganzen ergänzt.

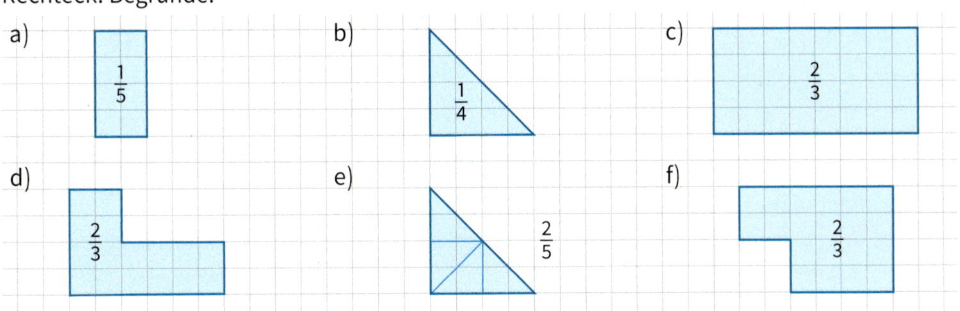


**18** ≡ Eine Figur besteht aus 28 Kästchen. $\frac{1}{4}$ davon sind rot, $\frac{1}{14}$ gelb und die Hälfte ist blau gefärbt. Der Rest ist grün. Bestimme die Anzahl der grünen Kästchen. Gib den Anteil als Bruch an.

**Prüfe dich!**
Lösungen auf Seite 193

**19** ≡ Die Figur zeigt den angegebenen Anteil. Ergänze die Figur in deinem Heft zu einem Ganzen.

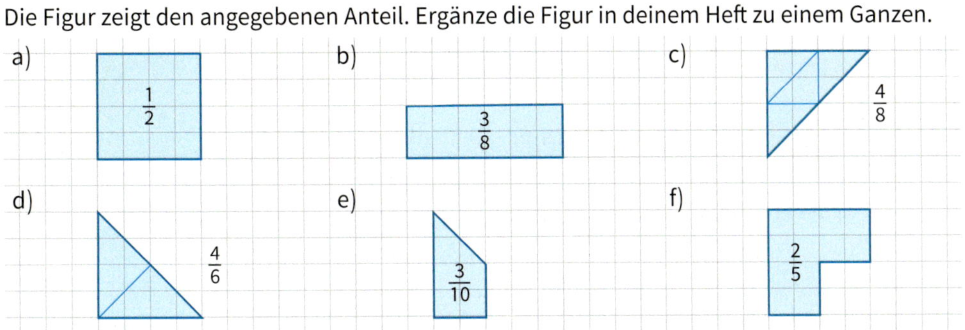

## 20 Brüche mit dem 5 × 5-Geobrett

„Brüche" können mit einem farbigen Gummiband durch Umspannen einer Fläche auf einem Geobrett dargestellt werden.

a) Christoph hat mit einem roten Gummiband $\frac{1}{8}$ der weißen Fläche des Geobretts umspannt. Finde noch zwei weitere Möglichkeiten, $\frac{1}{8}$ der weißen Fläche zu umspannen.

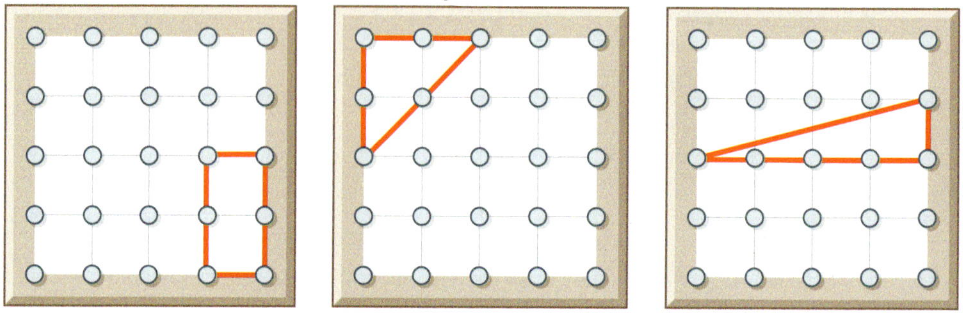

b) Laura hat mit Gummibändern weitere Figuren gespannt. Welcher Anteil des Geobretts ist jeweils umspannt?

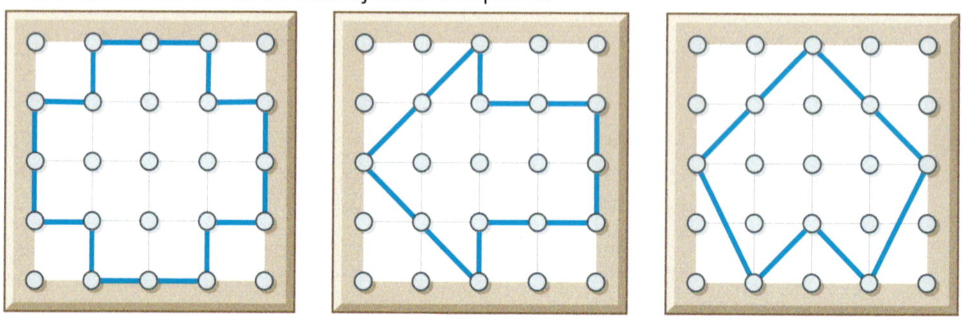

c) Spanne ein Gummiband so, dass $\frac{3}{4}$ der Fläche umspannt ist. Ebenso $\frac{3}{8}$, $\frac{9}{16}$, $\frac{7}{16}$, $\frac{10}{16}$.

d) Erfinde weitere Figuren und gib deren Anteil am Geobrett als Bruch an.

## 21 Wer hat recht?

Nimm Stellung zu den Aussagen.

a) Paul sagt: *„Ein Viertel ist mehr als ein Drittel, denn 4 ist mehr als 3."*

b) Inga sagt: *„Vier Fünftel sind mehr als zwei Drittel, denn bei vier Fünftel bin ich näher an einem Ganzen."*

## 22 Bruchuhr

Mit zwei kreisförmigen Papierscheiben hat sich Miriam eine „Bruchuhr" gebastelt. Auf eine der Papierscheiben hat sie dabei eine Unterteilung in 12 gleiche Teile gezeichnet.

a) Baue eine Bruchuhr und stelle damit die folgenden Brüche dar: $\frac{1}{4}$, $\frac{1}{6}$, $\frac{5}{6}$, $\frac{1}{3}$, $\frac{3}{4}$.

b) Stelle einen Anteil ein und zeige die Rückseite der Bruchuhr. Dein Partner oder deine Partnerin soll den eingestellten Bruch erraten. Wechselt euch ab. Wer hat zuerst fünf Brüche richtig erraten?

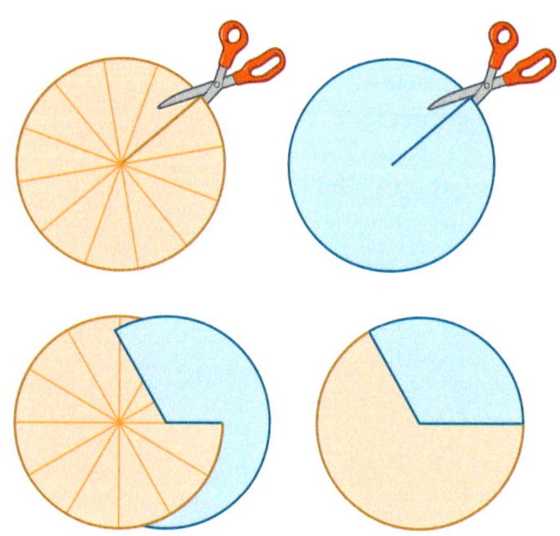

WES-137382-002

# 1.2 Erweitern und Kürzen

Herr Gauß feiert Geburtstag.
Für die Familie will er noch eine halbe Torte besorgen.

- Was sagst du dazu?
- Wie würdest du dich entscheiden?

WES-137382-003

## Gleichwertige Brüche

Brüche, die denselben Anteil beschreiben, nennt man gleichwertig.

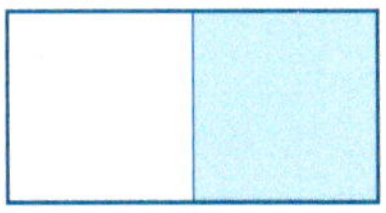

$\frac{1}{2}$

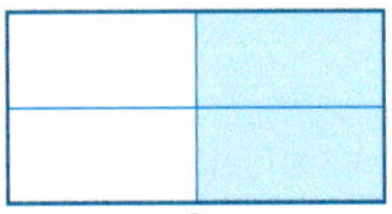

$\frac{2}{4}$

$\frac{4}{8}$

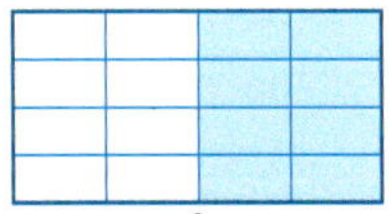

$\frac{8}{16}$

## Kürzen heißt Vergröbern

Beim Vergröbern einer Unterteilung werden die Teile größer und es werden weniger.

$\frac{8}{12}$

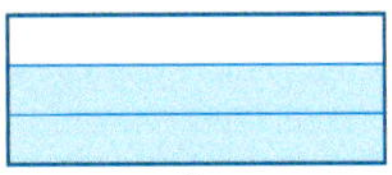

$\frac{2}{3}$

## Erweitern heißt Verfeinern

Beim Verfeinern einer Unterteilung werden die Teile kleiner und es werden mehr.

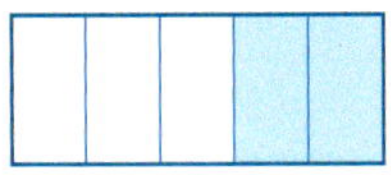

$\frac{2}{5}$

$\frac{6}{15}$

**Kürzen** Zähler und Nenner durch die gleiche Zahl dividieren

Kürzen mit 4

$\frac{8}{12} = \frac{8:4}{12:4} = \frac{2}{3}$ Zähler und Nenner durch 4 dividieren.

**Erweitern** Zähler und Nenner mit der gleichen Zahl multiplizieren

Erweitern mit 3

$\frac{2}{5} = \frac{2 \cdot 3}{5 \cdot 3} = \frac{6}{15}$ Zähler und Nenner mit 3 multiplizieren.

## Gleichwertige Brüche durch Kürzen und Erweitern

Bestimme durch Kürzen und Erweitern mindestens sechs gleichwertige Brüche zu $\frac{18}{24}$.
Wie viele gleichwertige Brüche kann man finden?

**Lösung**

| | | | |
|---|---|---|---|
| Kürzen mit 2 | $\frac{18}{24} = \frac{18:2}{24:2} = \frac{9}{12}$ | Erweitern mit 2 | $\frac{18}{24} = \frac{18 \cdot 2}{24 \cdot 2} = \frac{36}{48}$ |
| Kürzen mit 3 | $\frac{18}{24} = \frac{18:3}{24:3} = \frac{6}{8}$ | Erweitern mit 10 | $\frac{18}{24} = \frac{18 \cdot 10}{24 \cdot 10} = \frac{180}{240}$ |
| Kürzen mit 6 | $\frac{18}{24} = \frac{18:6}{24:6} = \frac{3}{4}$ | Erweitern mit 5 | $\frac{18}{24} = \frac{18 \cdot 5}{24 \cdot 5} = \frac{90}{120}$ |

Nicht jeden Bruch kann man kürzen, aber jeden Bruch kann man beliebig erweitern.
Durch Erweitern lassen sich unendlich viele gleichwertige Brüche finden.

**1** **Kürzen und erweitern**

a) Kürze mit 2: $\frac{6}{8}$ $\frac{6}{16}$ $\frac{20}{60}$ $\frac{8}{12}$ $\frac{24}{36}$

b) Erweitere mit 4: $\frac{4}{8}$ $\frac{2}{3}$ $\frac{4}{5}$ $\frac{7}{9}$ $\frac{11}{15}$

c) Kürze mit 3: $\frac{3}{9}$ $\frac{6}{12}$ $\frac{27}{81}$ $\frac{21}{27}$ $\frac{24}{36}$

d) Erweitere mit 5: $\frac{2}{5}$ $\frac{3}{4}$ $\frac{5}{7}$ $\frac{6}{9}$ $\frac{10}{12}$

**2 Immer vier sind gleichwertig**

Finde zu jedem Bruch drei gleichwertige Brüche. Gib an, mit welcher Zahl du den Bruch gekürzt oder erweitert hast.

a) $\frac{10}{50}$ b) $\frac{3}{7}$ c) $\frac{5}{15}$ d) $\frac{20}{60}$ e) $\frac{7}{9}$ f) $\frac{8}{12}$ g) $\frac{27}{81}$ h) $\frac{24}{36}$

**3 Immer feiner – Verfeinerungen erkennen**

Bestimme den dargestellten Bruch. Erläutere, was sich in den Schritten A bis C ändert und was gleich bleibt.

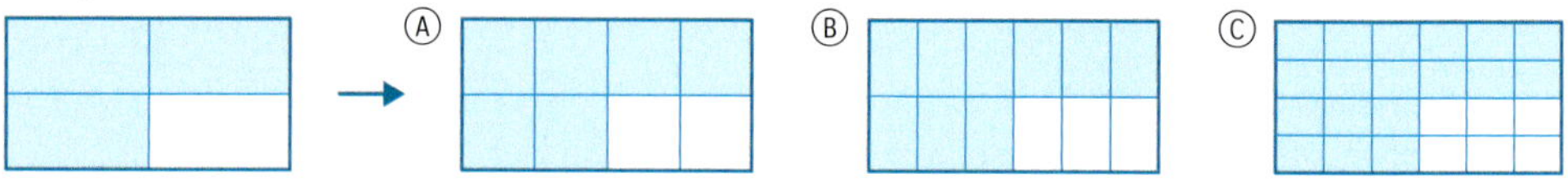


**4 Immer feiner – Verfeinerungen zeichnen**

a) Stelle am Rechteck $\frac{1}{3} = \frac{2}{6} = \frac{6}{18}$ dar.

b) Stelle am Rechteck $\frac{2}{5} = \frac{4}{10} = \frac{8}{20} = \frac{16}{40}$ dar.

**Prüfe dich!**
Lösungen auf Seite 193

**5** Gib den gefärbten Anteil als Bruch an. Bestimme vier weitere gleichwertige Brüche.

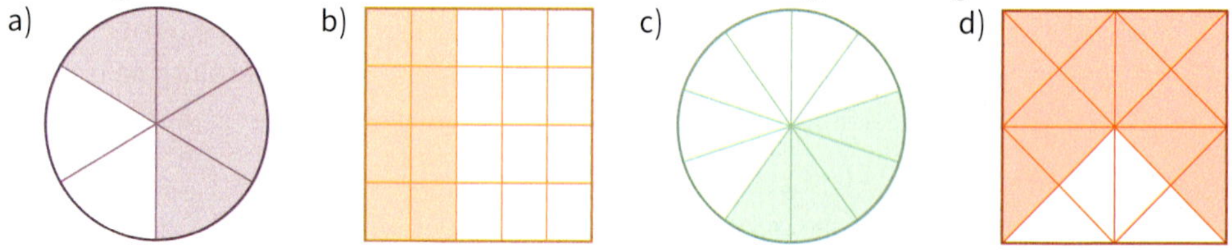


**6** Veranschauliche an Rechtecken.

a) $\frac{1}{2} = \frac{2}{4} = \frac{4}{8}$ b) $\frac{1}{3} = \frac{2}{6} = \frac{4}{12}$ c) $\frac{1}{3} = \frac{3}{9} = \frac{6}{18}$ d) $\frac{5}{6} = \frac{10}{12} = \frac{15}{18}$

**7 Kürzen bis zum Ende – vollständig kürzen**

Kürze so weit wie möglich. Gib die Zahl an, mit der du kürzt.

a) $\frac{30}{40}$ b) $\frac{16}{20}$ c) $\frac{5}{15}$ d) $\frac{24}{45}$ e) $\frac{6}{33}$ f) $\frac{5}{6}$ g) $\frac{12}{30}$ h) $\frac{13}{39}$

Formuliere die Eigenschaft eines vollständig gekürzten Bruchs.

**8 Brüche finden**

Gib zwei Brüche mit dem Nenner 36 an, die man…

a) … kürzen kann.
b) … mindestens mit zwei Zahlen kürzen kann.
c) … nicht kürzen kann.
d) … genau mit drei Zahlen kürzen kann.

**9 Fehlender Zähler**

Bestimme den fehlenden Zähler.

a) $\frac{3}{4} = \frac{\square}{20}$ b) $\frac{18}{30} = \frac{\square}{5}$ c) $\frac{2}{7} = \frac{\square}{28}$ d) $\frac{24}{60} = \frac{\square}{5}$ e) $\frac{\square}{56} = \frac{5}{8}$ f) $\frac{74}{111} = \frac{\square}{3}$

**10 Fehlender Nenner**

Bestimme den fehlenden Nenner.

a) $\frac{3}{5} = \frac{36}{\square}$ b) $\frac{4}{7} = \frac{48}{\square}$ c) $\frac{1}{9} = \frac{12}{\square}$ d) $\frac{3}{8} = \frac{27}{\square}$ e) $\frac{5}{\square} = \frac{35}{56}$ f) $\frac{76}{\square} = \frac{2}{3}$

**11 Fehlerkorrektur**

Wenn du einen Fehler findest, dann ändere entweder nur den Zähler oder nur den Nenner so, dass die Brüche gleichwertig sind.

a) $\frac{3}{7} = \frac{18}{42}$ b) $\frac{48}{52} = \frac{12}{13}$ c) $\frac{72}{126} = \frac{9}{14}$ d) $\frac{8}{17} = \frac{32}{68}$ e) $\frac{22}{27} = \frac{66}{81}$ f) $\frac{45}{64} = \frac{5}{8}$

**12** ≡ **Kürzen auf verschiedenen Wegen**

Milena und Jan haben begonnen, den Bruch $\frac{48}{72}$ schrittweise zu kürzen.

a) Setze beide Wege fort. Was stellst du fest?

b) Kürze $\frac{80}{180}$ auf verschiedenen Wegen. Zerlege dazu Zähler und Nenner zuerst in Primfaktoren.

Milena: $\frac{48}{72} \overset{:2}{=} \frac{24}{36} =$

Jan: $\frac{48}{72} \overset{:3}{=} \frac{16}{24} =$

---

**13** ≡ Gib an, mit welcher Zahl der Bruch gekürzt bzw. erweitert wurde. Übertrage in dein Heft und ergänze den fehlenden Nenner oder Zähler. Achtung: Zwei Fehler haben sich eingeschlichen!

a) $\frac{12}{14} = \frac{\square}{7}$ b) $\frac{9}{18} = \frac{\square}{2}$ c) $\frac{3}{8} = \frac{15}{\square}$ d) $\frac{21}{24} = \frac{7}{\square}$

e) $\frac{7}{8} = \frac{\square}{2}$ f) $\frac{9}{\square} = \frac{63}{91}$ g) $\frac{\square}{18} = \frac{17}{36}$ h) $\frac{9}{11} = \frac{\square}{121}$

**Prüfe dich!**
Lösungen auf Seite 194

**14** ≡ a) Kürze jeden Bruch so weit wie möglich. $\frac{4}{10}$; $\frac{5}{11}$; $\frac{6}{12}$; $\frac{16}{22}$; $\frac{17}{23}$; $\frac{18}{24}$; $\frac{9}{33}$; $\frac{10}{43}$

b) Gib drei verschiedene Zahlen an, mit denen man $\frac{210}{420}$ kürzen kann. Kürze dann in unterschiedlicher Reihenfolge schrittweise mit diesen Zahlen. Was stellst du fest?

---

**15** ≡ **Anteile beschreiben**

Welcher Anteil ist farbig markiert? Schätze zuerst.
Gib den Anteil als vollständig gekürzten Bruch an.

a) 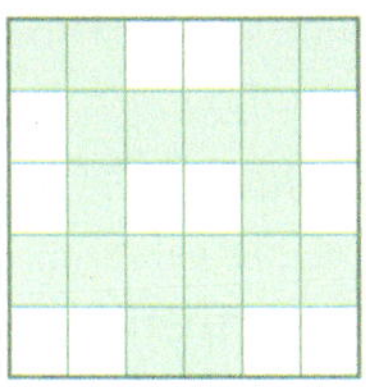

b) 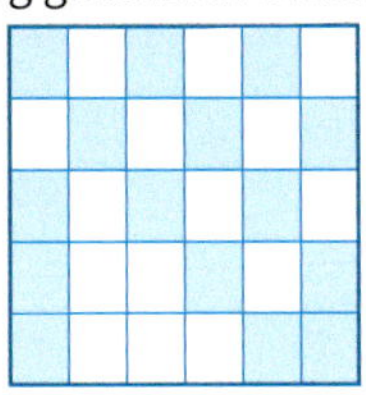

c) 

d) 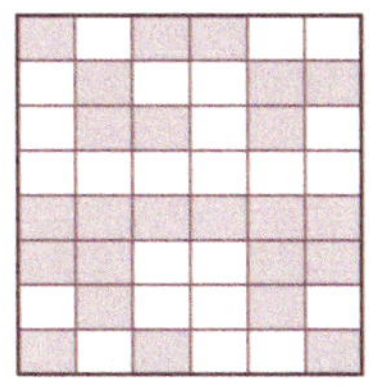

**16** ≡ **Auf den Nenner, fertig, los**

a) Erweitere jeden Bruch auf den Nenner 24 und sortiere dann die Brüche der Größe nach. Beginne mit dem größten Bruch. $\frac{5}{8}$; $\frac{2}{3}$; $\frac{7}{12}$; $\frac{4}{6}$; $\frac{3}{8}$

b) Erweitere jeden Bruch auf den Nenner 30 und sortiere dann die Brüche der Größe nach. Beginne mit dem kleinsten Bruch. $\frac{3}{5}$; $\frac{10}{15}$; $\frac{6}{10}$; $\frac{2}{30}$; $\frac{5}{6}$

**17** ≡ **Familien finden**

Einige Brüche sind gleichwertig, diese bilden eine Familie. Aber es gibt auch Brüche, die zu keiner Familie gehören. Finde sie.

a) $\frac{21}{35}$ $\frac{60}{100}$ $\frac{20}{30}$ $\frac{12}{18}$ $\frac{3}{5}$ $\frac{4}{6}$ $\frac{15}{25}$ $\frac{50}{30}$ $\frac{12}{20}$ $\frac{3}{2}$ $\frac{40}{60}$

b) $\frac{2}{7}$ $\frac{6}{18}$ $\frac{20}{60}$ $\frac{200}{300}$ $\frac{200}{700}$ $\frac{60}{210}$ $\frac{20}{700}$ $\frac{10}{30}$ $\frac{4}{14}$ $\frac{2}{6}$

**18** ≡ **Domino**

Man darf einen Stein an den anderen legen, wenn die Brüche auf beiden Steinen gleichwertig sind. 10 der 11 Dominosteine bilden so eine Reihe, aber ein Stein passt nicht hinein! Finde den falschen Stein. Schreibe die Dominoreihe in dein Heft.

# 1.3 Brüche vergleichen

Sortiere die Anteile der Kuchenreste der Größe nach. Alle Bleche sind gleich groß.

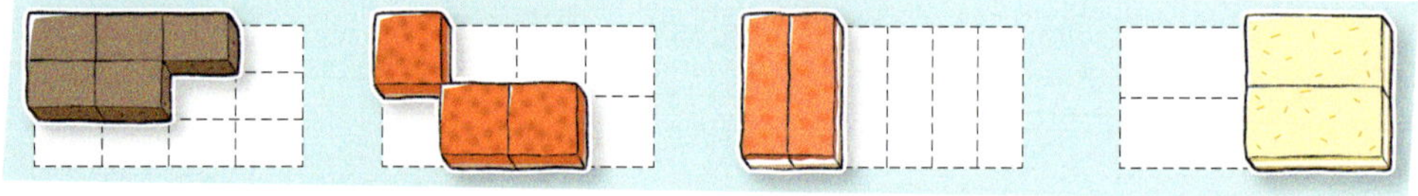

**Anteile als Brüche angeben**

Schokokuchen: $\frac{5}{12}$ Kirschkuchen: $\frac{3}{8}$ Erdbeerkuchen: $\frac{2}{6}$ Zitronenkuchen: $\frac{2}{4}$

**Vergleich bei gleichem Zähler**

Erdbeerkuchen: $\frac{2}{6}$; Zitronenkuchen: $\frac{2}{4}$

Sechstel sind kleiner als Viertel: $\frac{2}{6} < \frac{2}{4}$

**Einen gemeinsamen Nenner suchen**

24 ist ein gemeinsames Vielfaches der Nenner 12, 6, 8 und 4. Alle vier Brüche lassen sich durch Erweitern auf den gemeinsamen Nenner 24 bringen.
Nun kann man die Brüche vergleichen.

$\frac{5}{12} = \frac{10}{24}$ (·2) $\frac{3}{8} = \frac{9}{24}$ (·3) $\frac{2}{6} = \frac{8}{24}$ (·4) $\frac{2}{4} = \frac{12}{24}$ (·6)

$\frac{8}{24} < \frac{9}{24} < \frac{10}{24} < \frac{12}{24}$

$\frac{2}{6} < \frac{3}{8} < \frac{5}{12} < \frac{2}{4}$

Die Kuchenreste der Größe nach sortiert ergibt: „Erdbeer < Kirsch < Schoko < Zitrone“

WES-137382-004

## Brüche miteinander vergleichen

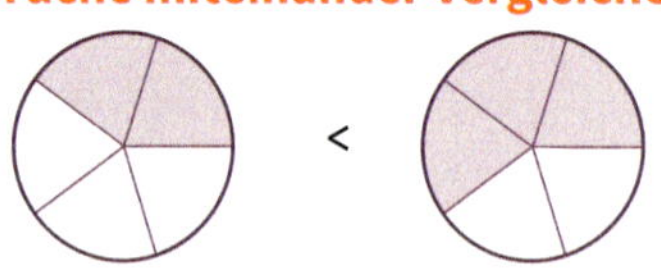


$\frac{2}{5} < \frac{3}{5}$

**Gleiche Nenner**

- Vergleiche die Zähler direkt. Je **größer** der Zähler, umso **größer** ist der Wert des Bruchs.

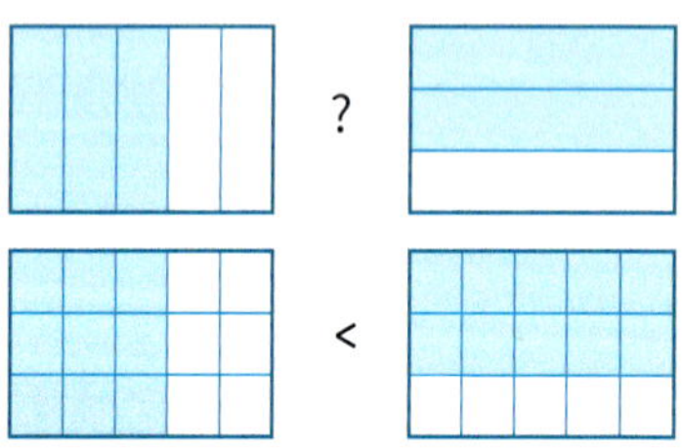


$\frac{3}{5} ? \frac{2}{3}$

$\frac{3 \cdot 3}{5 \cdot 3} = \frac{9}{15} < \frac{2 \cdot 5}{3 \cdot 5} = \frac{10}{15}$

**Unterschiedliche Nenner**

- Mache die Brüche gleichnamig. Erweitere dazu beide Brüche auf einen gemeinsamen Nenner.
- Vergleiche nun die Zähler der Brüche.

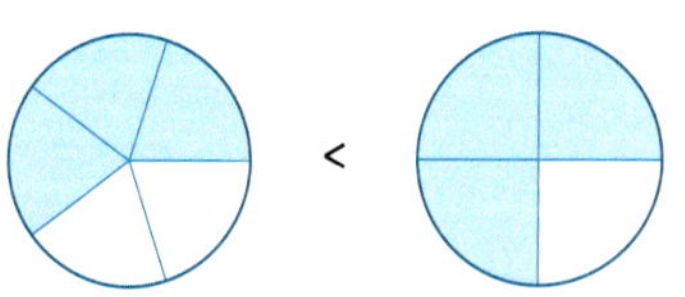


$\frac{3}{5} < \frac{3}{4}$

**Gleiche Zähler**

- Vergleiche die Nenner. Je **größer** der Nenner, umso **kleiner** ist der Wert des Bruchs.

### Brüche vergleichen – unterschiedliche Nenner

$\frac{5}{8}$ und $\frac{2}{3}$ vergleichen: Die Nenner sind 8 und 3.

- 24 ist ein gemeinsamer Nenner, da $8 \cdot 3 = 24$. Beide Brüche auf den Nenner 24 erweitern.
- Nun die Zähler der erweiterten Brüche vergleichen.

$8 \cdot 3 = 24$

$\frac{5}{8} = \frac{5 \cdot 3}{8 \cdot 3} = \frac{15}{24}$ und $\frac{2}{3} = \frac{2 \cdot 8}{3 \cdot 8} = \frac{16}{24}$

$15 < 16$, also $\frac{\mathbf{15}}{24} < \frac{\mathbf{16}}{24}$, also $\frac{5}{8} < \frac{2}{3}$

**1** **Welcher Bruch ist größer?**
Vergleiche die Brüche. Achte auf die Nenner.
a) $\frac{5}{7}$ und $\frac{6}{7}$ b) $\frac{4}{98}$ und $\frac{3}{98}$ c) $\frac{2}{5}$ und $\frac{1}{2}$ d) $\frac{3}{5}$ und $\frac{1}{2}$ e) $\frac{3}{6}$ und $\frac{1}{2}$ f) $\frac{5}{8}$ und $\frac{3}{4}$
g) $\frac{2}{3}$ und $\frac{3}{4}$ h) $\frac{9}{15}$ und $\frac{17}{30}$ i) $\frac{7}{12}$ und $\frac{9}{16}$ j) $\frac{5}{6}$ und $\frac{7}{9}$ k) $\frac{8}{15}$ und $\frac{11}{21}$ l) $\frac{7}{11}$ und $\frac{7}{9}$

**2** **Größer, kleiner oder gleich?**
Vergleiche die Brüche. Manchmal ist ein Nenner ein Vielfaches des anderen Nenners. Nutze <, > oder =.

$\frac{2}{3} \square \frac{5}{9}$ Ein gemeinsamer Nenner ist 9.
$\frac{2}{3}$ mit 3 erweitern. $\frac{2}{3} = \frac{2 \cdot 3}{3 \cdot 3} = \frac{6}{9} > \frac{5}{9}$

a) $\frac{2}{5} \square \frac{3}{5}$ b) $\frac{1}{4} \square \frac{1}{8}$ c) $\frac{3}{4} \square \frac{7}{9}$ d) $\frac{2}{5} \square \frac{4}{7}$ e) $\frac{3}{4} \square \frac{7}{8}$ f) $\frac{3}{14} \square \frac{1}{6}$
g) $\frac{9}{10} \square \frac{7}{8}$ h) $\frac{2}{5} \square \frac{14}{35}$ i) $\frac{2}{4} \square \frac{5}{8}$ j) $\frac{5}{9} \square \frac{4}{7}$ k) $\frac{2}{3} \square \frac{3}{4}$ l) $\frac{2}{3} \square \frac{4}{60}$

**3** Übertrage in dein Heft und setze das passende Zeichen <, > oder = ein.
a) $\frac{1}{3} \blacksquare \frac{3}{6}$ b) $\frac{2}{4} \blacksquare \frac{4}{8}$ c) $\frac{3}{4} \blacksquare \frac{7}{8}$ d) $\frac{4}{5} \blacksquare \frac{6}{10}$ e) $\frac{2}{3} \blacksquare \frac{3}{5}$ f) $\frac{2}{3} \blacksquare \frac{5}{8}$
g) $\frac{3}{4} \blacksquare \frac{7}{10}$ h) $\frac{4}{5} \blacksquare \frac{7}{8}$ i) $\frac{5}{11} \blacksquare \frac{2}{5}$ j) $\frac{4}{5} \blacksquare \frac{6}{12}$ k) $\frac{1}{3} \blacksquare \frac{3}{7}$ l) $\frac{3}{5} \blacksquare \frac{30}{50}$

**Prüfe dich!**
Lösungen auf Seite 194

**4** **Vergleich von echten und unechten Brüchen**
Welche der gebrochenen Zahlen $\frac{5}{8}$; $\frac{7}{4}$; $\frac{3}{7}$; $\frac{5}{9}$; $\frac{12}{5}$; $\frac{5}{12}$; $\frac{7}{5}$; $\frac{9}{8}$; $\frac{7}{20}$; $\frac{11}{9}$; $\frac{7}{15}$; $\frac{13}{8}$; $\frac{5}{3}$; $\frac{4}{9}$ sind
a) größer als 1; b) kleiner als 1; c) kleiner als $\frac{1}{2}$; d) größer als $1\frac{1}{2}$?

**5** **Passende gebrochene Zahlen finden**
Gib fünf gebrochene Zahlen an, die
a) kleiner als 1; b) größer als 1; c) kleiner als $\frac{1}{2}$; d) größer als 2 sind.

**6** **Welcher Bruch ist größer?**
Vergleiche die Brüche. Wo helfen dir gleiche Zähler weiter?
a) $\frac{3}{7}$ und $\frac{3}{8}$ b) $\frac{3}{4}$ und $\frac{7}{8}$ c) $\frac{5}{9}$ und $\frac{10}{17}$
d) $\frac{7}{14}$ und $\frac{14}{28}$ e) $\frac{7}{12}$ und $\frac{13}{30}$ f) $\frac{6}{11}$ und $\frac{3}{5}$

**Gleiche Zähler**
Vergleiche $\frac{3}{5}$ und $\frac{3}{4}$.
Die Nenner sind 5 und 4:
$5 > 4$, also $\frac{3}{\mathbf{5}} < \frac{3}{\mathbf{4}}$

**7** **Zeitungsartikel**
*„Bei einer Geschwindigkeitskontrolle am vergangenen Dienstag fuhr ein Viertel der Autos schneller als erlaubt. Am Mittwoch war sogar ein Fünftel der Autos zu schnell.“*
Nimm zu dieser Meldung Stellung.

**8** **Eilmeldung**
Das Gesundheitsministerium befürchtet die Verbreitung einer neuen Krankheit und meldet: *„Inzwischen hat sich bereits jeder Dritte angesteckt. Wenn das so fortschreitet, ist demnächst jeder Fünfte infiziert.“* Schreibe einen Leserbrief.

**9** **Pizzareste**
Ordne die Pizzareste der Größe nach.
a)

b)
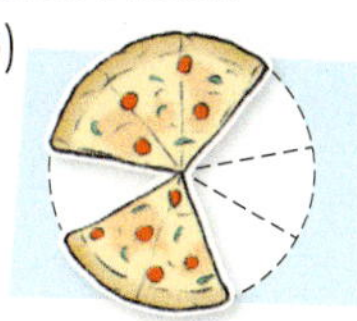
c)

d)

**10** ≡ **Viele Brüche – groß und klein**

Sortiere die Brüche der Größe nach. Tipp: Vergleiche zuerst mit $\frac{1}{2}$ oder mit 1.

a) $\frac{5}{9}, \frac{1}{2}, \frac{4}{9}$ b) $\frac{5}{8}, \frac{2}{4}, \frac{2}{5}$ c) $\frac{2}{3}, \frac{6}{9}, \frac{12}{18}$ d) $\frac{5}{12}, \frac{1}{6}, \frac{2}{8}$ e) $\frac{35}{36}, \frac{11}{18}, \frac{123}{250}$ f) $\frac{3}{4}, \frac{21}{29}, \frac{7}{7}$

**Prüfe dich!** Lösungen auf Seite 194

**11** ≡ Sortiere die Brüche der Größe nach. Beginne mit dem kleinsten Bruch.

a) $\frac{2}{9}, \frac{1}{4}, \frac{1}{3}, \frac{8}{9}$ b) $\frac{1}{2}, \frac{3}{4}, \frac{7}{8}, \frac{3}{8}$ c) $\frac{5}{8}, \frac{6}{9}, \frac{7}{10}, \frac{5}{9}$ d) $\frac{3}{20}, \frac{6}{28}, \frac{7}{14}, \frac{11}{12}$

**12** ≡ Aus der Zeitschrift „Schule aktuell“: *„Im Jahr 2010 hatte ein Zehntel der Kinder in der Klassenstufe 5 regelmäßig die Hausaufgaben vergessen. Zum Glück hat sich das inzwischen gebessert. Heute vergisst nur noch ein Achtel der Kinder die Hausaufgaben.“*
Nimm Stellung zu der Nachricht.

**13** ≡ **Geschicktes Vergleichen**

Sortiere die Brüche der Größe nach. Gehe dabei möglichst geschickt vor.

a) $\frac{4}{7}, \frac{1}{2}, \frac{4}{5}$ b) $\frac{3}{7}, \frac{4}{8}, \frac{5}{9}$ c) $\frac{15}{32}, \frac{2}{8}, \frac{7}{16}$ d) $\frac{7}{13}, \frac{9}{18}, \frac{7}{15}$ e) $\frac{7}{8}, \frac{3}{4}, \frac{1}{2}$ f) $\frac{17}{24}, \frac{5}{11}, \frac{5}{8}$

**14** ≡ **Dein Artikel für das Mathe-Forum**

Beim Vergleichen von zwei Brüchen kann man verschieden vorgehen. Beschreibe, wie man zeichnerisch und wie man rechnerisch vorgeht. Nutze die Begriffe: „Größe/Anzahl der Teile“, „Zähler/Nenner“, „Erweitern/Kürzen“, „Vergleich mit $\frac{1}{2}$“ …

**15** ≡ **Vergleichen von Anteilen**

Gib den Anteil der roten Kugeln in jedem Gefäß als Bruch an. In welchem Gefäß ist der Anteil der roten Kugeln am größten? In welchem Gefäß ist der Anteil der blauen Kugeln am größten?

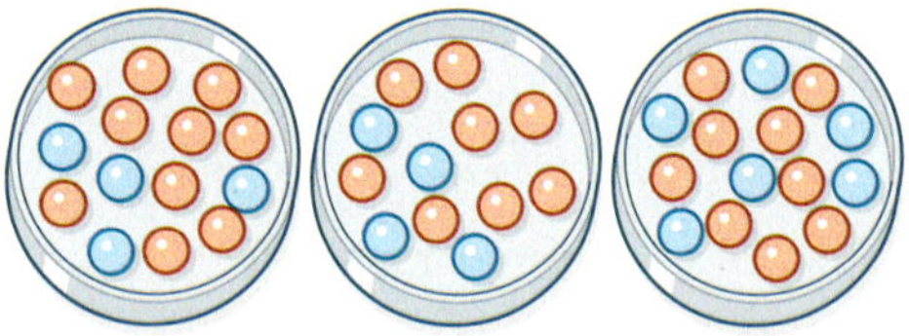

**Prüfe dich!** Lösungen auf Seite 194

**16** ≡ Tim erzählt seinem Freund Tobias: *„Wir waren 14 Tage im Urlaub und hatten 4 Regentage“.* *„Wir hatten aber nur 3 Regentage bei 10 Urlaubstagen“*, erwidert Tobias.
Wer hatte das bessere Wetter? Begründe.

**17** ≡ Ordne der Größe nach, beginne mit dem kleinsten Bruch.

a) $\frac{1}{8}, \frac{5}{9}, \frac{1}{2}$ b) $\frac{15}{15}, \frac{11}{12}, \frac{3}{5}$ c) $\frac{7}{14}, \frac{9}{21}, \frac{13}{28}$ d) $\frac{7}{15}, \frac{11}{25}, \frac{13}{30}$

**18** ≡ **Torwandschießen**

Den Anteil der Treffer an der Gesamtzahl der Schüsse nennt man auch Trefferquote. Wer hat die beste, wer hat die schlechteste Trefferquote?

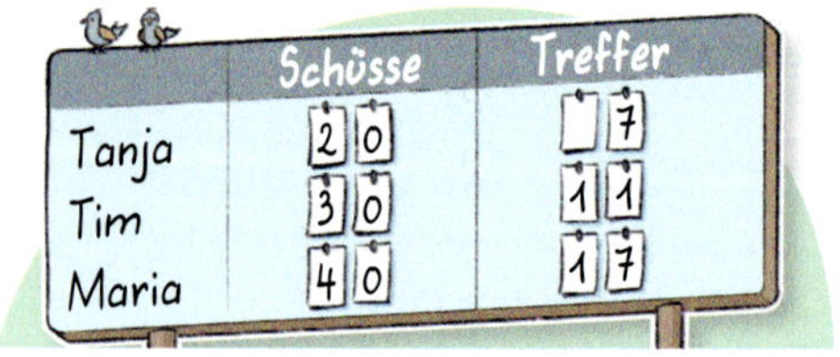


**19** ≡ **Anteile vergleichen**

Gib zuerst an, welcher Anteil grün und welcher blau gefärbt ist. Die beiden Darstellungen werden übereinandergelegt. Was erkennst du nun? Erkläre mit Brüchen.

a) 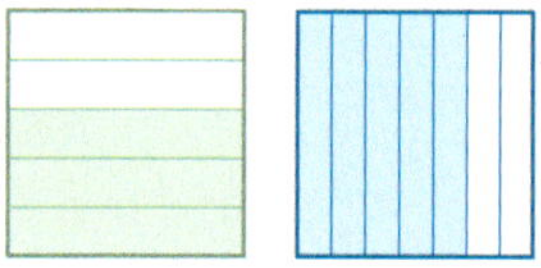 b) 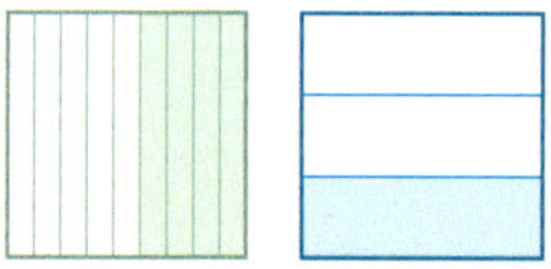 c) 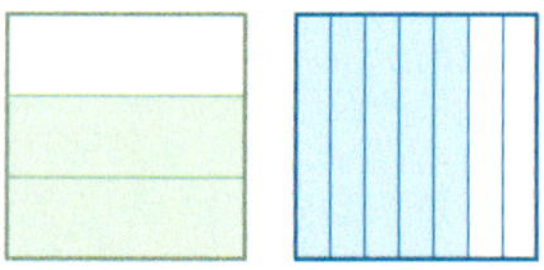

# 1.4 Gemischte Schreibweise

Jede Waffel wird beim Backen in Fünftel geteilt. Gib in Worten und als Bruch an, wie viele Waffeln Lena und Emil essen.

Lena:

Emil:

**Lösung**

Lena isst 3 ganze Waffeln.
Das sind 15 Fünftel Waffeln: $3 = \frac{15}{5}$

Emil isst 1 ganze und 3 Fünftel Waffeln.
Das sind 8 Fünftel Waffeln: $1 + \frac{3}{5} = \frac{8}{5}$

### Unechte Brüche

Brüche, deren Wert größer ist **als ein Ganzes**, nennt man **unechte Brüche**.
Bei unechten Brüchen ist der Zähler größer als der Nenner.

$\frac{13}{5}$ ist größer als 1.

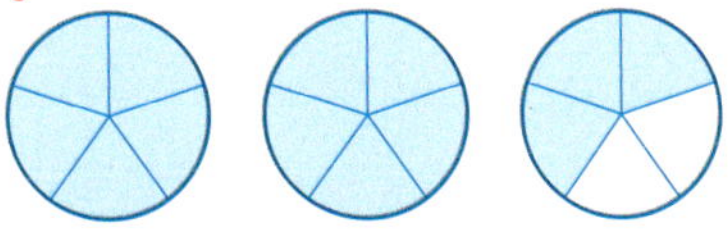

### Gemischte Schreibweise

Man kann unechte Brüche auch in der **gemischten Schreibweise** angeben.

$\frac{13}{5}$ sind 2 Ganze und $\frac{3}{5}$

Schreibweise: $2\frac{3}{5}$

Sprechweise: *„zwei, drei Fünftel"*

Auch natürliche Zahlen kann man als unechten Bruch schreiben.

$3 = \frac{3}{1} = \frac{6}{2} = \frac{9}{3} = \frac{27}{9}$

WES-137382-005

**Als unechten Bruch schreiben**

Schreibe $3\frac{2}{9}$ als unechten Bruch.
3 Ganze als Neuntel sind $\frac{27}{9}$.
$\frac{27}{9}$ und $\frac{2}{9}$ ergibt zusammen $\frac{29}{9}$.
$3\frac{2}{9} = 3 + \frac{2}{9} = \frac{27}{9} + \frac{2}{9} = \frac{29}{9}$

**In gemischter Schreibweise schreiben**

Schreibe $\frac{17}{6}$ in gemischter Schreibweise.
Die 6 passt 2-mal in die 17, der Rest ist 5.
Das ergibt 2 Ganze und $\frac{5}{6}$.
$\frac{17}{6} = \frac{12}{6} + \frac{5}{6} = 2 + \frac{5}{6} = 2\frac{5}{6}$

**1** **Zwischen den Schreibweisen wechseln**

a) $2\frac{1}{7}$ b) $4\frac{3}{4}$ c) $10\frac{1}{10}$ d) $5\frac{1}{2}$ e) 8 f) $33\frac{1}{3}$ g) $5\frac{5}{10}$ h) $7\frac{7}{7}$
i) $\frac{8}{3}$ j) $\frac{35}{8}$ k) $\frac{27}{6}$ l) $\frac{110}{100}$ m) $\frac{45}{4}$ n) $\frac{63}{6}$ o) $\frac{83}{4}$ p) $\frac{79}{8}$

**2** Schreibe in gemischter Schreibweise, als unechten Bruch oder als natürliche Zahl.

a) $\frac{14}{8}$ b) $5\frac{3}{5}$ c) $\frac{25}{6}$ d) $7\frac{1}{7}$ e) $\frac{18}{3}$ f) $12\frac{4}{8}$ g) $\frac{13}{2}$ h) $\frac{41}{7}$

**Prüfe dich!**
Lösungen auf Seite 194

**3** **Brüche im Alltag**

Welcher Bruch ist dargestellt? Bestimme zuerst den Bruch in gemischter Schreibweise und dann als unechten Bruch.

a)

b)

c)

d)

# 1.5 Brüche auf dem Zahlenstrahl

Auf dem Messbecher siehst du eine Skala von 0 bis 2.
- Wie muss man den Ausschnitt von 0 bis 1 einteilen, damit auch $\frac{3}{4}$ und $\frac{7}{8}$ eingetragen werden können?
- Zeichne einen Zahlenstrahl von 0 bis 2, der 16 Kästchen lang ist. Markiere darauf die Brüche $\frac{3}{8}$; $1\frac{1}{4}$; $1\frac{7}{8}$; $\frac{3}{4}$.

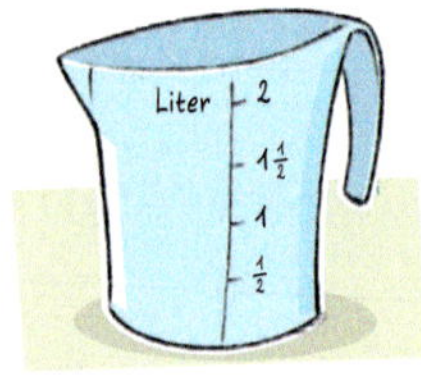


WES-137382-006

### Brüche auf dem Zahlenstrahl

Brüche kann man, wie die natürlichen Zahlen, auf dem Zahlenstrahl eintragen.

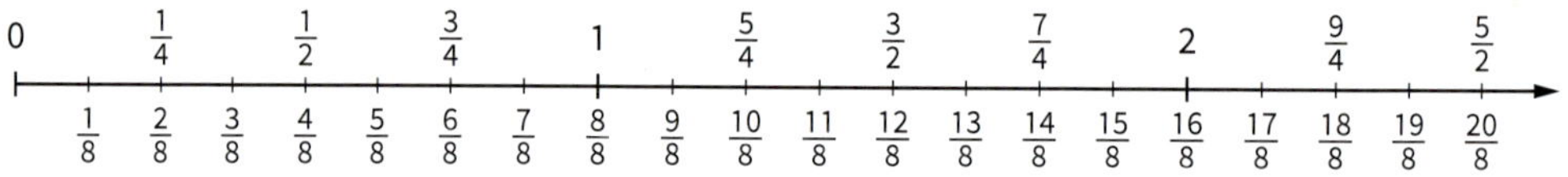


- Auch die natürlichen Zahlen gehören zu den Brüchen.
  Beispiel: $2 = \frac{2}{1} = \frac{4}{2} = \frac{6}{3} = \frac{8}{4} = \frac{16}{8} = \ldots$
- Gleichwertige Brüche stehen auf dem Zahlenstrahl an derselben Stelle.
  Beispiel: $\frac{3}{4} = \frac{6}{8} = \frac{9}{12} = \ldots$ sind verschiedene Schreibweisen für dieselbe Zahl.

### Brüche auf dem Zahlenstrahl

Die Brüche $\frac{1}{3}$, $\frac{6}{3}$, $\frac{11}{6}$, $\frac{15}{6}$ und $1\frac{1}{6}$ auf einem Zahlenstrahl markieren.

Schreibe die unechten Brüche in gemischter Schreibweise. Der größte Bruch bestimmt die Länge des Zahlenstrahls. Der gemeinsame Nenner der Brüche gibt die Schrittlänge an.

Hier: 2 Kästchen für $\frac{1}{6}$ (das Ganze in 6 gleich große Teile unterteilen)

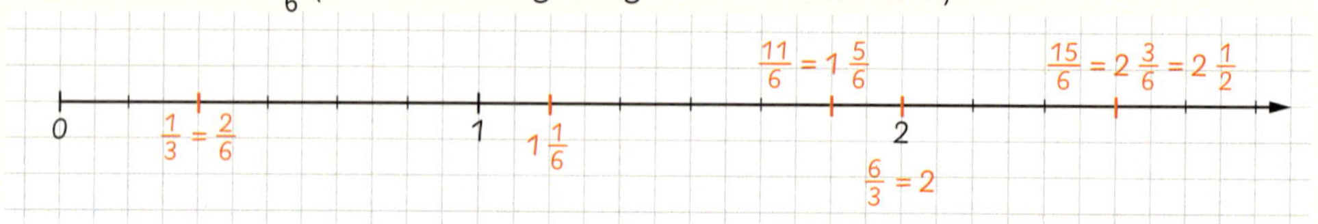


**1** ≡ **Zahlen ablesen**

Bestimme die markierten Zahlen auf dem Zahlenstrahl. Beschreibe dein Vorgehen.

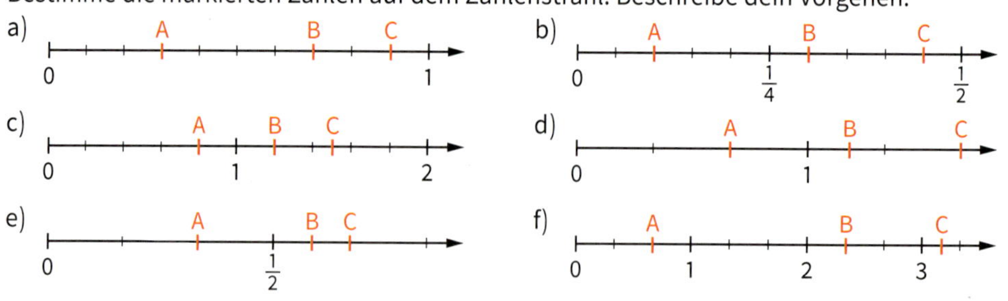


**2** ≡ **Zahlenstrahl zeichnen**

a) Zeichne einen Zahlenstrahl. Wähle 20 Kästchen für die Schrittlänge von 0 bis 1.
Markiere die Brüche $\frac{1}{2}$, $\frac{1}{5}$, $\frac{3}{10}$ und $\frac{1}{4}$ auf dem Zahlenstrahl.

b) Zeichne einen Zahlenstrahl. Wähle 12 Kästchen für die Schrittlänge von 0 bis 1.
Markiere die Brüche $\frac{10}{6}$, $\frac{11}{6}$, $\frac{1}{12}$, $\frac{5}{4}$, $\frac{7}{12}$, $1\frac{1}{12}$ auf dem Zahlenstrahl.

**3** ≡ **Brüche auf einem Zahlenstrahl eintragen**

a) Zeichne einen Zahlenstrahl. Markiere die Brüche $\frac{2}{3}$, $\frac{29}{12}$, $\frac{5}{6}$, $\frac{11}{4}$, $\frac{1}{12}$ und $\frac{11}{6}$ auf dem Zahlenstrahl. Nutze dazu eine Einteilung in 12 Teile zwischen zwei natürlichen Zahlen. Warum können mit der Einteilung die angegebenen Brüche einfach eingetragen werden?

b) Zeichne einen Zahlenstrahl. Finde eine sinnvolle Einteilung des Zahlenstrahls und markiere die Brüche $\frac{1}{4}$, $\frac{6}{5}$, $1\frac{1}{4}$, $\frac{7}{10}$, $\frac{27}{20}$ und $\frac{15}{20}$.

**4** ≡ **Wohin gehöre ich – wer fliegt raus?**

Ordne die Brüche, wenn möglich, den Markierungen zu. Welche Brüche bleiben übrig?

$\frac{4}{6}$ $2\frac{1}{2}$ $\frac{3}{4}$ $\frac{6}{6}$ $1\frac{1}{3}$ $\frac{6}{9}$ $\frac{2}{3}$ $\frac{4}{3}$ $\frac{17}{17}$

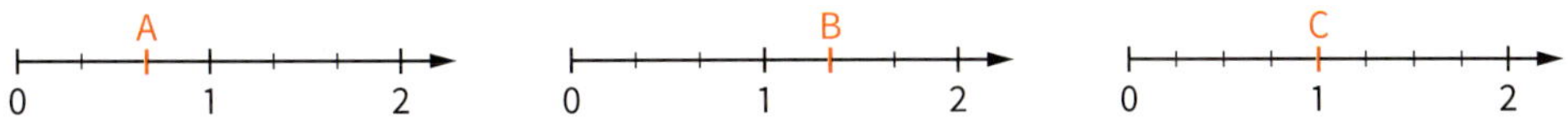


**5** ≡ Gib die markierten Zahlen an.

**Prüfe dich!**
Lösungen auf Seite 194

**6** ≡ Sortiere die Brüche $\frac{7}{8}$, $\frac{19}{4}$, $\frac{30}{8}$, $\frac{9}{2}$, $\frac{17}{8}$, $\frac{1}{4}$ und $\frac{15}{4}$ der Größe nach und markiere sie auf dem Zahlenstrahl.

**7** ≡ **Viel los zwischen zwei Zahlen**

Bestimme die Zahl, die genau in der Mitte zwischen den beiden angegebenen Zahlen liegt. Gib drei weitere Zahlen an, die zwischen den beiden angegebenen Zahlen liegen.

a) 5 und 6 b) $\frac{1}{4}$ und $\frac{1}{3}$ c) $\frac{1}{6}$ und $\frac{1}{5}$ d) $\frac{1}{4}$ und $\frac{2}{3}$ e) $\frac{9}{10}$ und $\frac{11}{10}$ f) $\frac{99}{100}$ und 1

**8** ≡ **Zahl gesucht**

Von den drei markierten Zahlen liegt die zweite genau in der Mitte. Bestimme die fehlende Zahl.

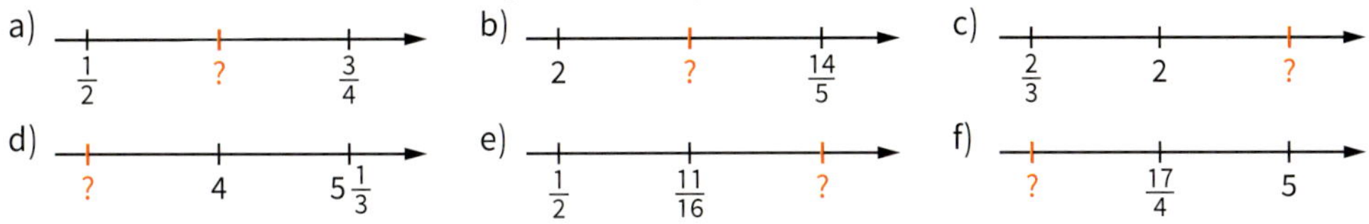


**9** ≡ Gib die Zahl an, die genau in der Mitte liegt.

a) $\frac{1}{7}$ und $\frac{3}{7}$ b) $\frac{1}{7}$ und $\frac{2}{7}$ c) $\frac{1}{10}$ und $\frac{2}{10}$ d) $\frac{3}{4}$ und 1 e) $\frac{1}{3}$ und $\frac{1}{2}$ f) $\frac{1}{3}$ und $1\frac{2}{3}$

**Prüfe dich!**
Lösungen auf Seite 195

**10** ≡ **Benachbarte Brüche**

a) Erweitere die Brüche $\frac{8}{10}$ und $\frac{9}{10}$ so, dass du zwischen diesen beiden Brüchen
 (1) mindestens einen Bruch angeben kannst;
 (2) mindestens neun verschiedene Brüche angeben kannst;
 (3) mindestens hundert verschiedene Brüche angeben kannst.

b) Wie viele Brüche gibt es zwischen $\frac{8}{10}$ und $\frac{9}{10}$?

**11** ≡ **Brüche zwischen zwei Brüchen**

a) Begründe: „*Zwischen zwei verschiedenen Brüchen liegt stets ein weiterer Bruch.*“

b) Begründe: „*Zwischen zwei Brüchen liegen unendlich viele Brüche.*“

# 1.6 Brüche und natürliche Zahlen – multiplizieren und dividieren

Greta findet im Kühlschrank eine Schokoladentafel. Sie öffnet die Packung und stellt fest: *„Es sind ja nur noch $\frac{4}{15}$ übrig!“*

- Am Tag davor war es noch dreimal so viel. Welcher Anteil einer Schokotafel war das?
- Könnte man den Rest $\frac{4}{15}$ exakt auf drei Personen aufteilen? Welchen Anteil einer ganzen Tafel bekäme dann jeder?

**Lösung**

- Rechne dreimal vier Fünfzehntel.
  $3 \cdot \frac{4}{15} = \frac{3 \cdot 4}{15} = \frac{12}{15}$ Am Vortag waren es $\frac{12}{15}$.
- Rechne vier Fünfzehntel geteilt durch drei. Erweitern des Bruchs mit 3 hilft:
  $\frac{4}{15} : 3 = \frac{4 \cdot 3}{15 \cdot 3} : 3 = \frac{4 \cdot 3 : 3}{15 \cdot 3} = \frac{4}{15 \cdot 3} = \frac{4}{45}$

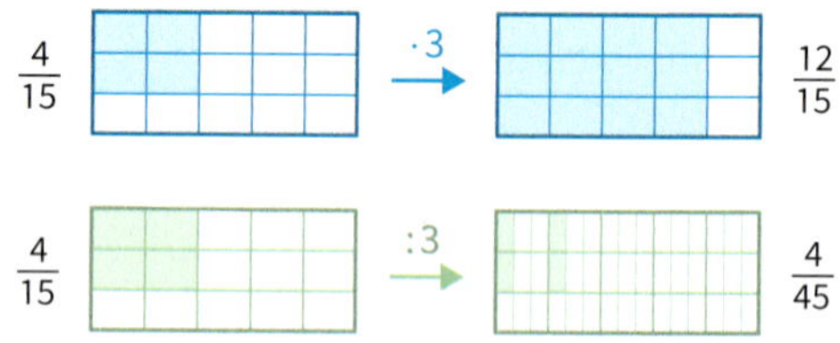


Dividieren durch eine Zahl bedeutet Multiplizieren im Nenner mit dieser Zahl.

WES-137382-007

### Einen Bruch vervielfachen

Multiplizieren mit einer natürlichen Zahl

- Zähler mit der Zahl multiplizieren
- Nenner beibehalten

$3 \cdot \frac{2}{7} = \frac{3 \cdot 2}{7} = \frac{6}{7}$

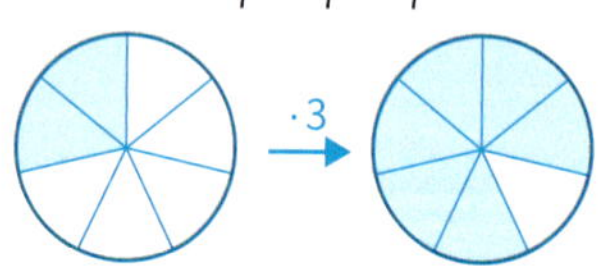


### Einen Bruch teilen

Dividieren durch eine natürliche Zahl

- Zähler beibehalten
- Nenner mit der Zahl multiplizieren

$\frac{3}{4} : 2 = \frac{3}{4 \cdot 2} = \frac{3}{8}$

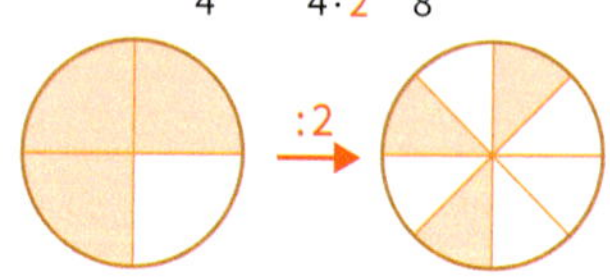


**Einen Bruch vervielfachen**

- $5 \cdot \frac{7}{12} = \frac{5 \cdot 7}{12} = \frac{35}{12}$
- $\frac{5}{12} \cdot 3 = \frac{5 \cdot 3}{12} = \frac{15}{12} = \frac{5}{4}$

**Einen Bruch teilen**

- $\frac{3}{4} : 5 = \frac{3}{4 \cdot 5} = \frac{3}{20}$
- $\frac{8}{10} : 3 = \frac{8}{10 \cdot 3} = \frac{8}{30} = \frac{4}{15}$

**1 Kopfrechnen**

a) $3 \cdot \frac{1}{2}$  b) $\frac{1}{2} : 2$  c) $5 \cdot \frac{1}{3}$  d) $\frac{1}{3} : 3$  e) $\frac{2}{3} : 4$  f) $4 \cdot \frac{3}{4}$  g) $7 \cdot \frac{1}{14}$  h) $\frac{5}{4} \cdot 3$

**2 Rechnen in Bildern**

Ermittle die dargestellte Rechnung und schreibe diese auf.

a) 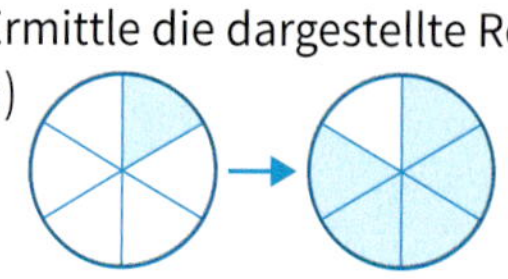

b) 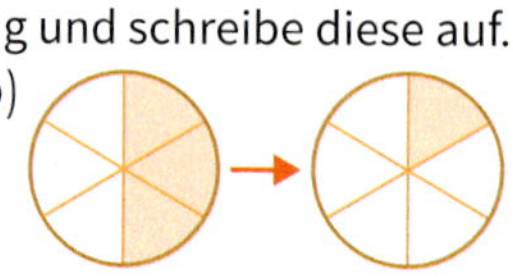

c) 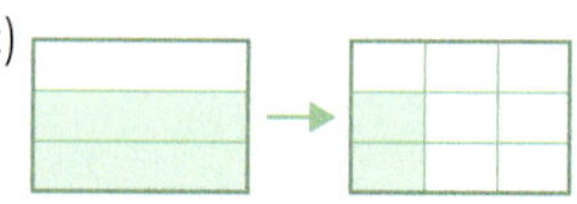

**3** ≡ **Lücken füllen**

a) $4\cdot\frac{3}{15}=\square$ b) $3\cdot\square=\frac{9}{10}$ c) $\square\cdot\frac{2}{11}=\frac{10}{11}$ d) $\frac{4}{5}\cdot\square=\frac{24}{5}$ e) $\frac{2}{9}\cdot\square=2$ f) $\square\cdot5=6$

g) $\frac{3}{4}:\square=\frac{3}{16}$ h) $\frac{6}{11}:\square=\frac{2}{11}$ i) $\square:2=\frac{3}{20}$ j) $\square:5=\frac{3}{4}$ k) $\frac{7}{12}:\square=\frac{7}{120}$ l) $\frac{5}{8}:\square=\frac{1}{8}$

**4** ≡ **Einfache Fälle beim Dividieren**

Erkläre, wie Paula gerechnet hat. Rechne, wenn möglich, so wie Paula. In welchen Fällen kann man Brüche so dividieren?

Paulas Division:
$\frac{9}{10}:3=\frac{9:3}{10}=\frac{3}{10}$

a) $\frac{18}{7}:6$ b) $\frac{14}{5}:7$ c) $\frac{14}{5}:4$ d) $\frac{56}{42}:7$ e) $\frac{42}{56}:7$ f) $\frac{45}{30}:15$

**Einen Bruch teilen – einfacher Fall**

$\frac{24}{7}:3=\frac{24}{7}\cdot\frac{1}{3}=\frac{24}{7\cdot3}=\frac{8\cdot3}{7\cdot3}=\frac{24:3}{7}$ Wenn der Zähler eines Bruchs durch den Divisor teilbar ist, kann der Zähler dadurch geteilt werden.

WES-137382-008

**5** ≡ **Kürzen beim Dividieren**

a) $\frac{24}{5}:8$ b) $\frac{27}{2}:9$ c) $\frac{40}{7}:8$ d) $\frac{30}{11}:6$ e) $\frac{2}{5}:2$ f) $\frac{55}{13}:11$

g) $\frac{48}{7}:8$ h) $\frac{16}{9}:2$ i) $\frac{75}{15}:5$ j) $\frac{50}{13}:5$ k) $\frac{48}{17}:4$ l) $\frac{51}{3}:17$

**6** ≡ Berechne.

a) $5\cdot\frac{3}{7}$ b) $\frac{2}{9}:4$ c) $27\cdot\frac{2}{9}$ d) $\frac{4}{5}:2$ e) $\frac{5}{144}\cdot12$ f) $\frac{28}{79}:7$

**Prüfe dich!** Lösungen auf Seite 195

**7** ≡ Schreibe die Rechnung in dein Heft.

a) 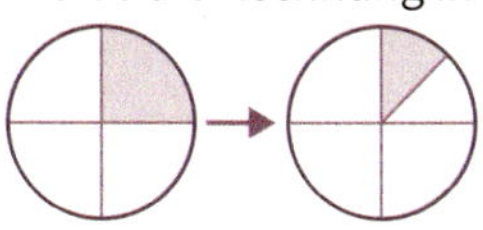

b) 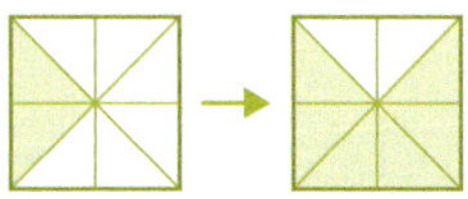

c) 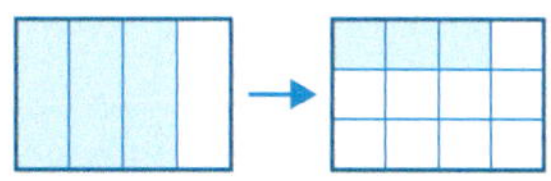

**8** ≡ **Kürzen beim Multiplizieren – das ist prima!**

Rechne wie im Beispiel.

a) $\frac{7}{8}\cdot12$ b) $\frac{7}{8}\cdot4$ c) $\frac{18}{63}\cdot7$ d) $9\cdot\frac{8}{21}$

e) $\frac{8}{7}:4$ f) $\frac{21}{8}:9$ g) $\frac{56}{49}:80$ h) $\frac{56}{81}:7$

i) $\frac{6}{13}:4$ j) $28\cdot\frac{16}{21}$ k) $\frac{16}{21}:28$ l) $\frac{12}{15}:20$

m) $24\cdot\frac{9}{12}$ n) $\frac{9}{12}:24$ o) $\frac{144}{169}:12$ p) $\frac{144}{169}\cdot13$

**Kürzen beim Multiplizieren und Dividieren**

$\frac{5}{12}\cdot8=\frac{5\cdot8}{12}=\frac{5\cdot\cancel{8}^{2}}{\cancel{12}_{3}}=\frac{5\cdot2}{3}=\frac{10}{3}$

$\frac{6}{7}:3=\frac{6}{7\cdot3}=\frac{\cancel{6}^{2}}{7\cdot\cancel{3}_{1}}=\frac{2}{7\cdot1}=\frac{2}{7}$

**9** ≡ Berechne. Denke an frühzeitiges Kürzen beim Multiplizieren.

a) $\frac{12}{20}:8$ b) $4\cdot\frac{3}{8}$ c) $\frac{9}{17}:3$ d) $8\cdot\frac{3}{6}$ e) $14\cdot\frac{17}{49}$ f) $\frac{64}{33}:16$

**Prüfe dich!** Lösungen auf Seite 195

**10** ≡ **Gemischte Schreibweise**

Rechne wie im Beispiel.

a) $3\frac{1}{8}\cdot2$ b) $4\cdot1\frac{2}{5}$ c) $2\frac{2}{9}:4$ d) $4\frac{8}{11}:5$

**Zuerst in den unechten Bruch umwandeln**

$1\frac{3}{4}:5=\frac{7}{4}:5=\frac{7}{20}$

**11** ≡ **Natürliche Zahlen erzeugen**

Kann das Ergebnis der Multiplikation eines Bruchs mit einer natürlichen Zahl wieder eine natürliche Zahl sein? Multipliziere dazu $\frac{3}{4}$ mit verschiedenen natürlichen Zahlen und formuliere eine Regel. Prüfe die Regel für die Multiplikation von $\frac{2}{5}$ mit natürlichen Zahlen.

# 1.7 Brüche und Prozente

Nina recherchiert im Internet für ihr Erdkundereferat. Sie möchte wissen, wie hoch der Anteil der Bio-Anbauflächen an der gesamten landwirtschaftlichen Nutzfläche in den einzelnen Ländern Europas ist. Nina notiert die Angaben, die sie im Internet gefunden hat.

- Sortiere die Länder nach Größe des Anteils.
- Wie lassen sich die Anteile am besten vergleichen?
- Wie kann man diesen Vergleich anschaulich darstellen?

**Lösung**

Wandle die Angaben in Brüche um. Wähle zum Vergleich den Nenner 100. So können die Anteile verglichen und der Größe nach sortiert werden. In einem Rechteck mit 100 Kästchen lassen sich die Anteile gut darstellen. Der Anteil der Bio-Anbaufläche ist grün gefärbt.

Österreich $\frac{1}{4} = \frac{25}{100}$

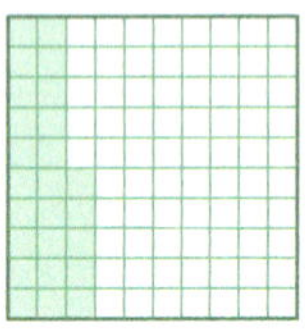

Schweden $\frac{1}{5} = \frac{20}{100}$

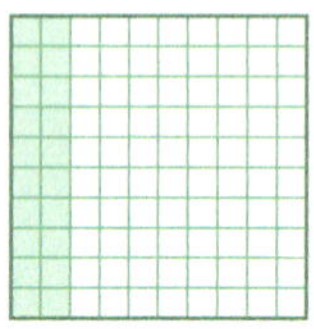

Griechenland $\frac{1}{10} = \frac{10}{100}$

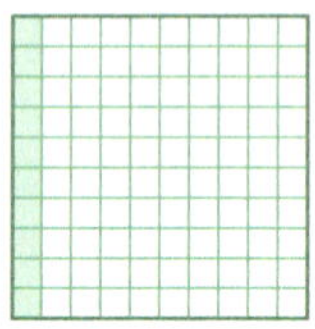

Deutschland $\frac{8}{100}$

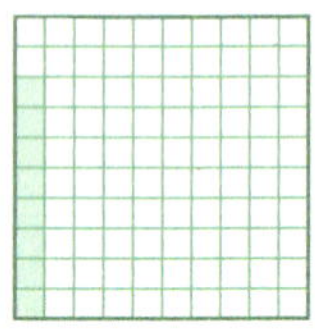

## Anteile in Prozent angeben

Anteile mit dem Nenner 100 kann man als **Prozent** darstellen. Dabei ist der Zähler der Prozentsatz. Schreibweise: $\frac{1}{100} = 1\,\% = 1$ Prozent

| **gekürzter Bruch** | $\frac{1}{100}$ | $\frac{1}{10}$ | $\frac{1}{4}$ | $\frac{1}{2}$ | 1 |
|---|---|---|---|---|---|
| **Hundertstel** | $\frac{1}{100}$ | $\frac{10}{100}$ | $\frac{25}{100}$ | $\frac{50}{100}$ | $\frac{100}{100}$ |
| **Prozent** | 1 % | 10 % | 25 % | 50 % | 100 % |
| **Sprache** | ein Hundertstel | ein Zehntel | ein Viertel | die Hälfte | das Ganze |
| **Grafik** | 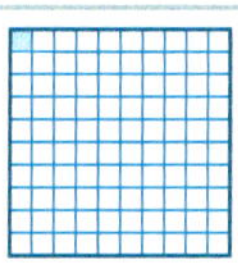 | 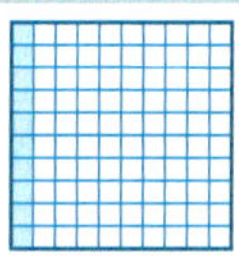 | 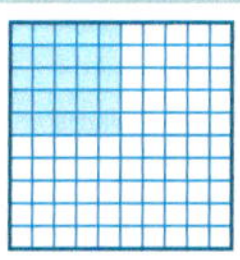 | 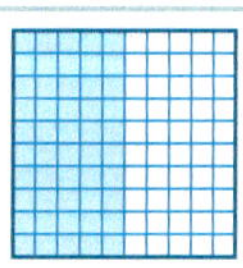 | 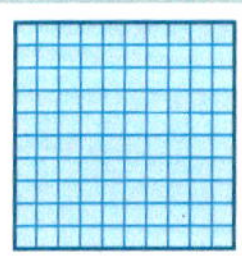 |

WES-137382-009

## Anteile in Prozent angeben und vergleichen

In der Klasse 5 a haben 13 von 20 Kindern ein Haustier, in der Klasse 5 b haben 17 von 25 Kindern ein Haustier.

Klasse 5 a: $\frac{13}{20} = \frac{65}{100} = 65\,\%$ Klasse 5 b: $\frac{17}{25} = \frac{68}{100} = 68\,\%$

Der Anteil der Kinder mit einem Haustier ist in der Klasse 5 b etwas höher als in der Klasse 5 a.

## Prozente als Bruch angeben

Eine Prozentangabe als Bruch schreiben und kürzen.

$60\,\% = \frac{60}{100} = \frac{6}{10} = \frac{3}{5}$ $4\,\% = \frac{4}{100} = \frac{1}{25}$

**1** **Anteil in Prozent**

Gib den Anteil in Prozent an.

a) $\frac{1}{4}$ b) $\frac{1}{2}$ c) $\frac{3}{4}$ d) $\frac{1}{5}$ e) $\frac{3}{5}$ f) $\frac{17}{25}$ g) $\frac{600}{800}$ h) $\frac{27}{27}$

**2** **Prozentangabe als Bruch**

Schreibe als Bruch und kürze, wenn möglich.

a) 20 % b) 75 % c) 40 % d) 15 % e) 30 % f) 99 % g) 100 % h) 8 %

**3** Ergänze jeweils den Anteil als Bruch oder den Anteil in Prozent in deinem Heft.

| | | | | | | | | | | |
|---|---|---|---|---|---|---|---|---|---|---|
| **Bruch** | ■ | $\frac{3}{5}$ | ■ | $\frac{17}{20}$ | ■ | $\frac{3}{4}$ | ■ | $\frac{15}{25}$ | ■ | $\frac{150}{200}$ |
| **Prozent** | 10 % | ■ | 80 % | ■ | 20 % | ■ | 3 % | ■ | 100 % | ■ |

**Prüfe dich!**
Lösungen auf Seite 195

**4** **Besondere Anteile, die du kennen musst**

Gib den Anteil in Prozent an.

a) die Hälfte b) drei Viertel c) ein Zehntel d) ein Viertel e) ein Fünftel f) alles

**5** **Anteile im Alltag vergleichen**

Gib die Anteile in Prozent an und vergleiche.

a) Von 60 Erwachsenen haben 24 ein Tablet.
Von 25 Kindern haben 11 ein Tablet.

b) 5 a: 5 von 25 Kindern haben eine Katze.
5 b: 6 von 30 Kindern haben eine Katze.

**6** **Diagramme zeigen Anteile**

Gib den gefärbten Anteil in Prozent an.

a) 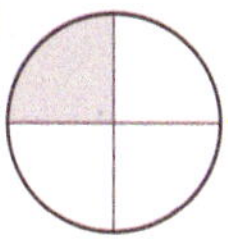
b) 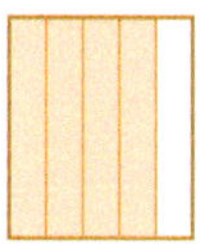
c) 
d) 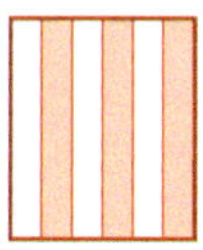
e) 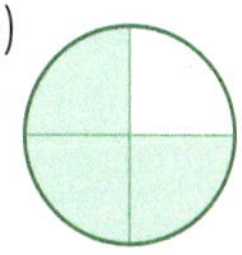
f) 

**7** **Prozentangaben veranschaulichen**

Veranschauliche die Prozentangaben an einem Rechteck.

a) 25 % b) 75 % c) 10 % d) 90 % e) 30 % f) 100 % g) 20 % h) 40 %

**8** Im SC Jagst schwimmen 120 von 500 Mädchen. Im SC Enz schwimmen 7 von 25 Mädchen. Vergleiche die Anteile, gib sie dazu in Prozent an. Stelle die Anteile am Rechteck dar.

**Prüfe dich!**
Lösungen auf Seite 195

**9** **Prozente im Gespräch**

Was meinst du zu den beiden Gesprächen?

**10** **Prozente rauf und runter**

Herr Maurer hat 6000 € in Aktien angelegt. Jetzt hat er 25 % verloren. Sein Freund Herr Sold meint: „*Die Zeiten werden wieder besser, dann wirst du zu deinem jetzigen Vermögen wieder 25 % gewinnen und alles ist wieder gut.*“ Was meinst du dazu?

# Brüche in der Musik

**Die Länge eines Tons**
Noten geben die Höhe und die Länge eines Tons an. Länge eines Tones bedeutet, wie lange der Ton im Vergleich zu anderen klingt. Zwei halbe Noten dauern in der Musik genauso lange wie vier Viertelnoten oder wie eine ganze Note oder wie acht Achtelnoten usw. Zu den Brüchen sagt man auch Notenwert.

**1** **Welche Idee steckt hinter den Notenwerten?**

Jeder hinzukommende Balken halbiert die Länge des Tons. Was bleibt hier gleich, was ändert sich? Erkläre mithilfe der Begriffe „Brüche“, „verfeinern“, „erweitern“ …

**2** **Takt und Taktarten**
Ein Takt ist eine durch senkrechte Striche begrenzte Einheit im Notenbild. Die Taktart wird zu Beginn einer Notenzeile durch einen Bruch angegeben.
Der Zähler gibt an, wie viele Grundschläge in jedem Takt vorkommen, der Nenner steht für den Notenwert dieser Schläge. Jede Taktart erzeugt ein eigenes Klang- bzw. Rhythmusbild.

Ein Drei-Viertel-Takt hat die Länge $\frac{3}{4}$.

Ordne die Taktarten $\frac{9}{8}$; $\frac{3}{4}$; $\frac{4}{4}$ und $\frac{6}{8}$ den Notenbildern (I) bis (IV) zu.
Gibt es auch unklare Zuteilungen?

(I)  (II)  (III)  (IV) 

**3** **Triolen und der Bolero**
Du hast gelernt, dass man die Notenlängen mit Halbe, Viertel, Achtel usw. angibt.
Was schreibt man aber, wenn man 3 Töne in der Länge von einem Viertel, Halben, Achtel … spielen möchte? Man schreibt eine 3 über den Strich, das sind dann Triolen.
Ein Stück voller Triolen ist die Mondscheinsonate von Ludwig van Beethoven.
Welchen Wert hat eine einzelne Note der Triole, wenn man diesen als Bruch angibt?

Diesen Rhythmus kannst du klopfen. Kommt er dir bekannt vor? Der Tanz heißt Bolero.

# Mein Merkzettel

## Anteile angeben und darstellen

Seite 10

Ein Ganzes wird in 10 Teile geteilt (Nenner) und man nimmt 3 davon (Zähler).

$\frac{3}{10}$ – Zähler (3), Bruchstrich, Nenner (10)

Lies: „drei Zehntel"

ein Ganzes $1$ $\xrightarrow{:10}$ ein Zehntel $\frac{1}{10}$ $\xrightarrow{\cdot 3}$ drei Zehntel $\frac{3}{10}$

## Kürzen

Seite 15

$\frac{12}{16} = \frac{3}{4}$ (:4)

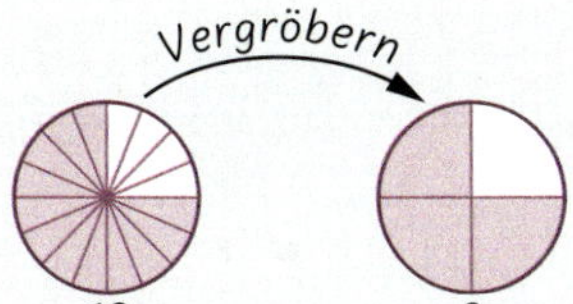


$\frac{12}{16}$ Kürzen $\rightarrow$ $\frac{3}{4}$

Der Wert des Bruchs bleibt gleich.

## Erweitern

$\frac{3}{4} = \frac{12}{16}$ (·4)

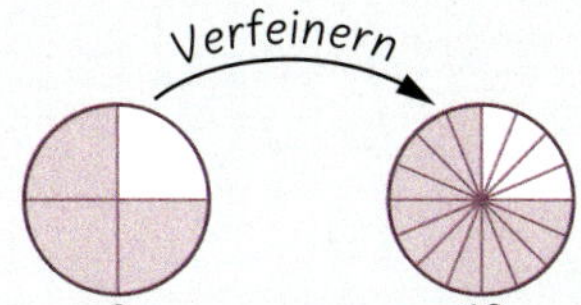


$\frac{3}{4}$ Erweitern $\rightarrow$ $\frac{12}{16}$

Der Wert des Bruchs bleibt gleich.

## In gemischter Schreibweise schreiben

Seite 21

$1 + 1 + \frac{2}{5} = 2\frac{2}{5}$ „zwei, zwei Fünftel"

$\frac{14}{3}$ in gemischter Schreibweise schreiben:

3 passt 4-mal in 14, übrig bleiben $\frac{2}{3}$,

also: $\frac{14}{3} = 4 + \frac{2}{3} = 4\frac{2}{3}$

## Als unechten Bruch schreiben

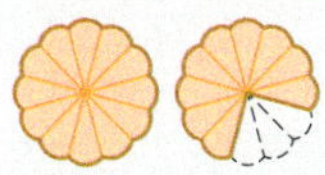

$1\frac{9}{12} = 1 + \frac{9}{12} = \frac{12}{12} + \frac{9}{12} = \frac{21}{12} = \frac{7}{4}$

$2\frac{3}{7}$ als unechten Bruch schreiben:

2 Ganze sind $\frac{14}{7}$, nun noch $\frac{3}{7}$ dazu,

also: $2\frac{3}{7} = \frac{14}{7} + \frac{3}{7} = \frac{17}{7}$

## Brüche vergleichen

Seite 18

**Gleiche Nenner** – Zähler vergleichen

$\frac{3}{7} < \frac{5}{7}$

- je größer der Zähler, desto mehr Teile

**Gleiche Zähler** – Nenner vergleichen

$\frac{5}{11} < \frac{5}{8}$

- je größer der Nenner, desto kleiner die Teile

**Nenner verschieden**

$\frac{3}{4}$ und $\frac{2}{3}$ vergleichen

- gemeinsamen Nenner finden
- erweitern auf einen gemeinsamen Nenner:
  $\frac{3 \cdot 3}{4 \cdot 3} = \frac{9}{12}$ und $\frac{2 \cdot 4}{3 \cdot 4} = \frac{8}{12}$
- nun die Zähler vergleichen:
  $\frac{8}{12} < \frac{9}{12}$, also: $\frac{2}{3} < \frac{3}{4}$

**Mit Zahlen wie $\frac{1}{2}$, 1, 2 … vergleichen**

$\frac{5}{11}$, $\frac{8}{9}$, $\frac{7}{5}$, $2\frac{3}{4}$ vergleichen

$\frac{5}{11}$ ist kleiner als $\frac{1}{2}$.

$\frac{8}{9}$ ist etwas kleiner als 1.

$\frac{7}{5}$ ist größer als 1, aber kleiner als 2.

$2\frac{3}{4}$ ist größer als 2.

$\frac{5}{11} < \frac{8}{9} < \frac{7}{5} < 2\frac{3}{4}$

Seite 21

## Brüche auf dem Zahlenstrahl – Brüche zwischen Brüchen finden

Die Mitte zwischen $\frac{3}{6}$ und $\frac{4}{6}$ ist gesucht.

- *dazu die Brüche erweitern*
- *dann lassen sich Brüche dazwischen finden*

$\frac{3}{6} = \frac{6}{12}$ (·2) $\qquad$ $\frac{4}{6} = \frac{8}{12}$ (·2)

$\frac{7}{12}$ liegt in der Mitte.

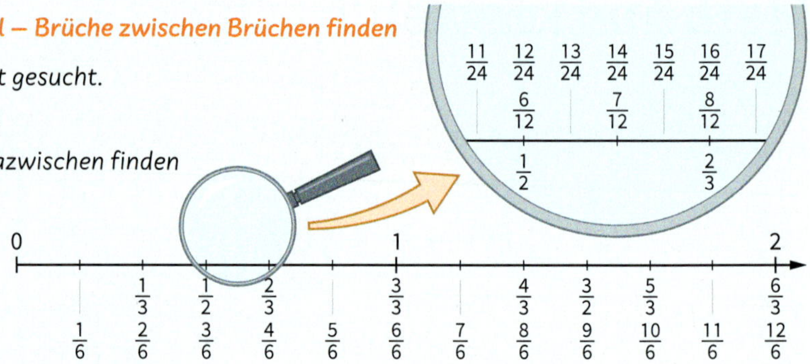


Seite 24
Seite 25

## Brüche vervielfachen

- *Zähler mit der Zahl multiplizieren:*

  $7 \cdot \frac{5}{9} = \frac{7 \cdot 5}{9} = \frac{35}{9}$

- *wenn möglich, frühzeitig beim Multiplizieren kürzen*

  $\frac{8}{15} \cdot 9 = \frac{8 \cdot \cancel{9}^{3}}{\cancel{15}_{5}} = \frac{8 \cdot 3}{5} = \frac{24}{5}$

## Brüche teilen

- *Nenner mit der Zahl multiplizieren:*

  $\frac{4}{3} : 3 = \frac{4}{3 \cdot 3} = \frac{4}{9}$

- *wenn möglich, frühzeitig beim Dividieren kürzen*

  $\frac{12}{7} : 9 = \frac{12}{7 \cdot 9} = \frac{\cancel{12}^{4}}{7 \cdot \cancel{9}_{3}} = \frac{4}{7 \cdot 3} = \frac{4}{21}$

Seite 25

## Vorsicht bei gemischter Schreibweise

- *immer erst in den unechten Bruch umwandeln*

$2\frac{2}{3} : 4 = \frac{8}{3} : 4 = \frac{2}{3}$

$3 \cdot 1\frac{2}{5} = 3 \cdot \frac{7}{5} = \frac{21}{5} = 4\frac{1}{5}$

Seite 26

## Prozente

**Prozente** sind Brüche mit dem Nenner 100:

$\frac{1}{100} = 1\,\%$ $\qquad$ $\frac{100}{100} = 1 = 100\,\%$

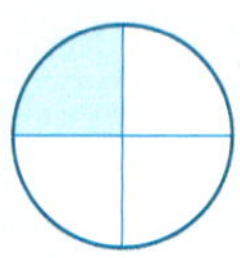

$\frac{1}{4} = \frac{25}{100} = 25\,\%$

Seite 26

## Anwenden und Vertiefen – Anteile in Prozent

*Anzahl gegeben –* ***Anteil in Prozent gesucht***

*6 von 15 Fischen sind Guppys.*

*Anteil als gekürzter Bruch:*

$\frac{6}{15} = \frac{2}{5}$

*Anteil in Prozent:*

$\frac{2}{5} = \frac{40}{100} = 40\,\%$

*Antwort:*

*40 % von 15 Fischen sind Guppys.*

*Anteil in Prozent gegeben –* ***Anzahl gesucht***

*40 % von 60 Kindern spielen ein Instrument.*

*Anteil als Bruch:*

$40\,\% = \frac{40}{100} = \frac{4}{10} = \frac{2}{5}$

*Anzahl bestimmen:*

$\frac{2}{5} \cdot 60 = \frac{2 \cdot 60}{5} = 24$

*Antwort:*

*24 Kinder spielen ein Instrument.*

# Wiederholen für die Klassenarbeit

Lösungen auf Seite 195

## 1 Brüche bestimmen

Gib für die gefärbten und die weißen Anteile den passenden Bruch an.

a) b) c) d) e) f)

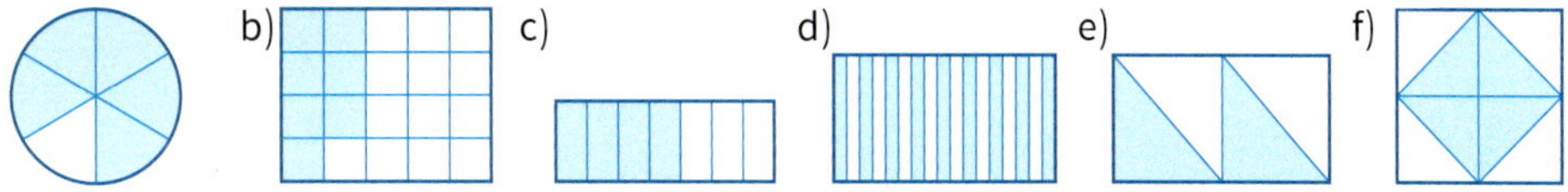

## 2 Den Teller nicht leer gegessen

Gib die Anteile der übrig gebliebenen Pizzen an. Begründe durch Vergleich der Brüche, wer am meisten, wer am wenigsten Pizza übriggelassen hat.

Britta: Salamipizza — Marcel: Thunfischpizza — Yvonne: vegetarische Pizza

## 3 Rätselhafte Anteile

Zeichne die Figur ab. Welcher Anteil ist gefärbt? Begründe mithilfe weiterer Hilfslinien.

a) b) c) d)

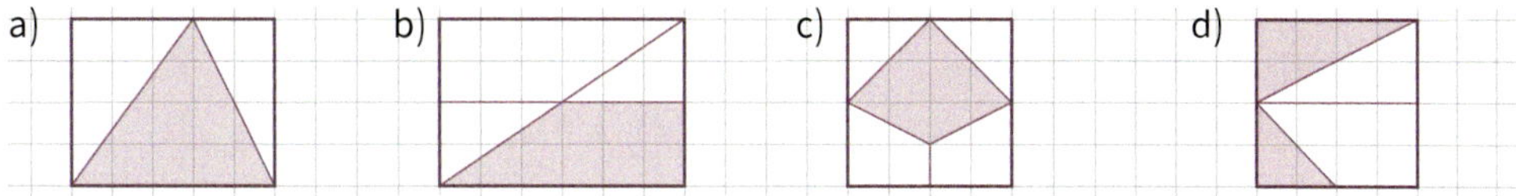

## 4 Brüche am Rechteck darstellen

Stelle den Bruch am Rechteck mit den Seitenlängen 3 cm und 4 cm dar.

a) $\frac{1}{2}$ b) $\frac{3}{4}$ c) $\frac{1}{3}$ d) $\frac{5}{6}$ e) $\frac{10}{12}$ f) $\frac{13}{24}$

## 5 Von Färbungen zu Brüchen

Gib den Anteil der gefärbten Fläche als Bruch an. Kürze den Bruch, wenn möglich.

a) b) c) d)

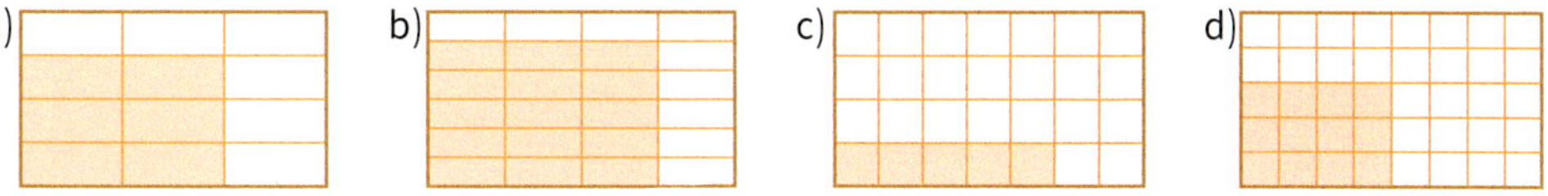

## 6 Gekürzt

Gib die Zahl an, mit der gekürzt wurde.

a) $\frac{6}{18}=\frac{1}{3}$ b) $\frac{14}{16}=\frac{7}{8}$ c) $\frac{16}{36}=\frac{4}{9}$ d) $\frac{9}{81}=\frac{1}{9}$ e) $\frac{25}{100}=\frac{1}{4}$ f) $\frac{12}{39}=\frac{4}{13}$

g) $\frac{34}{51}=\frac{2}{3}$ h) $\frac{18}{72}=\frac{1}{4}$ i) $\frac{3}{12}=\frac{1}{4}$ j) $\frac{12}{144}=\frac{1}{12}$ k) $\frac{19}{38}=\frac{1}{2}$ l) $\frac{375}{1000}=\frac{3}{8}$

## 7 Unechte Brüche im Bild

Gib den dargestellten Bruch als unechten Bruch und in der gemischten Schreibweise an.

a) b)

## 8 Unechte Brüche

Schreibe die Zahl als unechten Bruch.

a) $5\frac{1}{2}$ b) $3\frac{2}{3}$ c) $14\frac{1}{2}$ d) $7\frac{5}{9}$ e) $15\frac{1}{10}$ f) $8\frac{3}{7}$

Lösungen auf Seite 196

### 9 Gemischte Schreibweise

Schreibe den unechten Bruch in der gemischten Schreibweise.

a) $\frac{12}{5}$ b) $\frac{13}{4}$ c) $\frac{55}{23}$ d) $\frac{1001}{10}$ e) $\frac{219}{56}$ f) $\frac{51}{17}$

### 10 Vollständig kürzen

Kürze so weit wie möglich.

a) $\frac{18}{30}$ b) $\frac{15}{75}$ c) $\frac{36}{90}$ d) $\frac{192}{48}$ e) $1\frac{28}{42}$ f) $\frac{39}{42}$

### 11 Geschickt vergleichen durch Argumente

Welche Zahl ist größer? Setze die Zeichen <, > und begründe ohne Rechnung.

a) $\frac{2}{3}$ ▢ $\frac{2}{5}$ b) $\frac{5}{6}$ ▢ $\frac{4}{6}$ c) $\frac{2}{3}$ ▢ $\frac{6}{9}$ d) $\frac{4}{5}$ ▢ $\frac{4}{6}$ e) $\frac{3}{5}$ ▢ $\frac{2}{7}$ f) $\frac{8}{9}$ ▢ $\frac{9}{8}$

### 12 Gemeinsamer Nenner oder geschickt begründen

Untersuche, welcher Bruch der größere Bruch ist. Erweitere dazu auf einen gemeinsamen Nenner oder begründe.

a) $\frac{5}{6}$ oder $\frac{2}{3}$ b) $\frac{2}{9}$ oder $\frac{1}{6}$ c) $\frac{1}{2}$ oder $\frac{5}{8}$ d) $\frac{5}{6}$ oder $\frac{5}{9}$

e) $1\frac{1}{3}$ oder $2\frac{1}{3}$ f) $\frac{7}{30}$ oder $\frac{11}{45}$ g) $\frac{6}{5}$ oder $\frac{17}{18}$ h) $\frac{6}{21}$ oder $\frac{4}{15}$

### 13 Brüche ordnen

Ordne die Brüche der Größe nach, beginne mit dem kleinsten.

a) $\frac{1}{2}, \frac{3}{4}, 1\frac{1}{5}, \frac{3}{10}$ b) $\frac{4}{9}, \frac{1}{4}, \frac{7}{18}, \frac{5}{9}$ c) $\frac{5}{4}, \frac{8}{7}, \frac{7}{8}, \frac{3}{4}$ d) $\frac{15}{6}, \frac{19}{9}, 2\frac{1}{9}, 2\frac{1}{6}$

### 14 Anteil zum Ganzen ergänzen

Der Anteil ist dargestellt, ergänze in deinem Heft zum Ganzen.

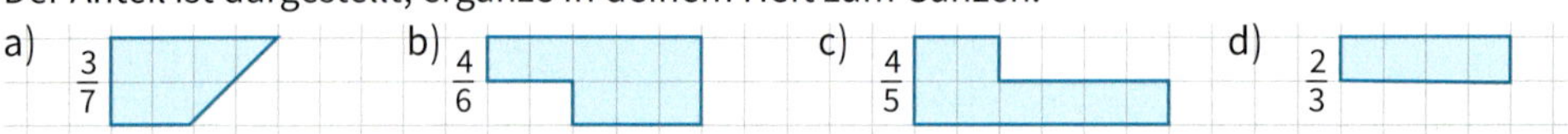


### 15 Brüche auf dem Zahlenstrahl

Gib die auf dem Zahlenstrahl markierten Zahlen an.

a)

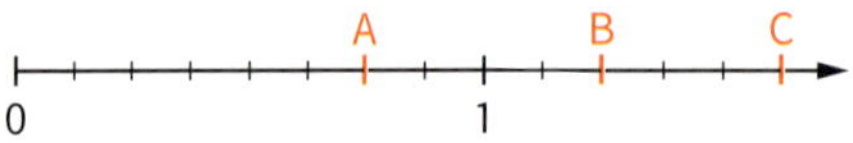


b)

### 16 Platz auf dem Zahlenstrahl finden

Gib an, in welchem farbig markierten Bereich der Bruch liegt.

$\frac{2}{5}$ $\frac{14}{8}$ $\frac{13}{10}$ $\frac{25}{11}$ $\frac{17}{30}$ $\frac{16}{9}$ $\frac{29}{12}$ $\frac{29}{8}$

### 17 Zahlenstrahl zeichnen

Zeichne einen Zahlenstrahl. Teile den Zahlenstrahl sinnvoll ein und trage die Brüche ein.

$3\frac{1}{8}$ $\frac{1}{4}$ $\frac{3}{3}$ $\frac{13}{8}$ $\frac{3}{4}$ $\frac{9}{4}$ $\frac{15}{4}$ $\frac{7}{2}$

### 18 Platz zwischen zwei Brüchen finden

Gib zwei Brüche an, die zwischen den beiden Brüchen liegen.

a) $\frac{3}{7}$ und $\frac{5}{7}$ b) $\frac{8}{9}$ und 1 c) $\frac{199}{100}$ und 2 d) $\frac{1}{2}$ und $\frac{9}{16}$

### 19 Zahl gesucht

Von den drei markierten Zahlen liegt die zweite genau in der Mitte. Bestimme die fehlende Zahl.

a)

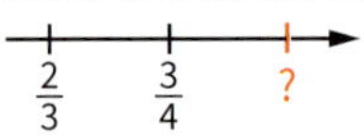


b)

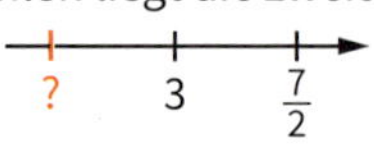


c)

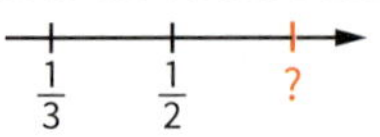


d)

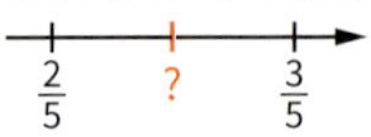

Lösungen auf Seite 197

## 20 Dichtheit

Nimm Stellung zu den Aussagen.

a) Zwischen $\frac{30}{80}$ und $\frac{31}{80}$ gibt es keinen Bruch mehr, der genau in der Mitte liegt.

b) Zwischen zwei Brüchen findet man immer wieder zwei Brüche.

## 21 Adam und Eva erben

Wer erbt mehr?
Begründe auf unterschiedliche Weise.

**Testament**
Adam soll $\frac{9}{20}$ des Vermögens erben.
Eva soll $\frac{7}{15}$ des Vermögens erben

## 22 Tage mit Sonnenschein

Michael, Ole und Jorin waren unterschiedlich lange im Urlaub. Michael hatte an 7 von 10 Tagen Sonnenschein, Ole an 3 von 5 Tagen und Jorin konnte an 8 von 14 Tagen in der Sonne spielen. Untersuche, wer das beste Wetter hatte.

## 23 Vervielfachen und Teilen

Berechne.

a) $3 \cdot \frac{5}{6}$ b) $\frac{3}{4} \cdot 12$ c) $\frac{6}{7} : 2$ d) $\frac{6}{7} : 7$ e) $\frac{7}{6} : 6$ f) $\frac{5}{7} \cdot 28$

g) $\frac{14}{3} : 7$ h) $\frac{14}{3} : 12$ i) $9 \cdot \frac{7}{3}$ j) $\frac{8}{9} : 4$ k) $4 \cdot 1\frac{1}{2}$ l) $3\frac{1}{4} \cdot 8$

## 24 Immer wenn

Setze die Sätze fort, sodass eine sinnvolle, wahre Aussage entsteht.

a) Wenn man den Nenner eines Bruchs um 1 vergrößert, dann …

b) Wenn man den Zähler und den Nenner eines Bruchs verdoppelt, dann …

c) Wenn bei zwei Brüchen in gemischter Schreibweise die natürliche Zahl vor dem ersten Bruch größer ist als die natürliche Zahl vor dem zweiten Bruch, dann …

## 25 Brüche und Prozente

Übertrage die Tabelle in dein Heft und ergänze die Einträge.

| **Bruchteil** | $\frac{1}{4}$ | ■ | ■ | $\frac{3}{4}$ | $\frac{3}{5}$ | ■ | $\frac{7}{20}$ | ■ |
|---|---|---|---|---|---|---|---|---|
| **Prozentangabe** | ■ | 30 % | 45 % | ■ | ■ | 12,5 % | ■ | 80 % |

## 26 Anteile in Prozent

Bestimme den Anteil und gib ihn in Prozent an.

a) 16 m von 25 m b) 13 € von 20 € c) 70 € von 200 € d) 16 von 40 Leuten

## 27 Mischmasch aufräumen

Ordne die Zahlen der Größe nach, beginne mit der kleinsten Zahl.

$\frac{2}{5}$ $\frac{3}{8}$ 30 % 5 % $\frac{1}{4}$ 60 % $\frac{2}{3}$ $\frac{3}{10}$

## 28 Wahr oder falsch?

Überprüfe, ob die Aussage wahr ist. Gib eine Begründung an.

*a) Wenn zwei Brüche denselben Nenner haben, ist der Bruch größer, der den größeren Zähler hat.*

*b) Es gibt unendlich viele verschiedene Möglichkeiten eine Zahl als Bruch darzustellen.*

*c) $1\frac{1}{2}$ sind 150 %.*

*d) 33 % sind ein Drittel.*

## 29 Bruch als Prozent – und umgekehrt

Schreibe als Bruch beziehungsweise in Prozent.

a) 25 % b) 1 % c) 37 % d) 7% e) 6 % f) 15 %

g) $\frac{3}{4}$ h) $\frac{2}{5}$ i) $\frac{11}{10}$ j) $\frac{9}{10}$ k) $\frac{51}{100}$ l) $\frac{3}{5}$

# 2 Rechnen mit Brüchen

Welcher Teil eines Apfels ist übrig geblieben?

Welchen Anteil aller Äpfel bekommt jeder beim Verteilen?

Solche Fragen kannst du mit Brüchen beantworten.

Und noch viel mehr:
Man kann mit den Brüchen auch rechnen, wie mit anderen Zahlen.

- **Welche Bedeutungen kann der Bruch $\frac{3}{4}$ haben?**
- **Wie rechnet man mit Brüchen?**
- **Gelten die Rechengesetze auch beim Rechnen mit Brüchen?**

# 2.1 Grundvorstellungen von Brüchen

**Vorbereiten**
Brüche
Seite 10

*„Heute hat Maja $\frac{1}{4}$ einer Torte gegessen. Es bleiben noch $\frac{3}{4}$ für ihre Geschwister übrig."*

- Zu welchem Bild gehört diese Geschichte?
- Erzähle zu jedem Bild ebenso eine Bruchgeschichte.
- Welches Bild passt nicht zu den anderen Bildern?

WES-137382-010

## Bruch als Anteil eines Ganzen

$\frac{3}{4}$ eines Ganzen.

Teile den Kreis in 4 gleich große Teile und nimm 3 davon.

ein Ganzes | ein Viertel | drei Viertel

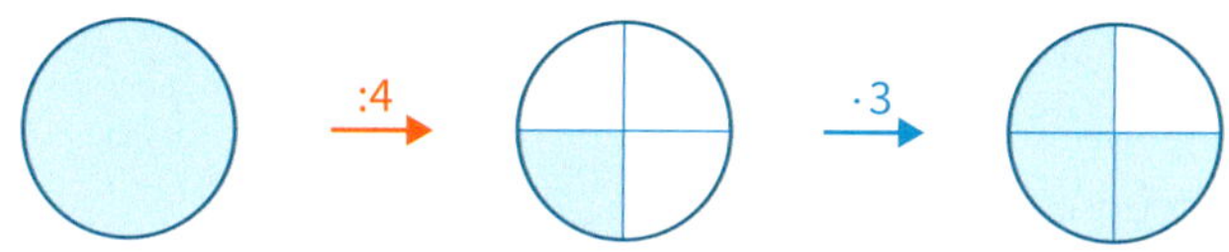


1 | $\frac{1}{4}$ | $\frac{3}{4}$

**1** **Anteile als Brüche angeben**

Gib den gefärbten Anteil als Bruch an.

a) 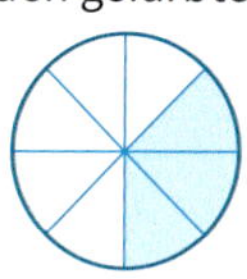 b)  c) 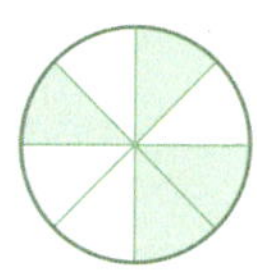 d) 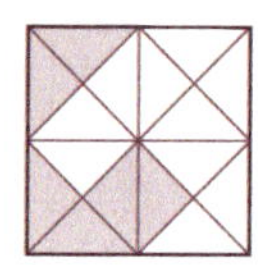

**2** **Anteile darstellen**

Stelle den Anteil an einem Rechteck dar.

a) $\frac{3}{10}$ b) $\frac{5}{12}$ c) $\frac{3}{15}$ d) $\frac{11}{20}$ e) $\frac{14}{15}$ f) $\frac{2}{9}$ g) $\frac{5}{10}$ h) $\frac{7}{25}$

**3** **Verfeinern und Vergröbern**

Das Rechteck stellt $\frac{6}{8}$ dar.

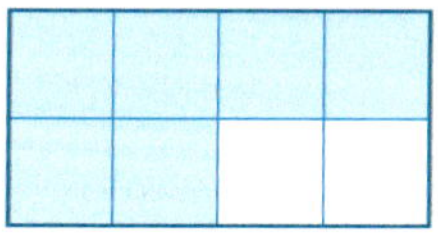

a) Übertrage das Rechteck zweimal in dein Heft und stelle daran $\frac{3}{4}$ und $\frac{12}{16}$ dar. Beschreibe, wie deine Darstellung aus dieser Darstellung für $\frac{6}{8}$ entsteht. Nutze dafür: „verfeinern der Aufteilung", „vergröbern der Aufteilung", „Kürzen", „Erweitern"

b) Erkläre an deinen Bildern, was „gleichwertige Brüche" sind.

**4** **Übung zum Erweitern und Kürzen**

Fülle die Lücke so, dass die Gleichung stimmt.

a) $\frac{3}{7} = \frac{18}{\square}$ b) $\frac{\square}{4} = \frac{9}{12}$ c) $\frac{72}{\square} = \frac{9}{10}$ d) $\frac{8}{11} = \frac{32}{\square}$ e) $\frac{\square}{27} = \frac{66}{81}$ f) $\frac{45}{72} = \frac{5}{\square}$ g) $\frac{\square}{28} = \frac{39}{84}$ h) $\frac{52}{65} = \frac{\square}{5}$

**Prüfe dich!**
Lösungen auf Seite 198

**5** Stelle den Bruch als Anteil an einem Rechteck dar.

a) $\frac{1}{4}$ b) $\frac{4}{9}$ c) $\frac{4}{10}$ d) $\frac{4}{15}$ e) $\frac{5}{6}$ f) $\frac{6}{12}$ g) $\frac{10}{49}$ h) $\frac{24}{64}$

**6** Kürze den Bruch. Beschreibe in Worten, wie man an der Primfaktorzerlegung von Zähler und Nenner erkennen kann, ob man einen Bruch mehrmals/einmal/keinmal kürzen kann.

a) $\frac{4}{10}$ b) $\frac{6}{15}$ c) $\frac{12}{30}$ d) $\frac{26}{39}$ e) $\frac{40}{56}$ f) $\frac{52}{117}$ g) $\frac{210}{525}$ h) $\frac{150}{1050}$

**Einstieg**

### Brüche ordnen

Sortiere die Brüche der Größe nach, beginne mit dem kleinsten.
Welche Ideen nutzt du beim Größenvergleich? Notiere verschiedene Kriterien, die man zum Größenvergleich von Brüchen nutzen kann.

### Brüche auf dem Zahlenstrahl

**Brüche sind Zahlen** auf dem Zahlenstrahl. Brüche liegen in den Bereichen zwischen den natürlichen Zahlen auf dem Zahlenstrahl.

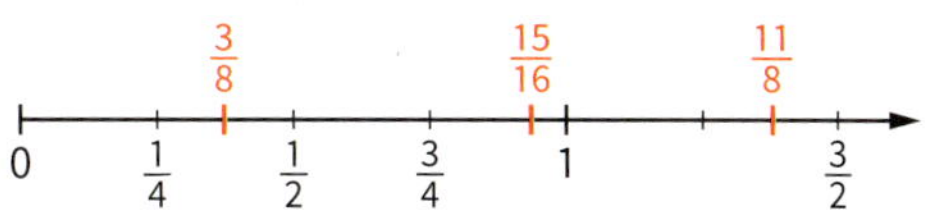


Natürliche Zahlen kann man auch als Bruch schreiben.

$1 = \frac{2}{2} = \frac{3}{3} = \ldots$ $\qquad 2 = \frac{4}{2} = \frac{6}{3} = \ldots$

Brüche, die größer sind als 1, nennt man unechte Brüche. Unechte Brüche schreibt man auch in der gemischten Schreibweise.

$\frac{17}{5} = 3\frac{2}{5}$ *„Drei Ganze und zwei Fünftel"* oder *„Drei zwei fünftel"*

WES-137382-011

**7** **Brüche größer als 1**

Schreibe als unechten Bruch oder in der gemischten Schreibweise.

a) $\frac{13}{5}$ b) $3\frac{1}{2}$ c) $\frac{17}{4}$ d) $5\frac{1}{3}$ e) $\frac{53}{7}$ f) $2\frac{4}{9}$ g) $\frac{90}{45}$ h) $3\frac{10}{11}$

**8** **Zahlen am Zahlenstrahl ablesen**

Welche Brüche sind markiert?

a) 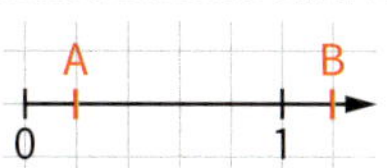


b) 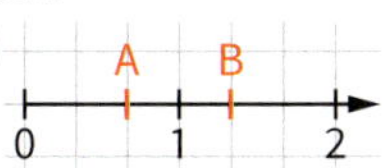


c) 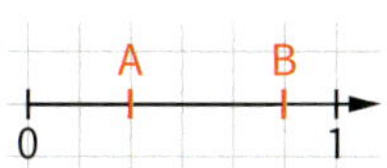


d) 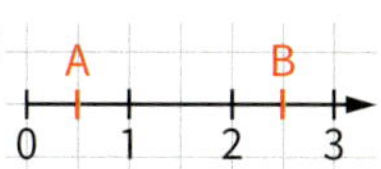


**9** **Brüche auf dem Zahlenstrahl markieren**

Übertrage den Zahlenstrahl in dein Heft und markiere die Brüche auf dem Zahlenstrahl.

$\frac{10}{5}$, $\frac{1}{2}$, $\frac{3}{4}$, $\frac{1}{3}$, $1\frac{1}{4}$, $2\frac{1}{6}$, $\frac{11}{12}$, $\frac{1}{6}$, $\frac{3}{2}$, $\frac{10}{6}$

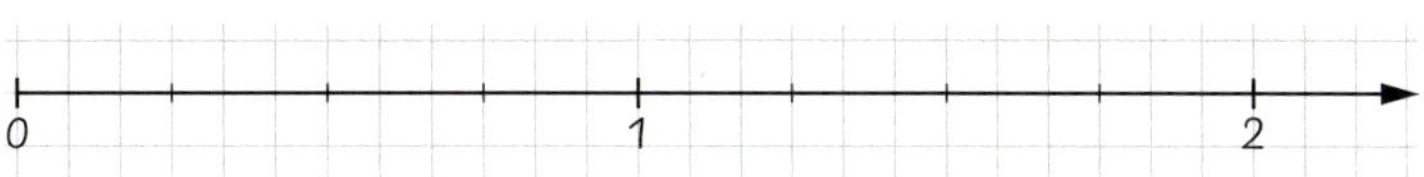


**10** **Brüche dazwischen gesucht**

Gib drei Brüche an, die zwischen den beiden Zahlen liegen.
Welcher Bruch liegt genau in der Mitte der beiden Zahlen?

a) 1 und 2 b) $\frac{5}{10}$ und $\frac{9}{10}$ c) $\frac{1}{2}$ und $\frac{7}{6}$ d) 2 und $\frac{5}{2}$

**Prüfe dich!** Lösungen auf Seite 198

**11** Zeichne einen Zahlenstrahl. Wähle 8 Kästchen für die Schrittlänge von 0 bis 1. Markiere die Brüche $\frac{4}{8}$, $\frac{9}{6}$, $3\frac{3}{8}$, $2\frac{1}{4}$, $\frac{1}{8}$, $\frac{11}{4}$, $\frac{5}{5}$, $\frac{3}{2}$ auf dem Zahlenstrahl.

**12** Die Zahl B liegt genau in der Mitte von A und C. Gib die fehlende Zahl an.

a) 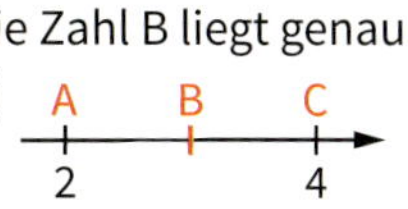


b) 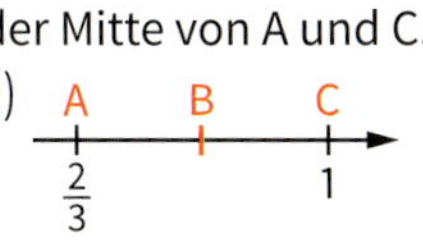


c) 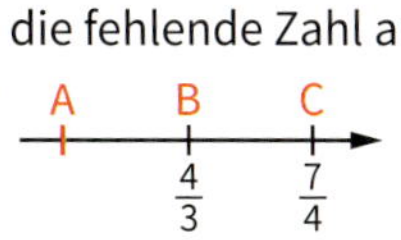


d) 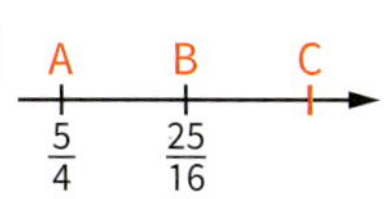

WES-137382-012

## Bruch als Anteil mehrerer Ganzer

Bestimme $\frac{3}{4}$ von 8 Ganzen.

Teile die 8 Ganzen in 4 gleich große Teile und nimm 3 davon.

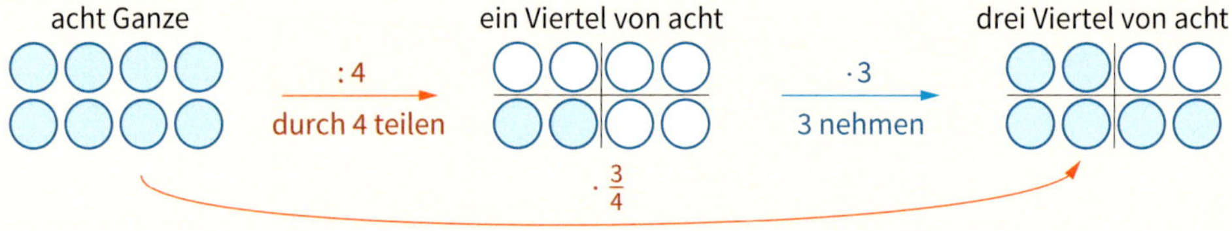


Berechne durch Multiplizieren: $\frac{3}{4} \cdot 8 = \frac{3 \cdot 8}{4} = \frac{3 \cdot \cancel{8}^{2}}{\cancel{4}_{1}} = 6$

**13** **Mehr, weniger oder gleich?**

Vergleiche – Kannst du sofort erkennen, welcher Anteil größer ist? Begründe.

a) $\frac{1}{4}$ von 20 oder $\frac{1}{5}$ von 20 b) $\frac{5}{6}$ von 120 oder $\frac{5}{6}$ von 150 c) $\frac{1}{2}$ von 210 oder $\frac{3}{6}$ von 210

**14** **Anteile bestimmen**

Bestimme den roten Anteil. Gib den Anteil als Bruch an.

a) 
b) 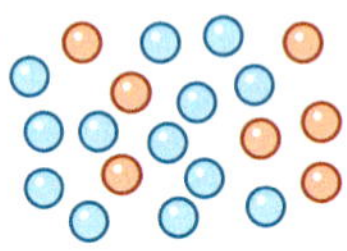
c) 
d) 

**15** **Wie viel ist es?**

a) $\frac{2}{5}$ von 20 b) $\frac{3}{8}$ von 32 c) $\frac{5}{7}$ von 56 d) $\frac{8}{9}$ von 189 e) $\frac{4}{5}$ von 380 f) $\frac{3}{16}$ von 96

**16** **Anteile und Prozente**

Berechne die Anteile. Gib die Anteile auch in Prozent an.
Bei mehreren Ganzen kann ein Anteil auch ein Bruch sein.

a) $\frac{3}{4}$ von 30 b) $\frac{4}{5}$ von 10 c) $\frac{3}{8}$ von 100 d) $\frac{2}{25}$ von 15

e) $\frac{5}{8}$ von 12 f) $\frac{3}{20}$ von 120 g) $\frac{9}{10}$ von 10 h) $\frac{3}{8}$ von 50

**Prozente bestimmen**

$\frac{1}{4}$ in Prozent angeben:

$\frac{1}{4} = \frac{25}{100} = 25\,\%$

**17** **Brüche aufteilen**

Fülle die Lücken so, dass die Rechnung stimmt.

a) 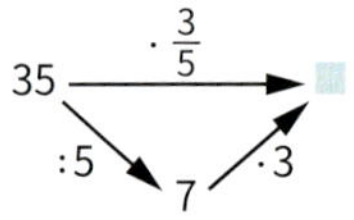

b) 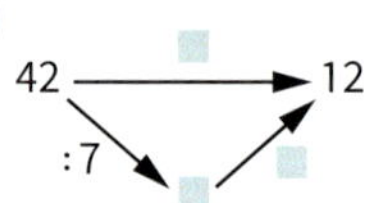

c) 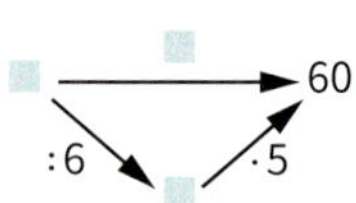

d) 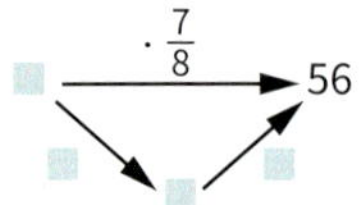


**18** **Wie viel war es?**

a) $\frac{3}{4}$ von ▢ ergibt 60 b) $\frac{2}{5}$ von ▢ ergibt 280 c) $\frac{2}{7}$ von ▢ ergibt 40 d) $\frac{5}{9}$ von ▢ ergibt 135

**19** **Vervielfachen**

Berechne und kürze das Ergebnis, falls möglich.

a) $\frac{3}{5} \cdot 6$ b) $6 \cdot \frac{2}{9}$ c) $15 \cdot \frac{5}{9}$ d) $\frac{5}{9} \cdot 2$ e) $6 \cdot \frac{3}{16}$ f) $\frac{7}{12} \cdot 8$ g) $\frac{10}{121} \cdot 22$ h) $12 \cdot \frac{7}{8}$

**Prüfe dich!**
Lösungen auf Seite 198

**20** Bestimme die Anzahl. Gib danach den Anteil in Prozent an.

a) $\frac{3}{4}$ von 520 Kindern b) $\frac{3}{5}$ von 150 Hasen c) $\frac{7}{20}$ von 560 Fischen d) $\frac{9}{15}$ von 30 Katzen

**21** Berechne. a) $\frac{5}{7} \cdot 77$ b) $45 \cdot \frac{3}{5}$ c) $12 \cdot \frac{3}{5}$ d) $\frac{3}{20} \cdot 10$ e) $6 \cdot \frac{5}{22}$ f) $24 \cdot \frac{5}{64}$ g) $\frac{5}{33} \cdot 22$

WES-137382-013

## Bruch als Quotient beim gerechten Verteilen

4 Pizzen auf 3 Personen aufteilen ergibt:

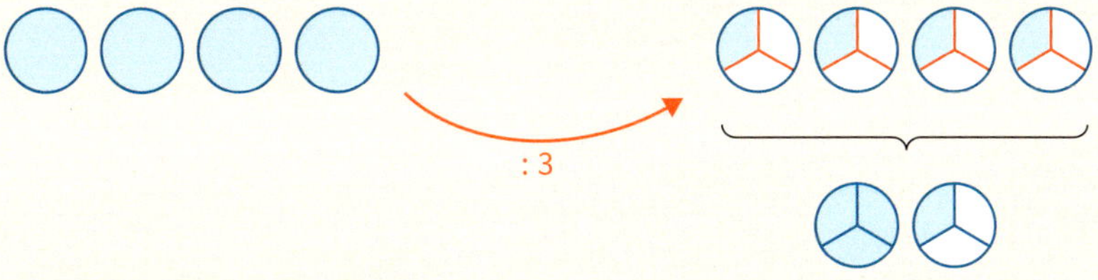


$4 \quad : 3 \quad = \quad \frac{4}{3}$

Jede Person bekommt $\frac{4}{3}$ einer Pizza.

**22** **Gerecht verteilen**

Bestimme wie viel jedes Kind bekommt, wenn gerecht aufgeteilt wird.

a) 16 Äpfel werden an 12 Kinder verteilt.
b) 4 Kinder teilen 3 Pizzen unter sich auf.
c) 2 Torten stehen für 18 Gäste bereit.
d) 3 Kinder essen 7 Pfannkuchen.

**23** **Manchmal ist Verteilen schwierig**

Drei Geschwister teilen stets alles gerecht untereinander auf.

a) Wie viel bekommt jeder von fünf Pfannkuchen?
b) Für das Rasenmähen bekommen die drei Geschwister zusammen 10 €. Warum fällt es den Dreien schwer, die 10 € untereinander aufzuteilen?

**24** **„Besondere Brüche“ beim Verteilen**

Wie viel Pizza bekommt jedes Kind? Gib zunächst als Bruch an.

a) Verteile vier Pizzen an ein Kind.
b) Verteile fünf Pizzen an fünf Kinder.
c) Verteile null Pizzen an vier Kinder.
d) Verteile eine Pizza an ein Kind.

**25** 4 l Saft werden gerecht an 2 [3; 4; 5; 6] Personen verteilt. Bestimme, wie viel jede Person erhält.

**Prüfe dich!**
Lösungen auf Seite 198

**26** **Hildas große Geburtstagsparty**

Bei Hildas Filmabend werden 5 Packungen Erdnüsse auf 4 Kinder verteilt. An Hildas großer Geburtstagsparty nehmen 36 Kinder teil. Wie viele Packungen Erdnüsse sind nötig, damit jedes Kind gleich viel bekommt wie damals am Filmabend?

**27** **Schokoladentafeln verteilen**

8 Kinder teilen 6 Schokoladentafeln gleichmäßig untereinander auf.
In einer anderen Gruppe erhält jedes Kind ebenso viel Schokolade, dort werden allerdings 9 Tafeln verteilt. Wie viele Kinder sind in der anderen Gruppe?

**28** **Verschiedene Pizzateilungen**

3 Pizzen sollen an 4 Kinder verteilt werden. Prüfe, welche Verteilungen gerecht sind.
Greta: „*3 Kinder bekommen je eine ganze Pizza, dann gibt jedes Kind ein Viertel seiner Pizza dem vierten Kind ab.*“
Leo: „*Ich teile jede Pizza in 3 Teile und jedes Kind nimmt sich einen Teil.*“
Havin: „*Ich teile jede Pizza in 4 Teile. Jedes Kind darf sich von jeder Pizza einen Teil nehmen.*“
Hannes: „*Ich mag kleine Stücke. Also teile ich jede Pizza in 12 Teile. Dann stelle ich alles auf den Esstisch und jedes Kind darf sich insgesamt 8 Teile nehmen.*“
Felix: „*Ich mag nur Salamipizza, die beiden Pizzen mit den Pilzen dürfen die anderen essen.*“

# 2.2 Brüche addieren und subtrahieren

Vorbereiten
Erweitern
Seite 15

Der Kuchenverkauf am Hölderlin-Gymnasium ist beendet. Maria hatte ihren Kuchen in 8 Teile geteilt, Paul in 10 Teile, hier siehst du die Reste. *„Das ist ja zusammen fast ein halber Kuchen“*, sagt Maria.

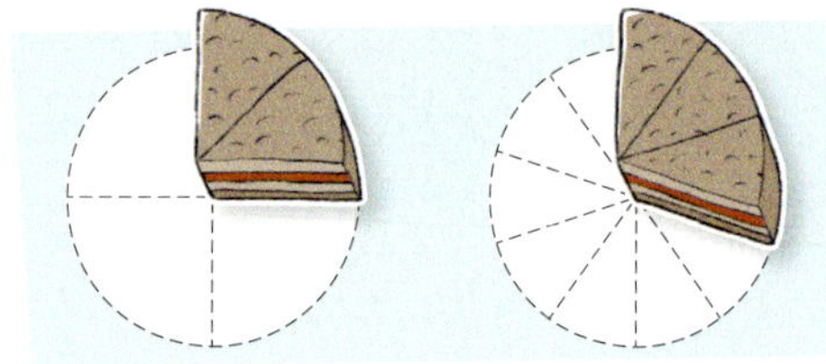

Stimmt das?

**Lösung**

Kuchenreste: bei Maria $\frac{2}{8} = \frac{1}{4}$; bei Paul $\frac{3}{10}$

Da die Kuchenstücke unterschiedlich groß sind, kann man sie nicht zusammenzählen. Man muss die Aufteilung verfeinern, um gleich große Kuchenstücke zu erhalten.

$\frac{1}{4} + \frac{3}{10} =$

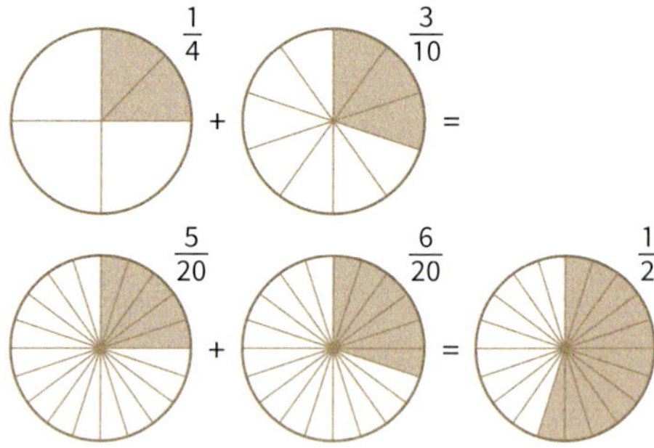

$\frac{5}{20} + \frac{6}{20} = \frac{11}{20}$

Um die Brüche zu addieren, erweitert man sie so, dass sie den gleichen Nenner haben.

Hier 20: $\frac{1}{4} = \frac{1 \cdot 5}{4 \cdot 5} = \frac{5}{20}$ $\quad \frac{3}{10} = \frac{3 \cdot 2}{10 \cdot 2} = \frac{6}{20}$

Antwort: Insgesamt sind $\frac{11}{20}$ übriggeblieben, das ist etwas mehr als ein halber Kuchen.

WES-137382-014

### Brüche addieren und subtrahieren

**Gleiche Nenner**
- Zähler addieren
- Nenner beibehalten

$\frac{2}{9} + \frac{5}{9} = \frac{2+5}{9} = \frac{7}{9}$

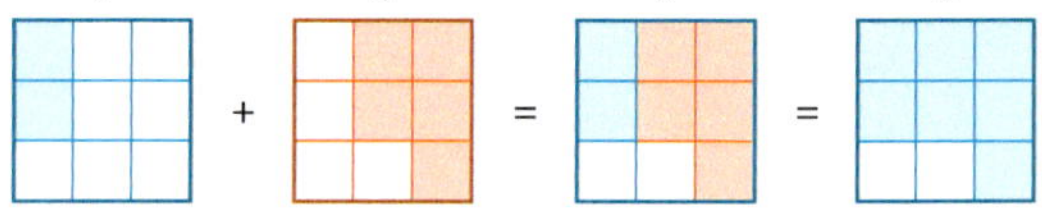

2 Neuntel + 5 Neuntel = 7 Neuntel

**Unterschiedliche Nenner**
- Brüche gleichnamig machen: gemeinsamen Nenner finden
- Zähler addieren
- Nenner beibehalten

$\frac{1}{3} + \frac{1}{4} = \frac{4}{12} + \frac{3}{12} = \frac{4+3}{12} = \frac{7}{12}$

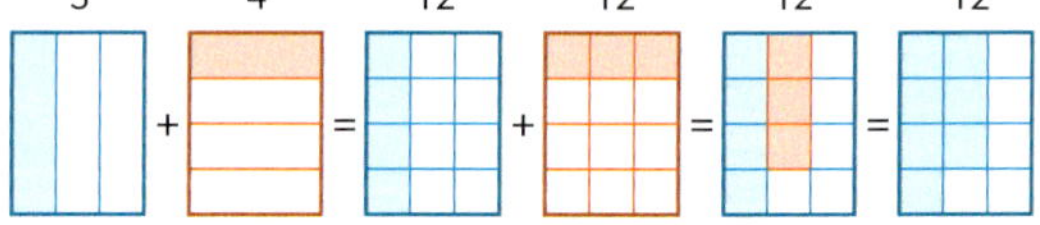

4 Zwölftel + 3 Zwölftel = 7 Zwölftel

Beim Subtrahieren geht man ebenso vor: Die Zähler werden dann subtrahiert.

$\frac{4}{5} - \frac{7}{10} = \frac{8}{10} - \frac{7}{10} = \frac{8-7}{10} = \frac{1}{10}$

8 Zehntel − 7 Zehntel = 1 Zehntel

### Brüche addieren

$\frac{1}{9} + \frac{5}{6} = \frac{1 \cdot 2}{9 \cdot 2} + \frac{5 \cdot 3}{6 \cdot 3} = \frac{2}{18} + \frac{15}{18} = \frac{2+15}{18} = \frac{17}{18}$

- Ein gemeinsamer Nenner ist 18.
- beide Brüche erweitern
- Zähler addieren

### Brüche subtrahieren

$\frac{2}{3} - \frac{7}{15} = \frac{2 \cdot 5}{3 \cdot 5} - \frac{7}{15} = \frac{10}{15} - \frac{7}{15} = \frac{10-7}{15} = \frac{3}{15} = \frac{1}{5}$

- Ein gemeinsamer Nenner ist 15.
- nur den ersten Bruch erweitern
- Zähler subtrahieren
- Ergebnis kürzen

**1** ≡ **Rechnung in einem Bild**

Schreibe eine Rechnung zu „blauer Anteil plus roter Anteil“. Gib auch an, welcher Anteil übrig ist (weiß).

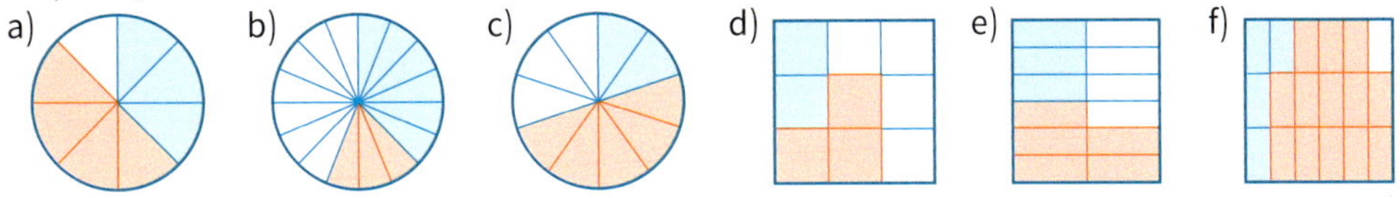


**2** ≡ **Rechnung mit Bildern**

Notiere die passende Rechnung und stelle die Lösung als Bild in deinem Heft dar.

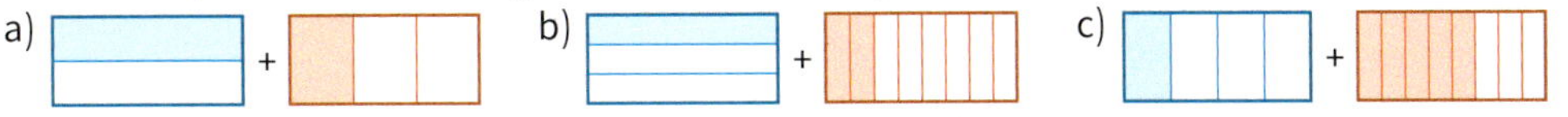


**3** ≡ **Mit gleichnamigen Brüche rechnen**

Berechne und kürze das Ergebnis, wenn möglich.

a) $\frac{4}{9}+\frac{2}{9}$  b) $\frac{9}{17}-\frac{7}{17}$  c) $\frac{13}{8}-\frac{5}{8}$  d) $\frac{3}{20}+\frac{7}{20}$  e) $\frac{8}{9}-\frac{4}{9}+\frac{13}{9}+\frac{1}{9}-\frac{8}{9}$

**4** ≡ **Ein Nenner muss sich anpassen**

Erweitere nur einen Bruch und berechne. Kürze das Ergebnis, wenn möglich.

a) $\frac{1}{5}+\frac{3}{10}$  b) $\frac{7}{8}-\frac{3}{4}$  c) $\frac{8}{15}+\frac{2}{3}$  d) $\frac{11}{12}-\frac{3}{4}$  e) $\frac{48}{56}+\frac{1}{7}$  f) $\frac{14}{65}-\frac{1}{5}$

**5** ≡ **Kopfrechnen**

Berechne im Kopf und notiere das Ergebnis.

a) $\frac{1}{4}+\frac{2}{4}$  b) $\frac{4}{5}-\frac{2}{5}$  c) $\frac{3}{4}+\frac{1}{8}$  d) $\frac{5}{6}-\frac{2}{3}$  e) $\frac{3}{8}+\frac{3}{16}$  f) $\frac{4}{10}-\frac{1}{5}$

**6** ≡ **Gemeinsamen Nenner finden**

Erweitere auf einen gemeinsamen Nenner und berechne. Kürze das Ergebnis, wenn möglich.

a) $\frac{3}{5}+\frac{1}{2}$  b) $\frac{4}{5}-\frac{1}{3}$  c) $\frac{6}{7}+\frac{3}{10}$  d) $\frac{6}{11}-\frac{1}{3}$  e) $\frac{5}{6}-\frac{2}{9}$  f) $\frac{3}{8}+\frac{1}{6}$

### Kleinster gemeinsamer Nenner von $\frac{4}{15}$ und $\frac{7}{20}$

Bilde die Vielfachen des größeren Nenners, bis du auf ein Vielfaches des kleineren Nenners triffst.

Den kleinsten gemeinsamen Nenner nennt man auch **Hauptnenner**. Er vereinfacht die Rechnungen, da das Kürzen wegfällt.

Vielfache von 20: 20, 40, 60, 80 ...
Vielfache von 15: 15, 30, 45, 60, 75 ...
60 ist der kleinste gemeinsame Nenner.

$$\frac{4}{15}+\frac{7}{20}=\frac{4\cdot 4}{15\cdot 4}+\frac{7\cdot 3}{20\cdot 3}=\frac{16+21}{60}=\frac{37}{60}$$

WES-137382-015

**7** ≡ **Der kleinste gemeinsame Nenner – Hauptnenner**

Bestimme den kleinsten gemeinsamen Nenner wie im Beispiel. Berechne.

a) $\frac{4}{30}+\frac{3}{5}$  b) $\frac{6}{14}-\frac{2}{21}$  c) $\frac{11}{20}-\frac{3}{8}$  d) $\frac{11}{12}-\frac{4}{9}$  e) $\frac{3}{42}+\frac{11}{70}$  f) $\frac{3}{18}+\frac{7}{12}$

g) $\frac{7}{18}+\frac{9}{45}$  h) $\frac{2}{5}+\frac{1}{35}$  i) $\frac{3}{14}-\frac{9}{98}$  j) $\frac{7}{56}-\frac{1}{20}$  k) $\frac{11}{21}-\frac{7}{15}$  l) $\frac{150}{150}+\frac{3}{187}$

---

**Prüfe dich!**
Lösungen auf Seite 198

**8** ≡ Berechne.

a) $\frac{1}{2}-\frac{1}{8}$  b) $\frac{3}{4}-\frac{1}{2}$  c) $\frac{5}{6}+\frac{1}{3}$  d) $3-\frac{2}{3}$  e) $\frac{1}{6}+\frac{3}{4}$  f) $\frac{7}{9}-\frac{2}{3}$

**9** ≡ Berechne und gib das Ergebnis als vollständig gekürzten Bruch an.

a) $\frac{10}{12}-\frac{1}{6}$  b) $\frac{4}{9}+\frac{2}{3}$  c) $\frac{9}{10}-\frac{7}{15}$  d) $\frac{9}{100}-\frac{3}{70}$  e) $\frac{18}{50}-\frac{12}{175}$  f) $\frac{22}{42}-\frac{7}{15}$

---

**10** ≡ **Hausaufgabenkontrolle**

Beschreibe die Fehler, die David gemacht hat.

a) $\frac{2}{5}+\frac{1}{2}=\frac{3}{7}$ b) $\frac{5}{6}-\frac{3}{5}=\frac{2}{30}$ c) $\frac{3}{8}-\frac{1}{3}=\frac{2}{5}$ d) $\frac{3}{8}+\frac{1}{2}=\frac{14}{16}$

**11** ≡ **Größer, kleiner oder gleich**

Setze im Heft das passende Zeichen <, > bzw. = ein.

a) $\frac{4}{5}+\frac{30}{20} \square 1$ b) $\frac{17}{8}-\frac{3}{2} \square \frac{10}{16}$ c) $\frac{1}{5}+\frac{1}{9} \square \frac{1}{3}$ d) $\frac{1}{4}-\frac{1}{5} \square \frac{1}{40}-\frac{1}{50}$

e) $\frac{3}{8}+\frac{1}{6} \square \frac{13}{24}$ f) $\frac{3}{8}-\frac{1}{6} \square \frac{1}{6}$ g) $\frac{17}{19}-\frac{5}{21} \square 0$ h) $\frac{1}{6}-\frac{1}{8} \square \frac{3}{8}+\frac{1}{3}$

**12** ≡ **Brüche und Einheiten**

Berechne und kürze, wenn möglich.

a) $\frac{1}{5}\,\text{kg}+\frac{3}{5}\,\text{kg}$ b) $\frac{1}{4}\,\text{m}^2-\frac{1}{8}\,\text{m}^2$ c) $\frac{1}{2}\,\text{km}-\frac{1}{5}\,\text{km}$ d) $\frac{3}{4}\,\text{cm}+\frac{3}{8}\,\text{cm}$

e) $\frac{4}{7}\,\text{ha}-\frac{1}{14}\,\text{ha}$ f) $\frac{4}{3}\,\text{m}-\frac{5}{6}\,\text{m}$ g) $\frac{3}{4}\,\text{kg}+\frac{1}{8}\,\text{kg}$ h) $\frac{4}{5}\,\text{km}-\frac{3}{10}\,\text{km}$

i) $\frac{1}{4}\,\text{cm}-\frac{7}{8}\,\text{mm}$ j) $\frac{1}{8}\,\text{kg}+200\,\text{g}$ k) $\frac{1}{6}\,\text{m}-\frac{4}{3}\,\text{dm}$ l) $\frac{5}{2}\,\text{cm}+\frac{2}{8}\,\text{dm}$

**13** ≡ **Wettrennen**

Julia kommt beim Schulfest-Wettlauf $\frac{3}{10}$ Sekunden später ins Ziel als die Siegerin. Sarah kommt $\frac{1}{2}$ Sekunde später ins Ziel als ihre Freundin Julia. Um welchen Bruchteil einer Sekunde ist Sarah langsamer als die Siegerin?

**14** ≡ **Bundesjugendspiele der Bruchrechen-AG**

Elena springt $\frac{3}{20}$ m weiter als Carla. Carla schafft $\frac{7}{4}$ m. Sienna springt $\frac{2}{5}$ m weniger als Elena. Wie weit springen Elena und Sienna? Gib das Ergebnis auch in Zentimeter an.

**Prüfe dich!**
Lösungen auf Seite 198

**15** ≡ Berechne.

a) $\frac{1}{5}\,\text{kg}+\frac{1}{8}\,\text{kg}$ b) $\frac{3}{4}\,\text{km}-\frac{3}{8}\,\text{km}$ c) $\frac{1}{5}\,\text{dm}-\frac{3}{4}\,\text{cm}$ d) $\frac{2}{10}\,\text{a}+\frac{9}{2}\,\text{m}^2$

**16** ≡ Omi kauft Kartoffeln ein. Ihr Einkaufskorb wiegt leer $\frac{1}{9}$ kg. Nach dem Einkauf wiegt der mit Kartoffeln gefüllte Einkaufskorb $\frac{5}{6}$ kg. Berechne das Gewicht der Kartoffeln.

**17** ≡ **Addieren und Subtrahieren in gemischter Schreibweise**

**Peter:**

$$2\frac{3}{4}+4\frac{7}{10}=\frac{11}{4}+\frac{47}{10}=\frac{55}{20}+\frac{94}{20}=\frac{55+94}{20}=\frac{149}{20}=7\frac{9}{20}$$

**Carolin:**

$$2\frac{3}{4}+4\frac{7}{10}=2\frac{15}{20}+4\frac{14}{20}=2+4+\frac{15+14}{20}=6\frac{29}{20}=7\frac{9}{20}$$

a) Erkläre, wie Peter und Carolin gerechnet haben.

b) Berechne einmal wie Peter und einmal wie Carolin: (1) $3\frac{2}{3}+1\frac{1}{6}$ (2) $4\frac{5}{9}-2\frac{1}{6}$

**18** ≡ **Amelie rechnet in gemischter Schreibweise**

Amelie mag die gemischte Schreibweise, selbst wenn diese zu Stolperstellen führt. Erkläre, wie sie hier vorgegangen ist. Rechne genauso.

**Amelie:**

$$3\frac{1}{4}-2\frac{3}{8}=3\frac{2}{8}-2\frac{3}{8}=2\frac{10}{8}-2\frac{3}{8}=\frac{7}{8}$$

a) $3\frac{1}{8}-2\frac{7}{8}$ b) $5\frac{3}{10}-2\frac{4}{5}$ c) $3\frac{1}{6}-1\frac{8}{9}$ d) $2\frac{3}{5}-1\frac{7}{5}$ e) $3\frac{5}{2}-4\frac{3}{4}$

**19** ≡ **Rechenkönig**

Berechne.

a) $1\frac{2}{7}+\frac{3}{7}$ b) $3\frac{4}{5}-\frac{3}{5}$ c) $2\frac{7}{10}+1\frac{3}{10}$ d) $8\frac{7}{9}-8\frac{4}{9}$ e) $1\frac{4}{9}+\frac{5}{9}$ f) $3\frac{9}{10}-1\frac{9}{10}$

g) $2-\frac{1}{8}$ h) $7-\frac{9}{14}$ i) $6+\frac{11}{7}$ j) $3+\frac{21}{3}$ k) $11-\frac{14}{8}$ l) $9\frac{4}{7}-4$

**20** ≡ Berechne und kürze das Ergebnis, wenn möglich.

a) $5\frac{1}{5}+\frac{4}{5}$ b) $1\frac{3}{4}+\frac{5}{8}$ c) $2\frac{1}{2}+\frac{1}{4}$ d) $8\frac{2}{3}-\frac{4}{9}$ e) $2+\frac{7}{4}$ f) $6\frac{1}{2}-\frac{3}{4}$

g) $6\frac{2}{5}-3\frac{4}{5}$ h) $5\frac{9}{10}-3\frac{1}{2}$ i) $10\frac{4}{9}-9$ j) $2\frac{1}{4}-1\frac{5}{8}$ k) $3-2\frac{3}{4}$ l) $2\frac{1}{9}-1\frac{2}{3}$

**Prüfe dich!**
Lösungen auf
Seite 198

**21** ≡ **Umkehrrechnungen**

Bestimme die gesuchte Zahl.

a) $\square+\frac{3}{8}=\frac{3}{4}$ b) $\square-\frac{3}{8}=\frac{3}{4}$ c) $\frac{7}{4}+\square=\frac{9}{4}$ d) $\frac{14}{9}-\square=\frac{1}{3}$

e) $\square-3\frac{2}{5}=4$ f) $\square+2\frac{1}{4}=5\frac{1}{2}$ g) $4\frac{5}{6}-\square=1\frac{1}{4}$ h) $3\frac{1}{5}-\square=\frac{3}{5}$

i) $\square+4\frac{1}{5}=7$ j) $\square-4\frac{1}{5}=7$ k) $2\frac{1}{2}+\square=7\frac{1}{4}$ l) $\square-\frac{5}{6}=2\frac{1}{2}$

**22** ≡ **Hilfe im Forum**

In einem Schülerforum im Internet findet sich folgende Frage: „*Hilfe! Ich weiß immer noch nicht, wie man Brüche addiert und subtrahiert! Erklärt mir bitte, wie das funktioniert! Und was hat das eigentlich mit Erweitern und Kürzen zu tun?*"
Schreibe eine Antwort.

**23** ≡ **Brüche auf dem Marktplatz**

Auf dem Markt kauft Herr Per an einem Stand $2\frac{1}{2}$ kg Kartoffeln, $\frac{3}{4}$ kg Äpfel und $1\frac{1}{4}$ kg Birnen. Herr Mai kauft an demselben Stand $3\frac{1}{4}$ kg Kartoffeln, $1\frac{1}{2}$ kg Äpfel und $2\frac{1}{8}$ kg Birnen. Stellt euch geeignete Aufgaben und löst sie.

**24** ≡ **In der Goldschmiede**

Einen Werkstoff aus verschmolzenen Metallen nennt man Legierung. Für Schmuck verwendet man oft die Legierung Weißgold. Weißgold besteht zu $\frac{3}{4}$ aus reinem Gold, zu $\frac{3}{20}$ aus reinem Silber und zum restlichen Teil aus Kupfer. Gold und Silber sind Edelmetalle, Kupfer nicht.

a) Wie groß ist der Anteil der Edelmetalle in Weißgold?
b) Wie groß ist der Kupferanteil in Weißgold?
c) Eine Kette aus Weißgold wiegt 60 g, ein Ring 12 g. Wie viel Gramm Edelmetalle bzw. Kupfer enthalten die Kette und der Ring?

**25** ≡ **Auffällige Rechnungen**

Berechne die Differenz der gegebenen Brüche.

(1) $\frac{1}{2}$ und $\frac{1}{3}$ (2) $\frac{1}{3}$ und $\frac{1}{4}$ (3) $\frac{1}{4}$ und $\frac{1}{5}$ (4) $\frac{1}{5}$ und $\frac{1}{6}$

Was stellst du fest? Überprüfe an weiteren Beispielen. Formuliere eine Erklärung.

**26** ≡ **Mischungsverhältnisse**

$\frac{3}{8}$ l Saft sollen mit Wasser verdünnt werden.

a) Wie viel Wasser muss zugegossen werden, damit man insgesamt $1\frac{1}{2}$ l erhält?
b) In welchem Verhältnis sind dann Saft und Wasser gemischt?
c) Wie viel Wasser muss man dazu gießen, um eine Mischung von Saft zu Wasser im Verhältnis 1 zu 2 zu erhalten? Passt dies dann in einen 1-l-Krug?

# 2.3 Brüche multiplizieren

**Vorbereiten**
Kürzen
Seite 15
Brüche vervielfachen
Seite 25

Magda und Erwin haben ein Gemüsebeet. Magda beschließt, dass $\frac{3}{4}$ davon für Salat genutzt wird.
Ihr Mann Erwin teilt die Salatfläche wiederum auf. Er möchte, dass $\frac{2}{5}$ von der Salatfläche für Feldsalat genutzt werden.

- Welcher Anteil des gesamten Beets wird für Feldsalat genutzt?
- Mit welcher Rechnung kann man diesen Anteil bestimmen?

WES-137382-016

## Anteile von Anteilen

$\frac{2}{3}$ von $\frac{4}{5}$ bedeutet: Der Anteil $\frac{4}{5}$ ist gegeben, davon soll der Anteil $\frac{2}{3}$ bestimmt werden.

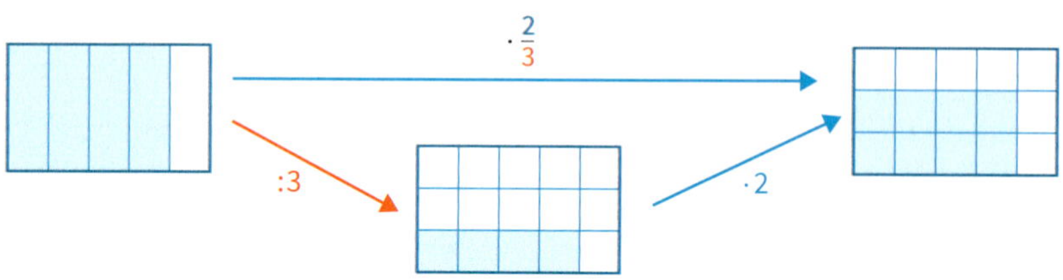


$\frac{4}{5}$ durch 3 teilen $\frac{4}{5} : 3 = \frac{4}{15}$ mit 2 malnehmen $\frac{4}{15} \cdot 2 = \frac{8}{15}$

## Brüche multiplizieren

- Zähler mal Zähler
- Nenner mal Nenner

$\frac{2}{3} \cdot \frac{4}{5} = \frac{2 \cdot 4}{3 \cdot 5} = \frac{8}{15}$

Der **Anteil von einem Anteil** wird durch das **Multiplizieren** von Brüchen berechnet.
$\frac{2}{3}$ von $\frac{4}{5}$ durch das Multiplizieren der beiden Brüche $\frac{2}{3}$ und $\frac{4}{5}$ berechnen: $\frac{2}{3} \cdot \frac{4}{5}$

## Beim Rechnen an frühzeitiges Kürzen denken

a) Berechne $\frac{15}{6} \cdot \frac{3}{10}$

**Lösung**

$\frac{15}{6} \cdot \frac{3}{10} = \frac{\overset{3}{\cancel{15}} \cdot \overset{1}{\cancel{3}}}{\underset{2}{\cancel{6}} \cdot \underset{2}{\cancel{10}}} = \frac{3 \cdot 1}{2 \cdot 2} = \frac{3}{4}$ frühzeitig kürzen!

b) Bestimme $\frac{2}{3}$ von $\frac{9}{8}$

**Lösung – „von“ bedeutet „mal“**

$\frac{2}{3} \cdot \frac{9}{8} = \frac{\overset{1}{\cancel{2}} \cdot \overset{3}{\cancel{9}}}{\underset{1}{\cancel{3}} \cdot \underset{4}{\cancel{8}}} = \frac{1 \cdot 3}{1 \cdot 4} = \frac{3}{4}$ frühzeitig kürzen!

**1** **Multiplizieren**

Berechne und gib das Ergebnis als gekürzten Bruch an. Kürze als erstes, wenn möglich.

a) $\frac{3}{8} \cdot \frac{2}{5}$ b) $\frac{5}{15} \cdot \frac{3}{2}$ c) $\frac{2}{7} \cdot \frac{14}{3}$ d) $\frac{3}{8} \cdot \frac{4}{9}$ e) $\frac{4}{5} \cdot \frac{3}{12}$ f) $\frac{5}{7} \cdot \frac{21}{10}$

g) $\frac{3}{7} \cdot \frac{3}{5}$ h) $\frac{7}{3} \cdot \frac{3}{7}$ i) $\frac{3}{2} \cdot \frac{4}{3}$ j) $\frac{1}{3} \cdot \frac{1}{9}$ k) $\frac{3}{5} \cdot \frac{1}{5}$ l) $\frac{2}{9} \cdot \frac{9}{5}$

m) $\frac{5}{9} \cdot 3$ n) $\frac{4}{7} \cdot \frac{14}{8}$ o) $8 \cdot \frac{3}{4}$ p) $\frac{2}{9} \cdot \frac{9}{2}$ q) $\frac{1}{2} \cdot \frac{4}{7}$ r) $\frac{2}{5} \cdot \frac{15}{8}$

**2** ≡ **Anteile von Anteilen bestimmen**

a) $\frac{2}{5}$ von $\frac{3}{4}$ b) $\frac{2}{3}$ von $\frac{7}{8}$ c) $\frac{1}{4}$ von $\frac{2}{3}$ d) $\frac{2}{4}$ von $\frac{2}{3}$ e) $\frac{3}{5}$ von $\frac{3}{4}$ f) $\frac{2}{3}$ von $\frac{5}{7}$

**3** ≡ **Mit natürlichen Zahlen rechnen**

a) $\frac{4}{3}\cdot 12$ b) $\frac{5}{7}$ von 56 c) $48\cdot\frac{9}{20}$ d) $20\cdot\frac{1}{90}$ e) $\frac{5}{12}$ von 60 f) $\frac{11}{210}\cdot 70$

**4** ≡ **Anteile von Anteilen – in einer Klasse**

In einer Klasse sind 24 Kinder. $\frac{3}{4}$ der Kinder spielen ein Instrument. $\frac{2}{3}$ dieser Kinder sind Mädchen. Wie groß ist der Anteil der Mädchen, die ein Instrument spielen, in der Klasse? Wie viele Mädchen und viele Jungen in der Klasse spielen ein Instrument?

**5** ≡ **Anteile von Anteilen – in einer Fläche**

Ein Fahnentuch ist $\frac{4}{5}$ m² groß. $\frac{2}{3}$ des Tuches sind gefärbt. Wie viel Quadratmeter sind das?
Du kannst das Ergebnis anschaulich an der Zeichnung finden. Erkläre die Zeichnung.
Du kannst das Ergebnis auch durch Rechnung finden. Vergleiche die Ergebnisse.

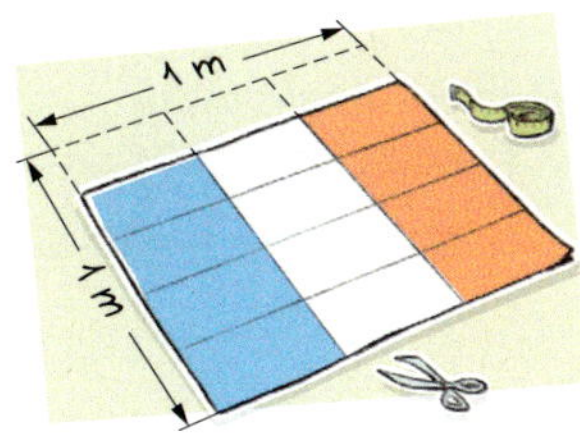

**6** ≡ Schreibe zu den Bildern eine Rechnung. Das Ergebnis ist $\frac{10}{21}$.

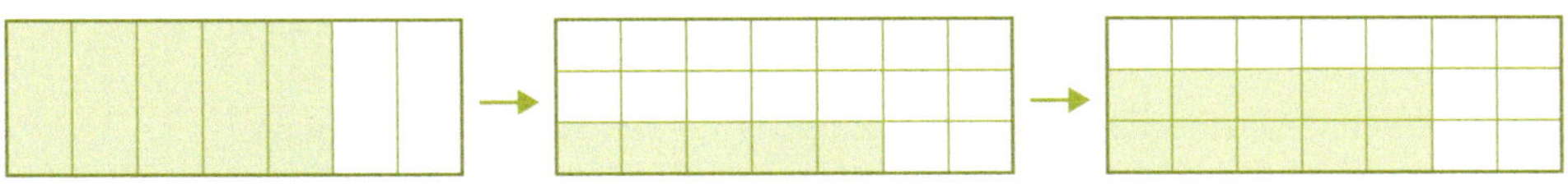

Prüfe dich! Lösungen auf Seite 198

**7** ≡ In der Klasse 5 a sind 30 Kinder, $\frac{2}{3}$ davon sind Mädchen. Von den Mädchen benutzen $\frac{3}{5}$ den Bus, um zur Schule zu kommen.

a) Berechne die Anzahl der Mädchen in der Klasse 5 a, die mit dem Bus zur Schule kommen.
b) Bestimme den Anteil der Mädchen in der Klasse 5 a, die mit dem Bus zur Schule kommen.

**8** ≡ **Rechentraining**

a) $\frac{1}{3}\cdot\frac{2}{5}$ b) $\frac{1}{2}\cdot\frac{3}{7}$ c) $\frac{3}{10}\cdot\frac{7}{8}$ d) $\frac{2}{9}\cdot\frac{2}{5}$ e) $\frac{2}{3}\cdot\frac{5}{6}$ f) $\frac{6}{7}\cdot\frac{6}{7}$
g) $\frac{8}{9}\cdot\frac{3}{4}$ h) $\frac{3}{5}\cdot\frac{7}{10}$ i) $\frac{7}{8}\cdot\frac{1}{4}$ j) $\frac{13}{4}\cdot\frac{2}{52}$ k) $\frac{8}{35}\cdot\frac{7}{36}$ l) $\frac{6}{7}\cdot\frac{7}{6}$

**9** ≡ **Frühzeitiges Kürzen hilft beim Multiplizieren**

Berechne, kürze dabei möglichst frühzeitig.

a) $\frac{5}{8}\cdot\frac{4}{3}$ b) $\frac{6}{7}\cdot\frac{4}{9}$ c) $\frac{7}{8}\cdot\frac{8}{9}$ d) $\frac{8}{9}\cdot\frac{3}{4}$
e) $\frac{10}{9}\cdot\frac{6}{15}$ f) $\frac{6}{7}\cdot\frac{7}{12}$ g) $\frac{49}{32}\cdot\frac{24}{35}$ h) $\frac{63}{25}\cdot\frac{45}{49}$
i) $\frac{64}{25}\cdot\frac{35}{56}$ j) $\frac{26}{56}\cdot\frac{42}{39}$ k) $\frac{63}{11}\cdot\frac{8}{49}$ l) $\frac{36}{33}\cdot\frac{11}{54}$

**Kürzen beim Multiplizieren**

Erst kürzen, dann rechnen.

$$\frac{12}{35}\cdot\frac{14}{15} = \frac{\cancel{12}^{4}}{\cancel{35}_{5}}\cdot\frac{\cancel{14}^{2}}{\cancel{15}_{5}} = \frac{4\cdot 2}{5\cdot 5} = \frac{8}{25}$$

**10** ≡ Berechne. Denke an frühzeitiges Kürzen.

a) $\frac{6}{15}\cdot\frac{5}{18}$ b) $\frac{12}{25}\cdot\frac{20}{8}$ c) $\frac{17}{16}\cdot\frac{16}{17}$ d) $\frac{8}{35}\cdot\frac{70}{16}$ e) $\frac{44}{42}\cdot\frac{35}{33}$ f) $\frac{120}{36}\cdot\frac{72}{360}$
g) $\frac{12}{16}\cdot\frac{8}{24}$ h) $\frac{6}{7}\cdot\frac{14}{20}$ i) $\frac{10}{18}\cdot\frac{16}{25}$ j) $\frac{250}{75}\cdot\frac{45}{30}$ k) $\frac{222}{66}\cdot\frac{121}{11}$ l) $\frac{210}{260}\cdot\frac{130}{70}$

Prüfe dich! Lösungen auf Seite 198

**11** ≡ **Besondere Ergebnisse**

Bei diesen Aufgaben kann man das Ergebnis schnell erkennen. Begründe.

a) $\frac{2}{3}\cdot\frac{3}{2}$ b) $\frac{12}{9}\cdot\frac{9}{12}\cdot\frac{3}{3}$ c) $\frac{3}{2}\cdot\frac{5}{7}\cdot\frac{7}{5}\cdot\frac{2}{3}$ d) $\frac{4}{5}\cdot\frac{5}{6}\cdot\frac{6}{7}\cdot 0$ e) $\frac{22}{7}\cdot\frac{7}{11}$ f) $\frac{3}{4}\cdot\frac{4}{5}\cdot\frac{5}{6}\cdot 2$

**Nachschlagen**
Gemischte Schreibweise
Seite 21

### 12 Brüche in gemischter Schreibweise

Berechne wie im Beispiel.

a) $1\frac{1}{2}\cdot\frac{1}{8}$ b) $2\frac{1}{4}\cdot\frac{2}{5}$ c) $2\frac{1}{3}\cdot 2\frac{1}{4}$

d) $3\frac{2}{3}\cdot 2\frac{3}{5}$ e) $5\frac{3}{2}\cdot\frac{1}{2}$ f) $1\frac{2}{3}\cdot 1\frac{4}{5}$

**Vorsicht bei gemischter Schreibweise**

Erst in unechte Brüche umwandeln:

$2\frac{1}{2}\cdot 1\frac{1}{3}=\frac{5}{2}\cdot\frac{4}{3}=\frac{20}{6}=\frac{10}{3}=3\frac{1}{3}$

### 13 Vorsicht bei der gemischten Schreibweise

Erkläre, warum Raul sich wundert.
Führe Rauls Begründung zu Ende.
Was hätte Anna vor der Multiplikation machen müssen?

### 14 Flächeninhalte

Berechne den Flächeninhalt des Rechtecks.

a) $a=\frac{3}{2}\,\text{cm};\ b=4\,\text{cm}$ b) $a=\frac{2}{3}\,\text{dm};\ b=\frac{9}{4}\,\text{dm}$

c) $a=4\frac{1}{2}\,\text{cm};\ b=\frac{2}{3}\,\text{cm}$ d) $a=\frac{3}{2}\,\text{cm};\ b=2\frac{2}{3}\,\text{cm}$

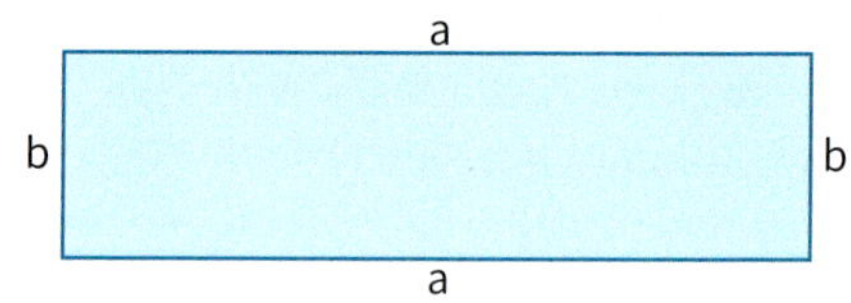


**Prüfe dich!**
Lösungen auf Seite 198

### 15 Berechne.

a) $\frac{3}{4}\cdot 3\frac{1}{2}$ b) $\frac{2}{3}\cdot 2\frac{1}{4}$ c) $\frac{3}{4}\cdot 1\frac{7}{9}$ d) $\frac{4}{5}\cdot 1\frac{7}{8}$ e) $2\frac{1}{2}\cdot 1\frac{1}{4}$ f) $\frac{7}{8}\cdot 16$

g) $\frac{7}{4}\cdot 3\frac{5}{7}$ h) $\frac{11}{28}\cdot 36$ i) $1\frac{2}{3}\cdot 3\frac{3}{5}$ j) $1\frac{1}{4}\cdot 2\frac{2}{5}$ k) $3\frac{4}{9}\cdot 0$ l) $\frac{3}{4}\cdot 2\frac{2}{3}$

### 16 Berechne den Flächeninhalt des Rechtecks mit den Seitenlängen a und b.

a) $a=\frac{1}{2}\,\text{m};\ b=8\,\text{m}$ b) $a=\frac{5}{3}\,\text{cm};\ b=\frac{9}{10}\,\text{cm}$ c) $a=\frac{5}{6}\,\text{cm};\ b=2\frac{2}{5}\,\text{cm}$ d) $a=\frac{5}{7}\,\text{m};\ b=2\frac{1}{3}\,\text{m}$

### 17 Zahl gesucht

Bestimme die gesuchte Zahl durch geschicktes Probieren.

a) $\frac{2}{3}\cdot\square=\frac{8}{27}$ b) $\square\cdot 3=\frac{6}{7}$ c) $\frac{3}{8}\cdot\square=\frac{15}{24}$ d) $\frac{1}{9}\cdot\square=\frac{9}{9}$ e) $\frac{4}{9}\cdot\square=1$ f) $\square\cdot\frac{7}{4}=7$

**Nachschlagen**
Potenzen
Seite 174

### 18 Wachsen oder schrumpfen

Berechne die Potenzen. Vergleiche die Ergebnisse. Bei welchen Brüchen wächst das Ergebnis? Begründe.

a) $\frac{3}{2},\ \left(\frac{3}{2}\right)^2,\ \left(\frac{3}{2}\right)^3,\ \left(\frac{3}{2}\right)^4$ b) $\frac{2}{3},\ \left(\frac{2}{3}\right)^2,\ \left(\frac{2}{3}\right)^3,\ \left(\frac{2}{3}\right)^4$

c) $\frac{2}{3},\ \frac{2^2}{3},\ \frac{2^3}{3},\ \frac{2^4}{3}$ d) $\frac{9}{10},\ \left(\frac{9}{10}\right)^2,\ \left(\frac{9}{10}\right)^3,\ \left(\frac{9}{10}\right)^4$

e) $\frac{5}{4},\ \left(\frac{5}{4}\right)^2,\ \left(\frac{5}{4}\right)^3,\ \left(\frac{5}{4}\right)^4$ f) $\frac{9}{2},\ \frac{9^2}{2},\ \frac{9^3}{2},\ \frac{9^4}{2}$

**Potenzen bei Brüchen**

Beachte, worauf sich der Exponent bezieht.

$\left(\frac{3}{4}\right)^5=\frac{3}{4}\cdot\frac{3}{4}\cdot\frac{3}{4}\cdot\frac{3}{4}\cdot\frac{3}{4}=\frac{3^5}{4^5}$

$\frac{3^5}{4}=\frac{3\cdot 3\cdot 3\cdot 3\cdot 3}{4}$

$\frac{3}{4^5}=\frac{3}{4\cdot 4\cdot 4\cdot 4\cdot 4}$

### 19 Produkt mit mehreren Faktoren

Berechne das Produkt. Kürze möglichst frühzeitig.

a) $\frac{1}{2}\cdot\frac{2}{3}\cdot\frac{3}{4}$ b) $\frac{3}{10}\cdot\frac{2}{3}\cdot\frac{5}{4}$ c) $\frac{2}{5}\cdot\frac{3}{2}\cdot\frac{5}{3}$ d) $\frac{11}{13}\cdot\frac{13}{17}\cdot\frac{17}{11}$ e) $\frac{3}{4}\cdot\frac{8}{15}\cdot\frac{7}{12}$ f) $\frac{2}{3}\cdot\frac{6}{7}\cdot\frac{5}{8}$

g) $\frac{3}{4}\cdot\frac{5}{6}\cdot\frac{8}{15}$ h) $\frac{2}{3}\cdot 2\frac{1}{2}\cdot 1\frac{4}{5}$ i) $\frac{2}{5}\cdot\frac{7}{10}\cdot\frac{15}{8}\cdot\frac{3}{7}$ j) $\frac{5}{12}\cdot\frac{4}{5}\cdot\frac{3}{12}\cdot\frac{6}{5}$ k) $\frac{4}{7}\cdot\frac{5}{9}\cdot\frac{36}{23}\cdot\frac{21}{32}$ l) $\frac{14}{15}\cdot\frac{55}{2}\cdot\frac{15}{22}$

### 20 Erweitern und Multiplizieren

Was meinst du dazu?

# 2.4 Brüche dividieren

Nova und Sven spielen Zahlenraten.
Sven denkt sich eine Zahl aus.
Er multipliziert sie mit $\frac{2}{5}$ und erhält $\frac{3}{10}$.
Nova versucht die Zahl durch Rückwärtsrechnen herauszufinden. Sie überlegt:
*„Für $\left(\cdot\frac{2}{5}\right)$ rechne ich $\cdot 2$ und $:5$.*
*Für $\left(:\frac{2}{5}\right)$ mache ich die einzelnen Schritte rückgängig und rechne $\cdot 5$ und $:2$.*
*Zähler und Nenner werden also vertauscht."*
Spielt auch Zahlenraten.

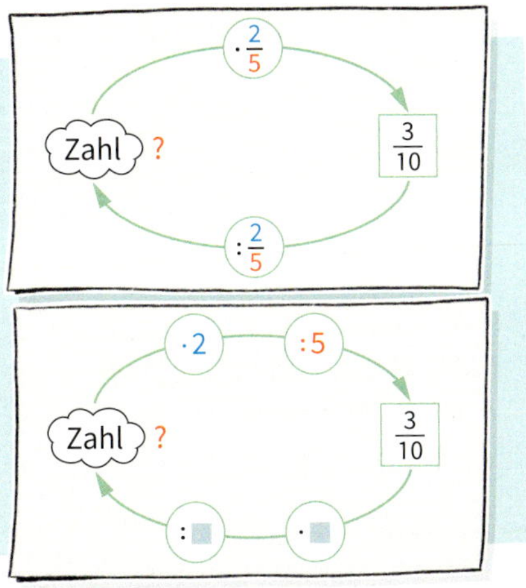


WES-137382-017

## Durch einen Bruch dividieren

Multipliziere mit dem Kehrwert des Bruchs

Beim **Kehrwert eines Bruchs** sind Zähler und Nenner des Bruchs vertauscht.
Der Bruch multipliziert mit seinem Kehrwert ergibt immer 1.

Ersetze : durch ·

$$\frac{5}{7} : \frac{2}{3} = \frac{5}{7} \cdot \frac{3}{2} = \frac{15}{14}$$

Tausche Zähler und Nenner

$$\frac{2}{3} \cdot \frac{3}{2} = \frac{2 \cdot 3}{3 \cdot 2} = \frac{6}{6} = 1$$

### Brüche dividieren

a) $\frac{7}{5} : \frac{4}{3} = \frac{7}{5} \cdot \frac{3}{4} = \frac{7 \cdot 3}{5 \cdot 4} = \frac{21}{20}$

Kehrwert bilden: Zähler und Nenner tauschen

b) $\frac{8}{9} : \frac{5}{18} = \frac{8}{9} \cdot \frac{18}{5} = \frac{8 \cdot \cancel{18}^{2}}{\cancel{9}_{1} \cdot 5} = \frac{8 \cdot 2}{1 \cdot 5} = \frac{16}{5}$

Erst Kehrwert bilden, dann beim Multiplizieren frühzeitig kürzen

**1** Brüche dividieren

a) $\frac{3}{2} : \frac{5}{2}$ b) $\frac{2}{7} : \frac{2}{9}$ c) $\frac{2}{3} : \frac{1}{3}$ d) $12 : \frac{6}{5}$ e) $\frac{14}{25} : \frac{7}{5}$ f) $\frac{7}{3} : \frac{3}{7}$

**2** Kopfrechnen

a) $\frac{4}{5} : \frac{1}{10}$ b) $\frac{3}{7} : \frac{2}{7}$ c) $8 : \frac{1}{2}$ d) $6 : \frac{1}{4}$ e) $\frac{8}{5} : \frac{4}{5}$ f) $\frac{10}{9} : \frac{10}{3}$

**3** Überprüfen durch Probe

Berechne und überprüfe dein Ergebnis durch eine Probe.

a) $\frac{1}{9} : \frac{7}{6}$ b) $\frac{14}{22} : \frac{21}{11}$ c) $\frac{7}{5} : \frac{3}{10}$ d) $\frac{4}{9} : \frac{16}{3}$
e) $\frac{12}{35} : \frac{4}{7}$ f) $\frac{5}{12} : \frac{16}{3}$ g) $\frac{14}{9} : \frac{7}{9}$ h) $\frac{25}{15} : \frac{50}{27}$

$\frac{10}{3} : \frac{8}{9} = \frac{\cancel{10}^{5}}{\cancel{3}_{1}} \cdot \frac{\cancel{9}^{3}}{\cancel{8}_{4}} = \frac{5 \cdot 3}{1 \cdot 4} = \frac{15}{4}$

Probe: $\frac{\cancel{15}^{5}}{\cancel{4}_{1}} \cdot \frac{\cancel{8}^{2}}{\cancel{9}_{3}} = \frac{5 \cdot 2}{1 \cdot 3} = \frac{10}{3}$ ✓

**4** Durch eine natürliche Zahl dividieren

Sven und Nova nutzen unterschiedliche Methoden, um einen Bruch durch eine natürliche Zahl zu dividieren. Berechne, wenn möglich, mit beiden Methoden. Diskutiere die Unterschiede.

a) $\frac{9}{5} : 3$ b) $\frac{16}{7} : 8$ c) $\frac{21}{14} : 7$ d) $\frac{9}{7} : 6$
e) $\frac{11}{10} : 5$ f) $\frac{14}{9} : 7$ g) $\frac{4}{9} : 8$ h) $\frac{56}{49} : 7$

Sven:
$\frac{8}{5} : 4 = \frac{8}{5} : \frac{4}{1} = \frac{\cancel{8}^{2}}{5} \cdot \frac{1}{\cancel{4}_{1}} = \frac{2}{5}$

Nova:
$\frac{8}{5} : 4 = \frac{8 : 4}{5} = \frac{2}{5}$

**5** ☰ **Training**

a) $\frac{1}{2}:\frac{1}{4}$ b) $\frac{15}{12}:\frac{10}{9}$ c) $\frac{28}{22}:\frac{7}{11}$ d) $\frac{4}{10}:2$ e) $\frac{3}{7}:\frac{9}{21}$ f) $\frac{56}{80}:8$

**Prüfe dich!**
Lösungen auf Seite 198

**6** ☰ Berechne.

a) $\frac{9}{4}:\frac{3}{4}$ b) $6:\frac{1}{2}$ c) $\frac{12}{7}:\frac{3}{2}$ d) $\frac{8}{9}:\frac{4}{3}$ e) $\frac{2}{5}:4$ f) $9:\frac{3}{5}$

**7** ☰ **Fehlende Seitenlänge**

Berechne die fehlende Seitenlänge. Gib das Ergebnis als Bruch in Zentimeter an.
Mache danach die Probe, indem du den Flächeninhalt durch Multiplikation bestimmst.

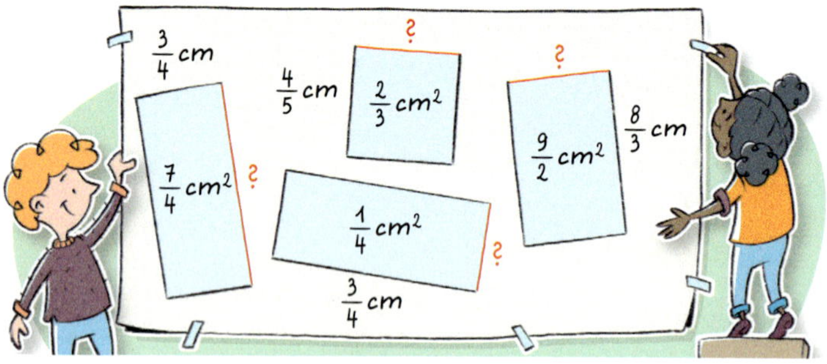


$\frac{3}{4}$ cm | $\frac{12}{5}$ cm²

$A = a \cdot b$

$\frac{12}{5}\,cm^2 = \frac{3}{4}\,cm \cdot \square\; cm$

$\frac{12}{5}:\frac{3}{4} = \frac{12}{5}\cdot\frac{4}{3} = \frac{\overset{4}{\cancel{12}}}{5}\cdot\frac{4}{\underset{1}{\cancel{3}}} = \frac{16}{5} = 3\frac{1}{5}$

Die fehlende Seite ist $3\frac{1}{5}$ cm lang.

**8** ☰ **Lücken füllen**

a) $\frac{3}{5}:\frac{\square}{7} = \frac{21}{10}$ b) $\frac{3}{\square}:\frac{1}{5} = \frac{15}{10}$ c) $\frac{5}{7}:\frac{\square}{14} = \frac{10}{3}$ d) $\square:\frac{3}{4} = 1$ e) $\frac{4}{7}:\square = \frac{4}{5}$ f) $8:\square = 16$

**Prüfe dich!**
Lösungen auf Seite 198

**9** ☰ Berechne die fehlende Seitenlänge des Rechtecks mit dem Flächeninhalt A.

a) $A = 3\,cm^2$, $a = \frac{7}{3}\,cm$ b) $A = \frac{5}{2}\,cm^2$, $b = \frac{10}{3}\,cm$

**10** ☰ Fülle die Lücken aus.

a) $\square:\frac{21}{8} = \frac{3}{4}$ b) $\frac{5}{6}:\frac{\square}{3} = \frac{1}{4}$ c) $\frac{3}{14}:\frac{12}{\square} = \frac{1}{4}$ d) $3:\square = 15$

**11** ☰ **Fehlersuche**

Erkläre den Fehler und rechne richtig.

a) $\frac{6}{5}:\frac{3}{5} = \frac{6:3}{5} = \frac{2}{5}$

b) $\frac{8}{5}:\frac{4}{7} = \frac{8\cdot 4}{5\cdot 7} = \frac{32}{35}$

c) $\frac{3}{4}:\frac{2}{5} = \frac{4}{3}\cdot\frac{2}{5} = \frac{8}{15}$

d) $2:\frac{3}{4} = \frac{1}{2}\cdot\frac{3}{4} = \frac{2}{1}\cdot\frac{3}{4} = \frac{3}{2}$

e) $\frac{5}{6}:3 = \frac{5\cdot 3}{6\cdot 3} = \frac{15}{18}$

f) $8:\frac{2}{3} = \frac{8:2}{3} = \frac{4}{3}$

g) $\frac{5}{6}:\frac{6}{7} = \frac{5}{7}$

h) $\frac{3}{7}:\frac{7}{2} = \frac{3\cdot 7}{7\cdot 2} = \frac{3}{2}$

**Nachschlagen**
Rechnen mit der Null
Seite 175

**12** ☰ **Mit der Null muss man rechnen**

Berechne, wenn möglich.

a) $0\cdot 7$ b) $\frac{2}{3}:0$ c) $\frac{2}{3}\cdot 0$

d) $0:\frac{9}{7}$ e) $\frac{0}{12}:12$ f) $9\cdot\frac{7}{9}$

g) $\frac{13}{12}\cdot\frac{7}{0}$ h) $\frac{5}{7}\cdot\frac{0}{7}$ i) $\frac{0}{7}\cdot\frac{7}{9}$

j) $\frac{13}{12}\cdot\frac{7}{0}$ k) $\frac{0}{0}:0$ l) $0:0$

**Durch 0 kann man nicht dividieren**

$9\cdot 0 = 0$ ✓ $0\cdot\frac{3}{5} = 0$ ✓ $0:7 = 0$ ✓ $\frac{0}{3} = 0$ ✓

Aber: $\frac{3}{4}:0$ ✗ ist **nicht möglich**!

Durch Null darf man nicht dividieren, denn für das Beispiel findet sich keine Zahl, für die die Kontrolle $\square\cdot 0 = \frac{3}{4}$ richtig ist:

$\frac{3}{4} \xrightarrow{:0} \square$, $\square \xrightarrow{\cdot 0} \frac{3}{4}$

**13** ≡ **Ein sonderbares Ergebnis**

Nora hat $3:\frac{1}{4}$ berechnet und als Ergebnis 12 erhalten. Sie wundert sich: „*Das Ergebnis ist viel zu groß, ich muss mich verrechnet haben.*" Was sagst du Nora?

**14** ≡ **Rechnung erklären**

Rechne und erkläre wie im Beispiel.

$\frac{3}{2}:\frac{1}{4}=6$, denn $\frac{1}{4}$ passt 6-mal in $\frac{3}{2}$

a) $\frac{3}{5}:\frac{1}{10}$ b) $\frac{5}{3}:\frac{5}{9}$ c) $6:\frac{1}{2}$ d) $\frac{1}{3}:\frac{1}{3}$ e) $\frac{5}{2}:\frac{1}{4}$ f) $\frac{1}{4}:\frac{1}{2}$

**15** ≡ **Größenvergleiche**

Eine Zahl wird dividiert. Ist der Quotient größer oder kleiner als der Dividend? Betrachte den Divisor und entscheide, ohne zu rechnen. Rechne dann.

a) $5:\frac{7}{8}$ b) $\frac{2}{3}:\frac{3}{2}$ c) $2\frac{3}{4}:\frac{3}{4}$ d) $\frac{1}{100}:\frac{1}{10}$ e) $\frac{7}{2}:3\frac{1}{2}$ f) $\frac{2}{3}:\frac{2}{5}$

**16** ≡ **Doppelbrüche**

Den Quotienten zweier natürlicher Zahlen kann man auch als Bruch schreiben. Der Bruchstrich ersetzt das Divisionszeichen. Diese Schreibweise darf man auch verwenden, wenn Brüche dividiert werden. Solche Brüche nennt man *Doppelbrüche*.

**Doppelbrüche umschreiben**

$$\frac{\frac{3}{4}}{\frac{5}{7}}=\frac{3}{4}:\frac{5}{7}=\frac{3}{4}\cdot\frac{7}{5}=\frac{21}{20}$$

Bruchstrich durch Divisionszeichen ersetzen

Berechne:

a) $\frac{\frac{2}{3}}{\frac{5}{9}}$ b) $\frac{5}{4\frac{1}{6}}$ c) $\frac{4\frac{1}{6}}{5}$ d) $\frac{1\frac{1}{2}}{2\frac{1}{4}}$ e) $\frac{2\frac{1}{4}}{4\frac{1}{2}}$ f) $\frac{12}{\frac{7}{8}}$

**17** ≡ **In Gläser verteilen**

Denisa deckt den Frühstückstisch. Im Kühlschrank sind 6 l Frühstückssaft.

a) In die schönen großen Saftgläser passen jeweils $\frac{2}{5}$ l. Wie viele Gläser kann Denisa füllen?
b) In die Krüge passen jeweils $1\frac{1}{2}$ l. Wie viele Krüge kann Denisa füllen?
c) In die kleinen Kristallgläser passen jeweils $\frac{1}{6}$ l. Wie viele Kristallgläser kann Denisa füllen?

**18** ≡ **Grillfest bei Lena**

Beim Grillenfest in Lenas Garten gibt es Grillkäse, Würstchen, Baguette und Kartoffelsalat. Zwölf Kinder kommen zum Tisch und es liegen $3\frac{1}{2}$ Baguette und 8 Würstchen bereit. Lena meint: „*Das ist zu wenig für jeden, wenn man exakt aufteilt.*"
Berechne, welchen Anteil jedes Kind vom Baguette und von den Würstchen bekommt.

---

**Prüfe dich!**
Lösungen auf Seite 199

**19** ≡ Berechne, wenn möglich.

a) $0\cdot 7$ b) $\frac{2}{3}:\frac{5}{7}$ c) $\frac{2}{3}\cdot 0$ d) $0:\frac{9}{7}$ e) $\frac{7}{12}:0$ f) $9\cdot\frac{7}{9}$

**20** ≡ Entscheide, ob der Quotient größer oder kleiner als der Dividend ist.

a) $5:\frac{7}{8}$ b) $\frac{2}{3}:\frac{3}{2}$ c) $2\frac{3}{4}:\frac{3}{4}$ d) $\frac{1}{100}:\frac{1}{10}$ e) $\frac{17}{2}:3\frac{1}{2}$ f) $\frac{2}{3}:\frac{2}{5}$

**21** ≡ Schreibe als Quotient und berechne.

a) $\frac{\frac{2}{5}}{\frac{8}{15}}$ b) $\frac{\frac{3}{7}}{\frac{9}{14}}$ c) $\frac{\frac{1}{8}}{\frac{5}{12}}$ d) $\frac{4\frac{1}{2}}{\frac{3}{10}}$ e) $\frac{\frac{4}{9}}{3\frac{1}{3}}$ f) $\frac{\frac{4}{15}}{20}$

**22** ≡ Auf der Gartenparty ist der leckere Sunny-Cocktail sehr beliebt. Für ein Glas Sunny-Cocktail benötigt man Wasser und $\frac{3}{20}$ l Himbeersirup. Es sind noch $\frac{12}{5}$ l Sirup vorhanden.
Berechne die Anzahl der Sunny-Cocktails, die man damit mixen kann.

# 2.5 Vermischtes zur Bruchrechnung

**1 ≡ Training mit allen Rechenarten**

a) $\frac{3}{4}+\frac{2}{5}$ b) $\frac{3}{4}-\frac{2}{5}$ c) $\frac{3}{4}\cdot\frac{2}{5}$ d) $\frac{3}{4}:\frac{2}{5}$ e) $\frac{5}{6}+4$ f) $4-\frac{5}{6}$

g) $4\cdot\frac{5}{6}$ h) $4:\frac{5}{6}$ i) $4\frac{1}{2}+\frac{7}{4}$ j) $4\frac{1}{3}-\frac{7}{5}$ k) $4\frac{1}{3}\cdot\frac{7}{5}$ l) $4\frac{1}{3}:\frac{7}{5}$

**2 ≡ Natürliche Zahl minus Bruch**

Berechne die Differenz.

a) $3-\frac{1}{4}$ b) $4-\frac{1}{3}$ c) $7-\frac{5}{4}$ d) $11-3\frac{1}{4}$ e) $14-5\frac{5}{9}$ f) $1-\frac{123}{200}$

**3 ≡ Training zum Dividieren**

Berechne.

a) $\frac{3}{8}:\frac{1}{10}$; $\frac{15}{7}:\frac{10}{1}$; $\frac{10}{1}:\frac{15}{3}$; $0:\frac{1}{12}$; $\frac{1}{2}:\frac{1}{2}$

b) $\frac{1}{3}:3$; $3:\frac{1}{3}$; $1:\frac{1}{3}$; $\frac{1}{3}:1$; $0:\frac{1}{3}$

c) $\frac{1}{10}:\frac{1}{8}$; $\frac{1}{10}:\frac{12}{1}$; $\frac{1}{12}:\frac{1}{12}$; $0:\frac{1}{10}$

d) $8:\frac{1}{4}$; $\frac{1}{4}:8$; $\frac{1}{8}:4$; $4:\frac{1}{8}$; $\frac{8}{1}:\frac{4}{1}$

**4 ≡ Überprüfe Marens Hausaufgaben**

Finde die Fehler und korrigiere sie.

a) $0:5=0$ b) $\frac{2}{3}\cdot 0=0$ c) $0:\frac{2}{3}=\frac{3}{2}$ d) $5:0=\frac{5}{0}=0$

e) $\frac{0}{7}:\frac{1}{8}$ geht nicht f) $\frac{3}{2}\cdot\frac{2}{3}=0$ g) $0\cdot 0=0$ h) $\frac{0}{0}=1$

**5 ≡ Dividieren**

Berechne. Nicht immer ist dies möglich.

a) $3\frac{1}{2}:1\frac{1}{2}$ b) $0:\frac{27}{4}$ c) $1\frac{8}{27}:7\frac{7}{9}$ d) $7\frac{7}{9}:0$ e) $\frac{0}{4}:3\frac{1}{5}$ f) $\frac{0}{2}:\frac{17}{2}$

**6 ≡ Aufgaben bauen**

Baue aus den gegebenen Zahlen Rechenaufgaben mit Brüchen $\frac{\square}{\square}:\frac{\square}{\square}$.
Löse sie. Wie viele unterschiedliche Ergebnisse erhältst du?

a) 2, 3, 4, 5 b) 4, 6, 8, 12 c) 0, 3, 6, 8

**7 ≡ Aus Fehlern wird man klug**

Wo stecken Fehler? Erkläre, was falsch gemacht wurde.

a) $\frac{8}{9}+\frac{2}{9}=\frac{10}{18}$ b) $\frac{8}{9}:\frac{2}{9}=\frac{8:2}{9}$ c) $\frac{9}{11}:3=\frac{9}{11\cdot 3}$ d) $\frac{8}{9}\cdot 3=\frac{8\cdot 3}{9\cdot 3}$

e) $\frac{2}{3}\cdot\frac{1}{2}=\frac{4}{6}\cdot\frac{3}{6}=\frac{12}{36}$ f) $3:\frac{3}{4}=\frac{3:3}{4}$ g) $2:\frac{1}{2}=2\cdot 2$ h) $\frac{5}{7}:\frac{5}{3}=\frac{7}{5}\cdot\frac{5}{3}=\frac{7}{3}$

**8 ≡ Zahl gesucht**

Finde die fehlende Zahl.

a) $\square\cdot 8=1$ b) $\square-2=\frac{1}{3}$ c) $\frac{1}{2}:\square=2$ d) $\square\cdot 12=4$

e) $\square+3\frac{2}{5}=4\frac{7}{10}$ f) $39\cdot\square=13$ g) $7:\square=3$ h) $5\frac{1}{2}:\square=2\frac{1}{4}$

**9 ≡ Wie groß ist die Schule?**

a) Das Goethe-Gymnasium besuchen 336 Mädchen. Das sind $\frac{4}{7}$ der gesamten Schüleranzahl. Wie viele Schülerinnen und Schüler hat die Schule?

b) Am Friedhelm-Eugen-Gymnasium sind $\frac{9}{20}$ der Schülerinnen und Schüler in einem Sportverein. $\frac{1}{4}$ davon spielen Fußball. Das sind 135 Schülerinnen und Schüler. Wie viele Schülerinnen und Schüler gehen auf das Friedhelm-Eugen-Gymnasium?

### 10 ≡ Wenn-dann-Aussagen

Beurteile die Aussagen. Finde Beispiele oder Gegenbeispiele.

a) Wenn man einen Bruch mit einer natürlichen Zahl multipliziert, dann wird das Ergebnis größer als die natürliche Zahl.

b) Wenn man einen Bruch und eine natürliche Zahl addiert, dann ist die Summe größer als jeder Summand.

c) Wenn man zwei echte Brüche addiert, dann entsteht wieder ein echter Bruch.

d) Wenn man das Produkt aus einer beliebigen Zahl als ersten Faktor und dem Faktor $\frac{4}{5}$ bildet, dann ist das Ergebnis immer kleiner als der erste Faktor.

e) Wenn man Brüche dividiert, dann ist das Ergebnis kleiner als der Dividend.

f) Wenn man Zähler und Nenner eines Bruchs mit derselben Zahl multipliziert, dann entsteht ein gleichwertiger Bruch.

g) Wenn man zu Zähler und Nenner eines Bruchs dieselbe Zahl addiert, dann ändert sich der Wert des Bruchs nicht.

### 11 ≡ Bärchenverteilung

Fünf Packungen Gummibärchen werden an vier Mädchen verteilt. Neun Packungen Gummibärchen werden an sieben Jungen verteilt. In jeder Packung sind gleich viele Bärchen. Bekommt ein Junge oder ein Mädchen mehr Gummibärchen?

### 12 ≡ Wassergehalt der Butter

Butter hat einen Fettgehalt von 84 %. Wie viel Fett ist in $\frac{1}{4}$ kg Butter enthalten? Gib die Antwort in Gramm und Kilogramm an.

### 13 ≡ Konzert

Zum Schulkonzert kommen 36 Lehrerinnen und Lehrer. Das sind $\frac{3}{8}$ aller Besucherinnen und Besucher. Wie viele Besucherinnen und Besucher sind beim Konzert?

### 14 ≡ Traubensaft verteilen

Christians Eltern haben einen Weinbaubetrieb. Bei der Weinlese im Herbst wird aus Trauben Wein gewonnen. Doch bevor die Trauben für die Weinherstellung abgeliefert werden, presst Christian gesammelte Trauben zu Traubensaft. Er füllt den Traubensaft in $\frac{3}{4}$-Liter-Flaschen ab. Wie viele Flaschen benötigt Christian für die angegebene Taubensaftmenge?

a) $11\frac{1}{2}$ Liter Traubensaft b) 20 Liter Traubensaft c) 30 Liter Traubensaft

### 15 ≡ Vom Text zum Rechenausdruck

a) Berechne die Summe aus $\frac{3}{4}$ und $\frac{4}{9}$.

b) Berechne die Differenz aus $\frac{3}{4}$ und $\frac{4}{9}$.

c) Berechne das Produkt aus $\frac{3}{4}$ und $\frac{4}{9}$.

d) Berechne den Quotienten aus $\frac{3}{4}$ und $\frac{4}{9}$.

### 16 ≡ Veränderungen

Was passiert mit dem Ergebnis der Divisionsaufgabe $\frac{a}{b}:\frac{c}{d}$?
Probiere zunächst mit $\frac{2}{3}:\frac{4}{5}$ aus.
Formuliere zu jeder Teilaufgabe einen Ergebnissatz.

a) a wird verdoppelt b) b wird verdoppelt
c) c wird verdoppelt d) d wird verdoppelt
e) a und b werden verdoppelt f) c und d werden verdoppelt

**Beispiel**

$\frac{2}{3}:\frac{4}{5}=\frac{5}{6}$ $\frac{2 \cdot 2}{3}:\frac{4}{5}=\dots$

„Wenn a verdoppelt wird, dann … sich das Ergebnis."

### 17 ≡ Emre dividiert heute mal anders

Überprüfe Emres Rechnung.
Kann man immer so rechnen wie Emre?
Formuliere hierzu eine passende Rechenregel.

Emres Rechnung:

$\frac{2}{3}:\frac{4}{5}=\frac{20}{30}:\frac{4}{5}=\frac{20:4}{30:5}=\frac{5}{6}$

# 2.6 Rechenausdrücke

**Vorbereiten**
Regeln und Gesetze
Seite 175

Alle Rechenregeln und Rechengesetze, die du kennengelernt hast, gelten auch für die Brüche.

- Ordne die Begriffe Zusammenfassen und Vertauschen den beiden Gesetzen zu.
- Welche Rechenregeln und Rechengesetze wurden hier genutzt?

$\frac{1}{4}+\frac{5}{7}+\frac{3}{4}=\frac{1}{4}+\frac{3}{4}+\frac{5}{7}=1\frac{5}{7}$

$\left(\frac{1}{2}+\frac{2}{3}\right)\cdot 3+\frac{1}{2}=\frac{1}{2}+\frac{7}{6}\cdot 3=\frac{3}{6}+\frac{21}{6}=4$

$6\cdot\left(\frac{2}{3}+\frac{1}{4}\right)=\frac{12}{3}+\frac{6}{4}=5\frac{1}{2}$

**Gesetze:**
Kommutativgesetz, Assoziativgesetz, Distributivgesetz

WES-137382-018

### Kommutativgesetz der Addition

Beim Addieren darf man die Summanden vertauschen.

$\frac{5}{8}+\frac{1}{3}+\frac{3}{8}=\frac{1}{3}+\frac{5}{8}+\frac{3}{8}$

### Assoziativgesetz der Addition

Beim Addieren darf man die Reihenfolge, in der man rechnen möchte, frei wählen.

$\frac{1}{3}+\frac{5}{8}+\frac{3}{8}=\frac{1}{3}+\left(\frac{5}{8}+\frac{3}{8}\right)$

### Kommutativgesetz der Multiplikation

Beim Multiplizieren darf man die Faktoren vertauschen.

$\frac{5}{8}\cdot\frac{6}{7}\cdot\frac{4}{5}=\frac{6}{7}\cdot\frac{5}{8}\cdot\frac{4}{5}$

### Assoziativgesetz der Multiplikation

Beim Multiplizieren darf man die Reihenfolge, in der man rechnen möchte, frei wählen.

$\frac{6}{7}\cdot\frac{5}{8}\cdot\frac{4}{5}=\frac{6}{7}\cdot\left(\frac{5}{8}\cdot\frac{4}{5}\right)$

### Distributivgesetz

**Ausmultiplizieren**

Ein Faktor vor oder nach einer Klammer wird mit jedem Summanden in der Klammer multipliziert.

$\frac{2}{3}\cdot\left(\frac{3}{8}+\frac{9}{4}\right)=\frac{2}{3}\cdot\frac{3}{8}+\frac{2}{3}\cdot\frac{9}{4}$

**Ausklammern**

Umgekehrt kann man eine Klammer setzen und einen Faktor vorziehen, der in jedem Summanden enthalten ist.

$\frac{2}{9}\cdot\frac{5}{12}+\frac{2}{9}\cdot\frac{7}{12}=\frac{2}{9}\cdot\left(\frac{5}{12}+\frac{7}{12}\right)$

### Rechengesetze nutzen

**Geschickt kürzen bei mehreren Faktoren**

$\frac{3}{5}\cdot\frac{8}{7}\cdot\frac{5}{6}=\frac{3\cdot 8\cdot 5}{5\cdot 7\cdot 6}=\frac{\overset{1}{\cancel{3}}\cdot 8\cdot \overset{1}{\cancel{5}}}{\underset{1}{\cancel{5}}\cdot 7\cdot \underset{2}{\cancel{6}}}=\frac{8}{7\cdot 2}=\frac{4}{7}$

**Reihenfolge geschickt wählen**

$\frac{2}{5}+\frac{11}{2}+\frac{1}{2}=\frac{2}{5}+\frac{12}{2}=6\frac{2}{5}$

**Ausmultiplizieren**

$\frac{2}{3}\cdot\left(\frac{9}{4}-\frac{3}{8}\right)=\frac{2}{3}\cdot\frac{9}{4}-\frac{2}{3}\cdot\frac{3}{8}=\frac{3}{2}-\frac{1}{4}=\frac{5}{4}$

**Ausklammern**

$\frac{3}{4}\cdot\frac{5}{7}+\frac{3}{4}\cdot\frac{2}{7}=\frac{3}{4}\cdot\left(\frac{5}{7}+\frac{2}{7}\right)=\frac{3}{4}\cdot 1=\frac{3}{4}$

**1** ≡ **Terme berechnen**

Berechne geschickt.

a) $\frac{4}{5}\cdot\frac{1}{3}\cdot\frac{5}{4}\cdot\frac{3}{4}$
b) $\frac{3}{7}+\frac{9}{20}+\frac{1}{20}$
c) $2\frac{1}{2}+\frac{1}{3}+1\frac{1}{2}+\frac{5}{3}$
d) $\frac{4}{5}+1\frac{1}{4}+\frac{1}{4}+\frac{1}{5}-\frac{1}{2}$
e) $\frac{5}{9}+3-\frac{2}{9}+\frac{2}{3}$
f) $\frac{2}{5}\cdot\frac{1}{3}\cdot\frac{3}{8}\cdot\frac{5}{4}$
g) $5\frac{4}{7}+5\frac{2}{3}+5\frac{3}{7}-5\frac{1}{3}$
h) $\frac{3}{4}\cdot\frac{5}{7}\cdot\frac{2}{9}\cdot\frac{14}{15}$
i) $\frac{1}{2}-\frac{3}{4}+\frac{1}{2}$
j) $\frac{2}{3}+\frac{1}{2}-\frac{1}{3}+\frac{1}{6}$
k) $\frac{1}{2}\cdot\frac{4}{7}+\frac{1}{2}\cdot\frac{2}{7}+\frac{1}{2}\cdot\frac{1}{7}$
l) $3\frac{3}{4}\cdot 1\frac{3}{7}\cdot\frac{4}{15}$
m) $\frac{1}{8}+\frac{5}{9}-\frac{3}{8}+\frac{4}{9}+\frac{1}{2}$
n) $\left(\frac{1}{2}+\frac{1}{4}\right):\frac{1}{8}$
o) $\frac{1}{4}\cdot\left(\frac{4}{3}+8\right)+\frac{5}{3}$
p) $\frac{7}{5}\cdot\frac{6}{7}:(12:2)$

**2** ≡ **Vorrangregeln beachten**

Die Rechenregeln gelten weiterhin. Berechne.

a) $1\frac{3}{7} \cdot \frac{3}{11} : \frac{5}{7}$  b) $\frac{4}{5} - \frac{1}{6} \cdot \frac{3}{5} + \frac{1}{5}$  c) $\frac{3}{5} : \frac{6}{15} \cdot \frac{5}{3}$

d) $\frac{2}{3} \cdot \frac{4}{5} + \frac{1}{5}$  e) $\left(\frac{3}{4} + \frac{9}{2}\right) \cdot \frac{2}{9}$  f) $2 + \frac{1}{6} : \frac{5}{6} - 1\frac{1}{5}$

g) $\frac{5}{9} + \frac{1}{9} \cdot (6 - 2)$  h) $\frac{1}{10} : \frac{2}{5} - \frac{1}{5} + \frac{1}{2}$  i) $\frac{3}{4} - \frac{1}{4} \cdot \left(\frac{7}{3} - 1\right)$

**Vorrangregeln**
- von links nach rechts
- Punkt-vor-Strich
- Klammer zuerst oder ausmultiplizieren

Nachschlagen
Vorrangregeln
Seite 175

**3** ≡ **Gemischte Übungen**

Berechne.

a) $\frac{2}{5} \cdot \frac{5}{8} + 0{,}5$  b) $\frac{3}{2} : \frac{1}{2} + 5$  c) $\frac{7}{3} - \frac{2}{3} : \frac{1}{3}$  d) $4\frac{5}{6} + \frac{3}{5} : \frac{2}{25}$  e) $\frac{5}{6} : \frac{2}{3} - \frac{3}{4}$

f) $\frac{2}{15} + \frac{3}{10} \cdot \frac{2}{9}$  g) $\frac{4}{5} + \frac{3}{2} \cdot \frac{2}{5}$  h) $\frac{7}{6} : \frac{2}{3} + \frac{1}{4}$  i) $\frac{21}{8} : \frac{7}{4} - 1\frac{1}{2}$  j) $\frac{121}{10} \cdot \frac{5}{44} - 1\frac{3}{8}$

**4** ≡ **Distributivgesetz nutzen**

Rechne geschickt, nutze das Distributivgesetz.

Nachschlagen
Dividieren
Seite 47

a) $\frac{1}{3} \cdot \left(\frac{6}{5} + \frac{3}{2}\right)$  b) $\left(\frac{5}{12} + \frac{3}{4}\right) \cdot \frac{4}{15}$  c) $\left(\frac{7}{6} + \frac{1}{8}\right) : \frac{7}{12}$  d) $\frac{4}{3} \cdot \left(\frac{3}{12} + \frac{3}{8}\right)$  e) $15 \cdot \left(\frac{9}{5} + \frac{14}{15}\right)$

f) $\left(\frac{13}{20} - \frac{3}{5}\right) \cdot 10$  g) $\frac{4}{9} \cdot \left(\frac{3}{8} + \frac{27}{32}\right)$  h) $\left(\frac{5}{11} + \frac{1}{2}\right) : \frac{7}{22}$  i) $\left(\frac{22}{27} + \frac{3}{18}\right) : \frac{12}{9}$  j) $\left(\frac{8}{9} - \frac{5}{18}\right) : \frac{1}{3}$

**5** ≡ **Entscheidung**

Berechne. Entscheide vorher, ob du die Klammer zuerst ausrechnen oder das Distributivgesetz anwenden möchtest.

a) $\frac{2}{9} \cdot \left(\frac{4}{5} - \frac{4}{10}\right)$  b) $\frac{3}{7} \cdot \left(\frac{7}{3} + 4\right)$  c) $\frac{3}{2} \cdot \left(\frac{7}{4} - \frac{5}{4}\right)$  d) $\frac{5}{8} \cdot \left(\frac{4}{3} - \frac{2}{5}\right)$  e) $12 \cdot \left(\frac{1}{4} + \frac{5}{6}\right)$

**6** ≡ **Distributivgesetz rückwärts**

Rechne geschickt durch Ausklammern.

a) $\frac{2}{3} \cdot \frac{17}{31} + \frac{2}{3} \cdot \frac{14}{31}$  b) $\frac{4}{9} \cdot \frac{6}{7} + \frac{4}{9} \cdot \frac{8}{7}$  c) $\frac{11}{25} \cdot \frac{3}{7} + \frac{3}{25} \cdot \frac{3}{7}$  d) $\frac{3}{7} \cdot \frac{5}{9} - \frac{3}{7} \cdot \frac{2}{9}$  e) $\frac{4}{5} \cdot \frac{7}{9} - \frac{4}{5} \cdot \frac{2}{9}$

**7** ≡ **Ausklammern oder Punkt-vor-Strich**

Berechne. Nutze das Distributivgesetz, wenn es vorteilhaft ist.

a) $\frac{4}{7} \cdot \frac{7}{12} + \frac{4}{7} \cdot \frac{7}{6}$  b) $\frac{7}{11} \cdot \frac{5}{9} - \frac{7}{11} \cdot \frac{2}{9}$  c) $\frac{8}{15} \cdot \frac{5}{12} + \frac{8}{15} \cdot \frac{7}{6}$  d) $\frac{3}{11} \cdot \frac{7}{9} - \frac{3}{11} \cdot \frac{2}{9}$  e) $\frac{4}{5} \cdot \frac{15}{16} - \frac{4}{5} \cdot \frac{5}{8}$

f) $2\frac{1}{5} \cdot \frac{5}{22} + 2\frac{1}{5} \cdot \frac{5}{11}$  g) $\frac{4}{5} \cdot 17 + 33 \cdot \frac{4}{5}$  h) $7 \cdot \frac{7}{12} - \frac{1}{12} \cdot 7$  i) $\frac{3}{8} \cdot \frac{4}{7} + \frac{3}{8} \cdot \frac{5}{7} - \frac{3}{8} \cdot \frac{1}{7}$  j) $1\frac{1}{3} \cdot \left(\frac{9}{12} + 1\frac{4}{5}\right)$

**8** ≡ Berechne geschickt.

**Prüfe dich!**
Lösungen auf
Seite 199

a) $\frac{1}{10} + \frac{1}{15} + \frac{7}{10}$  b) $\frac{1}{16} + \frac{7}{24} + \frac{11}{24}$  c) $5\frac{1}{2} + \frac{1}{7} + 1\frac{1}{4} + \frac{6}{7}$  d) $\frac{8}{9} \cdot \frac{7}{12} \cdot \frac{27}{32} \cdot \frac{6}{7}$  e) $2\frac{3}{4} \cdot \frac{12}{15} \cdot \frac{5}{4} \cdot \frac{8}{11}$

**9** ≡ Nutze das Distributivgesetz, wenn es vorteilhaft ist, und berechne.

a) $\frac{3}{4} \cdot \frac{5}{7} + \frac{3}{4} \cdot \frac{2}{7}$  b) $5 \cdot \frac{2}{3} + \frac{2}{15} \cdot 5$  c) $\left(\frac{5}{2} + \frac{5}{4}\right) \cdot \frac{4}{15}$  d) $\frac{4}{9} \cdot \left(\frac{3}{8} + \frac{9}{24}\right)$  e) $\left(\frac{3}{4} - \frac{3}{8}\right) : \frac{9}{8}$

**10** ≡ **Salatsoße für ein Gartenfest**

Costa bereitet für ein Gartenfest zwei große Salate zu: einen Bauernsalat und einen klassischen Blattsalat. Es gibt eine Salatsoße für beide Salate, diese enthält $\frac{3}{8}$ l Olivenöl und $\frac{1}{4}$ l Essig. $\frac{2}{5}$ der fertigen Salatsoße kommt an den Bauernsalat, der Rest an den Blattsalat.
Wie viel Liter Salatsoße kommt an den Blattsalat?

**11** ≡ **Ratenkauf**

Frau Wolf kauft einen Schlafzimmerschrank für 1800 €. Sie zahlt $\frac{1}{3}$ des Kaufpreises direkt, den Rest bezahlt Frau Wolf in 12 Monatsraten. Berechne die Höhe einer Monatsrate.
Du kannst in mehreren Schritten rechnen, aber kannst du das auch in einem einzigen Rechenausdruck aufschreiben?

**Prüfe dich!**
Lösungen auf Seite 199

**12** ≡ Ein Kasten Orangenlimonade enthält acht Flaschen mit je $1\frac{1}{2}$ l Limonade. $1\frac{1}{2}$ l Liter Limonade wiegen $1\frac{1}{2}$ kg. Eine leere Flasche wiegt 100 g. Der leere Kasten wiegt $1\frac{1}{4}$ kg.
Berechne das Gewicht eines Kastens mit vollen Flaschen.
Schreibe für die Rechnung einen einzigen Rechenausdruck auf.

**Vorbereiten**
Rechenwege beschreiben
Seite 177

**13** ≡ **Renovierungsgeschichten**

*„Das Agnes-Gymnasium wird sieben Tage lang renoviert. Ein Maler kann pro Tag $\frac{2}{3}$ eines Klassenzimmers streichen. Am Montag kommen 6 Maler, ab Mittwoch ist einer von ihnen krank.“*

a) Was wird durch den Rechenausdruck $2 \cdot 6 \cdot \frac{2}{3} + 3 \cdot 5 \cdot \frac{2}{3}$ ausgerechnet?

b) Erfinde eine passende Renovierungsgeschichte zu den folgenden Rechenausdrücken und berechne. Was bedeutet das Ergebnis?
(1) $4 \cdot 6 \cdot \frac{3}{4} + 8 \cdot \frac{3}{4}$ (2) $8 \cdot 5 \cdot \frac{1}{4} + 6 \cdot 5 \cdot \frac{1}{3}$ (3) $6 \cdot \left(\frac{2}{3} + \frac{3}{4}\right) + 6 \cdot \frac{3}{4}$

**14** ≡ **Vom Text zum Rechenausdruck**

Schreibe den Rechenausdruck auf und berechne.

a) Multipliziere die Summe von $\frac{9}{5}$ und $\frac{14}{15}$ mit 15.

b) Dividiere die Differenz der Zahlen $\frac{1}{2}$ und $\frac{1}{3}$ durch $\frac{1}{4}$.

c) Addiere zum Produkt der Zahlen $\frac{2}{5}$ und $\frac{3}{4}$ die Differenz aus $\frac{4}{5}$ und $\frac{1}{4}$.

d) Subtrahiere vom Quotienten der Zahlen 12 und $\frac{3}{4}$ das Produkt dieser Zahlen.

**15** ≡ **Vom Rechenausdruck zum Text**

Schreibe den Rechenausdruck in Worten. Nutze Fachbegriffe wie Summe, Differenz, Produkt, Quotient.

a) $5 - \frac{3}{4} \cdot \frac{4}{6}$ b) $\frac{1}{2} \cdot 5 + \frac{1}{4}$ c) $\left(1 - \frac{3}{4}\right) \cdot \left(\frac{8}{9} + \frac{4}{5}\right)$ d) $\left(\frac{3}{4} - \frac{5}{12}\right) \cdot \frac{4}{3} + \frac{1}{2}$

**16** ≡ **Klammern richtig setzen**

Welche Rechnung ist falsch? Setze dann Klammern so, dass die Rechnung richtig ist.

a) $7 - 6 \cdot \frac{2}{3} + \frac{1}{2} = 0$ b) $1 + \frac{2}{3} \cdot \frac{9}{2} - 2 = 2$ c) $\frac{1}{2} + \frac{1}{3} \cdot \frac{1}{2} = \frac{5}{12}$ d) $\frac{1}{8} + \frac{2}{5} \cdot \frac{3}{4} + \frac{1}{2} = \frac{5}{8}$

e) $\frac{1}{4} + \frac{2}{5} \cdot \frac{3}{8} - \frac{1}{8} = \frac{7}{20}$ f) $\frac{3}{5} - \frac{1}{5} \cdot \frac{2}{3} = \frac{4}{15}$ g) $\frac{1}{4} + \frac{1}{2} - \frac{1}{8} = \frac{5}{8}$ h) $3\frac{1}{2} - \frac{2}{5} + \frac{1}{2} = \frac{13}{5}$

**17** ≡ **Goldsuchergeschichten**

*„Jim und John sind Goldsucher. Alle zwei Tage teilen sie das gefundene Gold. Gestern waren es 30 g, heute waren es nur 10 g.“*

a) Der Rechenausdruck $\frac{1}{2} \cdot (30 + 10)$ passt zu der Geschichte. Was berechnet man damit?

b) Der Rechenausdruck $\frac{1}{2} \cdot 30 + \frac{1}{2} \cdot 10$ ergibt das gleiche Ergebnis wie in a). Schreibe die Geschichte so um, dass der Rechenausdruck passt.

c) Erfinde eine Geschichte zu dem Rechenausdruck $\frac{1}{4} \cdot (36 + 44) + \frac{1}{4} \cdot (28 + 52)$.

d) Wie könnte die Geschichte zu dem Ausdruck $\frac{1}{4} \cdot (16 + 24) + \frac{1}{3} \cdot (12 + 18)$ lauten?

**18** ≡ Schreibe den Rechenausdruck auf und berechne.

a) Multipliziere die Summe von $\frac{2}{3}$ und $\frac{3}{4}$ mit 24.

b) Subtrahiere von dem Produkt der Zahlen $\frac{8}{9}$ und $\frac{3}{4}$ die Differenz aus $\frac{2}{3}$ und $\frac{1}{2}$.

**19** ≡ Setze Klammern so, dass die Rechnung richtig ist.

a) $\frac{1}{2}+\frac{1}{4}\cdot 4=3$  b) $\frac{5}{2}\cdot\frac{2}{3}\cdot\frac{3}{10}=\frac{1}{2}$  c) $5-2\cdot\frac{1}{6}+1\frac{1}{2}=2$  d) $\frac{3}{4}+\frac{2}{7}-\frac{3}{14}:\frac{2}{7}=1$

**Prüfe dich!**
Lösungen auf
Seite 199

**20** ≡ **Rechenbaum erstellen**

Die Reihenfolge der Berechnung kann man mit einem Rechenbaum darstellen. Stelle den Rechenausdruck in einem Rechenbaum dar und berechne ihn.

a) $2-\left(\frac{3}{8}+\frac{1}{4}\right)$  b) $\left(\frac{3}{5}-\frac{1}{10}\right):\frac{1}{2}$  c) $\left(\frac{1}{2}+\frac{2}{3}\right)\cdot\left(\frac{3}{4}-\frac{2}{5}\right)$

d) $3\cdot\frac{5}{7}+\frac{2}{7}\cdot 9$  e) $1\frac{1}{3}-\frac{3}{8}\cdot\left(\frac{4}{9}+\frac{5}{9}\right)$  f) $\left(\frac{5}{12}+1\frac{1}{4}\right):\frac{5}{6}-\frac{3}{8}$

**Rechenbaum**

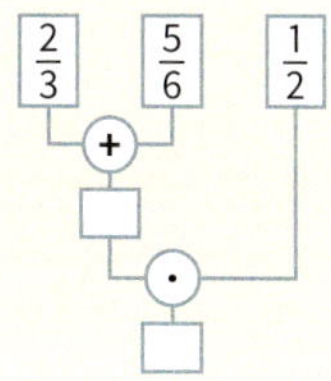


**21** ≡ **Vom Rechenbaum zum Rechenausdruck**

Stelle einen Rechenausdruck zum Rechenbaum auf und berechne.

a)
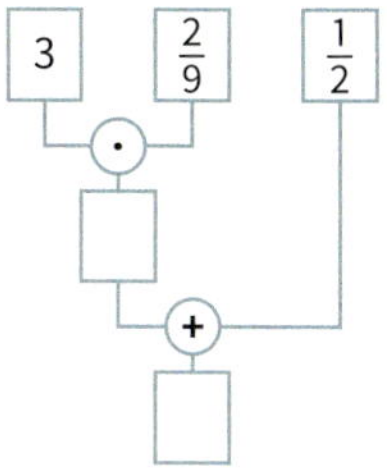


b)
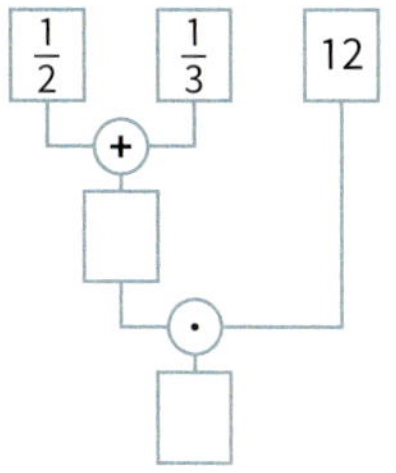


c)
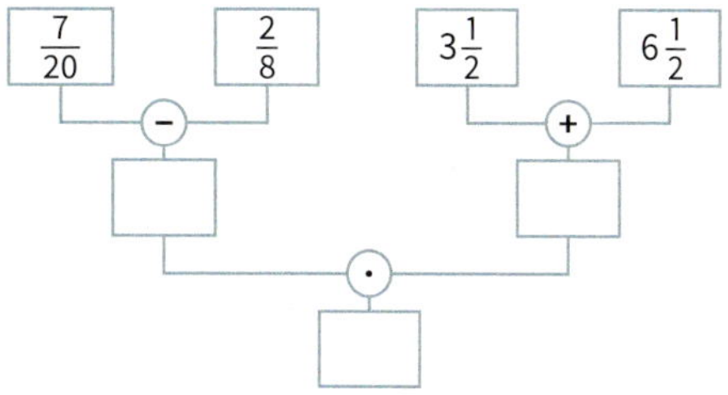


**22** ≡ **Vorsicht, gemischte Schreibweise**

Berechne geschickt.

a) $\left(3\frac{4}{7}+6\frac{1}{4}\right)\cdot\frac{7}{25}$  b) $\frac{8}{9}\cdot\left(2\frac{1}{4}-1\frac{4}{5}\right)$  c) $\left(\frac{7}{6}+\frac{7}{4}\right):3\frac{1}{2}$  d) $\left(1\frac{1}{10}-\frac{1}{5}\right):4\frac{1}{2}$

e) $\frac{11}{16}\cdot 2\frac{1}{3}+\frac{11}{16}\cdot 5\frac{2}{3}$  f) $3\frac{1}{5}\cdot\frac{7}{8}-3\frac{1}{5}\cdot\frac{1}{4}$  g) $\frac{5}{9}:2\frac{1}{3}+\frac{2}{9}:2\frac{1}{3}$  h) $\frac{8}{9}:2\frac{1}{3}-\frac{1}{9}:2\frac{1}{3}$

**23** ≡ **Zum Weiterüben**

Berechne.

a) $\left(\frac{8}{9}-\frac{2}{3}\right)\cdot 12$  b) $\left(\frac{2}{7}+\frac{12}{21}\right):\frac{21}{5}$  c) $\left(3\frac{8}{9}-2\frac{2}{3}\right)\cdot 18$  d) $8:\frac{3}{4}:\frac{1}{4}$

e) $\left(\frac{1}{3}-\frac{1}{6}\right)-\frac{1}{9}$  f) $\frac{1}{3}-\left(\frac{1}{6}-\frac{1}{9}\right)$  g) $\left(3-2\frac{2}{5}\right)\cdot 10$  h) $\left(\frac{1}{2}-\frac{1}{3}\right)\cdot\left(\frac{1}{2}+\frac{1}{3}\right)$

i) $7-\left(\frac{1}{5}+\frac{3}{5}\right)$  j) $\frac{7}{9}-\left(\frac{5}{18}+\frac{1}{9}\right)$  k) $\left(\frac{8}{9}-\frac{2}{9}\right):4$  l) $\frac{8}{25}:\left(\frac{1}{3}-\frac{1}{5}\right)$

**24** ≡ **Wer erhält das kleinste Ergebnis?**

Finde einen Rechenausdruck, bei dem das Ergebnis möglichst klein ist.
Beachte dabei diese Spielregeln:

- Du musst jede der drei Zahlen genau einmal verwenden.
- Du darfst Klammern verwenden.
- Du darfst addieren, subtrahieren, multiplizieren und dividieren.

Tipps: Nutze Differenzen oder Produkte für kleine Ergebnisse.
Dividieren durch große Zahlen ergibt ein kleines Ergebnis.

a) $\frac{3}{8}, \frac{1}{4}, \frac{1}{2}$  b) $\frac{1}{3}, \frac{1}{6}, \frac{1}{9}$  c) $\frac{1}{2}, 2, \frac{4}{3}$  d) $\frac{4}{5}, \frac{9}{2}, 5$

# Mein Merkzettel

Seite 36

## Die Größe des Anteils bestimmen

Anteile „von" oder „davon" → multiplizieren

$\frac{3}{7}$ von 63 Kindern:

$\frac{3}{7} \cdot 63 = \frac{3 \cdot \cancel{63}^{9}}{\cancel{7}_{1}} = 3 \cdot 9 = 27$

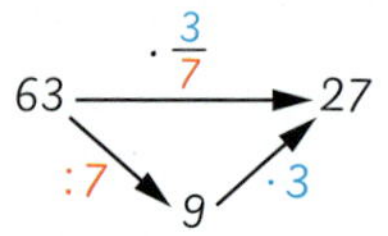


$\frac{3}{7}$ von 63 Kindern sind 27 Kinder.

## Die Gesamtzahl bestimmen

Wie viele waren es, wenn $\frac{2}{5}$ davon 30 sind?

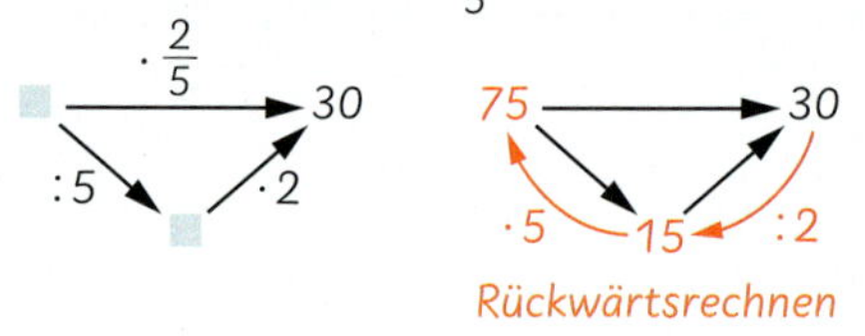


Es waren insgesamt 75.

Seite 39
Seite 37

## Mehrere Ganze verteilen

3 Pizzen an 8 Kinder aufteilen:

- Jedes Kind bekommt $\frac{3}{8}$ einer Pizza.

12 Kuchen an 5 Käufer verteilen:

- Jeder Käufer bekommt $\frac{12}{5} = 2\frac{2}{5}$ Kuchen.

## Die Mitte zwischen zwei Brüchen bestimmen

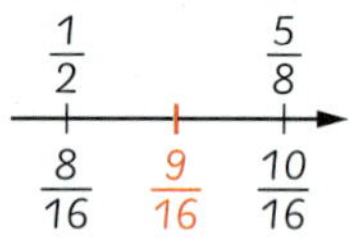


- Erweitern auf einen geeigneten Nenner, hier 16
- Die Mitte der Zähler bestimmen

Seite 40
Seite 41

## Brüche addieren und subtrahieren

- **Brüche gleichnamig machen**
- **Zähler addieren oder subtrahieren**
- **Nenner beibehalten**

$\frac{1}{3} + \frac{2}{5} = \frac{1 \cdot 5}{3 \cdot 5} + \frac{2 \cdot 3}{5 \cdot 3} = \frac{5+6}{15} = \frac{11}{15}$

$\frac{7}{10} - \frac{1}{4} = \frac{7 \cdot 2}{10 \cdot 2} - \frac{1 \cdot 5}{4 \cdot 5} = \frac{14-5}{20} = \frac{9}{20}$

## Hauptnenner (kleinster gemeinsamer Nenner)

Für $\frac{5}{42} + \frac{11}{70}$ den Hauptnenner bestimmen:

Vielfache von 42: 42 84 126 168 210 252 …

Vielfache von 70: 70 140 210 …

Der Hauptnenner ist 210.

$\frac{5}{42} + \frac{11}{70} = \frac{5 \cdot 5}{42 \cdot 5} + \frac{11 \cdot 3}{70 \cdot 3} = \frac{25+33}{210} = \frac{58}{210}$

Seite 44

## Brüche multiplizieren

- **Zähler mal Zähler**
- **Nenner mal Nenner**

$\frac{3}{7} \cdot \frac{5}{8} = \frac{3 \cdot 5}{7 \cdot 8} = \frac{15}{56}$

## Anteile von Anteilen bestimmen

$\frac{4}{5}$  $\frac{2}{3}$ von $\frac{4}{5}$ 

Anteile von Anteilen: $\frac{2}{3}$ von $\frac{4}{5}$

Brüche multiplizieren: $\frac{2}{3} \cdot \frac{4}{5} = \frac{8}{15}$

Seite 47

## Durch einen Bruch dividieren

- **Multiplizieren mit dem Kehrwert des Bruchs**

$\frac{3}{4} : \frac{2}{5} = \frac{3}{4} \cdot \frac{5}{2} = \frac{15}{8}$

## Wie oft passt $\frac{3}{4}$ in $\frac{9}{2}$?

$\frac{9}{2} : \frac{3}{4} = \frac{9}{2} \cdot \frac{4}{3} = \frac{9 \cdot 4}{2 \cdot 3} = 6$

$\frac{3}{4}$ passt 6-mal in $\frac{9}{2}$

Seite 24

## Einen Bruch vervielfachen

$\frac{5}{7} \cdot 3 = \frac{5 \cdot 3}{7} = \frac{15}{7}$ oder $\frac{5}{7} \cdot \frac{3}{1} = \frac{5 \cdot 3}{7 \cdot 1} = \frac{15}{7}$

## Einen Bruch teilen

$\frac{3}{4} : 5 = \frac{3}{4 \cdot 5} = \frac{3}{20}$ oder $\frac{3}{4} : \frac{5}{1} = \frac{3}{4} \cdot \frac{1}{5} = \frac{3}{20}$

Seite 48
Seite 175

## Rechnen mit der 0

$3 \cdot 0 = 0$ $\frac{3}{4} \cdot 0 = 0$ $0 : \frac{2}{5} = 0$ $\frac{0}{7} = 0 : 7 = 0$

**Dividieren durch 0 ist verboten!**

$\frac{3}{4} : 0$ verboten $\frac{7}{0}$ verboten $\frac{0}{0}$ verboten

### Frühzeitiges Kürzen

$\frac{4\cdot5\cdot7}{3\cdot7\cdot8} = \frac{\overset{1}{\cancel{4}}\cdot5\cdot\overset{1}{\cancel{7}}}{3\cdot\underset{1}{\cancel{7}}\cdot\underset{2}{\cancel{8}}} = \frac{5}{3\cdot2} = \frac{5}{6}$

### Achtung: Kürzen nur beim Multiplizieren!

Seite 45

$\frac{4}{9}:\frac{8}{3} = \frac{\overset{1}{\cancel{4}}}{\underset{3}{\cancel{9}}}\cdot\frac{\overset{1}{\cancel{3}}}{\underset{2}{\cancel{8}}} = \frac{1}{3}\cdot\frac{1}{2} = \frac{1}{6}$

### Vorsicht bei gemischter Schreibweise: Brüche erst in unechte Brüche umwandeln

Seite 46

$2\frac{1}{5} + 1\frac{3}{4} = \frac{11}{5} + \frac{7}{4} = \frac{44}{20} + \frac{35}{20} = \frac{79}{20} = 3\frac{19}{20}$

$1\frac{9}{12}\cdot2\frac{2}{5} = \frac{21}{12}\cdot\frac{12}{5} = \frac{21}{5} = 4\frac{1}{5}$

---

### Kommutativgesetz

$\frac{5}{2} + \frac{1}{5} = \frac{1}{5} + \frac{5}{2}$

$\frac{1}{2}\cdot\frac{4}{5} = \frac{4}{5}\cdot\frac{1}{2}$

### Assoziativgesetz

$\frac{1}{8} + \frac{5}{7} + \frac{2}{5} = \frac{1}{8} + \left(\frac{5}{7} + \frac{2}{5}\right)$

$\frac{1}{7}\cdot\frac{2}{5}\cdot\frac{3}{4} = \frac{1}{7}\cdot\left(\frac{2}{5}\cdot\frac{3}{4}\right)$

### Rechenregeln für Rechenausdrücke

Seite 52

- Klammer zuerst oder ausmultiplizieren
- Punkt-vor-Strich
- von links nach rechts

### Ausmultiplizieren

$\frac{2}{3}\cdot\left(\frac{9}{4} - \frac{3}{8}\right) = \frac{2}{3}\cdot\frac{9}{4} - \frac{2}{3}\cdot\frac{3}{8} = \frac{3}{2} - \frac{1}{4} = \frac{5}{4}$

### Ausklammern

Seite 52

$\frac{3}{4}\cdot\frac{5}{7} + \frac{3}{4}\cdot\frac{2}{7} = \frac{3}{4}\cdot\left(\frac{5}{7} + \frac{2}{7}\right) = \frac{3}{4}\cdot1 = \frac{3}{4}$

---

### Multiplizieren und Dividieren im Sachzusammenhang

**Anteile von Anteilen**

Die Flasche Apfelsaft enthält $\frac{3}{4}$ Liter. Mateo trinkt $\frac{5}{6}$ davon. Wie viel Liter hat er getrunken?

Seite 44

$\frac{5}{6}$ von $\frac{3}{4}$ bestimmen: $\frac{5}{6}\cdot\frac{3}{4} = \frac{5\cdot3}{6\cdot4} = \frac{5}{8}$

Antwort: Er hat $\frac{5}{8}$ Liter getrunken.

**Verteilen**

Mia hat $2\frac{1}{4}$ Pizza und möchte sie an 3 Kinder verteilen. Wie viel bekommt jedes Kind?

Seite 39

$2\frac{1}{4} = \frac{9}{4}$ an 3 verteilen: $\frac{9}{4}:3 = \frac{3}{4}$

Antwort: Jedes Kind bekommt eine $\frac{3}{4}$-Pizza.

**Aufteilen**

Sabrinas Mutter benötigt $2\frac{1}{2}$ kg Butter. Wie viele $\frac{1}{4}$-kg-Packungen sind das?

Seite 47

Wie oft passt $\frac{1}{4}$ in $2\frac{1}{2} = \frac{5}{2}$? $\frac{5}{2}:\frac{1}{4} = \frac{5}{2}\cdot\frac{4}{1} = 10$

Antwort: Sie benötigt 10 Packungen.

---

### Rechteckfläche berechnen

$a = \frac{4}{5}$ cm, $b = 2\frac{1}{2}$ cm, $A = ?$

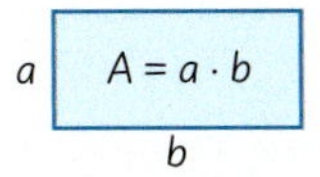


$A = a\cdot b = \frac{4}{5}\cdot\frac{5}{2} = 2$

A ist 2 $cm^2$ groß.

### Fehlende Rechteckseite berechnen

Seite 48

$a = \frac{3}{7}$ m, $A = 2\frac{1}{4}$ $m^2$, $b = ?$

$b = A : a = \frac{9}{4}:\frac{3}{7} = \frac{9}{4}\cdot\frac{7}{3} = \frac{21}{4}$

b ist $5\frac{1}{4}$ m lang.

---

### Beurteilen und Begründen

Seite 51

**Untersuche die Aussage:**

„Beim Multiplizieren zweier Brüche ist das Ergebnis immer kleiner als jeder der Faktoren."

**1. Beispiel finden und beobachten**

$\frac{1}{3}\cdot\frac{2}{5} = \frac{2}{15}$ $\frac{2}{15} < \frac{1}{3}$ und $\frac{2}{15} < \frac{2}{5}$

Die Aussage stimmt für dieses Beispiel.

**2. Nach Gegenbeispielen suchen**

$\frac{2}{3}\cdot\frac{7}{2} = \frac{14}{6} = \frac{7}{3}$ $\frac{7}{3} > \frac{2}{3}$

Die Aussage stimmt nicht immer.

**3. Ergebnis der Untersuchung formulieren**

Die Aussage stimmt immer dann, wenn beide Brüche kleiner als 1 sind. Ist ein Faktor größer als 1, dann stimmt die Aussage nicht.

Lösungen auf Seite 199

# Wiederholen für die Klassenarbeit

## 1 Zahlenstrahl

Gib die markierten Zahlen an.

a) 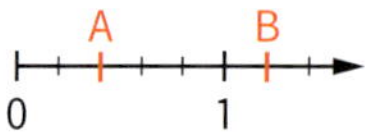


b) 

c) 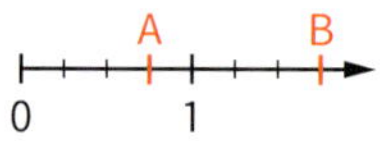


d) 

## 2 Drei Zahlen im gleichen Abstand

Die drei Zahlen liegen im gleichen Abstand auf dem Zahlenstrahl. Gib die fehlende Zahl an.

a) 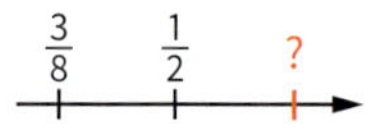


b) 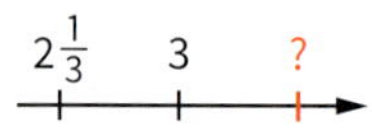


c) 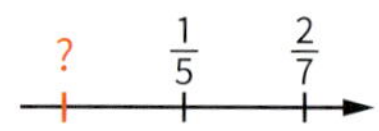


d) 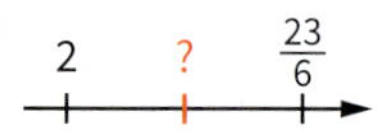


## 3 Wie viel sind es?

Bestimme rechnerisch, wie viele es sind.

a) $\frac{3}{5}$ von 400 Kindern lieben Schokoladeneis.

b) In einer Schulmensa werden pro Woche 4280 Essen ausgegeben. $\frac{2}{5}$ davon sind vegetarisch.

c) Familie Konz hatte im letzten Jahr 2520 € Energiekosten, $\frac{2}{7}$ davon waren für Warmwasser.

## 4 Wie viel waren es?

a) Die Hausgemeinschaft der Gaußstraße bekommt 13 560 € Zuschuss von Stadt und Land für die neue Heizungsanlage. Das sind $\frac{5}{12}$ der Gesamtkosten. Bestimme die Gesamtkosten.

b) Chemisch betrachtet besteht ein Mensch zu $\frac{4}{5}$ aus Wasser. Bestimme die Masse des Wassers, die in einem 80 kg schweren Menschen steckt.

## 5 Lücken füllen

Übertrage die Darstellungen in dein Heft und fülle die Lücken aus.

a) 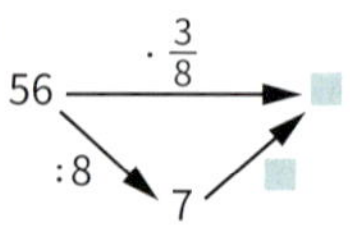


b) 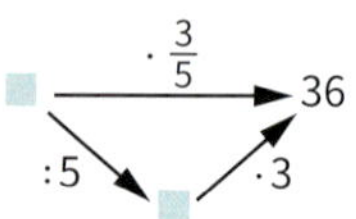


c) 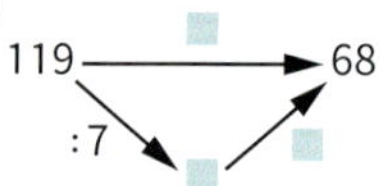


d) 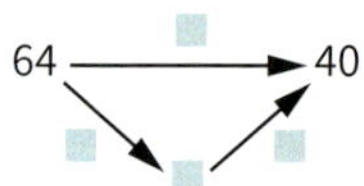


## 6 Brüche vervielfachen

Berechne und kürze das Ergebnis, falls möglich.

a) $\frac{2}{7} \cdot 3$ b) $5 \cdot \frac{1}{8}$ c) $3 \cdot \frac{10}{27}$ d) $\frac{5}{12} \cdot 4$ e) $12 \cdot \frac{5}{6}$ f) $1\frac{3}{4} \cdot 8$

## 7 Anteile berechnen

Berechne das Ergebnis.

a) $\frac{3}{4}$ von 5 kg b) $\frac{2}{7}$ von 28 Kindern c) $\frac{3}{8}$ von 10 l d) $\frac{3}{5}$ von 4 t

e) $\frac{7}{10}$ von 2 km f) $\frac{1}{5}$ von 12 kg g) $\frac{3}{20}$ von 50 m h) $\frac{24}{100}$ von 200 l

## 8 Gerechte Verteilung

Gib an, wie viel jeder bekommt, wenn alle gleich viel bekommen.

a) 16 Bananen werden an 12 Kinder verteilt.
b) 5 Kinder teilen 3 Pizzen unter sich auf.
c) 2 Torten stehen für 16 Gäste bereit.
d) 4 Kinder essen 10 Pfannkuchen.

## 9 Summe und Differenz

Berechne die Summen und die Differenzen.

a) $\frac{3}{4} - \frac{1}{6}$ b) $\frac{1}{6} + \frac{3}{8}$ c) $\frac{2}{5} + \frac{3}{10}$ d) $\frac{3}{5} - \frac{1}{8}$ e) $\frac{7}{20} + \frac{3}{25}$ f) $\frac{13}{18} - \frac{5}{12}$

g) $\frac{2}{3} - \frac{2}{9}$ h) $\frac{1}{7} + \frac{1}{5}$ i) $\frac{3}{10} + \frac{1}{4}$ j) $\frac{5}{18} - \frac{1}{42}$ k) $\frac{5}{12} - \frac{5}{54}$ l) $\frac{11}{40} + \frac{7}{32}$

Lösungen auf Seite 200

## 10 ≡ Addieren und Subtrahieren mit gemischten Zahlen

Berechne. Verwende ein Verfahren, das dir am günstigsten erscheint.

a) $2\frac{1}{4}+5\frac{1}{4}$ b) $5\frac{5}{8}-2\frac{1}{2}$ c) $4\frac{2}{3}+2\frac{3}{5}$ d) $5\frac{7}{10}-2\frac{1}{4}$ e) $3\frac{1}{6}+2\frac{3}{4}$ f) $12\frac{3}{5}+8\frac{7}{8}$

g) $7\frac{7}{10}-6\frac{3}{5}$ h) $9\frac{7}{9}+6\frac{1}{2}$ i) $3\frac{3}{4}+7\frac{3}{4}$ j) $5\frac{1}{8}-2\frac{1}{3}$ k) $3\frac{3}{5}+6\frac{9}{10}$ l) $5\frac{21}{25}+2\frac{3}{4}$

## 11 ≡ Der König vererbt

König Karl hat Kinder, Enkel und Urenkel. In seinem Testament sieht er vor, dass die Hälfte seines Vermögens unter seinen Kindern aufgeteilt wird, ein Viertel unter seinen Enkeln und ein Achtel unter seinen Urenkeln. Überprüfe, ob noch etwas für seine Diener übrig bleibt.

## 12 ≡ Onkel Theodor gewinnt im Lotto

Onkel Theodor verteilt seinen ganzen Lottogewinn an seine Neffen Kai und Dirk und an seine Nichte Claudia. Kai erhält $\frac{2}{5}$ des Gewinns, Dirk $\frac{1}{3}$ des Gewinns und Claudia den Rest.

a) Bestimme den Anteil des Gewinns, den die Neffen insgesamt erhalten.

b) Gib an, welchen Anteil die Nichte erhält.

c) Claudias Anteil am Gewinn ist 80 000 €. Berechne, wie hoch der gesamte Lottogewinn war.

## 13 ≡ Multiplizieren mit natürlichen Zahlen

Fülle die Lücken aus.

a) $4\cdot\frac{3}{15}=\square$ b) $3\cdot\square=\frac{9}{10}$ c) $\square\cdot\frac{2}{11}=\frac{10}{11}$ d) $\frac{4}{5}\cdot\square=\frac{24}{5}$ e) $\frac{2}{9}\cdot\square=2$ f) $\square\cdot 5=6$

g) $\square\cdot\frac{1}{20}=3$ h) $\square\cdot 100=1$ i) $\frac{2}{9}\cdot\square=4$ j) $\frac{3}{7}=\frac{1}{14}\cdot\square$ k) $\square\cdot 1\frac{1}{2}=4\frac{1}{2}$ l) $\square\cdot\frac{2}{9}=1\frac{1}{3}$

## 14 ≡ Dividieren und Probe machen

Berechne und mache danach die Probe.

a) $\frac{3}{2}:\frac{1}{4}$ b) $8:\frac{1}{2}$ c) $\frac{1}{3}:2$ d) $\frac{8}{9}:\frac{2}{3}$ e) $\frac{2}{7}:\frac{8}{21}$ f) $\frac{8}{10}:4$

g) $2:\frac{1}{4}$ h) $2\frac{3}{4}:\frac{1}{4}$ i) $\frac{1}{3}:\frac{1}{9}$ j) $1\frac{1}{3}:\frac{6}{9}$ k) $1\frac{7}{8}:\frac{4}{5}$ l) $\frac{30}{55}:1\frac{4}{11}$

## 15 ≡ Frühzeitiges Kürzen hilft

Berechne. Denke an frühzeitiges Kürzen.

a) $\frac{3}{4}:\frac{1}{4}$ b) $\frac{5}{9}:\frac{2}{3}$ c) $\frac{7}{20}:\frac{14}{30}$ d) $\frac{4}{9}:\frac{2}{3}$ e) $\frac{11}{15}:\frac{22}{30}$ f) $\frac{25}{16}:\frac{5}{8}$

g) $\frac{10}{9}:\frac{15}{6}$ h) $1\frac{1}{9}:3\frac{1}{3}$ i) $\frac{26}{56}:\frac{39}{42}$ j) $4\frac{3}{4}:2\frac{1}{4}$ k) $2\frac{5}{9}:1\frac{1}{3}$ l) $3\frac{1}{7}:5\frac{1}{7}$

## 16 ≡ Multiplizieren und Dividieren

Berechne die Produkte und die Quotienten.

a) $\frac{5}{7}:\frac{3}{5}$ b) $\frac{1}{2}:\frac{1}{4}$ c) $\frac{2}{3}\cdot 9$ d) $8:\frac{1}{2}$ e) $27\cdot\frac{1}{3}$ f) $\frac{5}{9}\cdot\frac{2}{3}$

g) $\frac{5}{9}:\frac{1}{3}$ h) $\frac{5}{7}\cdot\frac{14}{8}$ i) $\frac{3}{4}:\frac{1}{4}$ j) $\frac{2}{9}:\frac{1}{3}$ k) $\frac{1}{2}\cdot\frac{2}{5}$ l) $\frac{2}{5}:\frac{1}{2}$

m) $\frac{7}{8}\cdot\frac{4}{21}$ n) $\frac{8}{7}:\frac{4}{21}$ o) $\frac{3}{8}\cdot 6$ p) $6:\frac{1}{3}$ q) $6\cdot\frac{1}{3}$ r) $\frac{1}{3}:6$

## 17 ≡ Anteile

a) In der Klasse 6 d der Gauß-Schule kommen $\frac{2}{3}$ der Schülerinnen und Schüler aus Pulheim, das sind 18 Kinder. Bestimme die Gesamtzahl der Kinder in der Klasse 6 d.

b) Marlene mischt sich einen Hafermilchshake. Der Hafermilchanteil ist $\frac{4}{5}$. Berechne, wie viel Liter Hafermilch sie für 2 Liter Milchshake benötigt.

c) Die Klasse 6 a macht auf ihrer Wanderung im Schwarzwald nach $5\frac{1}{2}$ km zum ersten Mal Rast. Die Lehrerin Frau Schmitz sagt: „*Jetzt haben wir $\frac{5}{12}$ der gesamten Strecke geschafft.*“ Bestimme die Länge der gesamten Wanderstrecke.

d) Enno hat in 20 min bereits 6,2 kg Äpfel gepflückt. Das sind $\frac{4}{7}$ aller Äpfel. Berechne, wie lange er für den ganzen Baum benötigt und wie viel Kilogramm Äpfel er insgesamt erntet.

Lösungen auf Seite 200

**18** **Anteile von Anteilen im Garten**

Familie Grün hat 300 $m^2$ des Gartens mit Feldgemüse bepflanzt. $\frac{2}{3}$ der Fläche ist mit Salat bepflanzt, und $\frac{2}{5}$ davon ist mit Kopfsalat bepflanzt. Bestimme die Fläche für den Kopfsalat.

**19** **Anteile von Anteilen im Chor**

Am Friedrich-Eugens-Gymnasium hat der Musiklehrer Herr Flöthe einen Kursstufenchor zusammengestellt. $\frac{3}{8}$ der Schülerinnen und Schüler machen mit, $\frac{2}{5}$ davon sind männlich, das sind insgesamt 12 Jungen. Berechne die Anzahl der Schülerinnen und Schüler in der Kursstufe.

**20** **Altersrätsel**

Mia ist $16\frac{1}{6}$ Jahre alt. Ben ist $2\frac{5}{12}$ Jahre älter, ihre Schwester Emma $3\frac{1}{4}$ Jahre jünger.
a) Bestimme das Alter von Ben und Emma.
b) Berechne den Altersunterschied der beiden.

**21** **Verteilungsrätsel**

Tina behauptet, dass sie 7 l Holundergelee in Gläser zu $\frac{1}{2}$ l, $\frac{1}{4}$ l und $\frac{1}{8}$ l so abfüllen kann, dass sie von jeder Glasgröße gleich viele volle Gläser erhält.
Hat Tina recht? Begründe und gib die Anzahl der Gläser an, die sie benötigt.

**22** **Alle Rechenarten**

Berechne.

a) $\frac{3}{4}\cdot\frac{1}{4}$  b) $\frac{3}{4}-\frac{1}{4}$  c) $\frac{3}{4}:\frac{1}{4}$  d) $\frac{3}{4}+\frac{1}{4}$  e) $\frac{5}{6}:\frac{2}{3}$  f) $\frac{5}{6}\cdot\frac{2}{3}$
g) $\frac{5}{6}+\frac{2}{3}$  h) $\frac{5}{6}-\frac{2}{3}$  i) $\frac{3}{4}-\frac{2}{3}$  j) $\frac{3}{4}\cdot\frac{2}{3}$  k) $\frac{3}{4}:\frac{2}{3}$  l) $\frac{3}{4}+\frac{2}{3}$
m) $\frac{4}{5}-\frac{2}{3}$  n) $\frac{4}{5}\cdot\frac{2}{3}$  o) $\frac{4}{5}:\frac{2}{3}$  p) $\frac{4}{5}+\frac{2}{3}$  q) $\frac{5}{6}-\frac{3}{8}$  r) $\frac{5}{6}\cdot\frac{3}{8}$
s) $\frac{5}{6}+\frac{3}{8}$  t) $\frac{5}{6}:\frac{3}{8}$  u) $\frac{7}{12}\cdot\frac{2}{15}$  v) $\frac{7}{12}-\frac{2}{15}$  w) $\frac{7}{12}+\frac{2}{15}$  x) $\frac{7}{12}:\frac{2}{15}$

**23** **Brüche in gemischter Schreibweise**

Berechne. Wandle, wenn nötig, in einen unechten Bruch um.

a) $8\cdot3\frac{1}{4}$  b) $12\frac{2}{3}\cdot3$  c) $2\frac{3}{4}+1\frac{1}{2}$  d) $8\frac{1}{4}-4\frac{1}{2}$  e) $4\frac{2}{3}:\frac{7}{5}$  f) $3\frac{1}{2}:1\frac{2}{5}$

**24** **Lücken füllen**

Bestimme die fehlende Zahl.

a) $2\frac{3}{7}-\square=1$  b) $\frac{8}{9}-\square=\frac{2}{9}$  c) $\frac{1}{2}=\square+\frac{1}{16}$  d) $\square-\frac{3}{10}=2\frac{1}{5}$  e) $3\frac{1}{7}-\square=3$  f) $\frac{5}{8}+\square=\frac{8}{5}$
g) $\square\cdot\frac{2}{3}=\frac{1}{2}$  h) $\frac{4}{5}\cdot\square=\frac{14}{15}$  i) $\frac{2}{3}:\square=\frac{9}{8}$  j) $\square:\frac{2}{5}=\frac{9}{4}$  k) $\square\cdot\frac{3}{2}=2\frac{1}{4}$  l) $\square:\frac{1}{2}=\frac{3}{7}$
m) $\frac{5}{8}+\frac{1}{2}\cdot\square=1$  n) $\frac{1}{2}\cdot\left(\square+\frac{1}{4}\right)=\frac{3}{8}$  o) $\left(\square+\frac{1}{10}\right):\frac{3}{5}=\frac{1}{2}$

**25** **Vorsicht mit der Null**

Berechne, wenn möglich.

a) $\frac{0}{8}$  b) $\frac{8}{0}$  c) $\frac{1}{2}:0$  d) $5\cdot\frac{1}{0}$  e) $0:\frac{6}{1}$  f) $\frac{6}{1}:0$

**26** **Holzplatten**

Berechne die fehlende Seitenlänge.

a)
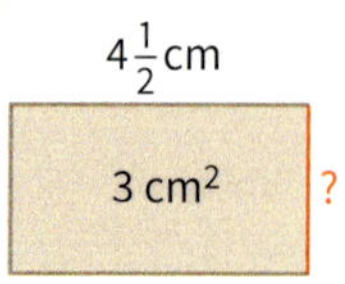


b)
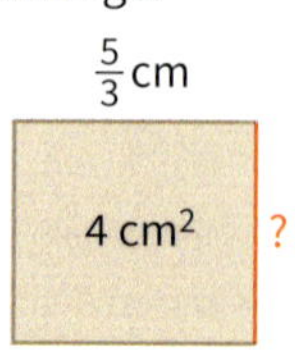


c)
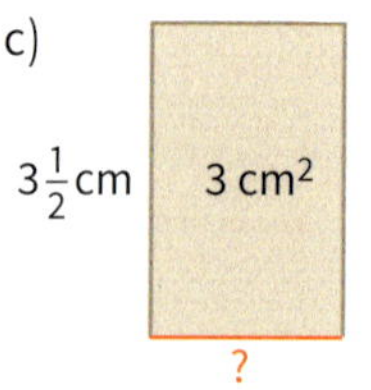


d)
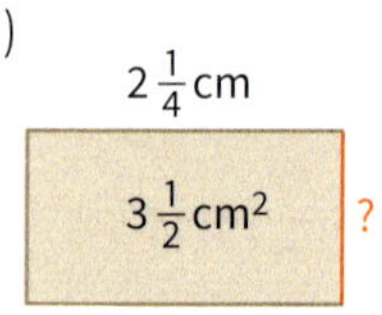

Lösungen auf Seite 201

### 27 ≡ Wasserspender

Ein Wasserspender ist mit 5 l Wasser gefüllt. Aus dem Wasserspender werden 7 Gläser zu $\frac{1}{4}$ l und 3 Gläser zu $\frac{1}{8}$ l abgefüllt. Bestimme die Wassermenge, die noch im Wasserspender ist. Stelle für die Rechnung zunächst einen einzigen Rechenausdruck auf.

### 28 ≡ Aussagen beurteilen

Finde Beispiele. Beurteile, ob die Aussage immer wahr ist.

a) Beim Multiplizieren ist das Ergebnis immer größer als jeder der beiden Faktoren.

b) Bei der Division ist das Ergebnis immer kleiner als der Dividend.

c) Addiert man zwei unechte Brüche, so ist die Summe immer größer als 1.

d) Bildet man den kleinsten gemeinsamen Nenner zweier Brüche und addiert diese, so entsteht immer ein Ergebnis, das man nicht mehr kürzen kann.

e) Addiert man zwei echte Brüche, so ist das Ergebnis niemals eine natürliche Zahl.

### 29 ≡ Versunkenes Dorf

Aus dem Reschensee ragt von einem Kirchturm noch $\frac{2}{3}$ der Gesamtlänge aus dem Wasser heraus. $\frac{5}{24}$ steht im Wasser und der Rest von 4,5 m ist im Seeboden versunken.

a) Bestimme die Höhe des Kirchturms.

b) Berechne, wie tief das Wasser an dieser Stelle ist.

### 30 ≡ Geschickt rechnen

Berechne geschickt und erkläre, was „geschickt“ für dich bedeutet.

a) $\frac{4}{7}+\frac{1}{2}+\frac{3}{7}$  b) $\frac{2}{5}\cdot\frac{2}{3}\cdot\frac{5}{6}\cdot\frac{3}{2}$  c) $\frac{3}{8}+\frac{3}{4}-\frac{1}{8}-1$  d) $5-\frac{5}{6}+\frac{1}{6}\cdot\frac{1}{2}-4$

### 31 ≡ Vom Text zum Rechenausdruck

Stelle zunächst den Rechenausdruck auf. Berechne ihn dann.

a) Multipliziere die Summe der Zahlen 5 und $\frac{3}{4}$ mit $\frac{1}{8}$ und subtrahiere dann $\frac{1}{2}$.

b) Subtrahiere von dem Quotienten der Zahlen $\frac{1}{2}$ und $\frac{2}{5}$ das Produkt dieser beiden Zahlen.

c) Dividiere die Summe von $2\frac{1}{8}$ und $3\frac{1}{3}$ durch $\frac{1}{8}$.

### 32 ≡ Vom Rechenausdruck zum Text

Schreibe den Rechenausdruck in Worten.

a) $\left(\frac{3}{4}+\frac{1}{8}\right)\cdot\frac{5}{7}+7$  b) $\frac{2}{3}\cdot\frac{9}{14}-\frac{1}{7}$  c) $5:\frac{1}{2}-\frac{2}{3}$  d) $\left(1\frac{3}{4}-\frac{3}{8}\right)+\frac{2}{5}\cdot\frac{5}{8}$

### 33 ≡ Distributivgesetz nutzen

Nutze das Distributivgesetz und berechne dann.

a) $4\cdot\left(\frac{3}{2}+\frac{1}{4}\right)$  b) $\frac{3}{2}\cdot\left(\frac{5}{6}-\frac{1}{3}\right)$  c) $\frac{2}{3}\cdot\left(\frac{9}{4}-\frac{3}{8}\right)$  d) $\frac{4}{5}\cdot\left(\frac{10}{4}+\frac{15}{4}\right)$

e) $\left(\frac{5}{7}-\frac{5}{21}\right)\cdot 42$  f) $\frac{6}{10}\cdot\left(\frac{5}{3}-\frac{20}{33}\right)$  g) $\frac{9}{21}\cdot\left(\frac{7}{12}-\frac{1}{6}\right)$  h) $\left(\frac{9}{20}-\frac{3}{15}\right):\frac{3}{5}$

### 34 ≡ Distributivgesetz umgekehrt

Klammere aus und berechne dann.

a) $18\cdot\frac{5}{8}-18\cdot\frac{1}{8}$  b) $\frac{5}{9}\cdot\frac{5}{11}+\frac{5}{9}\cdot\frac{6}{11}$  c) $\frac{17}{3}\cdot\frac{2}{9}-\frac{2}{9}\cdot\frac{7}{6}$  d) $\frac{12}{25}\cdot\frac{3}{8}+\frac{3}{8}\cdot\frac{4}{25}$

### 35 ≡ Terme – Allerlei

Achte auf die Rechenregeln. Nutze Rechenvorteile und berechne.

a) $20+\frac{5}{3}-\frac{5}{4}\cdot 8$  b) $\frac{7}{3}+\frac{2}{3}\cdot 8-3\frac{1}{9}$  c) $\frac{3}{5}+\frac{2}{5}:\frac{4}{5}-\frac{4}{5}$  d) $\frac{2}{3}-\frac{1}{3}\cdot\left(\frac{5}{6}+\frac{1}{6}\right)$

e) $\frac{2}{5}\cdot\left(\frac{2}{3}+\frac{1}{3}\right)-\frac{1}{3}$  f) $\frac{3}{11}+\frac{8}{11}\cdot\frac{3}{7}:6$  g) $\frac{5}{9}\cdot\frac{11}{20}+\frac{5}{9}\cdot\frac{3}{20}+\frac{3}{10}\cdot\frac{5}{9}$  h) $\frac{1}{4}\cdot\left(\frac{2}{9}+\frac{1}{3}\right)\cdot 8$

SABATINI
ITALIA
Ω OMEGA
SABATINI
ITA
NEW WR

# 3 Dezimalzahlen

Im Schulsport wird beim 75-m-Lauf die gelaufene Zeit mit einer Stoppuhr auf Zehntel gemessen.

Bei Meisterschaften kommt es beim 100-m-Lauf im Zieleinlauf häufig zu sehr knappen Abständen. Um diese Unterschiede zu messen, können mit einer elektronischen Zeitmessung auch Hundertstelsekunden bestimmt werden.

Recherchiere nach den aktuellen Ergebnissen beim Laufen, Schwimmen und anderen Sportarten.

- **Wie viele Zahlen liegen zwischen 0,9 und 1 oder zwischen 0,999 und 1,000?**
- **Wie rechnet man mit Kommazahlen?**
- **Kann man jeden Bruch als Dezimalzahl schreiben?**

# 3.1 Dezimalschreibweise

Bis 1976 wurden Weltrekorde im Sprint noch per Hand mit einer Stoppuhr gemessen. Der letzte handgemessene Weltrekord wurde von Donald Quarrie aufgestellt, er lief die 100 m in 9,9 s. Inzwischen werden die Rekorde elektronisch gemessen. Der Olympiasieger Usain Bolt stellte 2009 bei den Weltmeisterschaften in Berlin den aktuellen Weltrekord von 9,58 s für 100 m auf.

- Was bedeuten die Ziffern nach dem Komma?
- Probiere, mit einer Stoppuhr genau 9,58 s zu messen.
- Wieso ist die elektronische Messung besser geeignet als die Messung per Hand?

WES-137382-019

### Dezimalzahlen

Eine Dezimalzahl ist eine Zahl mit Komma. Das Komma trennt die Ganzen vom Rest: Links vom Komma stehen die Ganzen, rechts vom Komma die Nachkommastellen. Sie geben die Zehntel, die Hundertstel, die Tausendstel … an.

**49,715**

$= 49 + \frac{7}{10} + \frac{1}{100} + \frac{5}{1000}$

7 Zehntel   1 Hundertstel   5 Tausendstel

Sprechweise: „49 Komma Sieben Eins Fünf"

### Dezimalzahlen in der Stellenwerttafel

Um Dezimalzahlen in einer Stellenwerttafel darzustellen, wird diese nach rechts erweitert. Nun ist die Stellenwerttafel in beide Richtungen unbegrenzt.

·10   ·10   :10   :10   :10

| … | 100<br>Hunderter<br>H | 10<br>Zehner<br>Z | 1<br>Einer<br>E | $0{,}1 = \frac{1}{10}$<br>Zehntel<br>z | $0{,}01 = \frac{1}{100}$<br>Hundertstel<br>h | $0{,}001 = \frac{1}{1000}$<br>Tausendstel<br>t | … |
|---|---|---|---|---|---|---|---|
| | | 4 | 9 | 7 | 1 | 5 | |

### Von der Dezimalzahl zum Bruch

2,65 als Bruch mit Zehnerpotenz im Nenner schreiben:

| E | z | h |
|---|---|---|
| 2 | 6 | 5 |

$2{,}65 = 2\frac{65}{100}$

*2 Nachkommastellen → Nenner 100*

### Vom Bruch zur Dezimalzahl

$\frac{19}{1000}$ als Dezimalzahl schreiben:

| E | z | h | t |
|---|---|---|---|
| 0 | 0 | 1 | 9 |

$\frac{19}{1000} = 0{,}019$

*Nenner 1000 → 3 Nachkommastellen*

**1** **Von der Dezimalzahl zum Bruch mit Zehnerpotenz im Nenner**

Schreibe als Bruch mit Zehnerpotenz im Nenner. Die Stellenwerttafel ist eine gute Hilfe.

a) 0,75   b) 0,6   c) 0,25   d) 0,505   e) 0,625   f) 0,0003
g) 0,125   h) 0,5005   i) 4,88   j) 1,701   k) 1,0481   l) 3,8200

**2** **Vom Bruch zur Dezimalzahl**

Schreibe als Dezimalzahl. Die Stellenwerttafel kann dir helfen.

a) $\frac{19}{100}$   b) $2\frac{4}{10}$   c) $3\frac{4}{100}$   d) $\frac{26}{1000}$   e) $2\frac{7}{1000}$   f) $\frac{4004}{1000}$

**3** ☰ **Brüche in Dezimalzahlen umwandeln**

Schreibe als Dezimalzahl. Erweitere zunächst zum Bruch mit Zehnerpotenz im Nenner.

a) $\frac{1}{2}$ b) $\frac{13}{50}$ c) $2\frac{3}{5}$ d) $\frac{3}{4}$ e) $\frac{3}{20}$ f) $\frac{7}{8}$

**4** ☰ **Stellenwerte in Dezimalzahlen**

Welchen Stellenwert hat die Ziffer 7?

a) 0,75 b) 7,4 c) 4,07 d) 72,034 e) 43,718 f) 16,1671

**5** ☰ **Komma setzen**

Setze das Komma im Heft so, dass die Ziffer 3 den angegebenen Stellenwert hat.

a) 4635 (z) b) 572435 (h) c) 6537 (t) d) 23415 (H) e) 70038 (h) f) 23 (t)

**6** ☰ **Fehlerfuchs**

Beschreibe die Fehler und korrigiere.

a) $\frac{27}{10} = 0{,}27$ b) $\frac{501}{100} = 0{,}51$ c) $0{,}58 = \frac{58}{10}$ d) $7{,}20 = \frac{720}{10}$

---

**7** ☰ Schreibe als Bruch.

a) 0,35 b) 0,006 c) 1,07 d) 0,305 e) 4,62 f) 10,009

**Prüfe dich!** Lösungen auf Seite 202

**8** ☰ Schreibe als Dezimalzahl.

a) $\frac{65}{100}$ b) $1\frac{3}{10}$ c) $\frac{1}{4}$ d) $\frac{205}{100}$ e) $3\frac{12}{1000}$ f) $\frac{22}{50}$

---

**9** ☰ **Viele Erklärungen**

Frau Abel fragt ihre Klasse, was die Dezimalzahl 0,78 bedeutet und erhält viele Antworten. Welche Antworten sind richtig?

**10** ☰ **Endnullen weglassen**

Schreibe die Zahl ohne überflüssige Nullen. Begründe, weshalb dies sinnvoll ist.

a) 0,600 b) 0,2500 c) 0,0302 d) 2,00500 e) 400 f) 5,002001
g) 0,300200 h) 50 500 i) 30,000 j) 10,04 k) 0 l) 02,20

**11** ☰ **Dezimalzahlen vergleichen**

Setze das passende Zeichen (< oder >) ein.

a) 1,63 □ 1,36 b) 0,645 □ 0,654
c) 0,990 □ 0,989 d) 0,7 □ 0,75
e) 0,450 □ 0,46 f) 0,090 □ 0,1
g) 10,942 □ 11,856 h) 0,070 □ 0,707

**Dezimalzahlen vergleichen**

Betrachte die Stellenwerte von links nach rechts, bis sie sich unterscheiden.

| | |
|---|---|
| **3**,25 < **7**,5 | Einer: 3 < 7 |
| 8,**3**6 < 8,**5**9 | Zehntel: 3 < 5 |
| 0,6**9**1 > 0,6**7**58 | Hundertstel: 9 > 7 |

WES-137382-020

---

**12** ☰ Ordne der Größe nach. Beginne mit der kleinsten Zahl.

a) 0,25 1,03 1,30 0,52 1,25 b) 1,098 1,98 1,976 1,984 1,0998

**Prüfe dich!** Lösungen auf Seite 202

---

**13** ☰ **Fehlersuche**

Finde die Fehler und korrigiere.

a) $1{,}8 = \frac{1}{8}$ b) $9{,}9 < 9{,}10 < 9{,}11$ c) $0{,}210 > 0{,}201$ d) $\frac{3}{20} = 0{,}6$

**14** ≡ **Ordnen auf dem Zahlenstrahl**

Gib an, welche Dezimalzahlen auf dem Ausschnitt des Zahlenstrahls markiert sind.

a) 

b) 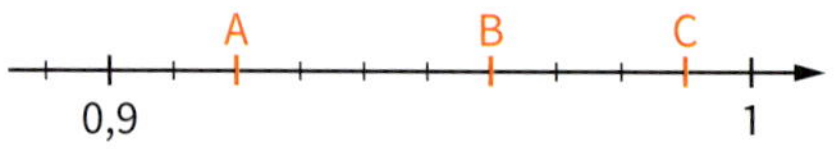


c) 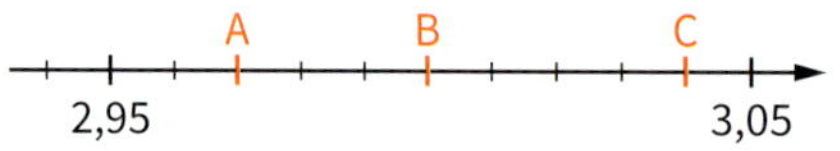


**Immer weitere Dezimalzahlen zwischen zwei Dezimalzahlen**

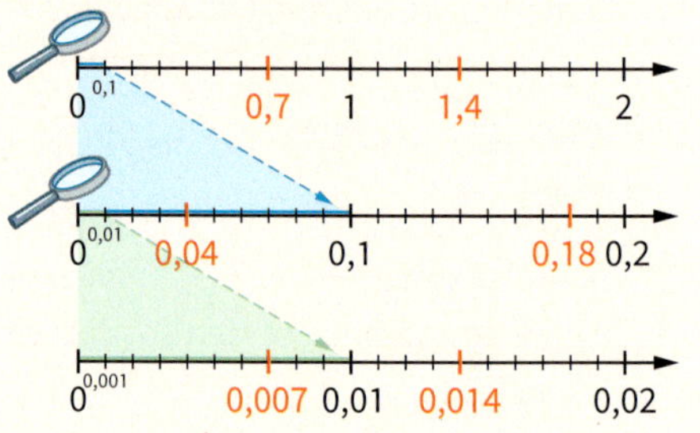


**15** ≡ **Markieren auf dem Zahlenstrahl**

a) Markiere die Zahlen auf einem Zahlenstrahl: 0,9 1,02 1 0,97 1,1 1,03 1,11

b) Finde eigene Zahlen zwischen 0,91 und 1,19 und markiere diese auf dem Zahlenstrahl. Achte auf eine geeignete Wahl der Einteilung des Zahlenstrahls.

**16** ≡ **Zahlen dazwischen**

a) Finde drei Dezimalzahlen, die größer als 2,6 und kleiner als 2,7 sind.

b) Wie viele Zahlen liegen zwischen 2,6 und 2,7? Begründe.

c) Stelle eine Vermutung an, wie viele Dezimalzahlen zwischen zwei beliebigen Dezimalzahlen liegen. Begründe.

**17** ≡ **Zahl in der Mitte gesucht**

Bestimme die Zahl in der Mitte.

a) 8 und 9 b) 1,5 und 1,6 c) 3,97 und 3,98 d) 2,09 und 2,1

---

**Prüfe dich!** Lösungen auf Seite 202

**18** ≡ Gib die markierten Zahlen an.

a) 

b) 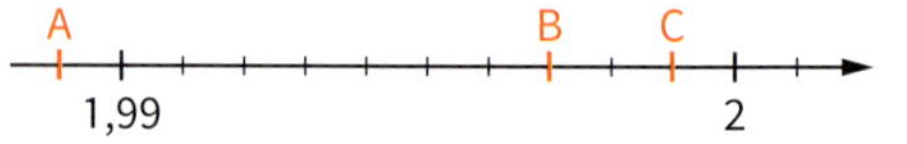


**19** ≡ Finde fünf Zahlen dazwischen. Bestimme die Zahl, die genau in der Mitte liegt.

a) 0,1 und 0,2 b) 4,5 und 4,6 c) 1,97 und 1,98 d) 4,99 und 5

---

**Nachschlagen** Runden Seite 174

WES-137382-021

**20** ≡ **Runden**

Runde die Zahl auf Einer, Zehntel, Hundertstel und Tausendstel.

a) 10,1473 b) 12,8476

c) 9,96784 d) 2,43504

e) 4,2999 f) 0,77777

g) 0,27272 h) 5,55555

**Dezimalzahlen runden**

Runde 6,8512

… auf Einer: $6{,}8512 \approx 7$

… auf Zehntel: $6{,}8512 \approx 6{,}9$

… auf Hundertstel: $6{,}8512 \approx 6{,}85$

… auf Tausendstel: $6{,}8512 \approx 6{,}851$

---

**Prüfe dich!** Lösungen auf Seite 202

**21** ≡ Runde die Zahl auf die angegebene Stelle.

a) 3,1748 (t) b) 3,1748 (h) c) 3,1748 (z) d) 4,009 (z) e) 4,009 (h) f) 3,97 (z)

---

**22** ≡ **Welche Zahl wurde gerundet?**

a) Nenne drei Zahlen, die auf Einer gerundet 14 ergeben.

b) In welchem Bereich liegen alle Zahlen, die auf Zehntel gerundet 0,6 ergeben?

# 3.2 Addieren und Subtrahieren

Timo ist im Supermarkt einkaufen.
Seine Mutter hat ihm 20 € gegeben.

- Prüfe mit einem Überschlag, ob 20 € ausreichen.
- Timo bekommt 2,76 € zurück. Prüfe, ob das Rückgeld stimmt.

**Vorbereiten**
Seite 176

WES-137382-022

### Addieren und Subtrahieren von Dezimalzahlen

Wie bei natürlichen Zahlen werden Dezimalzahlen stellenweise addiert und subtrahiert. Achte darauf, dass **Komma unter Komma** steht.

### Dezimalzahlen schriftlich addieren und subtrahieren

Berechne 1,58 + 2,427 + 0,6
Überschlag: 2 + 2 + 1 = 5

```
   1,580
+  2,427
+  0,600
    1 1
   -----
   4,607
```

Berechne 43,75 − 7,2 − 12,54
Überschlag: 44 − 7 − 13 = 24

```
  43,75
−  7,20
− 12,54
   1
  -----
  24,01
```

**1** **Schriftlich rechnen**

Mache zuerst einen Überschlag und rechne dann genau. Ergänze, wenn nötig, Nullen.

a) 26,66 + 14,7 b) 4,603 + 11,046 c) 49,002 + 50,719
d) 21,8 + 5,29 + 3,07 e) 77,4 + 13,53 + 32,75 f) 22,222 + 2,2222 + 222,22
g) 11,608 − 5,304 h) 29,09 − 12,7 i) 143,96 − 27,053
j) 19,25 − 2,03 − 12,44 k) 50 − 21,92 − 12,94 l) 3,275 − 0,089 − 1,22

**2** **Einkauf**

Berechne jeweils den Endbetrag. Wie viel Wechselgeld erhält man, wenn man mit einem 50-€-Schein bezahlt?

| Eisdiele Amore | |
|---|---|
| Schokobecher | 7,50 € |
| Tutti-Frutti-Becher | 8,20 € |
| Eiskaffee | 6,60 € |
| Pinoccio-Becher | 4,90 € |

| 2-Rad Rieder | |
|---|---|
| Schlauch | 7,55 € |
| Kettenöl | 1,90 € |
| Schlauchwechsel | 21,70 € |
| Kette reinigen | 8,00 € |

| Bioladen Bienenglück | |
|---|---|
| Äpfel 1,5 kg | 5,98 € |
| Kartoffeln 2,5 kg | 4,35 € |
| Bio-Hackfleisch | 11,38 € |
| Soja-Joghurt | 2,35 € |

**3** **Rechne im Kopf**

a) 0,4 + 0,3 b) 0,5 + 0,7 c) 1,2 + 0,6 d) 2,5 + 0,7 e) 9,2 + 0,8 f) 3,8 + 1,3
g) 0,9 − 0,5 h) 0,55 − 0,34 i) 2,8 − 0,9 j) 4,8 − 2,3 k) 10,5 − 1,9 l) 1,43 − 0,7

**4** Mache zuerst einen Überschlag und rechne dann genau. Du erhältst auffällige Ergebnisse.

a) 1,2745 + 2,0588 b) 3,6842 − 1,462 c) 14,3765 − 4,5
d) 0,4015 + 0,1312 + 0,7018 e) 1,7671 − 0,3304 − 0,2022 f) 5,335 − 1,83 + 2,05

**Prüfe dich!**
Lösungen auf Seite 202

## 5 Abschreibfehler

Korrigiere den zweiten Summanden bzw. den Subtrahenden so, dass das Ergebnis stimmt.

a) 4,43 + 2,8 = 6,51 b) 0,3 + 6 = 0,9 c) 14,59 + 3,8 = 14,87 d) 5,36 – 1,5 = 4,31

## 6 Lücken füllen

Berechne die fehlende Zahl.

a) 4,3 + ▢ = 7,6 b) 12,45 – ▢ = 8,9 c) 3,7 + ▢ = 8,2 d) 4,65 – ▢ = 0,93
e) ▢ + 3,7 = 10,1 f) ▢ – 2,2 = 17,8 g) ▢ – 4,6 = 14,9 h) 15,2 – ▢ = 6,7

## 7 Zahlenkartenpaare

Aus je zwei Zahlen kannst du eine Additions- oder Subtraktionsaufgabe bilden.

a) Bilde die Aufgabe mit dem größten Ergebnis.
b) Bilde die Aufgabe mit dem kleinsten Ergebnis.
c) Bilde die Aufgabe, deren Ergebnis am nächsten an 20 liegt.

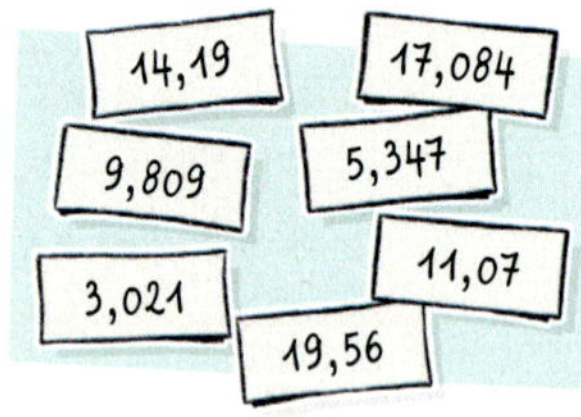


## 8 Rechenausdruck

Schreibe den zugehörigen Rechenausdruck auf. Berechne dann.

a) Um wie viel ist die Summe der Zahlen 25,98 und 7,052 größer als deren Differenz?
b) Subtrahiere von 504,05 die Summe der Zahlen 194 und 86,34.
c) Addiere zur Differenz von 12,05 und 4,38 die Summe von 0,9 und 8,99.

**Prüfe dich!** Lösungen auf Seite 203

**9** Übertrage in dein Heft und fülle die Lücke aus.

a) 3,6 + ▢ = 9,3 b) 14,7 – ▢ = 5,5 c) ▢ + 8,2 = 17,1 d) ▢ – 5,8 = 0,75

## 10 Tour de France

Die Tour de France 2022 startete in Kopenhagen und endete wie immer in Paris.

a) Die Radfahrer fahren in den ersten Tagen der Tour de France jeden Tag eine Etappe. Berechne, wie weit sie in den ersten vier Tagen gefahren sind.
b) Insgesamt fuhren die Fahrer in 21 Etappen 3346,5 km. Berechne, wie weit sie nach den ersten vier Tagen noch fahren mussten.

1. Etappe: 13,24 km
2. Etappe: 201,85 km
3. Etappe: 182,5 km
4. Etappe: 171,45 km

## 11 Gartenzaun

Familie Tierlieb hat einen neuen Hund bekommen. Daher möchte sie einen Zaun um ihren Garten bauen. Im Baumarkt kann man Zäune auf Rollen kaufen. Auf einer Rolle sind 25 m Zaun. Berechne, wie viele Rollen Zaun sie kaufen müssen. Wie viel Zaun bleibt übrig?

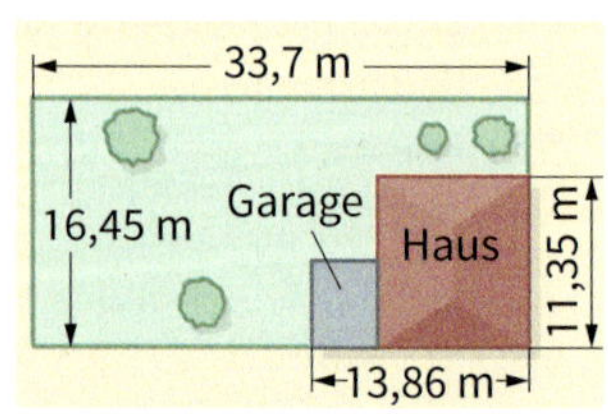


**Prüfe dich!** Lösungen auf Seite 203

**12** Janas Vater hat auf seiner Geldkarte ein Guthaben von 178,32 €. An der Tankstelle bezahlt er Benzin für 35,86 €, außerdem kauft er sich ein belegtes Brötchen für 2,80 €. Berechne das neue Guthaben auf der Geldkarte.

## 13 Differenzen würfeln

Spielregeln: Würfelt abwechselnd. Nach jedem Wurf schreibt jeder die gewürfelte Ziffer in ein freies Kästchen auf seinem Blatt. Wer die kleinste Differenz hat, gewinnt. Wird die Differenz kleiner als null, hat man verloren.

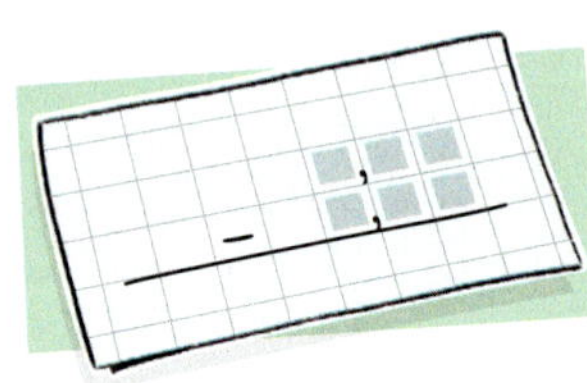

# 3.3 Dezimalzahlen multiplizieren

Anna, Paula und Finn wollen die obere Seite des Basteltisches neu lackieren. Sie überprüfen, ob der Lack reicht.

Vorbereiten
Seite 176

- Erkläre die drei Verfahren.
- Wie könnte Finn ohne Überschlag entscheiden, wo das Komma stehen muss?

**Dezimalzahlen multiplizieren**

- Multipliziere die Zahlen ohne Komma.
- Zähle die Ziffern nach dem Komma bei beiden Faktoren. Das Ergebnis hat genau so viele Nachkommastellen wie die beiden Faktoren zusammen.

$75{,}3 \cdot 0{,}02$

$753 \cdot 2 = 1506$

$75{,}3 \cdot 0{,}02 = 1{,}506$

3 Ziffern nach dem Komma — 3 Nachkommastellen

WES-137382-023

**Kommasetzung**

Berechne $3{,}2 \cdot 0{,}95$.

Multiplizieren ohne Komma: $32 \cdot 95 = 3040$

Komma setzen durch Zählen der Nachkommastellen
$3{,}2 \cdot 0{,}95 = 3{,}040$
3 Ziffern — 3 Nachkommastellen

Komma setzen mithilfe eines Überschlags
Überschlag: $3 \cdot 1 = 3$
Also $3{,}2 \cdot 0{,}95 = 3{,}04$

**1 Kopfrechnen**

a) $0{,}9 \cdot 60$ b) $400 \cdot 0{,}6$ c) $400 \cdot 0{,}06$ d) $1{,}1 \cdot 1{,}1$
e) $100 \cdot 0{,}04$ f) $30 \cdot 0{,}2$ g) $0{,}5 \cdot 22$ h) $0{,}05 \cdot 22$
i) $15 \cdot 0{,}2$ j) $171 \cdot 0{,}1$ k) $1{,}5 \cdot 1{,}5$ l) $0{,}5 \cdot 0{,}5$

**2 Schriftlich multiplizieren**

Berechne.

a) $3{,}15 \cdot 7{,}1$ b) $46{,}2 \cdot 3{,}5$ c) $9{,}01 \cdot 14{,}4$ d) $0{,}859 \cdot 8$
e) $73{,}2 \cdot 1{,}2$ f) $5{,}34 \cdot 2{,}79$ g) $10{,}53 \cdot 5$ h) $0{,}4 \cdot 8{,}25$
i) $1{,}86 \cdot 0{,}07$ j) $6{,}9 \cdot 23$ k) $12{,}4 \cdot 0{,}5$ l) $16{,}02 \cdot 1{,}05$
m) $4{,}36 \cdot 13$ n) $36{,}6 \cdot 1{,}8$ o) $3{,}02 \cdot 1{,}05$ p) $12{,}4 \cdot 15$

**3** Komma gesucht

Setze im Ergebnis an der richtigen Stelle das Komma. Ergänze, falls nötig, noch Nullen.

a) $2,4 \cdot 1,8 = 4\,3\,2$  b) $2,67 \cdot 0,32 = 8\,5\,4\,4$  c) $0,072 \cdot 5,4 = 3\,8\,8\,8$

d) $4,006 \cdot 70 = 2\,8\,0\,4\,2\,0$  e) $1,425 \cdot 0,87 = 1\,2\,3\,9\,7\,5$  f) $5,175 \cdot 12 = 6\,2\,1\,0$

**4** Suche das Lösungswort

Entscheide, ob richtig oder falsch gerechnet wurde und notiere jeweils den Buchstaben. Du erhältst ein Lösungswort. Korrigiere die falschen Ergebnisse.

$0,3 \cdot 0,5 = 0,15$ S R

$0,2 \cdot 0,3 = 0,6$ G E

$2,4 \cdot 10 = 20,4$ I E

$1,2 \cdot 0,4 = 0,48$ L E

$2,6 \cdot 0,5 = 0,13$ E N

**Prüfe dich!**
Lösungen auf Seite 203

**5** Berechne.

a) $3,9 \cdot 60$  b) $402 \cdot 0,6$  c) $2,5 \cdot 0,14$  d) $1,08 \cdot 2,4$

Einstieg

### Multiplikation mit 10; 100; 1000 … oder 0,1; 0,01; 0,001 …

Berechne. Was fällt dir auf?

a) $3,14 \cdot 10$; $3,14 \cdot 100$; $3,14 \cdot 1000$

b) $23,06 \cdot 0,1$; $23,06 \cdot 0,01$; $23,06 \cdot 0,001$

c) $0,739 \cdot 10$; $0,739 \cdot 100$; $0,739 \cdot 1000$

d) $4,8 \cdot 0,1$; $4,8 \cdot 0,01$; $4,8 \cdot 0,001$

Formuliere Regeln, wie man eine Dezimalzahl mit 10; 100; 1000 … multipliziert und wie man eine Dezimalzahl mit 0,1; 0,01; 0,001 … multipliziert.

WES-137382-024

### Kommaverschiebung beim Multiplizieren

Mit 10; 100; 1000 … multiplizieren.
Das Komma wird nach rechts verschoben.

$3,125 \cdot 10 = 31,25$

$3,125 \cdot 100 = 312,5$

$3,125 \cdot 1000 = 3125$

Mit 0,1; 0,01; 0,001 … multiplizieren.
Das Komma wird nach links verschoben.

$648,5 \cdot 0,1 = 64,85$

$648,5 \cdot 0,01 = 6,485$

$648,5 \cdot 0,001 = 0,6485$

### Kommaverschiebung bei Produkten

Der Wert eines Produktes ändert sich nicht, wenn das Komma in beiden Faktoren um gleich viele Stellen entgegengesetzt verschoben wird.

$0,12 \cdot 0,07 = 1,2 \cdot 0,007$

1 Stelle nach rechts $\cdot 10$  1 Stelle nach links $: 10$

**6** Kopfrechnen

Rechne im Kopf. Notiere das Ergebnis im Heft.

a) $100 \cdot 3,7$  b) $10 \cdot 38,38$  c) $10 \cdot 3,04$  d) $100 \cdot 0,72$

e) $10 \cdot 0,007$  f) $1\,000 \cdot 6,4$  g) $100 \cdot 0,0002$  h) $1\,000 \cdot 0,0005$

i) $0,001 \cdot 500$  j) $2,3 \cdot 0,01$  k) $43,8 \cdot 0,1$  l) $12\,345 \cdot 0,0001$

**7** Lücken füllen

a) $6,4 \cdot ☐ = 640$  b) $☐ \cdot 5,7 = 57$  c) $10,2 \cdot ☐ = 1020$  d) $☐ \cdot 0,02 = 0,2$

e) $2,04 \cdot ☐ = 204$  f) $☐ \cdot 0,98 = 9,8$  g) $54 \cdot ☐ = 5,4$  h) $☐ \cdot 65,2 = 0,652$

**8** ≡ **Anteil oder Vielfaches in Worten**
Beschreibe den Rechenausdruck in Worten als Anteil oder Vielfaches von einer Zahl.
Schreibe in der Art: „das Zehnfache von … ist …“, „ein Hundertstel von … ist …“, …
a) $100 \cdot 0{,}014$ b) $0{,}1 \cdot 17{,}50$ c) $1000 \cdot 3{,}05$ d) $0{,}001 \cdot 45{,}30$

---

**9** ≡ Berechne.
a) $0{,}1 \cdot 80{,}2$ b) $78{,}49 \cdot 100$ c) $0{,}01 \cdot 8{,}2$ d) $9{,}28 \cdot 1000$

**Prüfe dich!**
Lösungen auf Seite 203

**10** ≡ Notiere den Rechenausdruck und das Ergebnis.
a) Berechne das Tausendfache von 0,0304. b) Berechne ein Hundertstel von 7403.

---

**11** ≡ **Rechenfehler**
In der Klasse 6 a werden für das Produkt $41{,}3 \cdot 210{,}8$ folgende Ergebnisse genannt:
(1) 876,04 (2) 8706,4 (3) 8706,864 (4) 8706,04 (5) 8706,24 (6) 8706,28
Bei manchen Ergebnissen kann man „sofort“ sehen, dass sie falsch sind. Begründe.

**12** ≡ **Mikroskop**
Mit einem Mikroskop kann man sehr kleine Dinge stark vergrößern.
a) Unter einem Mikroskop erscheint ein Menschenhaar bei 1000-facher Vergrößerung 60 mm dick. Wie dick ist es in Wirklichkeit?
b) Wie dick erscheint ein 0,005 mm dicker Spinnwebfaden bei 1000-facher Vergrößerung unter dem Mikroskop?

---

**13** ≡ Ein Blatt Papier ist ungefähr 0,045 mm dick. Ein Buchdeckel ist vorne und hinten 1 mm dick. Berechne die Dicke eines Buches mit 300 Seiten.

**Prüfe dich!**
Lösungen auf Seite 203

**14** ≡ Ein Buch hat 1000 Seiten und ist 4,6 cm dick. Der Buchdeckel ist vorne und hinten 1,5 mm dick. Berechne die Dicke eines Blattes in diesem Buch.

---

**15** ≡ **Größer oder kleiner?**
Schreibe die Aufgabe in dein Heft und ergänze ohne Rechnung das richtige Zeichen:
<, > oder =. Stelle aufgrund deiner Beobachtungen eine Regel auf.
a) $1{,}2 \cdot 1{,}4$ □ 1 b) $1{,}2 \cdot 0{,}8$ □ 1,2 c) $0{,}8 \cdot 0{,}8$ □ 0,8 d) $1 \cdot 0{,}8$ □ 0,8
e) $1{,}2 \cdot 1{,}2$ □ 1,2 f) $0{,}7 \cdot 1{,}4$ □ 1,4 g) $1{,}1 \cdot 0{,}9$ □ 1 h) $0 \cdot 0{,}8$ □ 0

**16** ≡ **Einmal rechnen – Komma verschieben**
Multipliziere 2,3; 23; 0,023 und 0,23 der Reihe nach mit der angegebenen Zahl.
a) 5 b) 1,1 c) 0,7 d) 0,02 e) 12 f) 0,25

**17** ≡ **Quadrate von Dezimalzahlen**
Suche im rechten Kasten die Quadratzahl zu jeder Zahl im linken Kasten.

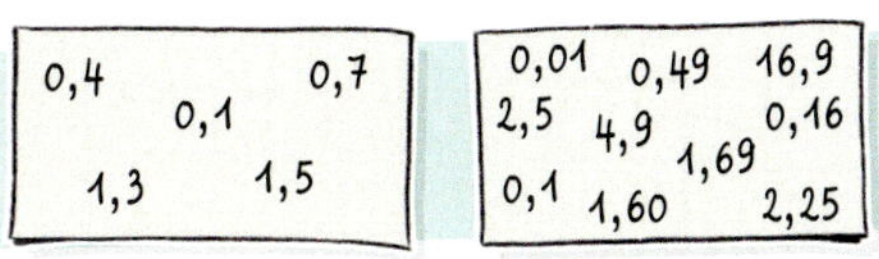


**Vorbereiten**
Quadratzahlen
Seite 174

**18** ≡ **Was beim Multiplizieren passieren kann**
Denke dir Beispiele aus, um die Fragen zu beantworten.
a) Kann das Produkt einer Zahl mit sich selbst kleiner als die Zahl sein?
b) Wie groß muss bei einem Produkt der zweite Faktor sein, damit das Ergebnis kleiner als der erste Faktor ist?
c) Mit welcher Zahl muss man 0,02 multiplizieren, um 1 zu erhalten?

# 3.4 Dezimalzahlen dividieren

**Vorbereiten**
Seite 176

Maja, Louise und Nassrin sind zusammen auf einer Geburtstagsfeier eingeladen. Sie kaufen gemeinsam ein Geschenk und geben insgesamt 22,56 € aus.
Wie viel muss jede bezahlen?

WES-137382-025

## Eine Dezimalzahl durch eine natürliche Zahl dividieren

- Dividiere wie bei zwei natürlichen Zahlen.
- Wenn du das Komma überschreitest, setze im Ergebnis ein Komma.

Mit einem Überschlag kann man prüfen, ob das Komma richtig gesetzt wurde.
Überschlag: 42 : 6 = 7

*Komma*

| | | |
|---|---|---|
| | 43,38 : 6 = | 7,23 |
| − | 42 | |
| | 13 | |
| − | 12 | |
| | 18 | |
| − | 18 | |
| | 0 | |

### Nullen ergänzen

68,4 : 8 berechnen:

| | | |
|---|---|---|
| | 68,40 : 8 = | 8,55 |
| − | 64 | |
| | 44 | |
| − | 40 | |
| | 40 | |
| − | 40 | |
| | 0 | |

Null im Dividenden ergänzen

### Ergebnis kleiner 1

4,14 : 9 berechnen:

| | | |
|---|---|---|
| | 4,14 : 9 = | 0,46 |
| − | 0 | |
| | 41 | |
| − | 36 | |
| | 54 | |
| − | 54 | |
| | 0 | |

Mit Null vor dem Komma beginnen

**1** **Schriftlich dividieren**
Berechne. Prüfe mit einem Überschlag, ob dein Ergebnis stimmen kann.
a) 16,8 : 7 b) 44,66 : 7 c) 11,6 : 8 d) 1,85 : 5 e) 72,8 : 16 f) 10,2 : 12

**2** **Schriftlich dividieren – durch Probe kontrollieren**
Rechne schriftlich. Kontrolliere dein Ergebnis mithilfe einer Probe.
a) 8,75 : 5 b) 45,12 : 6 c) 1,977 : 3 d) 5,224 : 8 e) 243,6 : 12 f) 3,355 : 11

**3** **Quotienten bilden**
Bilde die neun Quotienten und ordne sie den Ergebnissen zu.

15,6; 0,74; 3,68 : 4; 5; 20 = 3,9; 0,148; 3,12; 0,78; 0,185; 0,736; 0,037; 0,92; 0,184

**Prüfe dich!**
Lösungen auf Seite 203

**4** Rechne schriftlich. Prüfe mit einem Überschlag.
a) 2,07 : 3 b) 9,36 : 8 c) 72,09 : 9 d) 0,714 : 3 e) 4,315 : 5 f) 0,609 : 7

 

**5 Das Komma wandert**
Es ist 2280 : 8 = 285. Bestimme mit dieser Lösung die Ergebnisse der folgenden Aufgaben.
a) 228 : 8    22,8 : 8    2,28 : 8    b) 2280 : 80    228 : 80    22,8 : 80

**6 Mathebücher**
Ein Stapel aus 24 Mathebüchern ist 55,2 cm hoch. Berechne, wie hoch ein Mathebuch ist.

**7 Fehlerteufel**
Finde heraus, welche Rechnungen falsch sind. Rechne dann richtig.

*a) 17,1 : 18 = 9,5*    *b) 19,8 : 3 = 6,6*    *c) 4,4 : 50 = 0,88*    *d) 32,4 : 24 = 13,5*

Einstieg

### Komma im Divisor
Berechne. Was fällt dir auf?

| | |
|---|---|
| 3000 : 500 | |
| 300 : 50 | |
| 30 : 5 | |
| 3 : 0,5 | |
| 0,3 : 0,05 | |

| | |
|---|---|
| 1200 : 600 | |
| 120 : 60 | |
| 12 : 6 | |
| 1,2 : 0,6 | |
| 0,12 : 0,06 | |

| | |
|---|---|
| 4200 : 70 | |
| 420 : 7 | |
| 42 : 0,7 | |
| 4,2 : 0,07 | |
| 0,42 : 0,007 | |

WES-137382-026

### Durch eine Dezimalzahl dividieren
- Verschiebe bei beiden Zahlen das Komma um gleich viele Stellen nach rechts, bis der Divisor eine natürliche Zahl ist.
- Dividiere durch die natürliche Zahl.

6,75 : 1,5 =

67,5 : 15 = 4,5
− 60
  75
− 75
   0

### Kommaverschiebung für Quotienten
3,6 : 0,9 = 36 : 9 = 4
Komma um jeweils eine Stelle verschieben

5 : 0,2 = 50 : 2 = 25
Komma verschieben und eine Null ergänzen

0,3 : 0,015 = 300 : 15 = 20
Komma verschieben und Nullen ergänzen

Der Wert eines Quotienten ändert sich nicht, wenn das Komma bei Dividend und Divisor um gleich viele Stellen in die gleich Richtung verschoben wird.

**8 Kommaverschiebung im Kopf**
Berechne im Kopf. Notiere die Aufgabe und die Lösung im Heft.
a) 2 : 0,4    b) 2 : 0,2    c) 3 : 0,6    d) 2,4 : 0,3    e) 1 : 0,25    f) 1 : 0,05

**9 Schriftlich dividieren**
Berechne.
a) 5,46 : 1,2    b) 1,92 : 2,4    c) 1,55 : 0,25    d) 69,2 : 0,8    e) 0,005 : 0,5    f) 240,8 : 1,6

**10 Jede Zahl mit jeder – im Kopf!**
Notiere alle möglichen Aufgaben und löse sie.

a) 2,4; 0,8; 5,6 : 0,2; 0,4; 0,8

b) 0,4; 6; 4 : 0,004; 0,4; 0,04

c) 12; 3,6; 3 : 0,6; 0,3; 0,5

**11** ≡ **Apfelsaft**

Ein Obstbauer möchte 105 Liter Apfelsaft in 0,7-l-Flaschen abfüllen.
Berechne die Anzahl der benötigten Flaschen.

**12** ≡ **Rückwärts gerechnet**

Finde die fehlende Zahl.

a) $\square : 0{,}1 = 100$ b) $\square \cdot 0{,}3 = 0{,}45$ c) $2{,}5 \cdot \square = 3{,}75$ d) $\square : 0{,}2 = 0{,}04$
e) $0{,}8 : \square = 5$ f) $\square \cdot 1{,}5 = 0{,}06$ g) $56 : \square = 700$ h) $\square : 0{,}2 = 24{,}5$

**Prüfe dich!**
Lösungen auf Seite 204

**13** ≡ Berechne.

a) $3{,}6 : 1{,}2$ b) $0{,}12 : 0{,}4$ c) $32 : 0{,}16$ d) $2{,}4 : 0{,}05$ e) $2{,}7 : 0{,}15$ f) $0{,}4 : 0{,}08$

**14** ≡ a) Lena kauft Brot. 1,5 kg Brot kosten 6,75 €. Berechne, wie viel 1 kg Brot kostet.
b) 7,5 $m^2$ Tapete kosten 29,10 €. Berechne, wie viel 1 $m^2$ Tapete kostet.

**15** ≡ **Kopfrechnen**

Es gilt $2{,}4 : 6 = 0{,}4$, denn $24 : 6 = 4$. Rechne ebenso im Kopf und notiere das Ergebnis.

a) $3{,}5 : 5$ b) $2{,}4 : 3$ c) $5{,}6 : 7$ d) $3{,}6 : 2$ e) $8{,}1 : 9$ f) $0{,}8 : 2$
g) $0{,}48 : 3$ h) $0{,}28 : 7$ i) $9{,}9 : 9$ j) $14{,}4 : 12$ k) $0{,}72 : 8$ l) $3 : 5$

**16** ≡ **Vermischte Rechenarten – Kopfrechnen**

Rechne möglichst geschickt im Kopf.

a) $15{,}9 + 3{,}9$ b) $12{,}5 \cdot 4$ c) $13{,}6 - 1{,}5 - 3{,}6$ d) $28{,}6 : 2$
e) $0{,}8237 \cdot 1000$ f) $2{,}5 \cdot 3{,}4 \cdot 4$ g) $14{,}87 - 12$ h) $20 : 0{,}2$
i) $1{,}5 \cdot 1{,}5$ j) $100 - 98{,}9$ k) $0{,}25 \cdot 0{,}4$ l) $5 \cdot 2{,}5 - 2{,}5$

**17** ≡ **Mit Einheiten argumentieren**

Kim meint: „Ich überlege mir das so: $0{,}6 : 0{,}02 = 30$, denn 0,02 stelle ich mir als 2 ct vor. Und 2 ct passen 30 mal in 60 ct."
Argumentiere wie Kim bei den folgenden Aufgaben ebenso mit Geld oder Längen.

a) $0{,}15 : 0{,}03$ b) $1{,}8 : 0{,}6$ c) $6 : 1{,}2$ d) $0{,}4 : 0{,}08$

**18** ≡ **Rechenausdrücke**

Berechne. Achte auf die Vorrangregeln.

a) $0{,}7 - (1{,}4 - 0{,}86)$ b) $(4{,}7 - 3{,}9) \cdot 0{,}5$ c) $2{,}4 : (0{,}14 + 0{,}26)$ d) $(3{,}6 + 3{,}2) : 1{,}7$
e) $2 \cdot 0{,}47 - 0{,}81$ f) $1{,}6 - 0{,}6 \cdot 0{,}3$ g) $6 - 6 \cdot 0{,}4$ h) $5 + 1{,}5 : 0{,}5$

**19** ≡ **Rechengesetze helfen dir!**

Berechne geschickt, indem du die Rechengesetze anwendest.

a) $2{,}8 \cdot 4 + 0{,}2 \cdot 4$ b) $2{,}3 - 1{,}47 + 0{,}7$ c) $(3{,}6 + 10{,}8) : 3{,}6$ d) $4{,}7 \cdot 2{,}8 - 3{,}7 \cdot 2{,}8$
e) $1{,}23 : 0{,}6 + 1{,}17 : 0{,}6$ f) $0{,}5 \cdot (0{,}4 \cdot 0{,}83)$ g) $4{,}14 \cdot 8{,}3 - 8{,}3 \cdot 4{,}04$ h) $3{,}7 : 1{,}4 + 10{,}3 : 1{,}4$

**20** ≡ **Klammersalat**

Berechne den Rechenausdruck. Beachte: Klammern zuerst!

a) $(5{,}3 + 0{,}8) \cdot (2{,}3 - 0{,}8)$ b) $(1{,}2 + 7{,}15 - 0{,}75) : (0{,}5 + 1{,}4)$
c) $6{,}5 + [(5{,}5 + 1{,}25) : 4{,}5]$ d) $2{,}4 : [0{,}8 : 0{,}4 + (0{,}5 - 0{,}5 : 5)]$

**21** ≡ **Ist das möglich?**

Überlege mithilfe von Beispielen, ob die Aussage stimmen kann.

a) Das Produkt aus zwei Dezimalzahlen, die beide kleiner als 1 sind, soll größer als 1 sein.
b) Die Summe von zwei Dezimalzahlen mit Nachkommastellen soll eine natürliche Zahl sein.
c) Der Quotient zweier Dezimalzahlen mit Nachkommastellen soll eine natürliche Zahl sein.

# 3.5 Dezimalzahlen im Alltag

Vorbereiten
Sachaufgaben
Seite 178

**1 Rechenart gesucht**

a) Lisa möchte ein Brot backen. In das Rezept kommen 0,4 kg Roggenmehl und 0,75 kg Weizenmehl. Berechne, wie viel Mehl insgesamt in das Brot kommt.

b) Eine Packung Tee enthält 25 Teebeutel. Ein Teebeutel enthält 2,25 g Tee. Berechne, wie viel Tee in der gesamten Packung ist.

c) Eine Kiste enthält 12 Flaschen. In einer Flasche sind 0,75 l Wasser. Wie viel Wasser ist in einem Kasten? Berechne die Wassermenge in 7 Kästen.

d) Thomas möchte eine 2,75 m lange Holzleiste in 0,25 m lange Stücke zersägen. Berechne die Anzahl der Stücke.

e) Franziska hat von ihrer Oma 20 € Taschengeld bekommen. Sie kauft sich ein Eis für 2,90 € und ein Spiel für 13,85 €. Überprüfe mit einer Rechnung, ob sie sich noch ein Buch für 4,30 € kaufen kann.

f) In einem Zirkus gibt es 80 Logenplätze und 230 Parkett-Plätze. Eine Karte für einen Logenplatz kostet 25,50 €, ein Parkett-Platz kostet 18,80 €. Berechne, wie viel der Zirkus durch die Eintrittskarten einnehmen kann.

**2 Auf dem Flohmarkt**

Jenny hat auf einem Flohmarkt ihre alten Bücher verkauft, jedes Buch für 0,25 €.
Sie hat insgesamt 9,25 € eingenommen. Berechne die Anzahl der Bücher, die sie verkauft hat.

**3 Schwere Pakete**

Franziska hat aussortiert und möchte ihrer kleinen Cousine Bücher und Spielsachen schicken, für die sie zu alt ist:
Ein 1,075 kg schweres Buch, ein 0,204 kg schweres Kuscheltier und ein Puzzle, welches 0,328 kg wiegt.
Der Karton, in den sie alles packen möchte, wiegt 0,114 kg.
Sie findet noch eine kleine Puppe, sie wiegt 0,376 kg.
Stelle passende Fragen und beantworte sie.

**Porto Päckchen und Pakete:**
Päckchen bis 2 kg: 3,99 €
Paket bis 5 kg: 6,99 €
Paket bis 10 kg: 9,49 €

**4 Schulweg**

Jonas muss jeden Morgen 780 m zur Bushaltestelle laufen und dann noch 12,3 km mit dem Bus zur Schule fahren. Der Bus hält direkt vor der Schule.

a) Berechne, wie viele Kilometer Jonas auf seinem Schulweg in einer Woche mit 5 Unterrichtstagen zurücklegt.

b) Jonas erzählt: „Ich bin dieses Schuljahr auf meinem Schulweg insgesamt schon 70,2 km gelaufen und über 1200 km mit dem Bus gefahren.“ Kann das sein? Begründe mit einer Rechnung.

c) Schätze, wie weit dein Schulweg ist. Wie viele Kilometer legst du in einer Schulwoche, wie viele Kilometer in einem Schuljahr zurück?

**Prüfe dich!**
Lösungen auf Seite 204

**5** ≡ a) Eine Biene sammelt auf einem Flug etwa 0,05 g Nektar. Berechne, wie viele Flüge notwendig sind, um 500 g Nektar zu sammeln.
b) Eine Schule bestellt 96 Tablets. Ein Tablet wiegt 0,473 kg. Die Tablets werden in 8 Paketen geliefert. Berechne, wie schwer ein Paket ist.

**6** ≡ **Seitenlängen**

a) Ein rechteckiger Garten ist 848,7 m$^2$ groß, eine Seite ist 24,6 m lang. Berechne die Länge der fehlenden Seite. Mache zuerst einen Überschlag.
b) Der Fensterrahmen eines Fensters in der Form eines gleichseitigen Dreiecks ist 2,85 m lang. Berechne, wie lang jede Seite des Fensters ist.

**7** ≡ **Parkett**

Familie Nowak möchte in ihrem Wohnzimmer Parkett verlegen. Das Wohnzimmer ist 5,70 m lang und 3,80 m breit.

a) Berechne, wie viel Parkett Familie Nowak benötigt.
b) Den Parkettboden gibt es nur in Paketen zu kaufen. In einem Paket sind 11 Bretter. Ein einzelnes Brett ist 19 cm breit und 1,40 m lang. Berechne, wie viele Pakete Familie Nowak benötigt. Wie viel Parkett bleibt übrig?
c) Beim Verlegen müssen die Bretter mindestens 20 cm lang sein. Wie kann der Parkettboden verlegt werden? Wie kannst du dazu die Bretter zuschneiden? Nenne einige Beispiele.

**8** ≡ **Sportplatz**

In der Kleinstadt Müllersbach soll ein neuer Sportplatz entstehen.

a) Das Fußballfeld soll 68,5 m breit und 109,7 m lang werden. Berechne, wie groß das Fußballfeld werden soll.
b) Das Tennisfeld soll 260,76 m$^2$ groß und 10,97 m breit werden. Berechne die Länge des Tennisfeldes.
c) Für das Beachvolleyballfeld wurden 70,4 Tonnen Sand gekauft. Für einen Quadratmeter Sandfläche benötigt man ungefähr 550 kg Sand. Bestimme mögliche Maße, sodass das Beachvolleyballfeld ungefähr doppelt so lang wie breit ist.

**9** ≡ **Genaues Rückgeld**

Der Restbestand von 105 € aus der Klassenkasse soll an die 26 Schülerinnen und Schüler der 6 b ausgezahlt werden. Wie viel Geld bekommt jedes Kind? Wie viel Geld bleibt übrig?

**10** ≡ **Neue Zimmerfarbe**

Nele darf ihr Zimmer neu streichen. Sie hat sich eine Farbe ausgesucht, bei der 1 Eimer mit 2,5 l für bis zu 30 m$^2$ reicht. Jede Wand des quadratischen Zimmers ist 4,85 m breit und 3,22 m hoch. Nele macht einen Überschlag: „5 m · 3 m = 15 m$^2$, also reichen zwei Eimer Farbe.“ Was meinst du dazu? Rechne genau.

**11** ≡ **Der Weg der Schnecke**

Eine Schnecke ist in einen 15 m tiefen Brunnen gefallen und versucht nun nach oben zu gelangen. Tagsüber kriecht sie immer 2,50 m nach oben und nachts rutscht sie immer 1 m nach unten. An welchem Tag erreicht sie den Rand des Brunnens?

# 3.6 Brüche und Dezimalzahlen

**Vorbereiten**
Schriftliches Dividieren Seite 176
Erweitern und Kürzen Seite 15

Alva und Luis basteln ein Dominospiel. Gleiche Zahlen müssen aneinandergelegt werden. Auf einem Stein ist die Zahl als Bruch und auf dem anderen als Dezimalzahl geschrieben. Alva und Luis sind sich sicher, dass man jeden Bruch als Dezimalzahl schreiben kann und umgekehrt jede Dezimalzahl als Bruch schreiben kann.

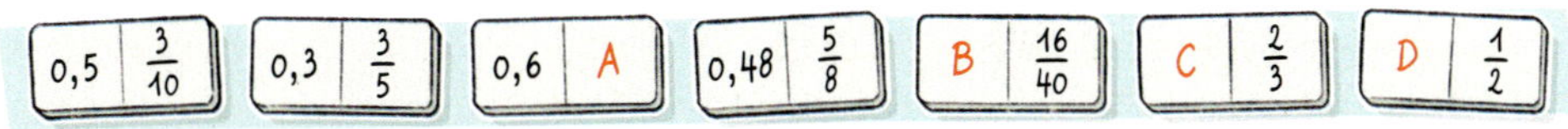


- Prüfe, ob die ersten drei Dominosteine korrekt aneinander liegen.
- Wie müssen die noch fehlenden Felder A, B, C und D beschriftet werden?

WES-137382-027

## Brüche als abbrechende und periodische Dezimalzahlen

Jeder Bruch ist ein Quotient. Zum Beispiel: $\frac{5}{8} = 5:8$ oder $\frac{2}{3} = 2:3$

Dividiert man den Zähler durch den Nenner, so können zwei Fälle auftreten:

Die Division „geht auf“.
Die Rechnung bricht ab.

```
  5 : 8 = 0,625
- 0
  5 0
- 4 8
    2 0
  - 1 6
      4 0
    - 4 0
        0
```

$\frac{5}{8} = 5:8 = 0{,}625$

0,625 ist eine **abbrechende Dezimalzahl**.

Die Division „geht nicht auf“.
Die Rechnung bricht nicht ab.

```
  2 : 3 = 0,66...
- 0          „6“ wiederholt sich
  2 0
- 1 8
    2 0
    1 8
      2 ...
```

$\frac{2}{3} = 2:3 = 0{,}66\ldots$

Schreibweise: $0{,}66\ldots = 0{,}\overline{6}$

Sprechweise: *„Null-Komma-Periode-sechs“*

$0{,}\overline{6}$ ist eine **periodische Dezimalzahl**.

Alle Brüche können als abbrechende oder periodische Dezimalzahlen dargestellt werden. Aber nicht alle Dezimalzahlen sind abbrechend oder periodisch.

## Vom Bruch zur Dezimalzahl

$\frac{2}{11}$ umrechnen:

```
  2 : 11 = 0,1818... = 0,18 (Periode 18)
- 0             „18“ wiederholt sich
  2 0
- 1 1
    9 0
  - 8 8
      2 ...
```

$\frac{2}{11} = 0{,}\overline{18}$ *„Null-Komma-Periode-eins-acht“*

- Die Dezimalzahl ist periodisch.
- Die Periode beginnt direkt nach dem Komma und besteht aus 2 Ziffern.
- Die Periodenlänge ist 2.

$\frac{5}{6}$ umrechnen:

```
  5 : 6 = 0,833... = 0,83 (Periode 3)
- 0            „3“ wiederholt sich
  5 0
- 4 8
    2 0
  - 1 8
      2 ...
```

$\frac{5}{6} = 0{,}8\overline{3}$ *„Null-Komma-acht-Periode-drei“*

- Die Dezimalzahl ist periodisch.
- Die Periode beginnt ab der zweiten Nachkommastelle.
- Die Periodenlänge ist 1.

**1** **Brüche mit dem Zähler 1 als Dezimalzahl**
Rechne um in eine Dezimalzahl. Dividiere dazu den Zähler durch den Nenner. Bei welchen Nennern entsteht eine periodische Dezimalzahl?
a) $\frac{1}{2}$ b) $\frac{1}{3}$ c) $\frac{1}{4}$ d) $\frac{1}{5}$ e) $\frac{1}{6}$ f) $\frac{1}{7}$ g) $\frac{1}{8}$ h) $\frac{1}{9}$

**2** **Vom Bruch zur Dezimalzahl**
Rechne um in eine Dezimalzahl, indem du die Division durchführst.
a) $\frac{5}{8}$ b) $\frac{2}{9}$ c) $\frac{5}{3}$ d) $\frac{5}{6}$ e) $\frac{11}{5}$ f) $\frac{7}{12}$ g) $\frac{9}{12}$ h) $\frac{4}{25}$

**3** **Manchmal auch ohne Dividieren**
Schreibe den Bruch als Dezimalzahl.
Entscheide selbst, ob du dividieren musst.
a) $\frac{3}{8}$ b) $\frac{4}{9}$ c) $\frac{8}{20}$ d) $\frac{6}{8}$
e) $\frac{12}{18}$ f) $\frac{10}{25}$ g) $\frac{18}{12}$ h) $\frac{3}{7}$

**Vom Bruch zur Dezimalzahl**

| | |
|---|---|
| $\frac{5}{20} = \frac{25}{100} = 0{,}25$ | Erweitern auf Bruch mit Zehnerpotenz im Nenner |
| $\frac{5}{20} = \frac{1}{4} = 0{,}25$ | Kürzen auf bekannten Bruch |
| $\frac{5}{20} = 5 : 20 = 0{,}25$ | Division durchführen |

**4** **Von der Dezimalzahl zum Bruch – zum Wiederholen**
Schreibe als Bruch und kürze, wenn möglich.
a) 0,3 b) 0,045 c) 4,25 d) 10,08 e) 3,3050 f) 8,10

**5** **Periodenlänge erkennen**
Schreibe die Zahl als Dezimalzahl mit Periodenstrich. Gib die Periodenlänge an.
a) 0,323232 … b) 1,23434343434 … c) 0,2013581358135813 …

**6** **Ziffer gesucht**
Welche Ziffer steht an der 10. Stelle nach dem Komma?
a) $\frac{1}{3} = 0{,}\overline{3}$ b) $\frac{123}{999} = 0{,}\overline{123}$ c) $\frac{6}{11} = 0{,}\overline{54}$ d) $\frac{5}{99} = 0{,}\overline{05}$ e) $\frac{45}{990} = 0{,}0\overline{45}$ f) $\frac{5}{6} = 0{,}8\overline{3}$

**7** **Fehlersuche – Bruch und Dezimalzahl**
Finde die Fehler. Beschreibe und korrigiere.
*a)* $5{,}\overline{3} = \frac{5}{3}$ *b)* $\frac{33}{100} = 0{,}\overline{33}$ *c)* $0{,}28 = \frac{7}{25}$ *d)* $1{,}\overline{1} = \frac{11}{10}$

---

**Prüfe dich!**
Lösungen auf Seite 204

**8** Schreibe als Bruch und kürze, wenn möglich.
a) 0,75 b) 0,08 c) 0,250 d) 8,50 e) 20,02 f) 0,625

**9** Schreibe als Dezimalzahl.
a) $\frac{7}{5}$ b) $\frac{11}{25}$ c) $\frac{25}{11}$ d) $\frac{9}{8}$ e) $\frac{8}{9}$ f) $\frac{5}{14}$

---

**10** **Runden**
Runde die periodische Dezimalzahl auf die in Klammern angegebene Stelle.
a) $0{,}\overline{3}$ (t) b) $0{,}\overline{638}$ (z) c) $0{,}\overline{736}$ (t) d) $0{,}\overline{5}$ (z) e) $0{,}\overline{36}$ (t) f) $0{,}\overline{54}$ (h)

**11** **Vergleichen**
Setze im Heft <, > oder = ein. Wandle dazu den Bruch oder die Dezimalzahl um.
a) $\frac{3}{5} \square 0{,}\overline{6}$ b) $0{,}\overline{7} \square \frac{3}{4}$ c) $\frac{2}{5} \square 0{,}3\overline{5}$ d) $0{,}\overline{3} \square \frac{7}{20}$ e) $1{,}3\overline{7} \square 1\frac{3}{8}$ f) $0{,}2\overline{5} \square \frac{1}{4}$
g) $\frac{5}{8} \square 0{,}6\overline{25}$ h) $0{,}\overline{23} \square \frac{3}{8}$ i) $3\frac{1}{8} \square 3{,}\overline{12}$ j) $4\frac{3}{16} \square 4{,}\overline{1}$ k) $0{,}333 \square \frac{1}{3}$ l) $0{,}0\overline{1} \square \frac{1}{90}$

**12** **Zahlen ordnen**
Ordne die Zahlen der Größe nach. Beginne mit der kleinsten Zahl.
a) $\frac{2}{3}$ 0,6 $0{,}\overline{65}$ $\frac{5}{6}$ 0,83
b) 1,1 1,12 $\frac{12}{10}$ $\frac{10}{9}$ $1{,}0\overline{1}$

**13** ≡ **In der Welt des Unendlichen**

Was meinst du dazu? Begründe deine Meinung.

**14** ≡ **Periodenlängen von Zahlen**

a) Bestimme und vergleiche die Periodenlängen von $\frac{1}{3}$, $\frac{1}{11}$ und $\frac{1}{13}$.

b) Zeige: „Die Periodenlänge für $\frac{1}{7}$ ist 6.“
Betrachte dazu, welche Reste bei der Division durch 7 auftreten.

c) Warum kann die Periodenlänge nie länger sein als der Nenner des Bruchs?

**15** ≡ **Division durch 99**

Brüche mit dem Nenner 9, 99, 999 … ergeben periodische Dezimalzahlen. Die Länge der Periode wird durch die Anzahl der Neunen im Nenner bestimmt. Der Nenner 99 führt zur Periodenlänge 2, der Nenner 999 zur Periodenlänge 3 … Der Zähler bestimmt die Ziffern der Periode.

**Brüche mit Nenner 9, 99 und 999**

$\frac{1}{9} = 0,\overline{1}$ $\quad \frac{2}{9} = 0,\overline{2}$ $\quad \frac{3}{9} = 0,\overline{3}$ …

$\frac{1}{99} = 0,\overline{01}$ $\quad \frac{2}{99} = 0,\overline{02}$ $\quad \frac{3}{99} = 0,\overline{03}$ …

$\frac{1}{999} = 0,\overline{001}$ $\quad \frac{2}{999} = 0,\overline{002}$ $\quad \frac{3}{999} = 0,\overline{003}$ …

WES-137382-028

a) Führe die Division schriftlich durch und bestätige damit die Angaben im Beispiel.
(1) 1 : 9 (2) 2 : 9 (3) 1 : 99 (4) 2 : 99

b) Gib mithilfe der Beispiele den Bruch als periodische Dezimalzahl an.
(1) $\frac{5}{9}$ (2) $\frac{4}{99}$ (3) $\frac{7}{999}$ (4) $\frac{1}{33}$

c) Paul weiß: „$\frac{21}{99} = 0,\overline{21}$, denn $\frac{21}{99} = 21 \cdot \frac{1}{99} = 21 \cdot 0,\overline{01}$“
Bestätige Pauls Aussage, indem du die Division 21 : 99 schriftlich durchführst.

d) Schreibe mithilfe von Pauls Überlegungen den Bruch als Dezimalzahl.
(1) $\frac{7}{99}$ (2) $\frac{13}{999}$ (3) $\frac{8}{9}$ (4) $\frac{55}{99}$ (5) $\frac{55}{999}$ (6) $\frac{505}{999}$ (7) $4\frac{7}{99}$ (8) $5\frac{123}{999}$

e) Mithilfe der Beispiele kannst du auch die Brüche finden, die zu den periodischen Dezimalzahlen $0,\overline{9}$ oder $0,\overline{99}$ gehören. Kürze dann soweit wie möglich. Was fällt dir auf?

**16** ≡ **Periodische Dezimalzahlen als Brüche**

Schreibe die Dezimalzahlen als Brüche.

a) $0,\overline{4}$ b) $0,\overline{04}$ c) $0,\overline{44}$ d) $0,\overline{156}$ e) $3,\overline{23}$ f) $5,\overline{008}$ g) $0,\overline{30}$ h) $0,\overline{609}$

**17** ≡ **Von der periodischen Dezimalzahl zum Bruch**

Auch Dezimalzahlen, deren Periode nicht direkt nach dem Komma beginnt, können in Brüche umwandelt werden.

a) Erläutere das Verfahren.

b) Wandle ebenso um:
$0,0\overline{45}$ $\quad 0,00\overline{1}$ $\quad 0,2\overline{53}$ $\quad 0,04\overline{25}$

**Periodische Dezimalzahl als Bruch**

$0,0\overline{27} = 0,\overline{27} : 10 = \frac{27}{99} : 10 = \frac{27}{99 \cdot 10} = \frac{27}{990}$

$0,3\overline{27} = 0,3 + 0,0\overline{27}$

$= \frac{3}{10} + \frac{27}{990} = \frac{99 \cdot 3 + 27}{990} = \frac{324}{990}$

**18** ≡ **Domino**

Man darf einen Stein an den anderen legen, wenn die Zahlen auf beiden Steinen gleich sind. Schreibe die passende Dominoreihe in dein Heft.

| | | | | | |
|---|---|---|---|---|---|
| $0,8\overline{3}$ | $\frac{2}{3}$ | $0,875$ | $0,\overline{09}$ | $\frac{7}{8}$ | $0,6$ |
| $\frac{3}{5}$ | $\frac{5}{99}$ | $\frac{5}{6}$ | $0,\overline{05}$ | $0,\overline{6}$ | $\frac{1}{11}$ |

# Mein Merkzettel

Seite 64

## Von der Dezimalzahl zum Bruch

| E | z | h |
|---|---|---|
| 0 | 4 | 8 |

$0{,}48 = \frac{48}{100} = \frac{24}{50} = \frac{12}{25}$

| E | z | h | t |
|---|---|---|---|
| 3 | 0 | 4 | 5 |

$3{,}045 = 3\frac{45}{1000} = 3\frac{9}{200}$

Seite 66

## Dezimalzahlen auf dem Zahlenstrahl

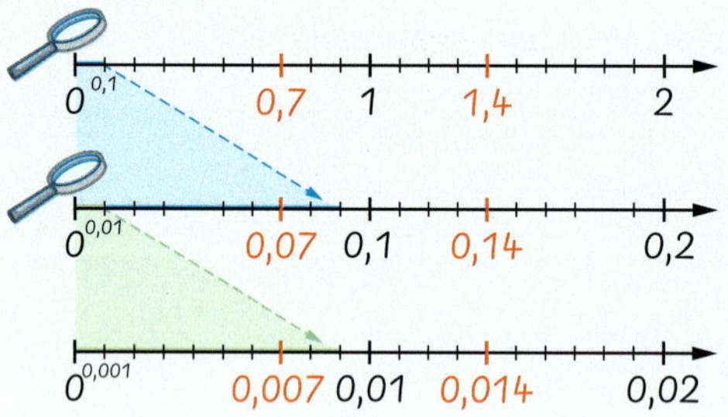


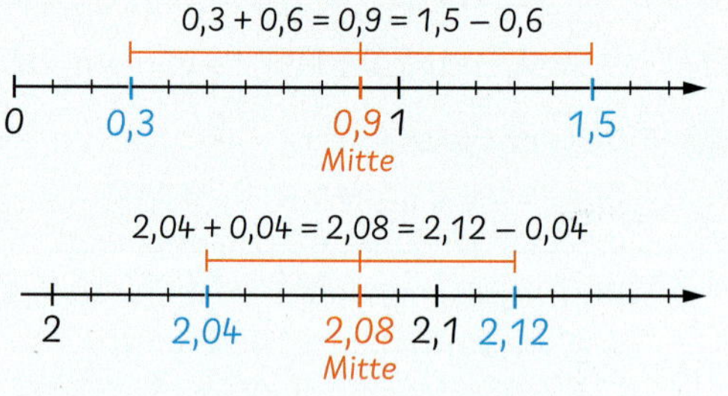


Zwischen zwei Dezimalzahlen findet man unendlich viele weitere Dezimalzahlen.

Seite 67

## Addieren und Subtrahieren

3,907 + 0,0854 — Komma unter Komma

| | | | | | |
|---|---|---|---|---|---|
| | 3, | 9 | 0 | 7 | 0 |
| + | 0, | 0 | 8 | 5 | 4 |
| | | | 1 | | |
| | 3, | 9 | 9 | 2 | 4 |

12,048 – 1,09 — Komma unter Komma

| | | | | | |
|---|---|---|---|---|---|
| | 1 | 2, | 0 | 4 | 8 |
| | – | 1, | 0 | 9 | 0 |
| | | 1 | 1 | | |
| | 1 | 0, | 9 | 5 | 8 |

Seite 69

## Multiplizieren

Nachkommastellen zählen

0, 4 0 3 · 7, 5 — 4 Nachkommastellen

| | | | | | | |
|---|---|---|---|---|---|---|
| 4 | 0 | 3 | · | 7 | 5 | ohne Komma rechnen |
| | 2 | 8 | 2 | 1 | | |
| | | 2 | 0 | 1 | 5 | |
| | 3 | 0 | 2 | 2 | 5 | 4 Nachkommastellen |

Ergebnis: 0,403 · 7,5 = 3,0225

im Ergebnis auch Nullen am Ende mitzählen

3, 1 5 · 0, 4 — 3 Nachkommastellen

| | | | | | |
|---|---|---|---|---|---|
| 3 | 1 | 5 | · | 4 | ohne Komma rechnen |
| | 1 | 2 | 6 | 0 | 3 Nachkommastellen |

Ergebnis: 3,15 · 0,4 = 1,26

Seite 72
Seite 73

## Durch eine natürliche Zahl dividieren

51,2 : 25 — Überschlag: 50 : 25 = 2

| | | | | | | | | | | | | | |
|---|---|---|---|---|---|---|---|---|---|---|---|---|---|
| | 5 | 1, | 2 | 0 | 0 | : | 2 | 5 | = | 2, | 0 | 4 | 8 |
| – | 5 | 0 | | | Null ergänzen | | | | | Komma | | | |
| | | 1 | 2 | | | | | | | | | | |
| | – | | 0 | | | | | | | | | | |
| | | 1 | 2 | 0 | | | | | | | | | |
| | – | 1 | 0 | 0 | | | | | | | | | |
| | | | 2 | 0 | 0 | | | | | | | | |
| | | – | 2 | 0 | 0 | | | | | | | | |
| | | | | | 0 | | | | | | | | |

Ergebnis: 51,2 : 25 = 2,048

## Durch eine Dezimalzahl dividieren

0,024 : 0,08

Komma gleich weit verschieben, bis der Divisor ohne Komma ist

„Erweitern" $\frac{0{,}024}{0{,}08} = \frac{2{,}4}{8}$

0, 0 2 4 : 0, 0 8

| | | | | | | | | |
|---|---|---|---|---|---|---|---|---|
| | 2, | 4 | : | | 8 | = | 0, | 3 |
| – | 0 | | | | | | Komma | |
| | 2 | 4 | | | | | | |
| – | 2 | 4 | | | | | | |
| | | 0 | | | | | | |

Ergebnis: 0,024 : 0,08 = 0,3

Seite 70

### Multiplizieren mit 10, 100, 1000

$13{,}7 \cdot 10 = 137$

$13{,}7 \cdot 100 = 1370$

$13{,}7 \cdot 1000 = 13700$

### Dividieren durch 10, 100, 1000

$13{,}7 : 10 = 1{,}37$

$13{,}7 : 100 = 0{,}137$

$13{,}7 : 1000 = 0{,}0137$

## Vom Bruch zur Dezimalzahl

### durch Erweitern auf einen Bruch mit Zehnerpotenz im Nenner

$\frac{4}{5}$ **erweitern** auf Zehntel: $\frac{4}{5} = \frac{8}{10} = 0{,}8$

$\frac{3}{8}$ **erweitern** auf 1000-stel: $\frac{3}{8} = \frac{375}{1000} = 0{,}375$

### durch Kürzen auf einen bekannten Bruch

$\frac{5}{20}$ **kürzen** auf Viertel: $\frac{5}{20} = \frac{1}{4} = 0{,}25$

$\frac{12}{15}$ **kürzen** auf Fünftel: $\frac{12}{15} = \frac{4}{5} = 0{,}8$

Seite 77

### durch Dividieren → abbrechende Dezimalzahl

$\frac{3}{8}$ als **Division** 3 : 8

| | | | | | | | | |
|---|---|---|---|---|---|---|---|---|
| | 3 | : | 8 | = | 0, | 3 | 7 | 5 |
| − | 0 | | | | | | | |
| | 3 | 0 | | | | | | |
| − | 2 | 4 | | | | | | |
| | | 6 | 0 | | | | | |
| | − | 5 | 6 | | | $\frac{3}{8} = 0{,}375$ | | |
| | | | 4 | 0 | | | | |
| | | − | 4 | 0 | | | | |
| | | | | 0 | | | | |

### durch Dividieren → periodische Dezimalzahl

$\frac{5}{3}$ als **Division** 5 : 3

| | | | | | | | | |
|---|---|---|---|---|---|---|---|---|
| | 5 | : | 3 | = | 1, | 6 | 6 | 6 … |
| − | 3 | | | | | | | |
| | 2 | 0 | | | | | | |
| − | 1 | 8 | | | | | | |
| | | 2 | 0 | | | | | |
| | − | 1 | 8 | | | $\frac{5}{3} = 1{,}\overline{6}$ | | |
| | | | 2 | | | Periodenlänge 1 | | |
| | | | ⋮ | | | | | |

Seite 77

### Beispiele periodischer Dezimalzahlen

Die Periode beginnt direkt nach dem Komma.

| | | | | | | | | | |
|---|---|---|---|---|---|---|---|---|---|
| | 3 | : | 1 | 1 | = | 0, | 2 | 7 | 2 … |
| − | 0 | | | | | | | | |
| | 3 | 0 | | | | | | | |
| | 2 | 2 | | | | | | | |
| | | 8 | 0 | | | $\frac{3}{11} = 0{,}\overline{27}$ | | | |
| | | 7 | 7 | | | Periodenlänge 2 | | | |
| | | | 3 | 0 | | | | | |
| | | | 2 | 2 | | | | | |
| | | | | ⋮ | | | | | |

Die Periode kann auch später beginnen.

| | | | | | | | | |
|---|---|---|---|---|---|---|---|---|
| | 5 | : | 6 | = | 0, | 8 | 3 | 3 … |
| − | 0 | | | | | | | |
| | 5 | 0 | | | | | | |
| | 4 | 8 | | | | | | |
| | | 2 | 0 | | | $\frac{5}{6} = 0{,}8\overline{3}$ | | |
| | | 1 | 8 | | | Periodenlänge 1 | | |
| | | | 2 | 0 | | | | |
| | | | 1 | 8 | | | | |
| | | | | ⋮ | | | | |

### Zum Auswendiglernen und Kennen

$\frac{1}{2} = 0{,}5$ $\frac{1}{3} = 0{,}\overline{3}$ $\frac{1}{4} = 0{,}25$ $\frac{1}{5} = 0{,}2$ $\frac{1}{6} = 0{,}1\overline{6}$

$\frac{1}{7} = 0{,}\overline{142857}$ $\frac{1}{8} = 0{,}125$ $\frac{1}{9} = 0{,}\overline{1}$ $\frac{1}{10} = 0{,}1$ $\frac{1}{11} = 0{,}\overline{09}$

**Vielfache:**

$\frac{2}{3} = 0{,}\overline{6}$ $\frac{3}{4} = 0{,}75$ $\frac{2}{5} = 0{,}4$ $\frac{3}{5} = 0{,}6$ $\frac{4}{5} = 0{,}8$

$\frac{5}{6} = 0{,}8\overline{3}$ $\frac{2}{7} = 0{,}\overline{285714}$ $\frac{3}{8} = 0{,}375$ $\frac{5}{8} = 0{,}625$ $\frac{7}{8} = 0{,}875$

$\frac{2}{9} = 0{,}\overline{2}$ $\frac{4}{9} = 0{,}\overline{4}$ $\frac{2}{11} = 0{,}\overline{18}$ $\frac{9}{11} = 0{,}\overline{81}$ $\frac{10}{11} = 0{,}\overline{90}$

# Wiederholen für die Klassenarbeit

Lösungen auf Seite 204

**1 Stellenwerte in Dezimalzahlen**

Gib den Stellenwert der Ziffer 4 an.

a) 3,41 b) 0,74 c) 41,8 d) 9,384 e) 0,00040 f) 243,09

**2 Nicht benötigte Nullen**

Schreibe die Zahl in dein Heft und lasse dabei die nicht benötigten Nullen weg.

a) 0,300 b) 0,280 c) 3030 d) 2,0010 e) 20,00 f) 7,00101

**3 Dezimalzahlen ordnen**

Ordne die Zahlen der Größe nach. Beginne mit der kleinsten Zahl.

a) 0,3 1,25 0,125 2,15 1,03 b) 1,98 0,07 1,976 1,984 1,0998

**4 Dezimalzahlen auf dem Zahlenstrahl**

a) Gib die markierten Zahlen als Dezimalzahlen an.

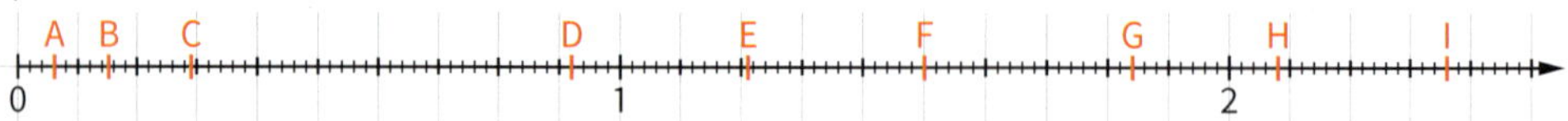


b) Zeichne einen Zahlenstrahl mit 10 Kästchen Abstand zwischen 0 und 1.
Trage die Dezimalzahlen auf dem Zahlenstrahl ein: 0,5 0,9 0,75 1,3 1,05 1,45

**5 Zahlen in der Mitte**

Bestimme die Zahl in der Mitte.

a) 7 und 8 b) 2,3 und 2,4 c) 4,15 und 4,6 d) 8,99 und 9

**6 Dezimalzahlen runden**

Runde auf die angegebene Stelle.

a) 4,2358 (z) b) 12,0345 (h) c) 5,5555 (t) d) 0,48 (E)

**7 Welche Zahlen wurden gerundet?**

a) Gib drei Zahlen an, die auf Zehntel gerundet 1,4 ergeben.
b) Gib drei Zahlen an, die auf Tausendstel gerundet 1,06 ergeben.

**8 Addieren und subtrahieren im Kopf**

Berechne im Kopf.

a) 5,7 + 1,8 b) 9,2 – 3,5 c) 0,94 + 0,21 d) 3,7 + 1,24
e) 8,98 – 2,5 f) 2,05 – 0,87 g) 2,22 – 1,07 h) 10,42 + 8,88

**9 Schriftlich addieren und subtrahieren**

Berechne schriftlich.

a) 19,356 + 7,89 b) 0,243 + 0,7785 c) 32,753 – 5,325 d) 95,7 – 39,183

**10 Zahlenrätsel**

Bestimme die gesuchte Zahl mit der Umkehraufgabe.

a) Zu welcher Zahl muss man 17,8 addieren, um 43,05 zu erhalten?
b) Von welcher Zahl muss man 3,37 subtrahieren, um 14,96 zu erhalten?
c) Welche Zahl muss man von 10,7 subtrahieren, um 0,38 zu erhalten?

**11 Reicht das Geld?**

Susa hat 9,80 € mit in die Schule gebracht. Sie möchte sich am Kiosk ein Brötchen für 1,25 €, ein Getränk für 1,10 € und einen Riegel für 0,75 € kaufen. Micha erinnert sie, dass sie für den Schulausflug heute 6,50 € an ihre Lehrerin geben muss. Berechne, ob Susas Geld ausreicht.

Lösungen auf Seite 205

**12** ≡ **Multiplizieren und dividieren im Kopf**

Berechne im Kopf.

a) $1{,}567 \cdot 100$ b) $7{,}834 : 10$ c) $3{,}4711 : 100$ d) $1{,}23 \cdot 3$
e) $3 : 0{,}2$ f) $3{,}4 \cdot 1{,}1$ g) $0{,}5 \cdot 0{,}01$ h) $0{,}8 : 0{,}02$

**13** ≡ **Schriftlich multiplizieren und dividieren**

Berechne schriftlich.

a) $12{,}43 \cdot 32$ b) $13{,}2 \cdot 4{,}7$ c) $95{,}7 \cdot 2{,}3$ d) $18{,}65 \cdot 17{,}2$
e) $162{,}72 : 12$ f) $1{,}053 : 3{,}9$ g) $129{,}108 : 8{,}4$ h) $10{,}64 : 0{,}19$

**14** ≡ **Umkehraufgabe**

Fülle die Lücken im Heft. Nutze die Regeln zur Kommaverschiebung beim Multiplizieren.

a) $4{,}6 \cdot ▒ = 460$ b) $▒ \cdot 0{,}76 = 7{,}6$ c) $▒ \cdot 0{,}03 = 0{,}3$ d) $73 \cdot ▒ = 0{,}073$
e) $5{,}7 \cdot ▒ = 0{,}57$ f) $▒ \cdot 2{,}55 = 0{,}0255$ g) $0{,}23 \cdot ▒ = 230$ h) $▒ \cdot 3{,}05 = 30\,500$

**15** ≡ **Größer oder kleiner?**

Ergänze in deinem Heft ohne zu rechnen das richtige Zeichen: <, > oder =.

a) $1{,}1 \cdot 1{,}2$ ▒ $1$ b) $0{,}7 \cdot 0{,}7$ ▒ $0{,}7$ c) $0{,}9 \cdot 1$ ▒ $0{,}9$ d) $1{,}1 \cdot 1{,}1$ ▒ $1{,}1$
e) $0{,}5 \cdot 1{,}2$ ▒ $1$ f) $0{,}9 \cdot 2$ ▒ $2$ g) $1{,}1 \cdot 0{,}8$ ▒ $1$ h) $1{,}2 \cdot 1{,}1$ ▒ $1{,}2$

**16** ≡ **Klassenfest**

Die Klasse 6 b hat ein Klassenfest gefeiert. Dabei sind 51,75 € Kosten entstanden. In der Klasse sind 25 Schülerinnen und Schüler. Teile die Kosten gerecht auf.

**17** ≡ **Dachziegel transportieren**

Ein Lkw mit einer Ladefähigkeit von 3 t soll Dachziegel zu einer Baustelle bringen. Ein Dachziegel wiegt 2,5 kg. Bestimme die Anzahl der Dachziegel, die der Lkw laden darf.

**18** ≡ **Schwimmbecken**

Ein quaderförmiges Schwimmbecken ist 9,50 m lang, 4,50 m breit und 1,80 m tief. Die Fliesen erhalten einen Schutzanstrich. Bestimme die Größe der zu streichenden Fläche.

**19** ≡ **Periodische Dezimalzahlen**

Schreibe die Zahl als Dezimalzahl mit Periodenstrich.

a) 0,5757575… b) 1,07120712071… c) 3,210457045704…

**20** ≡ **Von der Dezimalzahl zum Bruch**

Schreibe als Bruch und kürze, wenn möglich.

a) 0,75 b) 0,625 c) 0,60 d) 3,008 e) 2,12 f) $0{,}\overline{6}$

**21** ≡ **Vom Bruch zur Dezimalzahl**

Schreibe als Dezimalzahl.

a) $\frac{3}{5}$ b) $\frac{11}{20}$ c) $\frac{10}{6}$ d) $\frac{5}{8}$ e) $\frac{3}{11}$ f) $\frac{5}{7}$

**22** ≡ **Zahlen ordnen**

Ordne die Zahlen der Größe nach. Beginne mit der kleinsten Zahl.

a) $0{,}\overline{6}$ 0,6 0,66 b) $1{,}0\overline{8}$ 1,80 $1{,}\overline{08}$ c) $\frac{5}{3}$ 1,3 $\frac{13}{9}$

**23** ≡ **Entstehung periodischer Dezimalzahlen erforschen**

a) Schreibe die Brüche $\frac{1}{6}$, $\frac{2}{6}$, $\frac{3}{6}$, $\frac{4}{6}$ und $\frac{5}{6}$ als Dezimalzahl. Betrachte weitere Brüche mit dem Nenner 6. Bei welchen Brüchen entstehen periodische Dezimalzahlen? Begründe.

b) Wandle $\frac{3}{7}$ in eine Dezimalzahl um. Begründe, warum die Periodenlänge nicht länger als 6 sein kann.

# 4 Körper

Geometrische Körper und Figuren findest du in Bauwerken wieder.

Welche geometrischen Körper und Figuren erkennst du?

- **Wie viele Flächen, Ecken und Kanten hat ein Quader?**
- **Welche Netze ergeben einen Würfel?**
- **Wie zeichne ich einen Würfel?**

# 4.1 Geometrische Körper

Vorbereiten
Seite 189

Welche geometrischen Formen kannst du an den abgebildeten Gegenständen erkennen? Beschreibe die Körper. Nutze Begriffe wie: Fläche, kreisförmig, eckig, rund … Sortiere die Gegenstände beispielsweise nach der Anzahl der Flächen oder nach der Anzahl der Ecken.

WES-137382-029

## Geometrische Körper

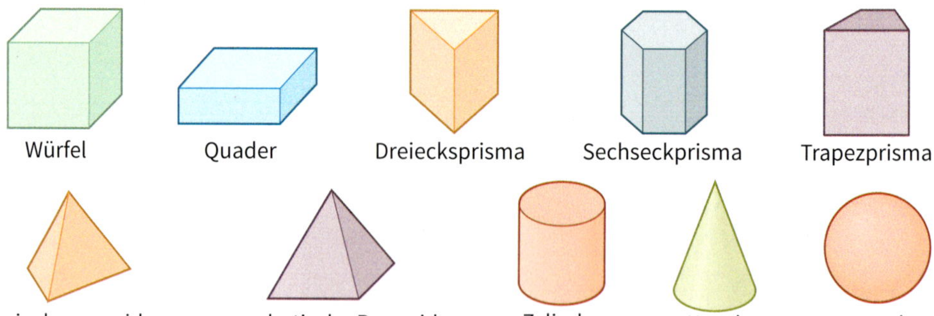


## Flächen, Kanten, Ecken

Körper werden von **Flächen** begrenzt.
Aufeinandertreffende Flächen bilden eine **Kante**.
Aufeinandertreffende Kanten bilden eine **Ecke**.

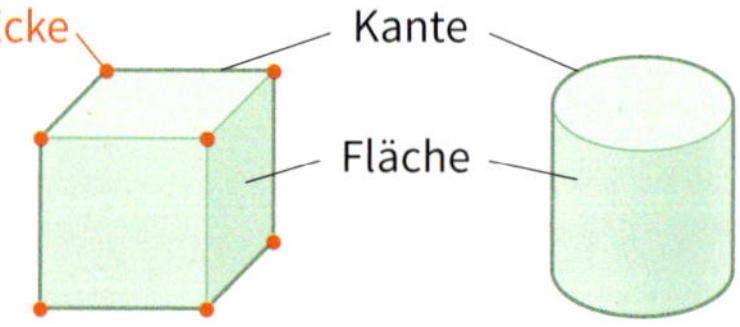


## Körper beschreiben

a) Beschreibe einen Quader.

**Lösung**

Ein Quader hat 6 Flächen, die alle Rechtecke sind.
Die aneinanderstoßenden Flächen stehen senkrecht zueinander. Gegenüberliegende Flächen sind gleich große Rechtecke.
Ein Quader hat 12 Kanten und 8 Ecken.

b) Beschreibe einen Kegel.

**Lösung**

Ein Kegel hat 2 Flächen.
Ein Kegel hat eine Kante.
Ein Kegel hat keine Ecke, da es keine aufeinandertreffenden Kanten gibt.
Ein Kegel hat eine Spitze.

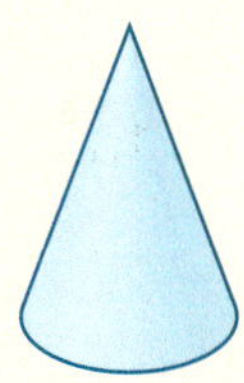

## 1 Körper beschreiben

Beschreibe den Körper durch die Flächen, die Kanten und die Ecken.

a) Würfel
b) Dreiecksprisma
c) quadratische Pyramide
d) Zylinder
e) Kugel
f) Trapezprisma

## 2 Körper und Flächen

Welche Flächen kannst du bei den Körpern erkennen? Übertrage die Tabelle in dein Heft und fülle sie aus. Ergänze weitere Körper.

| Körper | Anzahl der Flächen | Form der Flächen | gleiche Flächen |
|---|---|---|---|
| Quader | 6 | Rechtecke | gegenüberliegende Rechtecke |
| Würfel | ■ | ■ | ■ |

## 3 Körper unterscheiden

Nenne Unterschiede zwischen den Körpern.

a) Würfel und Prisma
b) Pyramide und Quader
c) Würfel und Quader
d) Quader und Zylinder
e) Zylinder und Kegel
f) Quader und Prisma

## 4 Quader und Würfel

Was meinst du zu den Bemerkungen von Anna und Leon?

*Anna: „Ein Würfel und ein Quader sehen zwar unterschiedlich aus, aber ich finde, dass ein Würfel auch ein Quader ist."*

*Leon: „Eigentlich ist ein Quader doch auch ein Würfel."*

---

**5** a) Gib für einen Würfel und einen Quader die Anzahl der Ecken, Kanten und Flächen an.

b) Gib für eine quadratische Pyramide die Anzahl der Ecken, Kanten und Flächen an. Nenne auch die Form der Flächen.

c) Vergleiche einen Quader mit einer quadratischen Pyramide.

**Prüfe dich!**
Lösungen auf Seite 206

---

## 6 Körperdetektiv

Welcher Körper ist gesucht?

a) *„Ich bin ein Körper und habe als Flächen nur Rechtecke."*
b) *„Ich bin ein Körper, der 12 gleich lange Kanten hat."*
c) *„Ich bin ein Körper und habe keine Kanten und keine Ecken."*
d) *„Ich bin ein Körper und habe nur sechs Kanten."*
e) *„Ich bin ein Körper, der neun Kanten hat."*

## 7 Körper aus der Kiste

Eine Kiste ist mit geometrischen Körpern gefüllt. Entscheide dich für einen Körper. Beschreibe den Körper durch Ecken, Kanten und Flächen. Nutze auch die Begriffe „Spitze", „kreisförmig", „eckig", „rund" und „stehen senkrecht".

## 8 Symmetrische Körper

Untersuche die folgenden Körper auf Symmetrie. An welchen Achsen oder an welchen Punkten kannst du drehen oder spiegeln? Beschreibe oder skizziere es.

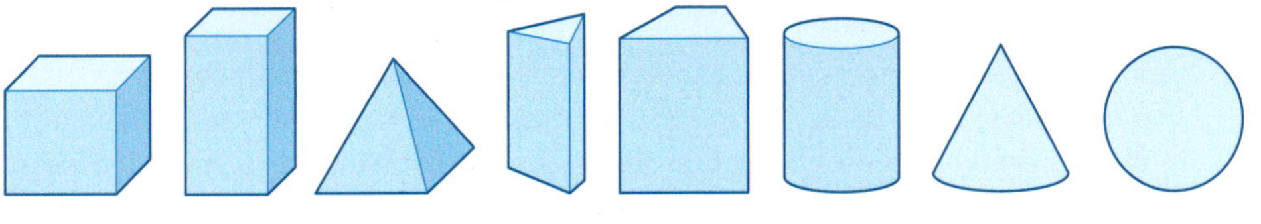

**Prüfe dich!**
Lösungen auf Seite 206

**9** Die Abbildung zeigt eine Verpackung. Um welchen Körper handelt es sich? Beschreibe den Körper mithilfe der Ecken, der Kanten und der Flächen.

**10** **Kantenmodelle**
Kantenmodelle stellen Körper nur mit Ecken und Kanten dar. Beschreibe das Kantenmodell.

a)
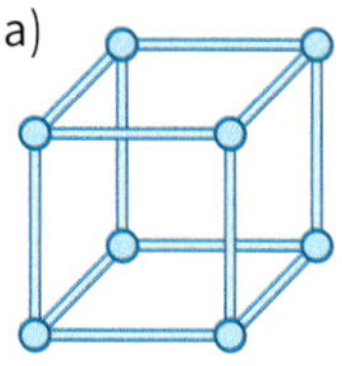

b)
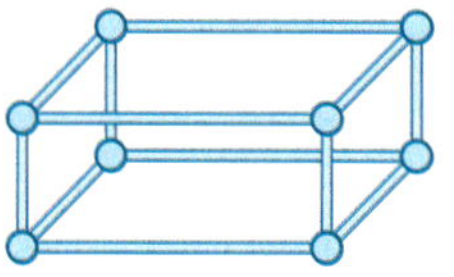

c)
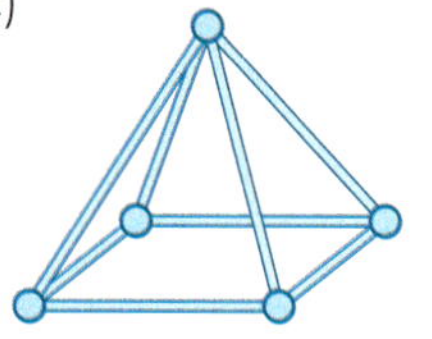

d)
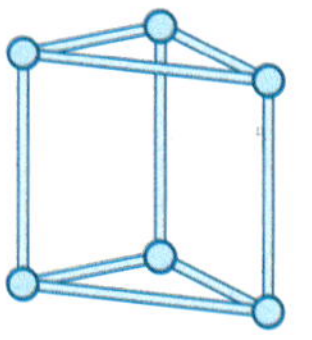

*Beispiel:* *„Eine Dreieckspyramide hat 4 Ecken und 6 Kanten. Jeweils 3 Kanten sind gleich lang."*

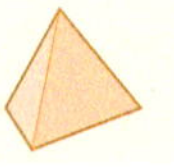

**11** **Kantensatz**
Ordne die Kantensätze ① – ③ den Kantenmodellen Ⓐ – Ⓒ zu.

①
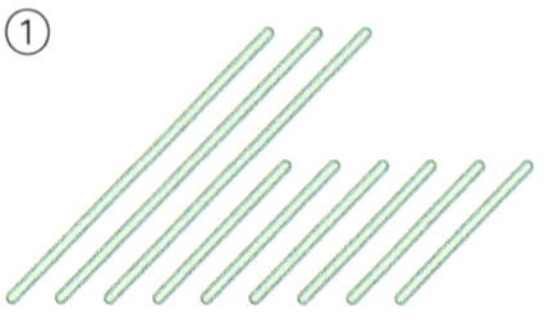

②
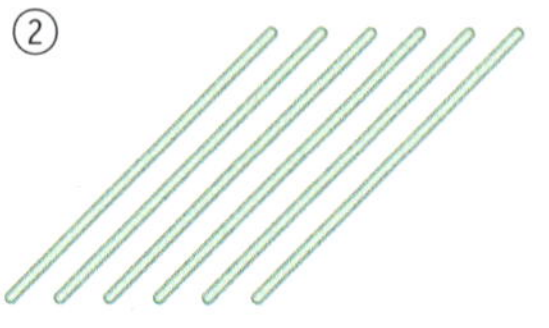

③
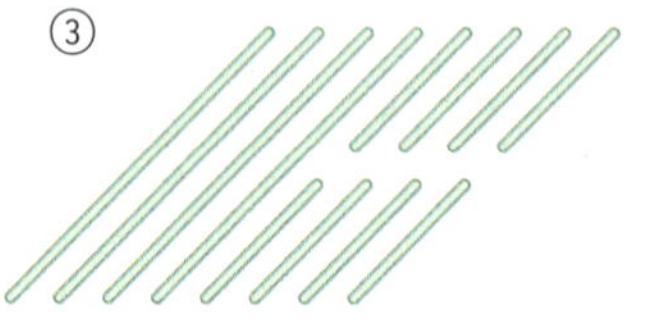

Ⓐ
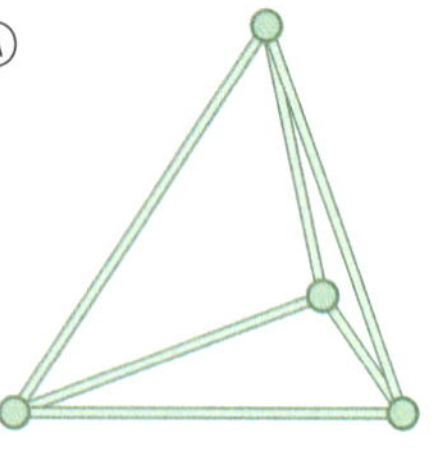

Ⓑ
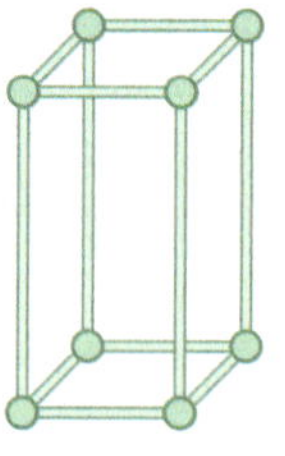

Ⓒ
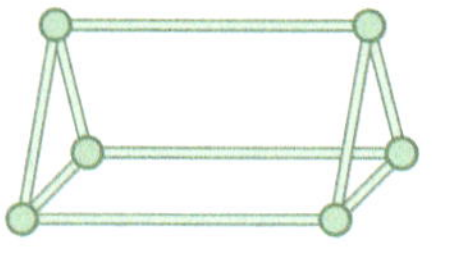

**Prüfe dich!**
Lösungen auf Seite 206

**12** Gib den gesuchten Körper an. Ein Kantenmodell besteht aus Kanten und Ecken.

a) 12 gleich lange Kanten und 8 Ecken
b) 8 gleich lange Kanten und 5 Ecken
c) 9 gleich lange Kanten und 6 Ecken
d) 6 gleich lange Kanten und 4 Ecken

**13** **Drahtmodelle**
Diese Körper sind aus Draht hergestellt. Wie lang muss der Draht mindestens sein?

a)
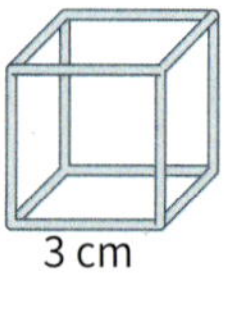


b)
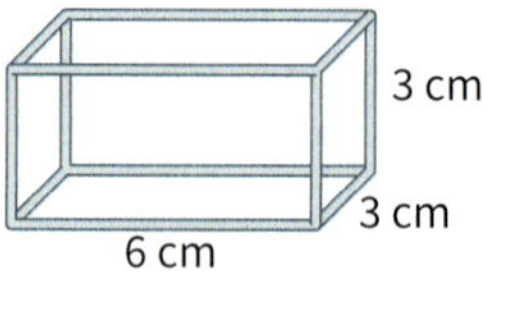


c)
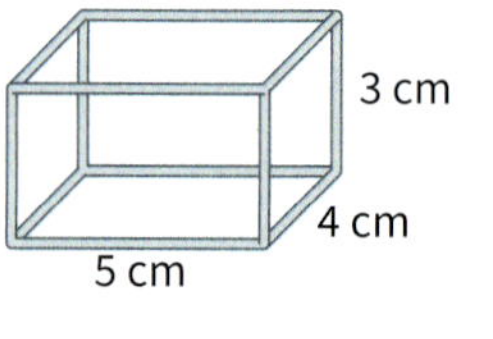


**14** **Drahtmodell eines Würfels**
Lauras Vater will ein anschauliches Kantenmodell eines Würfels aus Draht herstellen.

a) Der Würfel soll eine Kantenlänge von 24 cm haben. Wie viel Draht benötigt er dafür?
b) Wie viel Zentimeter mehr Draht braucht er, wenn die Kantenlänge 6 cm länger sein soll?
c) Wie groß kann die Kantenlänge werden, wenn der Draht 1,20 m lang ist?

# 4.2 Zusammengesetzte Körper

Zerlege die Gegenstände in möglichst einfache Grundformen. Finde selbst Körper, die aus mehreren Grundformen zusammengesetzt sind, und beschreibe diese Körper.

**Zusammengesetzte Körper**

Der Turm ist aus zwei Körpern zusammengesetzt.
Der untere Teil hat die Form eines Quaders.
Das Dach des Turms hat die Form einer quadratischen Pyramide.

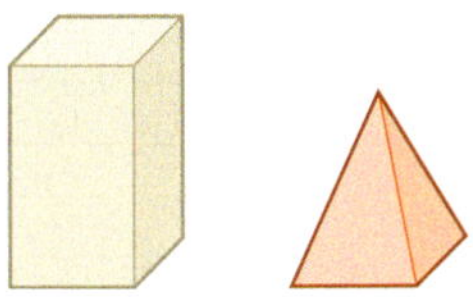

WES-137382-030

**1** Zusammengesetzte Türme

Diese drei Türme stehen in Brandenburg. Sie sind aus mehreren gleichen oder verschiedenen Körpern zusammengesetzt. Beschreibe die Teilkörper.

a) 

Friedenswarte, Brandenburg a. d. Havel

b) 

Rathenower Torturm

c) 

Steintorturm, Brandenburg a. d. Havel

**2** Zusammengesetzte Körper

Gib an, aus welchen geometrischen Körpern der abgebildete Körper zusammengesetzt ist.

a) 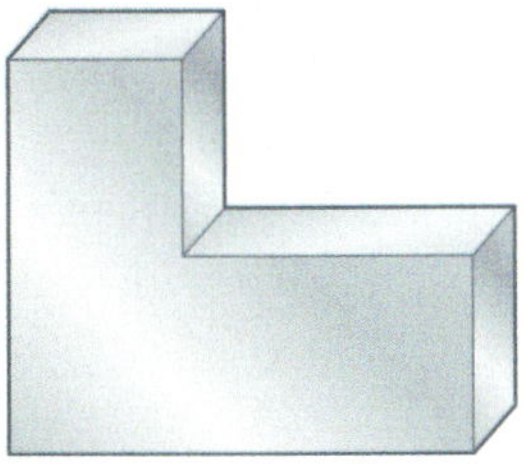

b) 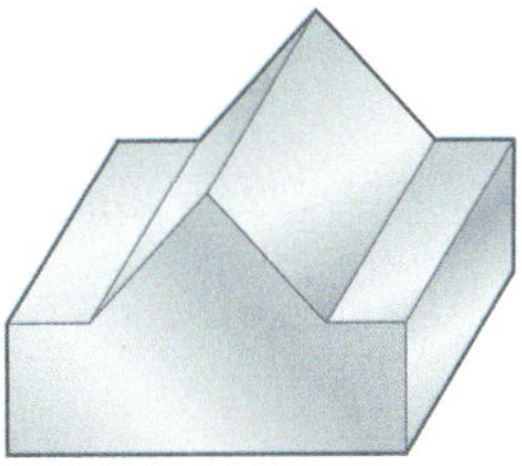

c) 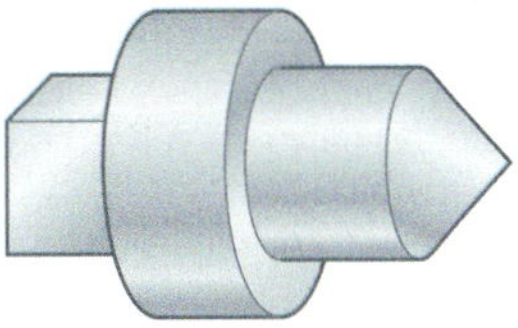

**Prüfe dich!**
Lösungen auf Seite 206

**3** Gib an, aus welchen geometrischen Körpern der Körper zusammengesetzt ist.

a)

b)
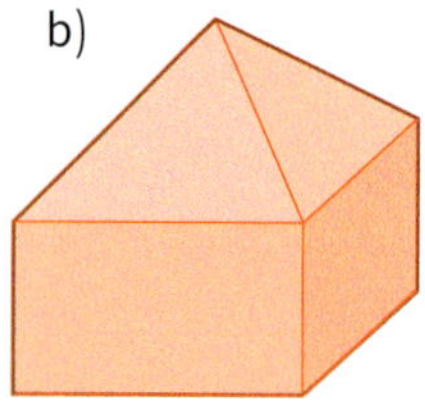

c)
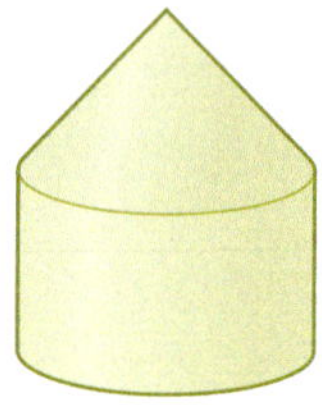

d)
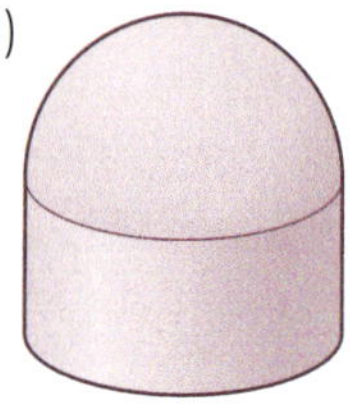

**4** **Wahr oder falsch?**

Nimm Stellung zu den Aussagen.

a) Wenn zwei Dreiecksprismen zusammengesetzt werden, entsteht immer ein Quader.

b) Wenn zwei Würfel an einer Fläche zusammengesetzt werden, entsteht immer ein Quader.

**5** **Würfelschnitte**

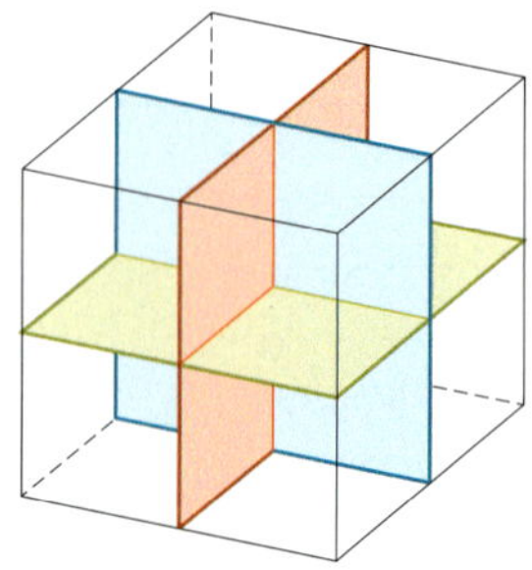

a) Ein Knetewürfel wird durch drei „Mittenschnitte“ in kleine Würfel zerlegt. Wie viele Würfel entstehen?

b) Der Würfel kann auch ohne Rest in 27 kleine Würfel zerlegt werden. Wie viele Schnitte braucht man dafür mindestens? Wie muss man die Schnitte ausführen?

c) In wie viele gleich große kleine Würfel kann der große Würfel ohne Rest auch zerlegt werden? Wie viele Schnitte sind dafür mindestens nötig?

**6** **Angestrichener Würfel**

Ein Holzwürfel ist außen mit Farbe angestrichen. Durch Zersägen entstehen viele kleine Würfel.

a) Gib die Anzahl der kleinen Würfel an.

b) Die kleinen Würfel sind nicht von allen Seiten angestrichen. Wie viele kleine Würfel haben gar keine angestrichene Fläche? Wie viele haben eine, zwei, drei, vier … angestrichene Flächen?

**7** **Würfelhalbierung**

Der dargestellte Würfel wird durch einen Schnitt halbiert. Dadurch entstehen zwei gleich große Teilstücke.

a) Beschreibe die Form der entstehenden Schnittfläche.

b) Wie musst du schneiden, damit die Schnittfläche ein Quadrat ist?

c) Wie musst du schneiden, damit die Schnittfläche eine Raute ist?

**8** **Berühmte Bauwerke**

Auf dem Foto seht ihr die Heilig-Kreuz-Kirche in Berlin-Kreuzberg. Das gesamte Gebäude ist aus einfachen geometrischen Körpern zusammengesetzt.

a) Gebt an, welche Körper ihr erkennt.

b) Baut ein Modell der Heilig-Kreuz-Kirche. Ihr könnt dazu Papprollen und Pappschachteln verwenden und fehlende Teile (z. B. für die Dächer) aus dickem Papier ergänzen.

# Würfelhäuser

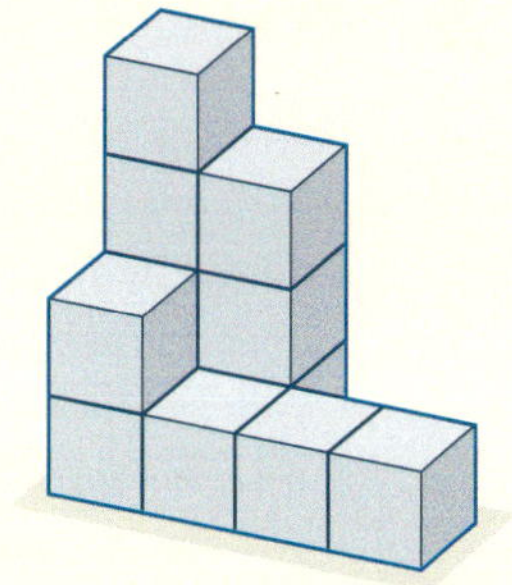

**1 Wie groß ist das Würfelhaus?**

Aus gleich großen Würfeln lassen sich viele verschiedenartige Würfelhäuser aufbauen.

Paul: „*Das Würfelhaus besteht aus 12 kleinen Würfeln.*“
Ricarda: „*Das muss nicht stimmen. Es könnten auch 13 sein.*“
Hat Ricarda recht?

**2 Grundriss eines Würfelhauses**

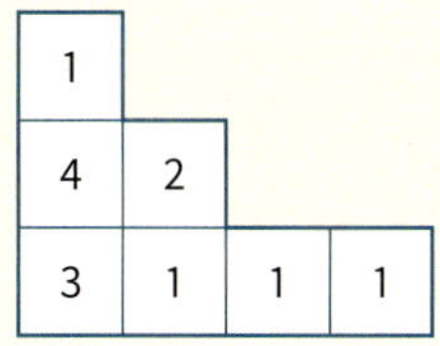


Das Schrägbild eines Würfelhauses verrät nicht alles.
Deshalb erstellt man zusätzlich den Grundriss.
Dazu wird die Bodenfläche des Würfelhauses aus Quadraten gezeichnet. In jedes Quadrat wird die Anzahl der Würfel eingetragen, die über diesem Quadrat stehen.

a) Zeichne den Grundriss zu dem Würfelhaus in dein Heft und trage die Anzahl der Würfel über den Quadraten ein.
Wie viele zusätzliche kleine Würfel brauchst du, um das Würfelhaus zu einem großen Würfel zu ergänzen?

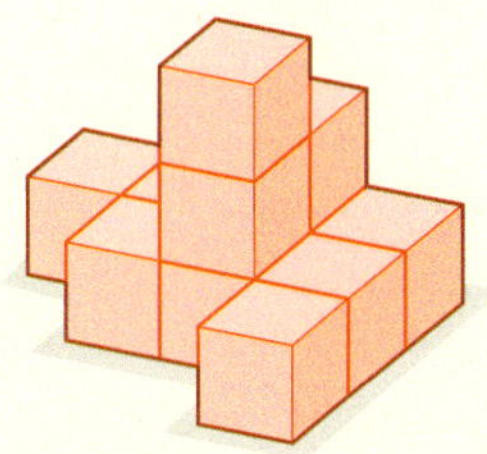

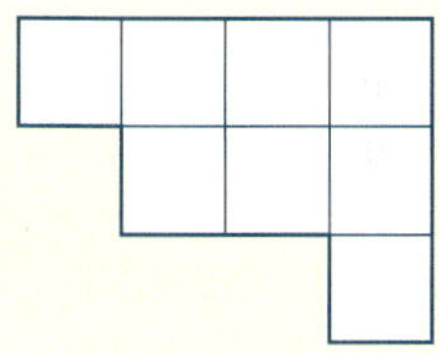

b) Welcher Grundriss passt zu welchem Schrägbild?

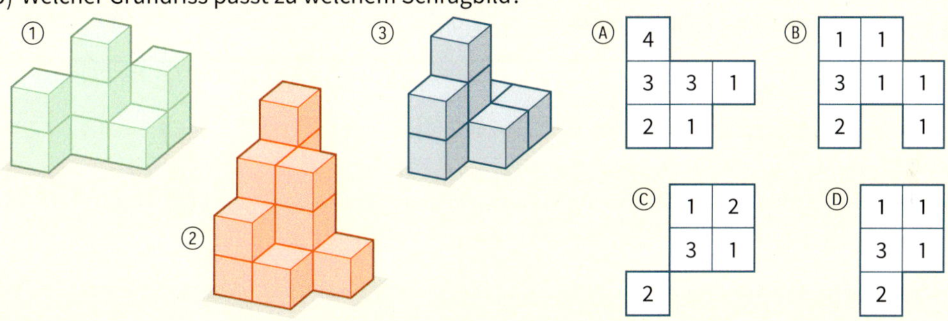


c) Entwirf eigene Grundrisse und zeichne die zugehörigen Würfelhäuser.

**3 Quaderhäuser aus Ziegelsteinen**

a) Welcher Grundriss gehört zu welchem Quaderhaus? Ergänze die fehlenden Zahlen.

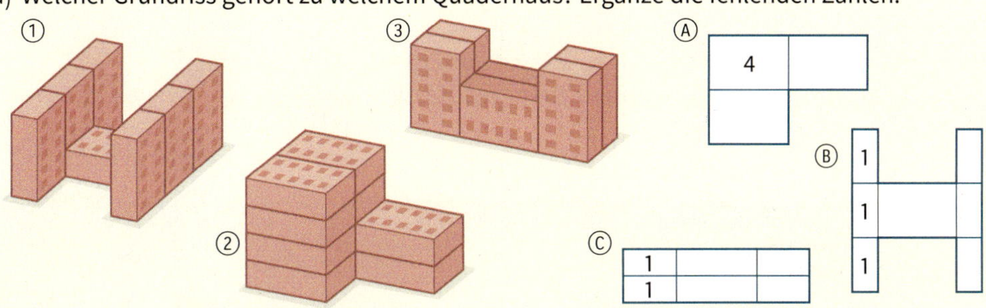


b) Baut nun zu zweit Häuser nach Plan.
Zeichnet einen Grundriss und baut ein Quaderhaus mit diesem Grundriss.

# 4.3 Netze

**Vorbereiten**
Seite 187

Paul hat die Seitenflächen eines Quaders mit verschiedenen Farben angestrichen und damit gestempelt. Der Quader wurde dabei immer nur gekippt oder zurückgekippt.

- Welche Flächen sind gleich und wie liegen sie zueinander?
- Wie könnte das Bild aussehen, wenn Paul die Reihenfolge beim Stempeln verändert?

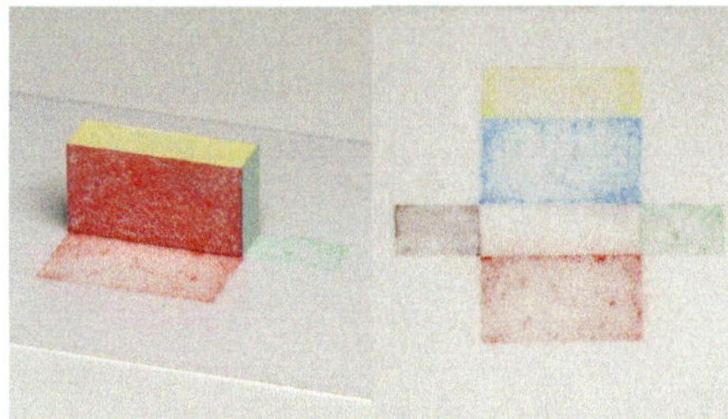

WES-137382-031

**Netz eines Quaders**

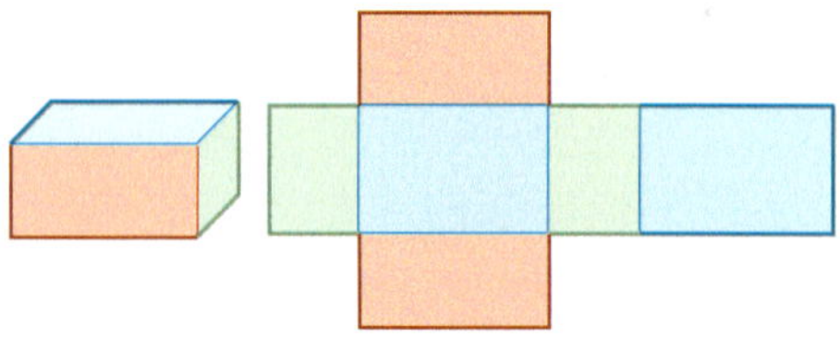

Das Netz eines Quaders besteht aus sechs Rechtecken. Gegenüberliegende Rechtecke eines Quaders sind gleich groß.

**Netz eines Würfels**

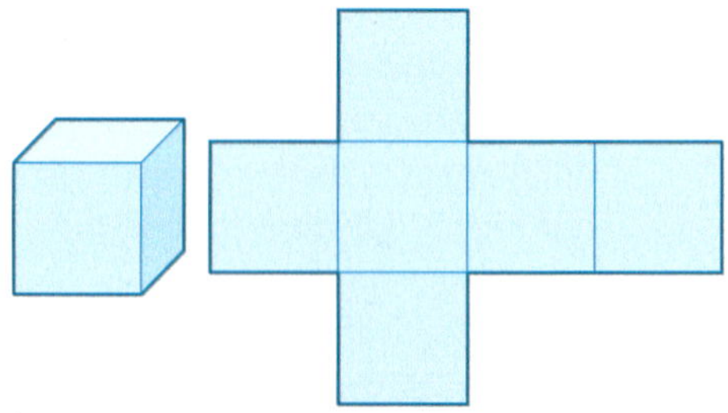

Das Netz eines Würfels besteht aus sechs gleich großen Quadraten.

**Quadernetze**

Untersuche, ob das Netz ein Quadernetz ist.

a) 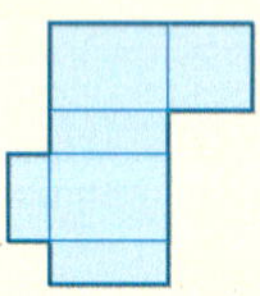

b) 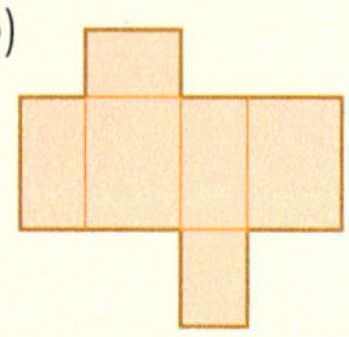

c) 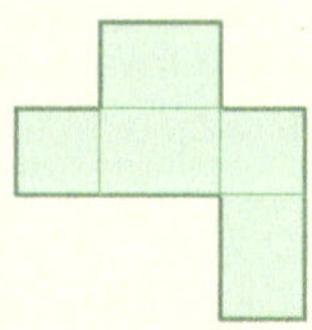

d) 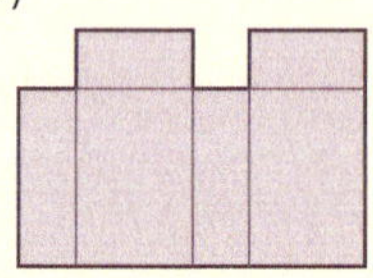

**Lösung**

a) Es ist kein Quadernetz: Es gibt zwei gegenüberliegende Flächen, die nicht gleich groß sind.
b) Das Netz ist ein Quadernetz.
c) Das Netz ist kein Quadernetz: Es sind nur fünf Flächen gezeichnet.
d) Das Netz ist kein Quadernetz: Zwei Flächen fallen aufeinander.

**1** **Würfelnetze**

Untersuche, ob das Netz ein Würfelnetz ist.

a) 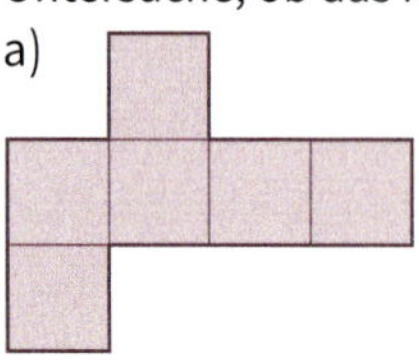

b) 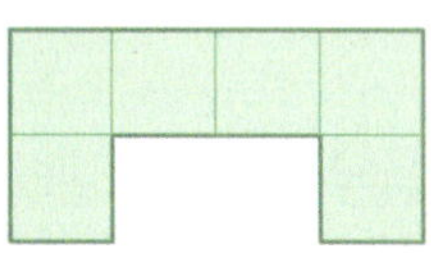

c) 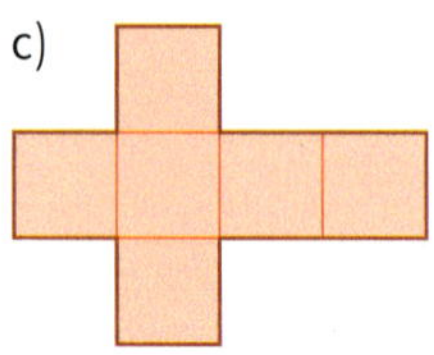

d) 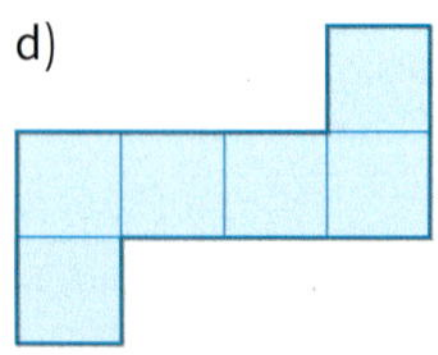

**2** ☰ **Unvollständige Netze**

Übertrage die Figur in dein Heft und ergänze sie zu einem vollständigen Würfelnetz. Gibt es verschiedene Möglichkeiten?

a)
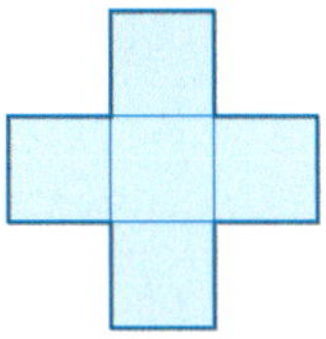
b)

c)
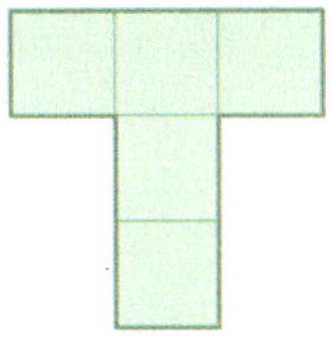
d)
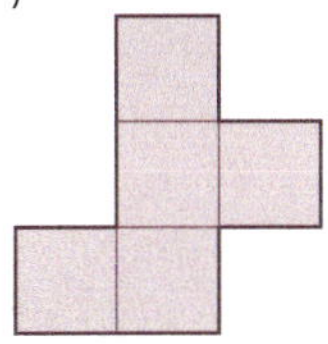

**3** ☰ **Ist das ein Quadernetz?**

Aus welchen Netzen lassen sich Quader basteln, bei welchen klappt das nicht? Begründe wie im Beispiel „Quadernetze".

①
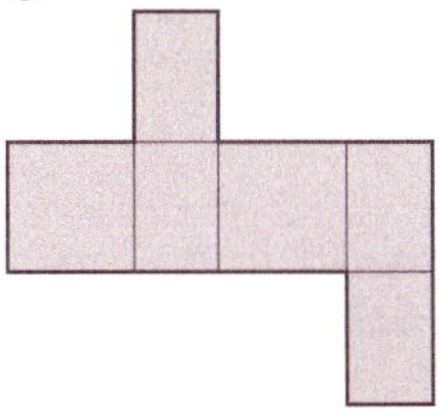
②
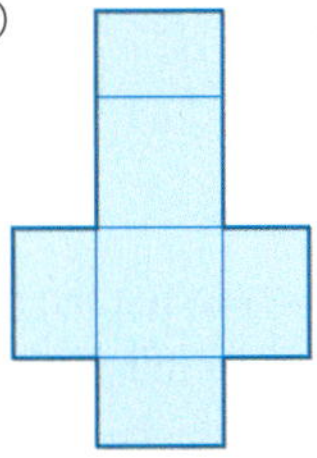
③
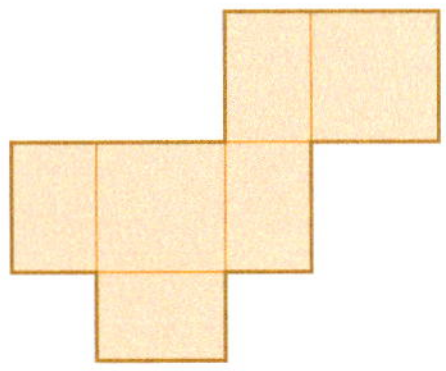
④
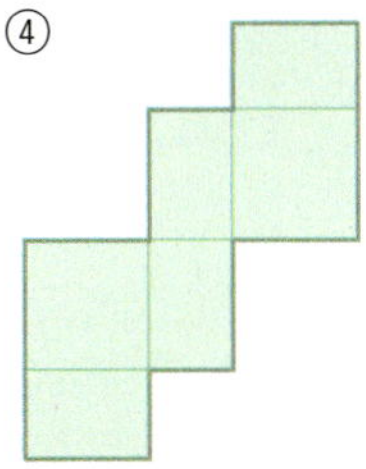

**4** ☰ **Welches Netz passt?**

Begründe.

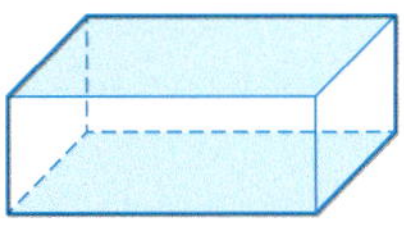
Ⓐ
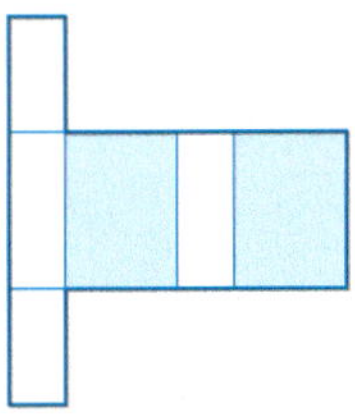
Ⓑ
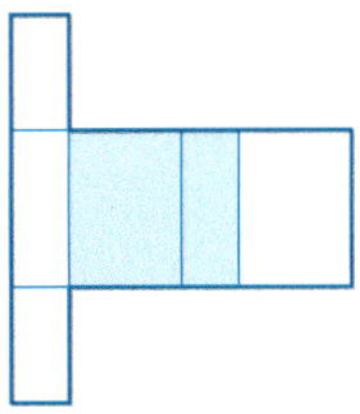
Ⓒ
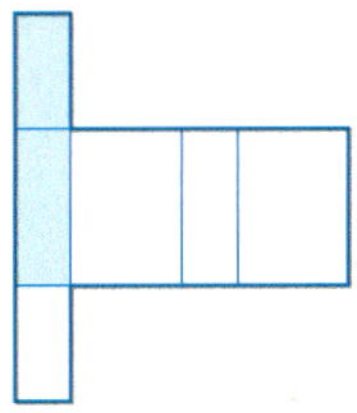

**5** ☰ Übertrage das Netz in dein Heft. Markiere gegenüberliegende Flächen in derselben Farbe.

a)
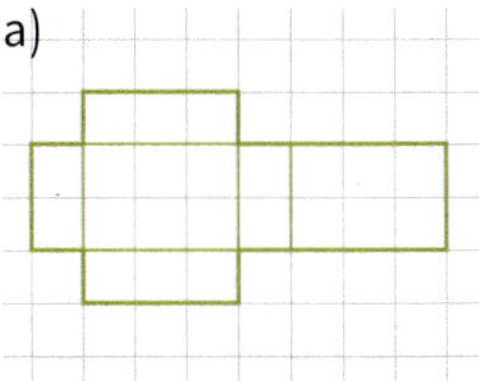
b)
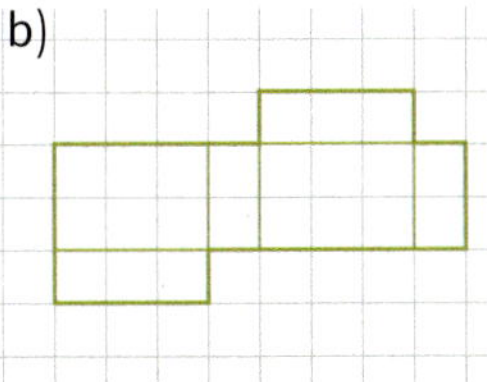
c)
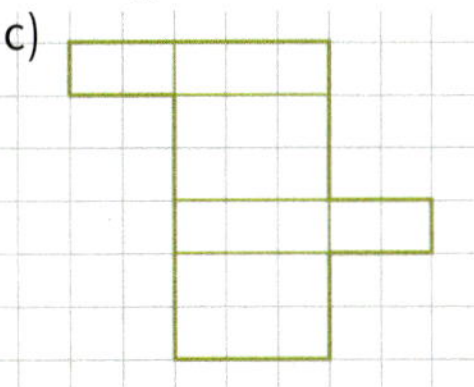
d)
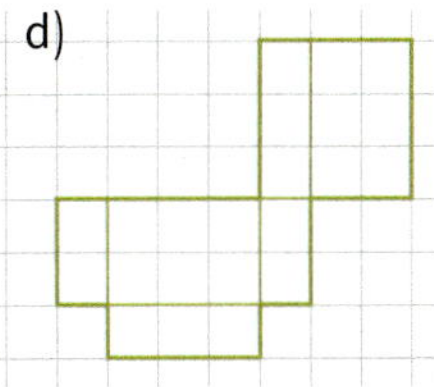

**Prüfe dich!**
Lösungen auf Seite 206

**6** ☰ **Netze zeichnen**

a) Zeichne ein Netz eines Würfels mit der Kantenlänge 2 cm. Zeichne zwei weitere Netze.
b) Es gibt 11 verschiedene Würfelnetze. Zeichne möglichst viele verschiedene Würfelnetze.
c) Zeichne ein Netz eines Quaders, der 4 cm lang, 2 cm breit und 1 cm hoch ist. Zeichne zwei weitere Netze.

**7** ☰ **Flächen und Kanten färben**

a) Übertrage das Quadernetz in dein Heft. Färbe die im Quader gegenüberliegenden Flächen mit derselben Farbe.
b) Markiere alle Kanten, die nach dem Zusammenfalten die rote Kante berühren.

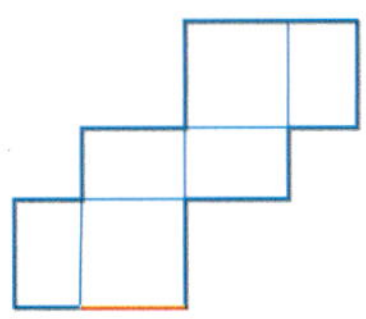

### 8 Gefärbte Würfelecke

Eine Ecke eines Würfels ist blau gefärbt.
Übertrage das abgebildete Netz in dein Heft. Markiere dann alle Quadratecken, die beim Zusammenfalten die blaue Ecke des Würfels ergeben.

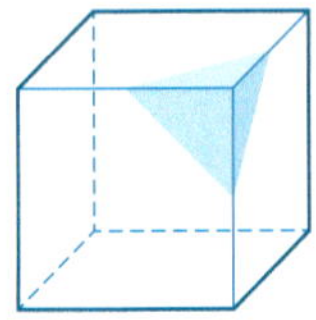

a)
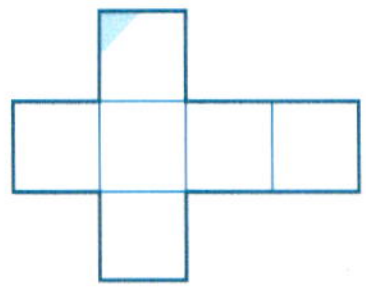

b)
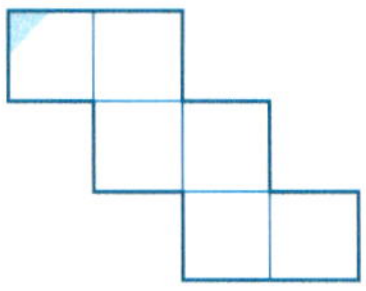

c)
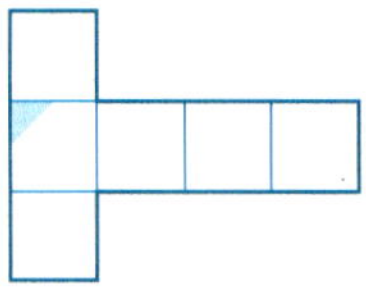

d)
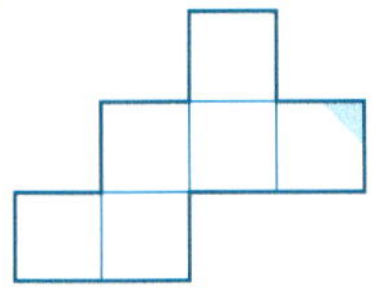

**Prüfe dich!** Lösungen auf Seite 207

### 9 Zeichne die Würfelnetze in dein Heft.

① 
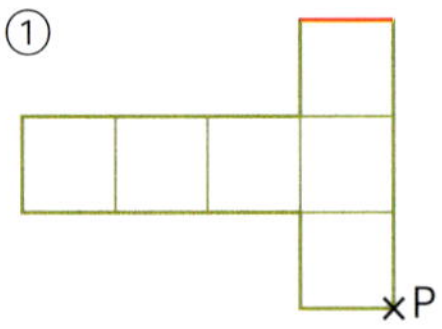


② 
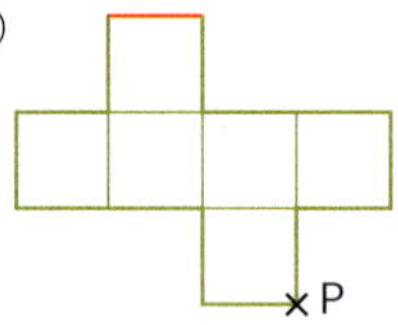


③ 
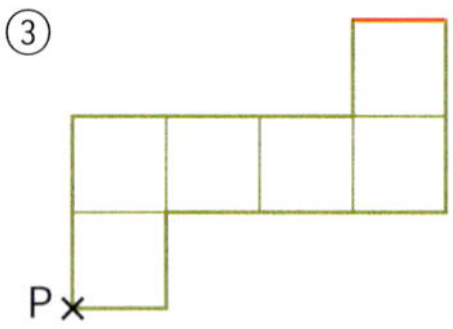


④ 
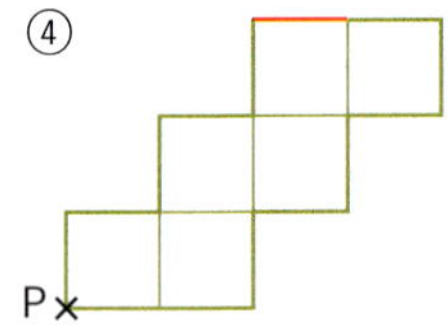


a) Markiere alle Kanten, die nach dem Zusammenfalten die rote Kante berühren.
b) Markiere in den Netzen alle Punkte, die mit dem markierten Punkt P aufeinandertreffen.

### 10 Weitere Netze

Welcher Körper entsteht aus dem Netz?

a)
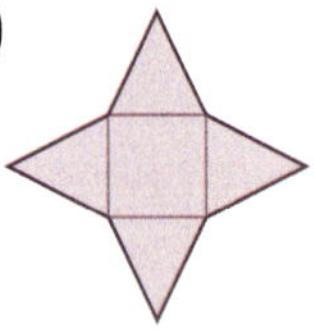

b)
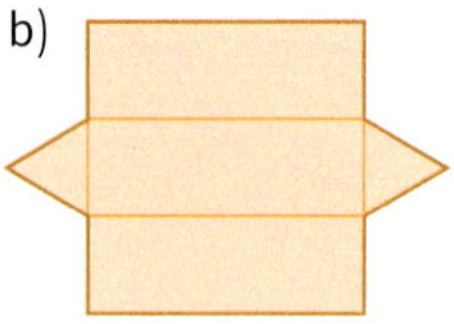

c)
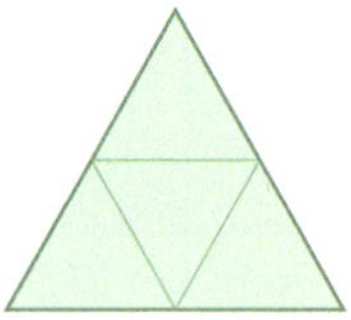

d)

### 11 Würfelnetz mit Muster

Zeichne das Würfelnetz mit dem Muster auf ein Blatt Papier ab und schneide es aus. Ergänze das Muster auf der freien Fläche so, dass auf dem zusammengebauten Würfel ein möglichst geschlossenes Muster entsteht. Prüfe dein Muster durch Falten.

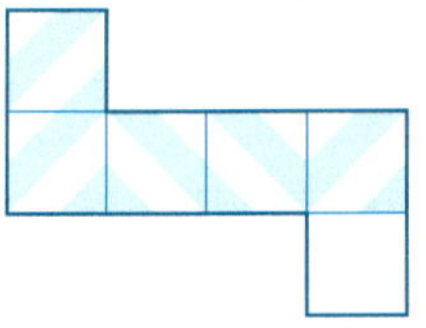

### 12 Netz eines gefärbten Würfels

Die Würfel werden durch Eintauchen in Farbe wie angegeben eingefärbt.
Zeichne jeweils ein Netz des gefärbten Würfels.

a)
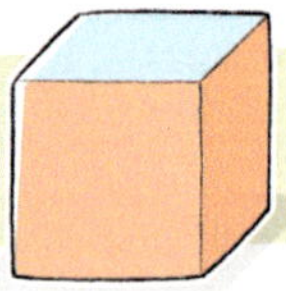

b)
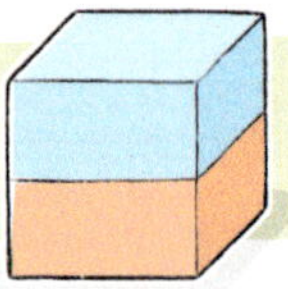

c)
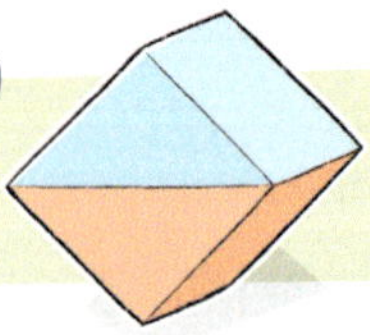

d)
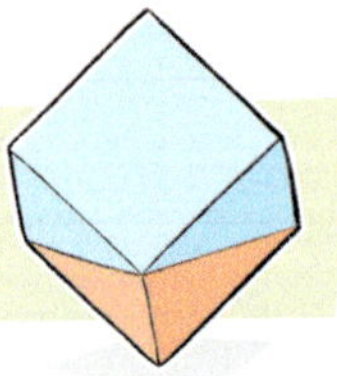

### 13 Marienkäfer auf dem Quader

Auf dem Quader krabbelt ein Marienkäfer geradlinig von A nach B, dann von B nach C, von C nach D und von D nach E. Zeichne drei verschiedene Netze des Quaders. Trage den Weg des Marienkäfers jeweils in das Netz ein.

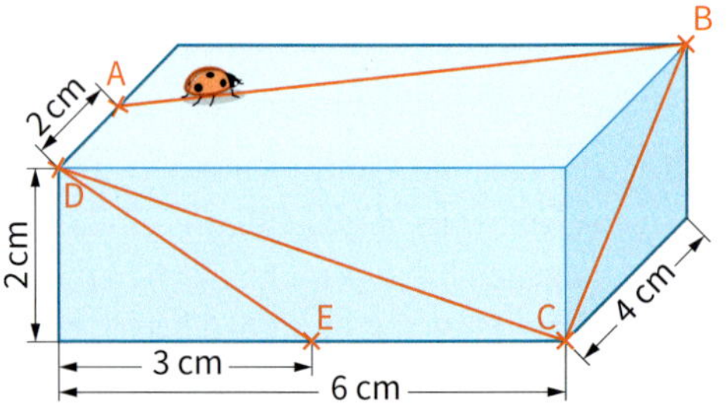

# 4.4 Schrägbilder

Auf Karopapier kannst du Schrägbilder von Körpern einfach zeichnen, wenn du die Eckpunkte auf dem Gitter genau auszählst und passend verbindest.

- Welche Körper erkennst du in den beiden Zeichnungen?
- Zeichne die beiden Schrägbilder ab. Färbe in deinen Schrägbildern die parallelen Kanten jeweils in derselben Farbe.
- Welche Bedeutung haben die gestrichelten Linien?

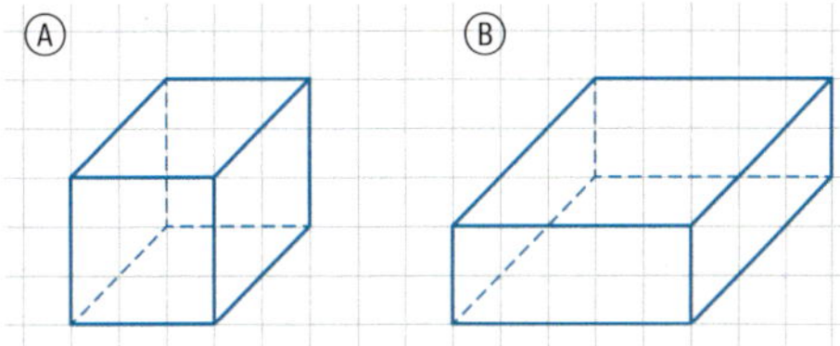


## Das Schrägbild eines Würfels zeichnen

- Vorderfläche des Würfels zeichnen
- nach hinten laufende Kanten verkürzt zeichnen, verdeckte Kanten gestrichelt zeichnen
- für 1 cm jeweils 1 Kästchendiagonale wählen
- fehlende Kanten des Würfels ergänzen, die verdeckten gestrichelt

WES-137382-032

## Schrägbild eines Quaders

Zeichne das Schrägbild eines Quaders, der 2 cm lang, 3 cm breit und 1 cm hoch ist.

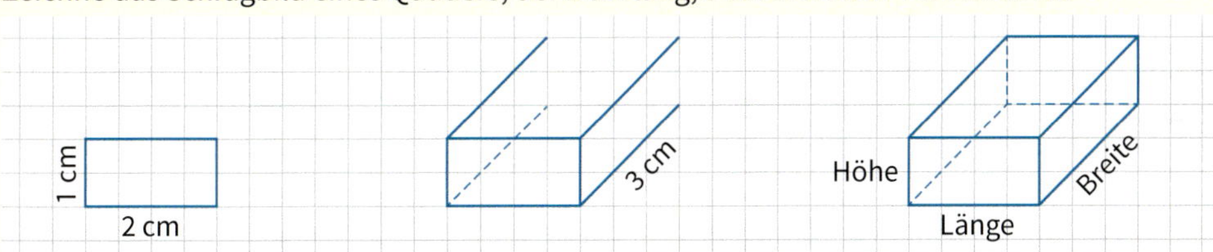


**1** **Schrägbilder zeichnen**

Zeichne das Schrägbild des Körpers. Kennzeichne in deinem Schrägbild alle parallelen Kanten in derselben Farbe.

a) Würfel: Kantenlänge 3 cm
b) Quader: 5 cm lang, 6 cm breit, 4 cm hoch
c) Quader: 4 cm lang, 8 cm breit, 15 mm hoch
d) Quader: 4 cm lang, 4 cm breit, 2 cm hoch

**2** **Unvollendetes Schrägbild**

Übertrage das angefangene Schrägbild eines Quaders in dein Heft und zeichne es fertig. Gib die Maße des Quaders an.

a)
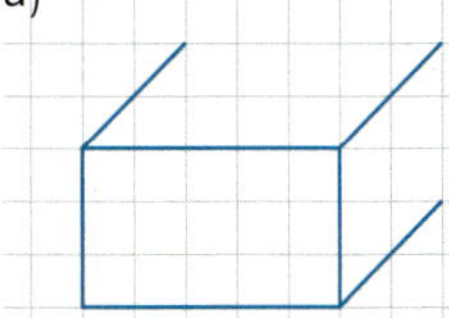

b)

c)

d)

### 3 Fehler in Schrägbildern

Beim Zeichnen der Schrägbilder sind dem Zeichner leider einige Fehler unterlaufen. Benenne jeweils die Fehler und zeichne die Schrägbilder fehlerfrei.

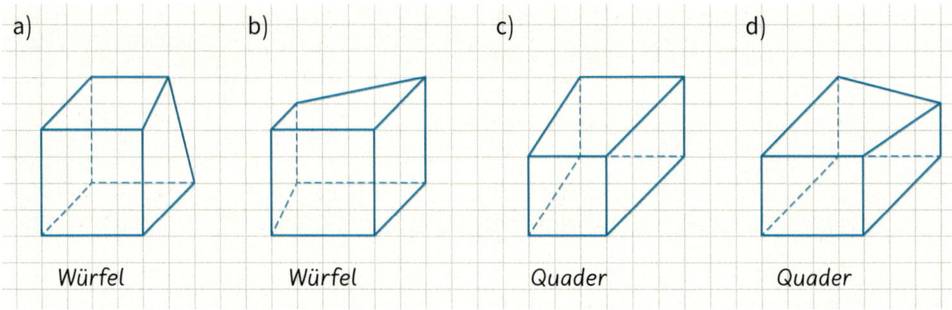


### 4 Verschiedene Darstellungen eines Würfels

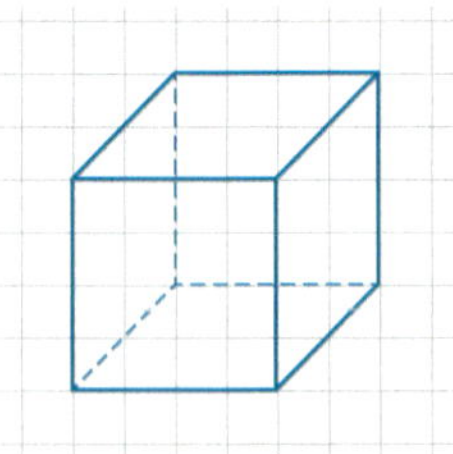

Warum müssen beim Schrägbild eines Würfels die nach hinten verlaufenden Kanten verkürzt werden?
Überzeuge dich, indem du ein Schrägbild eines Würfels zeichnest, bei dem alle gezeichneten Kanten vier Zentimeter lang sind. Experimentiere dann mit verschiedenen Längen für die nach hinten verlaufenden Kanten (3 cm, 2 cm, 1 cm).

**Prüfe dich!**
Lösungen auf Seite 207

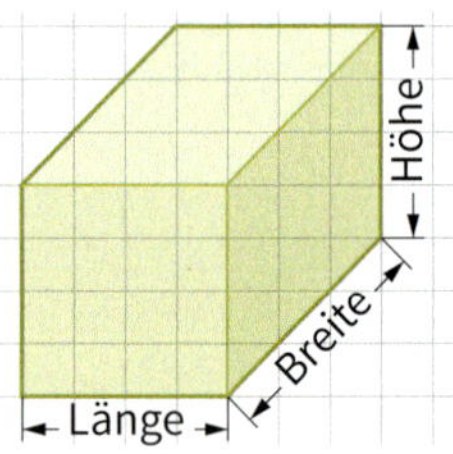


**5** Zeichne das Schrägbild eines Würfels mit der Kantenlänge 6 cm.

**6** Für einen Quader mit den Maßen 1 cm, 4 cm und 8 cm kannst du verschiedene Schrägbilder zeichnen.

a) Zeichne ein Schrägbild so, dass die Höhe des Quaders 4 cm ist.
b) Zeichne ein Schrägbild so, dass die Höhe des Quaders 1 cm ist.
c) Zeichne ein Schrägbild so, dass der Quader 8 cm hoch ist.

### 7 „Stehende“ und „liegende“ Buchstaben

Aus einer 2 cm dicken Holzplatte wurden verschiedene Buchstaben ausgesägt. Dargestellt ist ein „stehendes“ und ein „liegendes“ L.

a) Zeichne die beiden Körper in dein Heft.
b) Zeichne jeweils ein „stehendes“ und ein „liegendes“ T, E, H. Die Buchstaben sind alle 4 cm lang, 2 cm breit und 5 cm hoch.

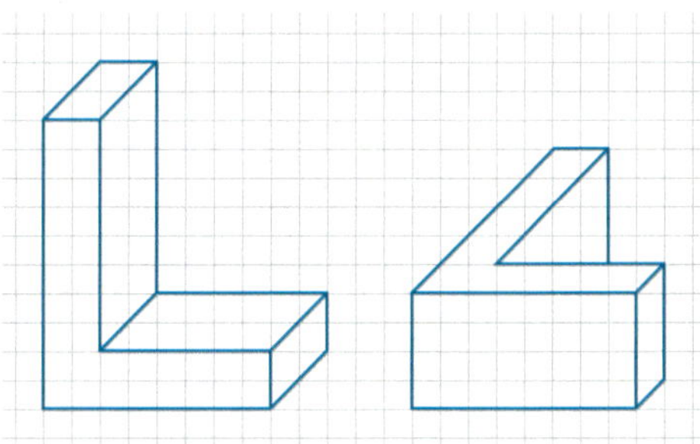

### 8 Durch Verbinden von Figuren andere Schrägbilder zeichnen

a) Zeichne, wie in der Abbildung, zwei gleich große Quadrate in dein Heft. Welche Ecken musst du verbinden? Welche Verbindungen musst du stricheln?
b) Zeichne auf diese Weise andere Schrägbilder, indem du von gleichen Rechtecken oder gleichen Dreiecken ausgehst. Welche Körper entstehen?

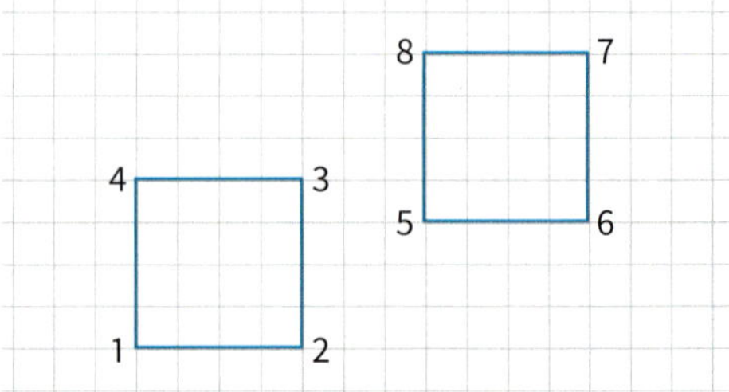

**9** ≡ **Siegertreppchen**

Ein Platz auf dem Siegertreppchen ist für viele Sportlerinnen und Sportler das Schönste. Hier ist ein Siegertreppchen aus vier Würfeln zusammengesetzt. Zeichne die Schrägbilder eines Siegertreppchens in dein Heft.

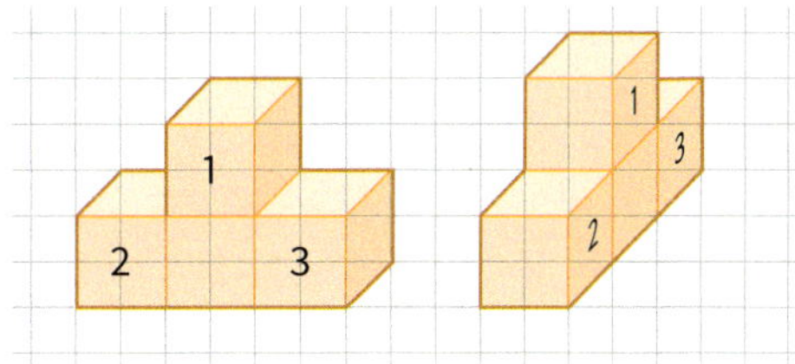


**10** ≡ **Würfeltürme**

Dargestellt sind die Schrägbilder von verschiedenen Würfeltürmen. Dabei wird von vorne auf die Würfeltürme geblickt. Zeichne die Würfeltürme aus unterschiedlichen Blickrichtungen (von rechts, von links und von hinten) in dein Heft.

a)
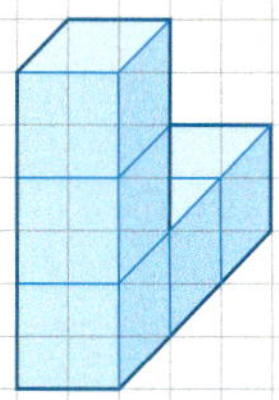
b)
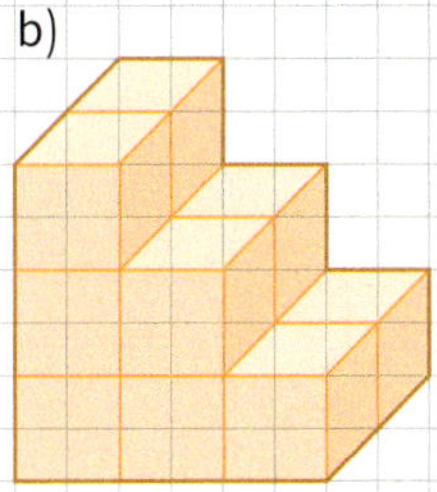
c)
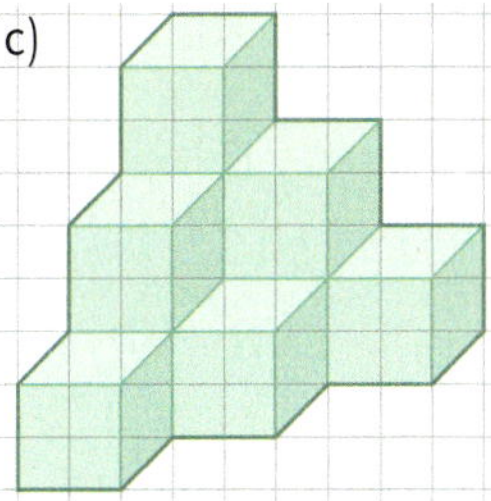
d)
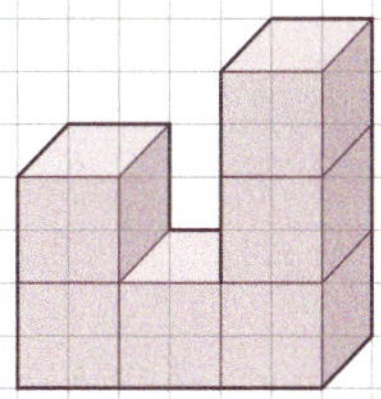

**11** ≡ **Netz und Schrägbild**

Dargestellt ist das Schrägbild oder das Netz eines Quaders. Der Quader ist teilweise gefärbt. Zeichne die andere Darstellungform und färbe sie.

a)
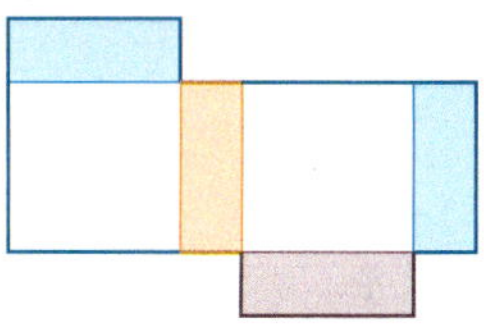
b)
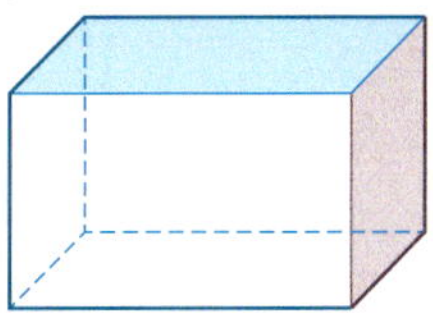
c)
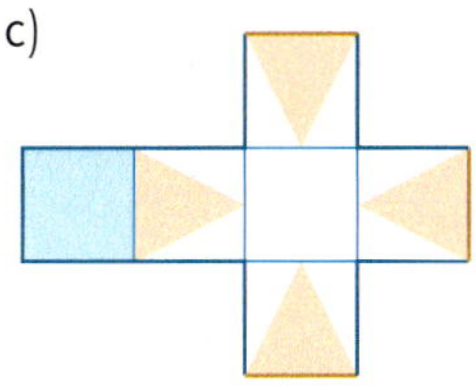
d)
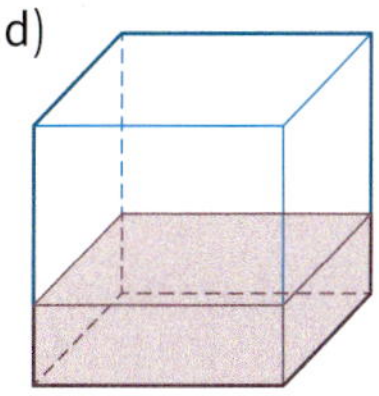

**12** ≡ **Vom Netz zum Schrägbild**

Zeichne das Schrägbild zum Quadernetz in dein Heft. Übernimm die Färbung des Netzes für das Schrägbild.

a)
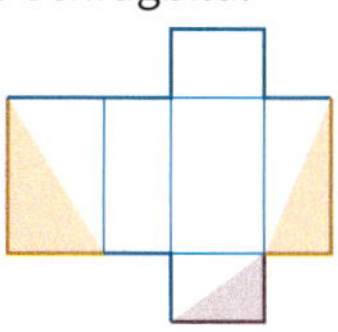
b)
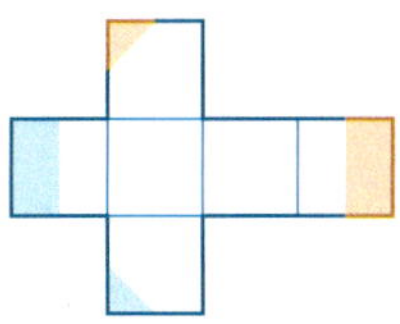
c)
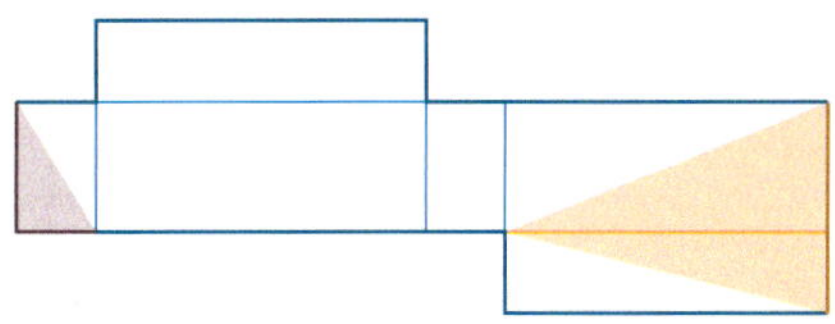

**13** ≡ **Geburtstagsgeschenk**

Anna packt für ihre Freundin Emma ein Geburtstagsgeschenk ein. Sie benutzt einen quaderförmigen Karton mit den Maßen 60 cm, 40 cm und 20 cm.

a) Zeichne den Karton im Maßstab 1 : 10.
b) Zeichne ein Geschenkband so ein, dass man es auf jeder Fläche des Kartons sehen kann.
c) Wie lang muss das Geschenkband mindestens sein, wenn du für eine Schleife 25 cm Band brauchst?

# Verrückte Schrägbilder

**1 Überraschungen**

Drehe das Bild auf den Kopf. Was fällt dir auf? Beschreibe.

a)

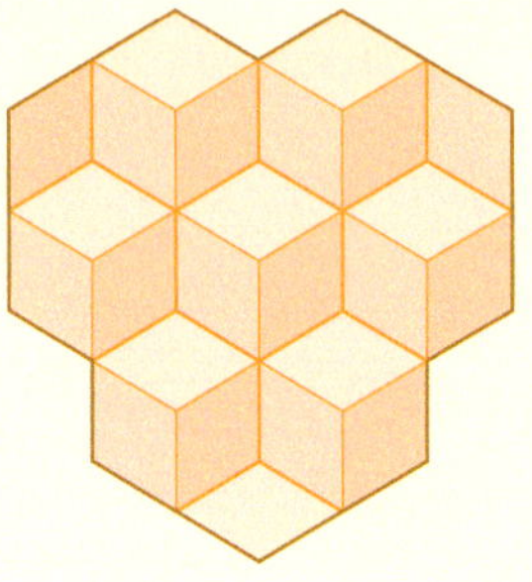

b)

c)

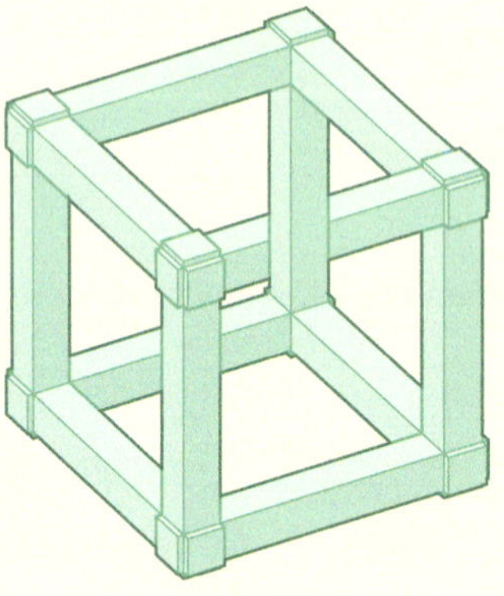

d)

e)

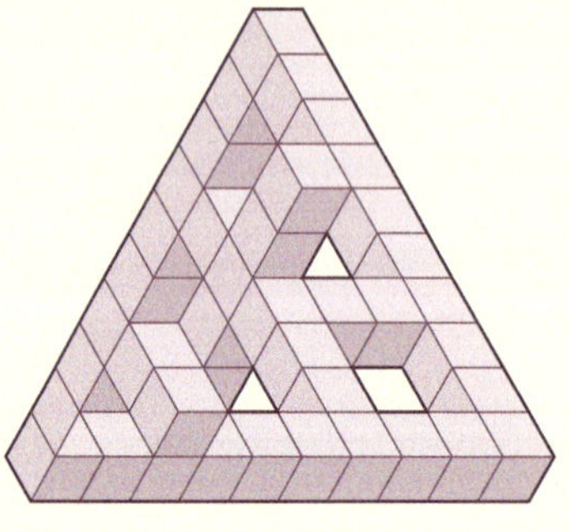

f)

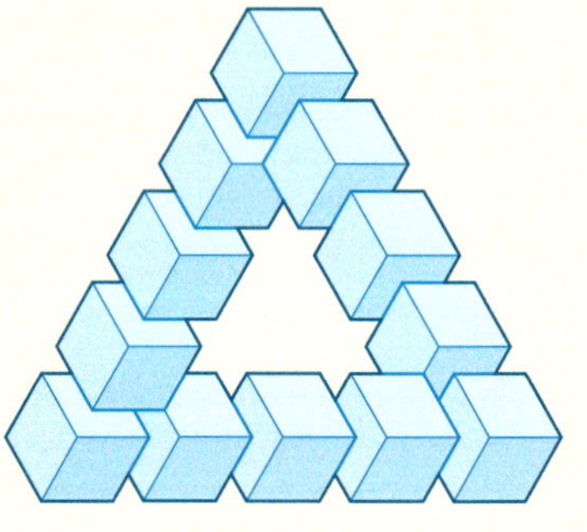

**2 Zum Nachzeichnen auf Isometriepapier**

Übertrage die Zeichnung auf Isometriepapier. Erstelle eigene Bilder.

a)

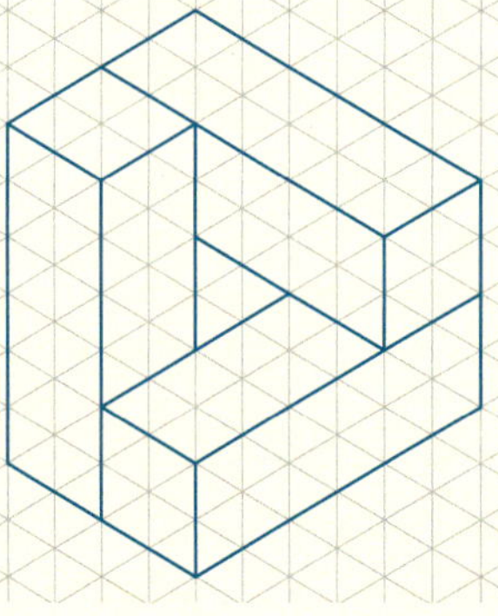

b)

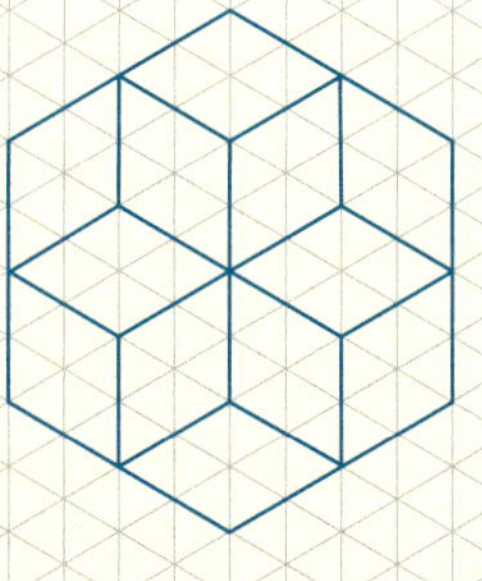

WES-137382-033
Isometriepapier zum Ausdrucken

# Mein Merkzettel

## Körper – Ecken, Kanten, Flächen und Netze

Seite 86
Seite 92

| Name | Körper | Beschreibung | Netz |
|---|---|---|---|
| **Würfel** | 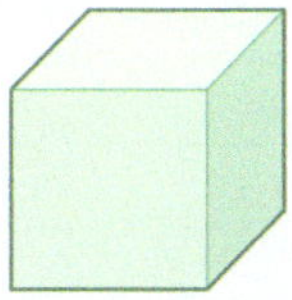 | *8 Ecken*<br>*12 Kanten*<br>*6 Flächen: gleich große Quadrate*<br><br>*Es gibt 11 verschiedene Netze.* | 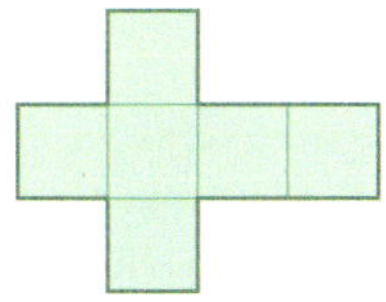 |
| **Quader** | 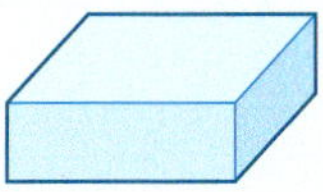 | *8 Ecken*<br>*12 Kanten*<br>*6 Flächen: gegenüberliegende gleich große Rechtecke* | 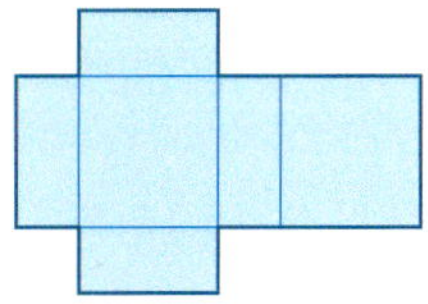 |
| **Dreiecksprisma** |  | *6 Ecken*<br>*9 Kanten*<br>*5 Flächen: 2 Dreiecke, 3 Rechtecke* | 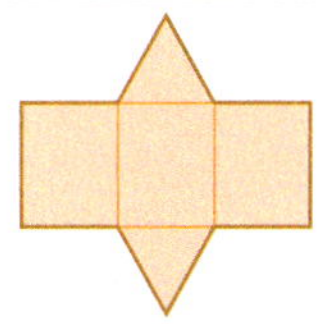 |
| **quadratische Pyramide** | 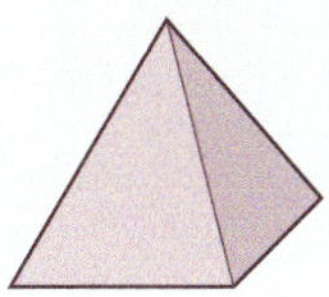 | *5 Ecken (die obere Ecke wird auch Spitze genannt)*<br>*8 Kanten*<br>*5 Flächen: 1 Quadrat, 4 Dreiecke* | 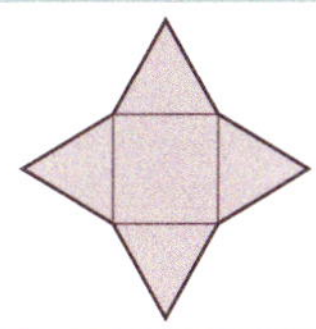 |

## Körper ohne Ecken

Seite 86

| Zylinder | Kegel | Kugel |
|---|---|---|
|  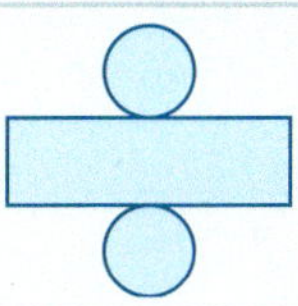 |   |  |
| • *keine Ecken*<br>• *2 Kanten*<br>• *3 Flächen: 2 Kreise, 1 Rechteck* | • *keine Ecken, aber eine Spitze*<br>• *1 Kante*<br>• *2 Flächen: 1 Kreis, 1 Kreisausschnitt* | • *keine Ecken*<br>• *keine Kanten*<br>• *1 Fläche*<br>• *kein Netz* |

## Schrägbild zeichnen

Seite 95

- *Vorderfläche zeichnen*
- *nach hinten laufende Kanten verkürzt zeichnen, für 1 cm jeweils 1 Kästchendiagonale*
- *verdeckte Kanten gestrichelt zeichnen*
- *weitere Kanten ergänzen, verdeckte gestrichelt*

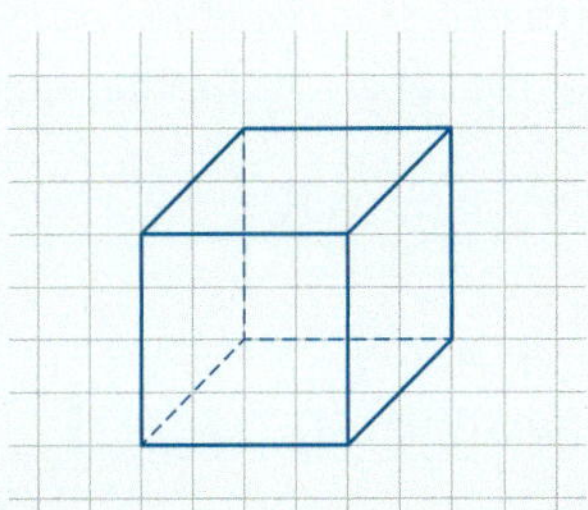

*Für zusammengesetzte Körper:*
- *Vorderfläche zeichnen*
- *schrittweise die einzelnen Körper zeichnen*
- *mehrere Würfel zusammenfassen und dann aufteilen*
- *verdeckte Kanten gestrichelt ergänzen*

# Wiederholen für die Klassenarbeit

Lösungen auf Seite 207

**1** ≡ **Würfel und Quader**

a) Beschreibe einen Würfel durch seine Ecken, Kanten und Flächen.
b) Beschreibe einen Quader durch seine Ecken, Kanten und Flächen.
c) Gib die Unterschiede an.

**2** ≡ **Körperdetektiv**

Bestimme den Körper, der beschrieben wird.
a) Ich bin ein Körper und habe als Flächen nur Rechtecke.
b) Ich bin ein Körper und habe nur sechs Ecken.
c) Mein Netz besteht aus einem Quadrat und vier Dreiecken.
d) Ich bin ein Körper mit 12 gleich langen Kanten.

**3** ≡ **Quaderschnitte**

Ein Quader aus Knete ist 6 cm lang, 4 cm breit und 5 cm hoch. Aus diesem Quader soll mit einem Messer vorsichtig ein möglichst großer Würfel geschnitten werden.
a) Gib die Kantenlänge des Würfels an. Begründe.
b) Gib die Anzahl der benötigten Schnitte an.

**4** ≡ **Netze**

Gib das passende Netz an.

a) 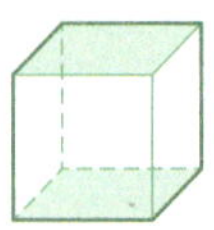
Ⓐ 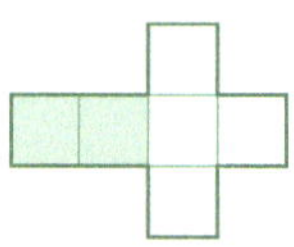
Ⓑ 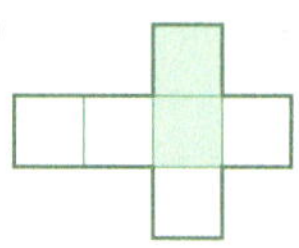
Ⓒ 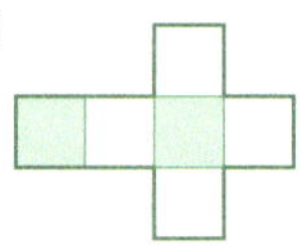

b) 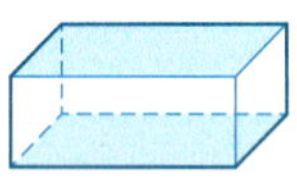
Ⓐ 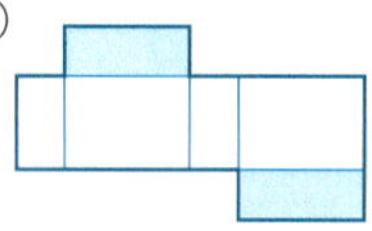
Ⓑ 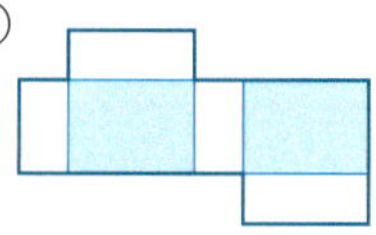
Ⓒ 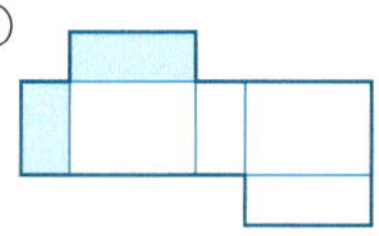

c) 
Ⓐ 
Ⓑ 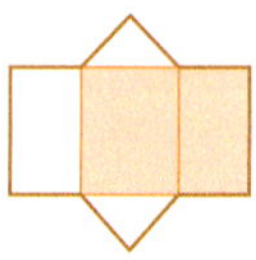
Ⓒ 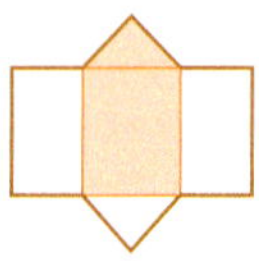

**5** ≡ **Quader zeichnen**

Zeichne das Schrägbild eines Quaders.
a) Länge 6 cm, Breite 4 cm, Höhe 3 cm
b) Länge 5 cm, Breite 6 cm, Höhe 2 cm
c) Länge 7 cm, Breite 4 cm, Höhe 4 cm
d) Länge 5 cm, Breite 3 cm, Höhe 1 cm

**6** ≡ **Schrägbild eines Quaders**

a) Übertrage das Schrägbild des Quaders in dein Heft und ergänze die verdeckten Kanten. Gib die Maße des Quaders in Zentimeter an. 1 cm entspricht zwei Kästchen.
b) Bestimme für diesen Quader die Länge des Drahts für ein Kantenmodell aus Draht.

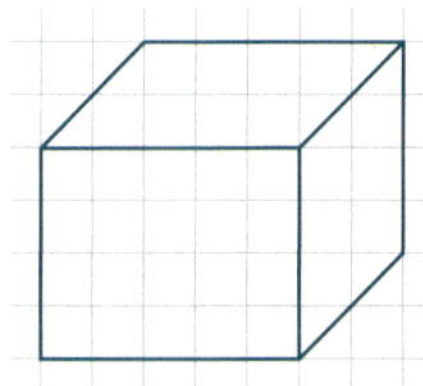

**7** ≡ **Geöffnete Schachtel**

Zeichne das Schrägbild der geöffneten Schachtel in dein Heft. Gib an, wie weit die Schachtel geöffnet ist. Begründe.

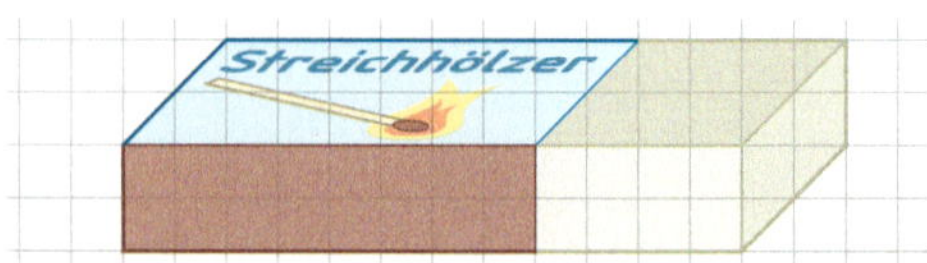

Lösungen auf Seite 208

### 8 ≡ Netze eines Körpers

Zeichne ein Netz des Körpers und beschrifte die Flächen mit den angegebenen Buchstaben.

a)

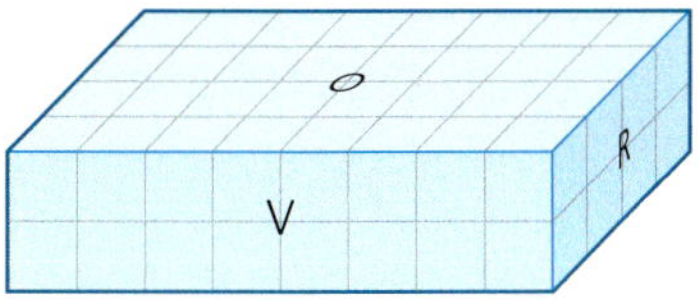


b)

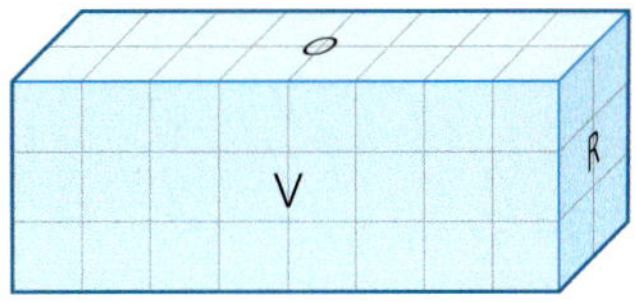


### 9 ≡ Merkwürdiger Würfel?

*„Ein Würfel hat sechs Flächen. Jede dieser Flächen ist ein Quadrat. Jedes Quadrat hat vier Seiten. Also hat ein Würfel $6 \cdot 4 = 24$ Kanten. Ich zähle aber immer nur 12 Kanten.“*

Wie kann das sein? Löse das Rätsel auf.

### 10 ≡ Spielwürfel

Abgebildet ist derselbe Würfel in drei verschiedenen Lagen. Beachte, dass die Summe der Augenzahlen auf den gegenüberliegenden Flächen 7 ergibt.

Zeichne die Schrägbilder in dein Heft und trage in die freie Fläche die passende Augenzahl ein.

Ergänze dazu das Netz des Würfels.

### 11 ≡ Spuren im Netz

Der Würfel wird in der Mitte durchgeschnitten.

Übertrage die beiden Netze in dein Heft (Kantenlänge des Würfels: 4 Kästchen).

Trage dann in die Netze die Schnittlinien ein.

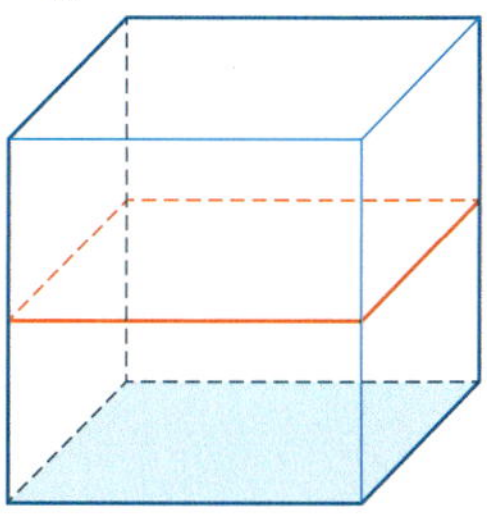

①

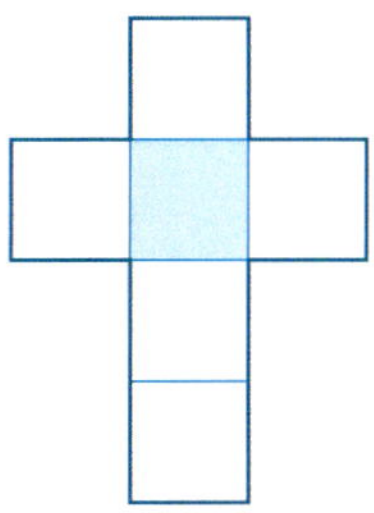

②

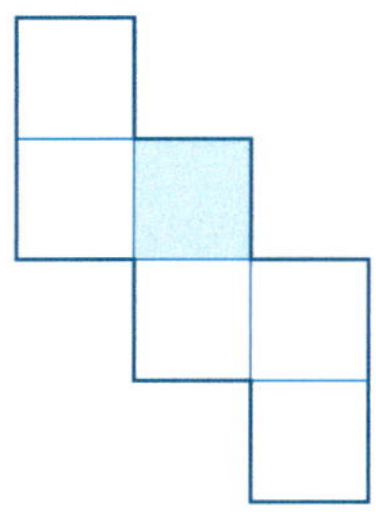

### 12 ≡ Vorstellungsvermögen

Gib an, welcher Körper aus dem Netz entsteht.

a)

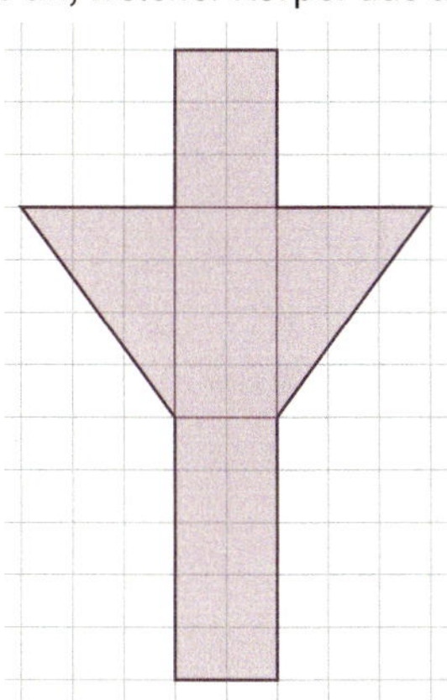

b)

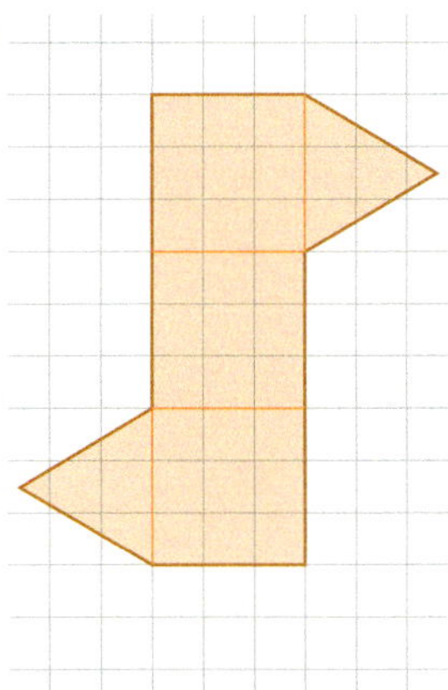

c)

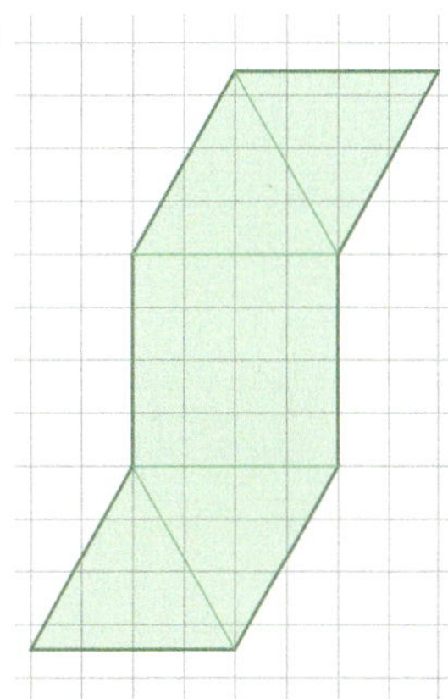

# 5 Rauminhalt von Körpern

Ein Zauberwürfel besteht aus einzelnen Steinen, sodass sich die einzelnen Lagen jeweils drehen lassen.
Ziel ist es, einheitlich Farben auf den Seitenflächen zu erreichen.
Bei Wettbewerben im sogenannten Speedcubing treten die Teilnehmer an, um einen Zauberwürfel möglichst schnell zu lösen. Einige Profis schaffen das in unter 10 Sekunden.
Aus wie vielen einzelnen Steinen besteht ein Zauberwürfel?

- **Wie kann man Rauminhalte berechnen?**
- **Wie viele Liter passen in einen Würfel mit der Kantenlänge 1 dm?**
- **Wie hoch ist der gesamte Wasserverbrauch zur Herstellung von 1 kg Rindfleisch?**

# 5.1 Rauminhalte messen

Jannik baut verschiedene Würfelgebäude.
- Für welches der beiden Gebäude benötigt er mehr Würfel?
- Wie viele Würfel müsste er ergänzen, damit ein großer Würfel entsteht?

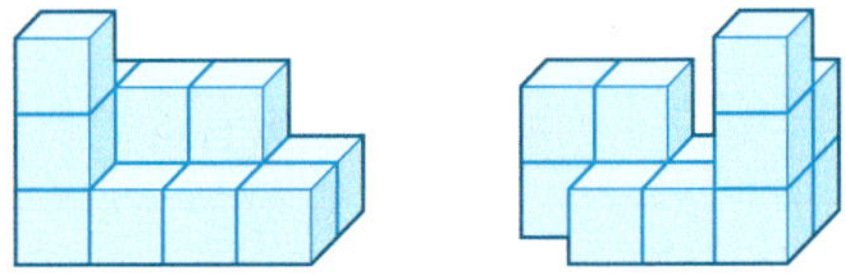

WES-137382-034

### Volumen eines Körpers

Ein Körper besitzt einen Rauminhalt.
Statt Rauminhalt sagt man auch **Volumen**.

Das Volumen eines Körpers kann durch Ausfüllen mit Einheitswürfeln der Kantenlänge 1 cm bestimmt werden.

Ein Einheitswürfel hat das Volumen **1 Kubikzentimeter**.
Schreibweise: $1\ \text{cm}^3$

Der Körper lässt sich mit 8 Einheitswürfeln ausfüllen.
Das Volumen des Körpers ist $8 \cdot 1\ \text{cm}^3$.
Volumen: $V = 8\ \text{cm}^3$

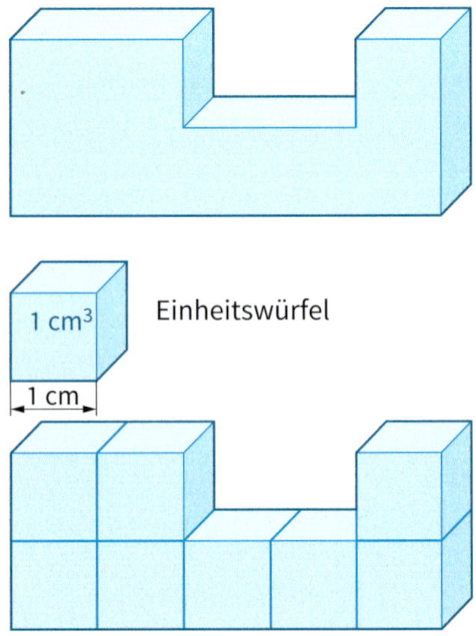


**1** Volumen von Körpern bestimmen

Bestimme das Volumen der Körper. Die kleinen Würfel haben eine Kantenlänge von 1 cm.

①
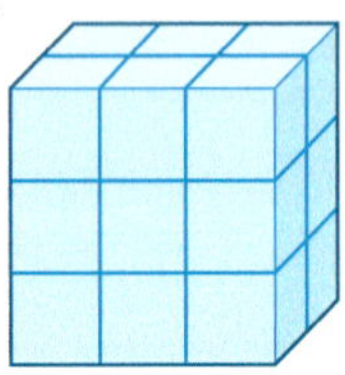
②
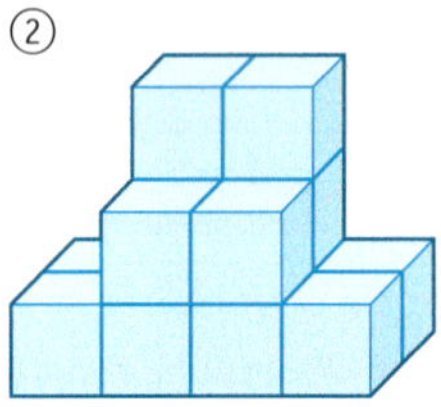
③
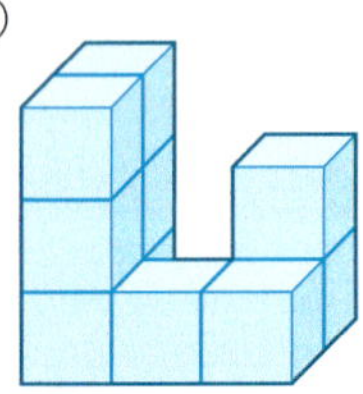
④
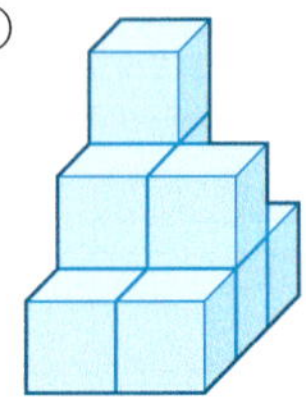

**2** Volumen und Anteile vom Volumen

a) Bestimme das Volumen der Körper.
b) Gib jeweils den Anteil an, den der grüne Körper am Gesamtkörper hat.

A
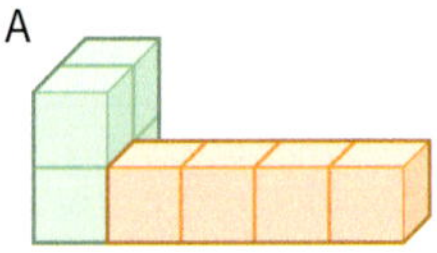
B
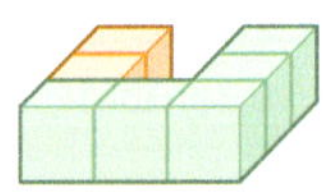

**3** Zum Quader ergänzen

①
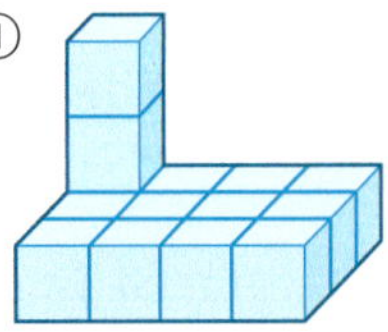
②
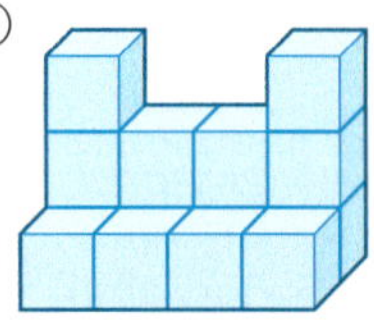
③
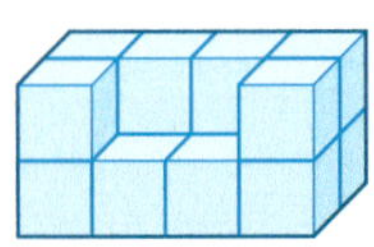
④
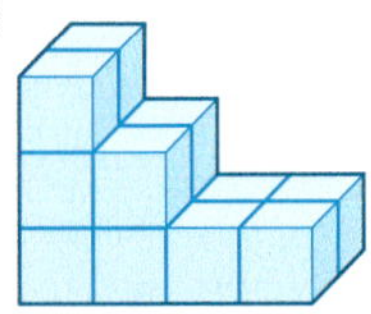

a) Alle kleinen Würfel haben die Kantenlänge 1 cm. Bestimme das Volumen der Körper.
b) Wie viele kleine Würfel musst du jeweils mindestens ergänzen, damit ein Quader entsteht? Gib auch das Volumen des Quaders an.

**4** ≡ **Volumen von Körpern**

Bestimme das Volumen des Körpers.

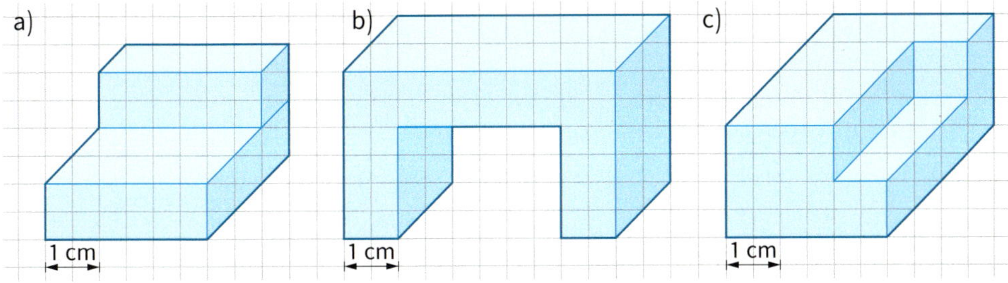


**5** ≡ Bestimme das Volumen des Körpers.

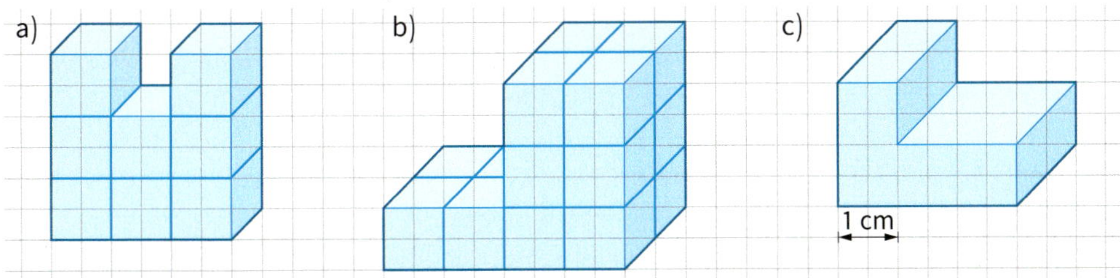


**Prüfe dich!**
Lösungen auf
Seite 209

**6** ≡ a) Die kleinen Würfel haben die Kantenlänge 1 cm. Bestimme das Volumen des Körpers.

b) Bestimme die Anzahl kleiner Würfel, die du mindestens ergänzen musst, damit ein Quader entsteht.

c) Gib den Anteil an, den der abgebildete Körper an diesem Quader hat.

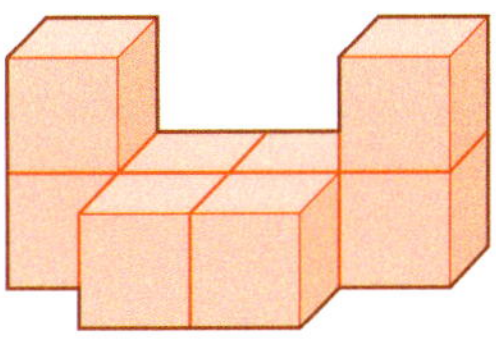

**7** ≡ **Volumen von Körpern vergleichen**

Untersuche, ob die Körper dasselbe Volumen haben. Zerlege geschickt und begründe.

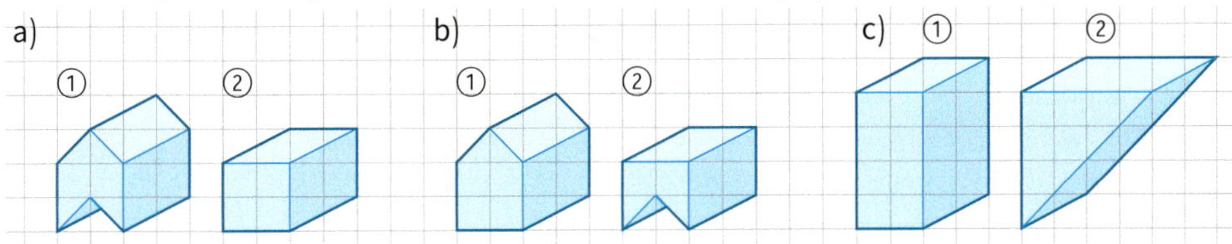


**8** ≡ **Körper zeichnen**

Zeichne das Schrägbild von vier verschiedenen Körpern, die ein Volumen von $6\,\text{cm}^3$ haben.

**Nachschlagen**
Schrägbild
Seite 95

**9** ≡ **Muster mit Würfeltürmen**

a) Gib das Volumen der abgebildeten Würfeltürme an. Jeder Würfel hat das Volumen $1\,\text{cm}^3$.

b) Bestimme das Volumen der nächsten drei Würfeltürme.

c) Bestimme das Volumen des 10. Würfelturms.

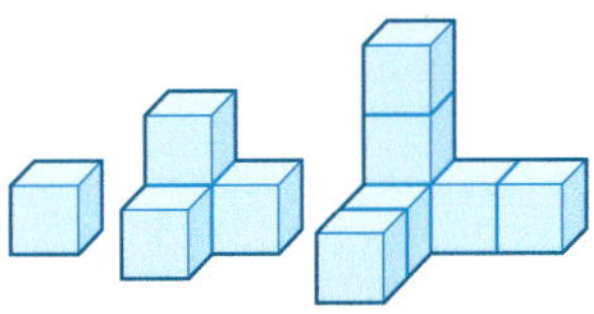

**10** ≡ **Würfelpyramide**

Die Würfelpyramide besteht aus acht „Etagen" und ist aus Würfeln mit der Kantenlänge 1 cm gebaut.

a) Bestimme das Volumen dieser Würfelpyramide.

b) Bestimme das Volumen einer Pyramide aus 15 „Etagen".

# Raumvorstellung

**1** **Würfelhaus betrachten**

Finn, Sophia, Ahmed und Lin haben auf dem Tisch ein Würfelhaus aufgebaut. Jedes Kind sieht das Würfelhaus von einer anderen Seite.

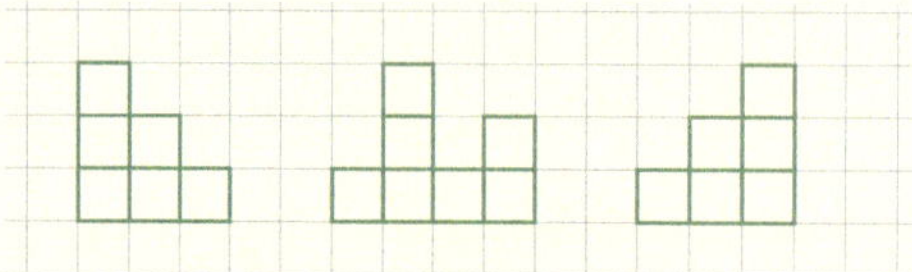

Welches Bild sieht welches Kind?
Ergänze das fehlende Bild im Heft.

**2** **Würfelhäuser von oben betrachten**

Jana hat die Würfelhäuser A bis F gebaut. Die Würfelhäuser werden nun von oben betrachtet. Dargestellt sind einige Ansichten von oben 1 bis 6.

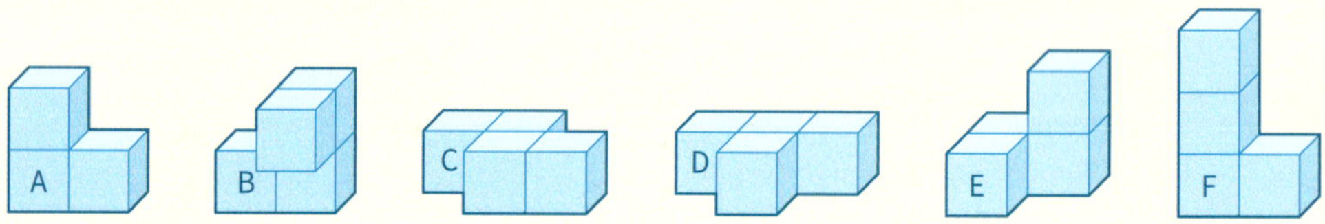


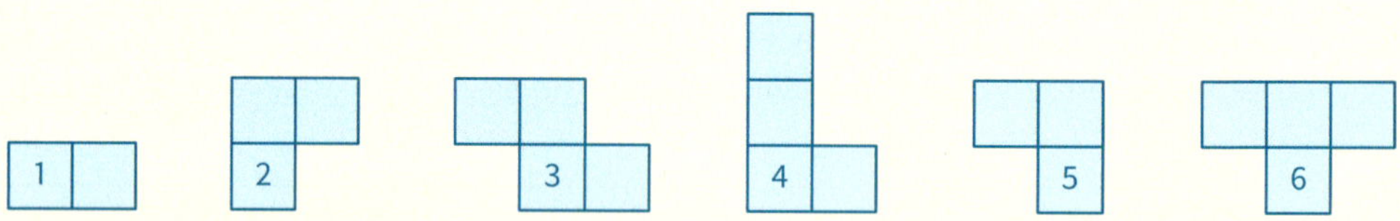


- Ordne den Würfelhäusern die Ansicht von oben zu.
- Für welche Ansicht ist kein Würfelhaus dargestellt? Zeichne ein mögliches Würfelhaus.

**3** **Würfelhäuser ergänzen**

Ergänze die Würfelhäuser im Kopf zu einem Quader.
Welche Länge, Breite und Höhe haben die Quader? Wie viele Würfel müssen ergänzt werden?
Wie viele Würfel müssen ergänzt werden, damit aus dem Würfelhaus ein Würfel entsteht?

a)

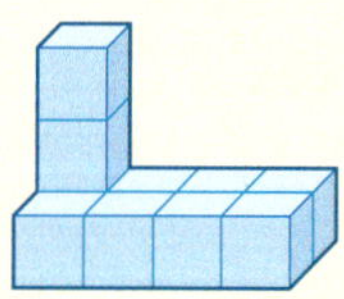

b)

c)

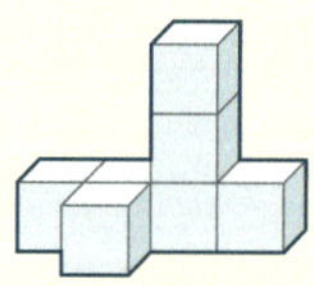

d)

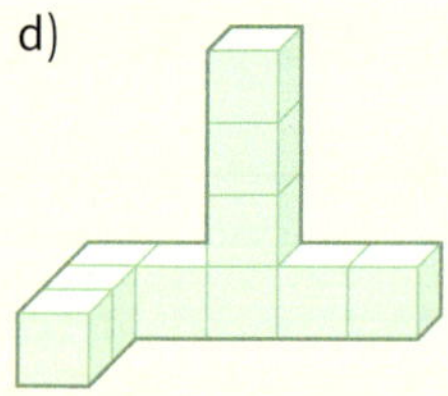

e)

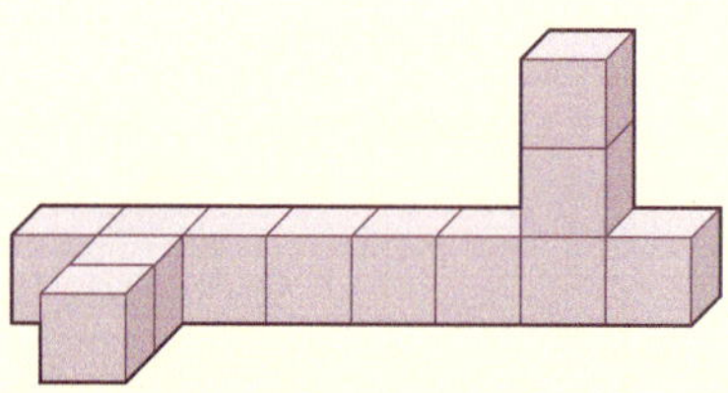

f)

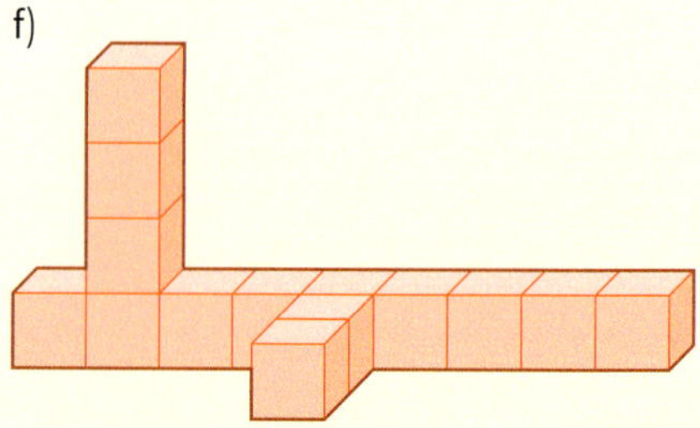

# Somawürfel

**1 Würfelteile**

Jan hat aus einer langen Holzstange Würfel abgesägt. Die Würfel hat er zu Würfelteilen zusammengeklebt, die alle „krumm“ sind.

- Wie viele einzelne Würfel hat Jan insgesamt zusammengeklebt?
- Jan behauptet, dass dies alle „krummen“ Möglichkeiten sind, wenn man höchstens vier Würfel zusammenklebt. Hat er recht?

**2 Bau der 7 Würfelteile**

Baue die sieben abgebildeten Würfelteile aus Aufgabe 1.
Achte darauf, dass die quadratischen Klebeflächen genau aufeinanderpassen.

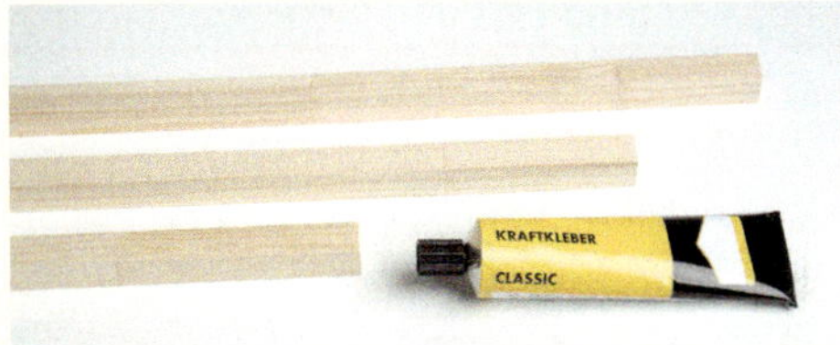


**3 Einfache Würfelhäuser bauen**

Setze die Körper aus den Würfelteilen zusammen.

a)

Hocker

b)
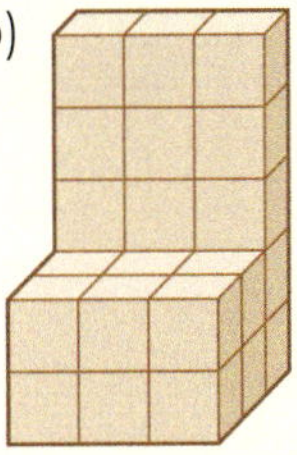
Stuhl

c)
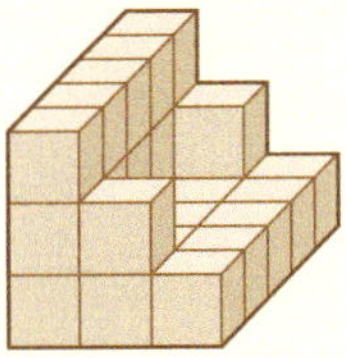
Sofa

d)
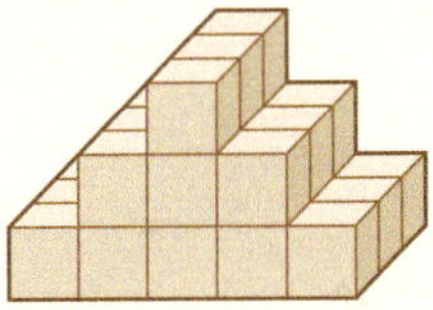
Treppe

**4 Somawürfel bauen**

Alle sieben Würfelteile lassen sich zu einem großen Würfel zusammensetzen. Dieser Würfel aus den sieben Teilen wird Somawürfel genannt. Insgesamt gibt es 240 verschiedene Möglichkeiten, den Würfel zu bauen.
Mit den beiden Darstellungen werden zwei Möglichkeiten gezeigt. Baue diese beiden Möglichkeiten nach. Findest du weitere Möglichkeiten?

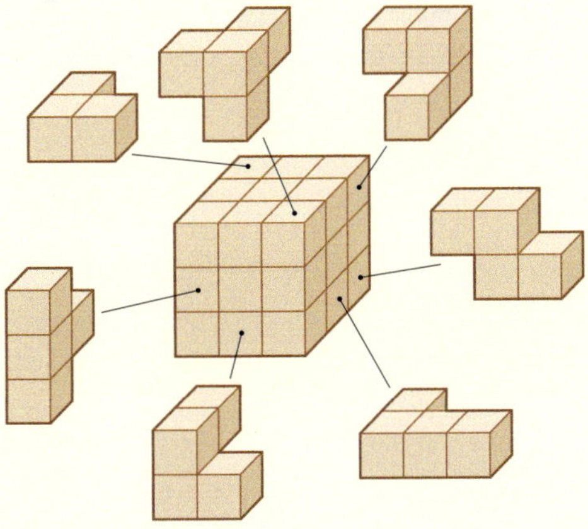

# 5.2 Volumeneinheiten

Der große Würfel hat die Kantenlänge 1 dm, die kleinen Würfel sind Einheitswürfel mit der Kantenlänge 1 cm.
Denisa und Axel wollen herausfinden, wie viele kleine Würfel in den großen Würfel hineinpassen.

- Betrachte das Bild und schätze, wie viele kleine Würfel den großen Würfel vollständig ausfüllen.
- Denisa hat bereits 197 kleine Würfel gestapelt. Wie viele Würfel fehlen noch?

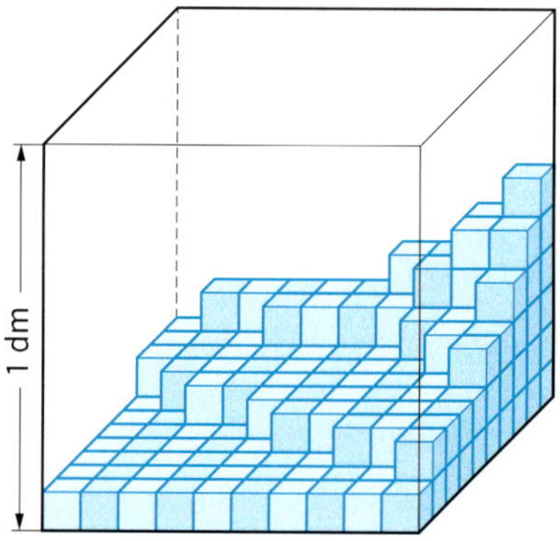


WES-137382-035

## Einheiten von Rauminhalten – Volumeneinheiten

| 1 Kubikmeter $1\,m^3$ | 1 Kubikdezimeter $1\,dm^3$ | 1 Kubikzentimeter $1\,cm^3$ | 1 Kubikmillimeter $1\,mm^3$ |
|---|---|---|---|
|  |  |  |  |
| Müllcontainer | Tetrapack | Spielwürfel | Stecknadelkopf |

## Volumeneinheiten umrechnen

Bei Volumeneinheiten ist die Umrechnungszahl 1000.

$1\,m^3 = 1000\,dm^3$ (· 1000 / : 1000)

$1\,dm^3 = 1000\,cm^3$ (· 1000 / : 1000)

$1\,cm^3 = 1000\,mm^3$ (· 1000 / : 1000)

In einen Würfel der nächstgrößeren Volumeneinheit passen 10 Lagen mit je 100 Würfeln der kleineren Volumeneinheit, also 1000 Würfel.

### Größere Einheit → kleinere Einheit

Die Maßzahl mit der Umrechnungszahl 1000 multiplizieren, die kleinere Einheit nutzen:

$8\,m^3 = 8000\,dm^3 = 8\,000\,000\,cm^3$ (· 1000, · 1000)

Wenn die Einheit kleiner wird, wird die Maßzahl größer.

### Kleinere Einheit → größere Einheit

Die Maßzahl durch die Umrechnungszahl 1000 dividieren, die größere Einheit nutzen:

$50\,000\,000\,mm^3 = 50\,000\,cm^3 = 50\,dm^3$ (: 1000, : 1000)

Wenn die Einheit größer wird, wird die Maßzahl kleiner.

**1** **Schätzen**

Schätze das Volumen. In welcher Einheit gibst du das Volumen an?

a) Milchtüte b) Handy c) Sandkasten d) Wolkenkratzer

## 2 Volumeneinheiten zuordnen

Welches Volumen gehört zu welchem Körper?

## 3 Umrechnen in die nächstkleinere Einheit

Rechne in die nächstkleinere Einheit um.

a) 18 dm³ b) 7 m³ c) 280 cm³ d) 88 dm³
e) 370 cm³ f) 1 m³ g) 10 dm³ h) 95 cm³

## 4 Umrechnen in die nächstgrößere Einheit

Rechne in die nächstgrößere Einheit um.

a) 25 000 cm³ b) 180 000 dm³ c) 7 300 000 mm³ d) 10 000 cm³
e) 3 600 000 dm³ f) 200 000 mm³ g) 568 000 cm³ h) 45 000 dm³

## 5 Volumen umrechnen

Rechne in die angegebene Einheit um.

a) 37 dm³ in cm³ b) 670 000 mm³ in cm³ c) 36 000 dm³ in cm³ d) 9 m³ in dm³
e) 48 m³ in cm³ f) 8 000 cm³ in dm³ g) 3 m³ in mm³ h) 96 000 000 cm³ in m³

---

**6** In welcher Einheit sollte das Volumen angegeben werden?

a) Zirkuszelt b) Erbse c) Rucksack d) Klassenraum

**Prüfe dich!**
Lösungen auf Seite 209

**7** Rechne in die angegebene Einheit um.

a) 6 dm³ in cm³ b) 20 000 dm³ in m³ c) 3 000 000 cm³ in m³ d) 99 dm³ in mm³

---

### Umrechnen mit der Einheitentabelle

In der Einheitentabelle können die Ziffern eines Volumens eingetragen werden.
Zum Ablesen in einer größeren oder kleineren Einheit gehe zum Einer der entsprechenden Einheit. Ergänze gegebenenfalls Nullen und ein Komma. Das Komma trennt die Einheiten.

| gegeben | m³ | | | dm³ | | | cm³ | | | mm³ | | | größere Einheit | kleinere Einheit |
|---|---|---|---|---|---|---|---|---|---|---|---|---|---|---|
| | H | Z | E | H | Z | E | H | Z | E | H | Z | E | | |
| 500 dm³ | | | 0 | 5 | 0 | 0 | 0 | 0 | 0 | | | | 0,5 m³ | 500 000 cm³ |
| 84 cm³ | | | | | | 0 | 0 | 8 | 4 | 0 | 0 | 0 | 0,084 dm³ | 84 000 mm³ |
| 9,7 dm³ | | | 0 | 0 | 0 | 9 | 7 | 0 | 0 | | | | 0,0097 m³ | 9700 cm³ |
| 0,04 m³ | | | 0 | 0 | 4 | 0 | | | | | | | | 40 dm³ |

## 8 Volumen mit Komma schreiben

Gib das Volumen in der nächstgrößeren Einheit mit Komma an.

a) 571 cm³ b) 4271 dm³ c) 87 654 mm³ d) 26 dm³
e) 8 cm³ f) 204 mm³ g) 9613 dm³ h) 100 004 cm³

**Nachschlagen**
Komma-verschiebung
Seite 70

### 9 Volumen ohne Komma schreiben

Gib das Volumen in der nächstkleineren Einheit ohne Komma an.

a) $5{,}841\,\text{cm}^3$  b) $42{,}93\,\text{dm}^3$  c) $871{,}623\,\text{m}^3$  d) $0{,}26\,\text{dm}^3$
e) $0{,}8\,\text{m}^3$  f) $2{,}04\,\text{cm}^3$  g) $561{,}3\,\text{dm}^3$  h) $10{,}04\,\text{cm}^3$

### 10 Aufteilen in gemischte Einheiten

Gib das Volumen in gemischten Einheiten an.

a) $7428\,\text{cm}^3$  b) $91\,304\,\text{dm}^3$  c) $1008\,\text{mm}^3$
d) $680\,700\,\text{dm}^3$  e) $99\,099\,\text{mm}^3$  f) $300\,030\,\text{cm}^3$

**Gemischte Einheiten**
$3591\,\text{dm}^3$
$= 3{,}591\,\text{m}^3$
$= 3\,\text{m}^3\,591\,\text{dm}^3$

### 11 Gemischte Einheiten

Gib das Volumen in der größeren und in der kleineren Einheit an.

a) $3\,\text{m}^3\,234\,\text{dm}^3$  b) $15\,\text{dm}^3\,289\,\text{cm}^3$  c) $6\,\text{cm}^3\,315\,\text{mm}^3$  d) $50\,\text{dm}^3\,200\,\text{cm}^3$
e) $35\,\text{m}^3\,70\,\text{dm}^3$  f) $80\,\text{cm}^3\,5\,\text{mm}^3$  g) $5\,\text{dm}^3\,50\,\text{cm}^3$  h) $300\,\text{m}^3\,54\,\text{dm}^3$
i) $1\,\text{m}^3\,100\,\text{dm}^3$  j) $2\,\text{dm}^3\,300\,\text{mm}^3$  k) $90\,\text{cm}^3\,9\,\text{mm}^3$  l) $40\,\text{dm}^3\,3500\,\text{cm}^3$

### 12 Gemischte Einheiten und Kommaschreibweise

Gib das Volumen in gemischten Einheiten und mit Komma in der nächstgrößeren Einheit an.

a) $3146\,\text{dm}^3$  b) $2590\,\text{cm}^3$  c) $26\,500\,\text{mm}^3$  d) $87\,064\,\text{dm}^3$
e) $9005\,\text{mm}^3$  f) $260\,735\,\text{cm}^3$  g) $80\,808\,\text{cm}^3$  h) $123\,456\,\text{dm}^3$

---

**Prüfe dich!**
Lösungen auf
Seite 209

**13** Gib das Volumen in gemischten Einheiten an.

a) $6427\,\text{dm}^3$  b) $376\,104\,\text{cm}^3$  c) $1001\,\text{dm}^3$  d) $260\,045\,\text{dm}^3$

**14** Gib das Volumen in der größeren und in der kleineren Einheit an.

a) $8\,\text{m}^3\,429\,\text{dm}^3$  b) $3\,\text{dm}^3\,21\,\text{cm}^3$  c) $10\,\text{m}^3\,7\,\text{dm}^3$  d) $100\,\text{dm}^3\,10\,\text{cm}^3$

---

### 15 Fehlersuche

Prüfe Tinas Hausaufgaben. Wo steckt der Fehler? Erkläre und korrigiere die Aufgaben.

*a) $8\,\text{m}^3 = 8000\,\text{cm}^3$*  *b) $7000\,\text{dm}^3 = 7\,\text{cm}^3$*
*c) $23{,}4\,\text{cm}^3 = 2340\,\text{mm}^3$*  *d) $7\,\text{m}^3\,5\,\text{dm}^3 = 7{,}5\,\text{m}^3$*
*e) $8{,}57\,\text{cm}^3 = 85\,700\,\text{mm}^3$*  *f) $3497\,\text{dm}^3 = 3\,\text{dm}^3\,497\,\text{cm}^3$*

**Nachschlagen**
Runden
Seite 66, 174

### 16 Runden

a) Runde auf ganze $\text{m}^3$: $2347\,\text{dm}^3$  $45\,790\,\text{dm}^3$  $1299\,\text{dm}^3$  $564\,348\,481\,\text{cm}^3$  $28{,}48\,\text{m}^3$
b) Runde auf ganze $\text{cm}^3$: $52\,510\,\text{mm}^3$  $3{,}5022\,\text{cm}^3$  $763\,\text{mm}^3$  $99{,}74\,\text{cm}^3$  $1\,001\,001\,\text{mm}^3$
c) Nenne jeweils drei Volumina, die das gerundete Ergebnis haben:
(1) $4\,\text{cm}^3$  (2) $80\,\text{mm}^3$  (3) $7{,}3\,\text{dm}^3$  (4) $0{,}2\,\text{m}^3$

### 17 Rechnen mit Volumina

a) $70\,\text{m}^3 + 345\,\text{m}^3$  b) $702\,\text{dm}^3 - 54\,\text{dm}^3$  c) $3\,\text{m}^3 + 72\,000\,\text{cm}^3$  d) $50\,\text{dm}^3 - 50\,\text{cm}^3$
e) $3{,}8\,\text{dm}^3 + 20\,\text{cm}^3$  f) $6\,\text{dm}^3 - 500\,\text{cm}^3$  g) $75\,\text{cm}^3 \cdot 5$  h) $144\,\text{m}^3 : 6$
i) $12{,}5\,\text{m}^3 : 25$  j) $13\,\text{dm}^3 \cdot 27$  k) $250\,\text{cm}^3 \cdot 8$  l) $80\,\text{m}^3 : 4\,\text{m}^3$

### 18 Volumen und Masse

$1\,\text{cm}^3$ Styropor wiegt 30 mg, $1\,\text{cm}^3$ Kork ist 0,23 g schwer.

a) Berechne, ob du $1\,\text{m}^3$ Styropor oder $1\,\text{m}^3$ Kork tragen kannst.
b) Gib die Maße eines mit Kork gefüllten Kartons an, den du noch tragen könntest.

# 5.3 Volumen von Flüssigkeiten

Frau Wolf hat den 1-dm-Würfel aus der letzten Mathestunde mitgebracht. Die 1-Liter-Flasche ist vollgefüllt mit Wasser und Frau Wolf fragt die Schülerinnen und Schüler ihrer Klasse 6 c, wie viel Wasser sie in den Würfel umfüllen kann. Manche schätzen, die halbe Flasche, andere glauben, dass alles hineinpasst. Was meinst du?

### Einheiten von Flüssigkeiten

Das Volumen von Flüssigkeiten wird oft in Liter (l) oder Milliliter (ml) angegeben. Die Menge der Flüssigkeit, die in einen Würfel mit der Kantenlänge 10 cm passt, wird 1 Liter genannt.

**1 Liter** entspricht dem Volumen 1 $dm^3$.

· 1000

1 l = 1000 ml

: 1000

**1 Milliliter** entspricht dem Volumen 1 $cm^3$.

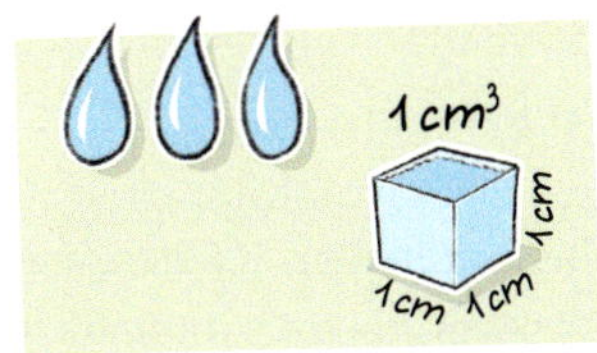


In 1 Liter passen 1000 Milliliter. Die Umrechnungszahl ist 1000.

WES-137382-036

**In Milliliter (ml) umrechnen**

8 l = 8000 ml
0,3 l = 300 ml
5 $dm^3$ = 5 l = 5000 ml

**In Liter (l) umrechnen**

5000 ml = 5 l
750 ml = 0,75 l
20 000 $cm^3$ = 20 $dm^3$ = 20 l

**1 Umrechnen**

Rechne in die angegebene Einheit um.

a) 6 l in ml b) 350 l in ml c) 69 000 ml in l d) 100 000 ml in l
e) 8,4 l in ml f) 280 ml in l g) 0,045 l in ml h) 65 ml in l
i) 80 l in $dm^3$ j) 9 ml in $cm^3$ k) 7000 $cm^3$ in l l) 3,5 $dm^3$ in ml

**2 Gemischte Einheiten**

Schreibe gemischt in Liter und Milliliter und anschließend in Liter mit Komma.

a) 67 800 ml b) 905 600 ml c) 380 004 ml d) 6 900 050 ml

**3 Ordnen**

Ordne der Größe nach. Beginne mit dem größten Volumen.

a) 8 600 $dm^3$ 840 000 ml 806 l 8000 $cm^3$ 8,25 $m^3$
b) 450 000 $cm^3$ 540 l 50 000 ml 550 $dm^3$ 0,58 $m^3$

**Prüfe dich!**
Lösungen auf Seite 209

**4** Rechne in die angegebene Einheit um.

a) 56 l in ml b) 2,5 l in ml c) 180 000 ml in l d) 100 ml in l
e) 0,8 l in $cm^3$ f) 10 l in $dm^3$ g) 830 $cm^3$ in l h) 150 000 l in $m^3$

**5** Ordne der Größe nach. Beginne mit dem kleinsten Volumen.

a) 900 ml 1,1 l 1050 $cm^3$ 1,5 $dm^3$ b) 990 ml 1 l 0,9 $dm^3$ 950 $cm^3$

**6** ≡ **Leitungswasser**

Paul trinkt pro Tag etwa zwei Liter Wasser. Eine Literflasche stilles Wasser kostet in seinem Supermarkt etwa 0,60 €. Das Leitungswasser kostet 2 € pro Kubikmeter.

a) Berechne, wie viel Paul in einem Jahr sparen kann, wenn er Leitungswasser statt des gekauften Wassers in Flaschen trinkt.

b) Überlege dir, welche weiteren Gründe für Leitungswasser sprechen.

**7** ≡ **Wasserwagen**

Für seine Tiere stellt Bauer Pfefferle einen Wasserwagen als Tränke auf seine Weide. Der Wasserwagen hat ein Fassungsvermögen von 5 $m^3$. Zum Auffüllen kann er einen Gartenschlauch nutzen, bei dem 20 Liter Wasser pro Minute fließen. Wenn er einen dickeren Schlauch verwendet, so fließen 125 Liter Wasser in der Minute.
Berechne, wie viel Zeit Bauer Pfefferle spart, wenn er den dickeren Schlauch nutzt.

**8** ≡ **Wasserverbrauch**

Ein Kubikmeter Trinkwasser kostet etwa 2 €. Zusätzlich sind pro Kubikmeter 3,50 € Abwassergebühren zu zahlen. Schätze, wie viel Liter Wasser du täglich benötigst. Überschlage, wie viel dein Wasserverbrauch monatlich kostet.

### Virtueller Wasserverbrauch

In Deutschland verbrauchen wir im Durchschnitt täglich ungefähr 125 Liter Trinkwasser pro Person. Etwa 5 Liter davon verwenden wir für trinken und essen, 120 Liter für sanitäre Zwecke wie z.B. duschen, Wäsche waschen oder die Toilettenspülung.

Aber indirekt verbrauchen wir noch viel mehr Wasser. Denn für die Herstellung von fast allen Produkten, die wir im Alltag benutzen, wurde Wasser verwendet. So steckt in einem T-Shirt auch der Wasserverbrauch für das Bewässern der Baumwollfelder, für die Reinigung der Baumwolle oder für das Färben der Stoffe.
Der gesamte Wasserverbrauch für einen Produktionsprozess wird als virtueller Wasserverbrauch bezeichnet. Er unterscheidet zwischen drei Arten von Wasser:

- Grünes Wasser: Regenwasser, das zur Bewässerung der Pflanzen genutzt wird.
- Blaues Wasser: Grundwasservorkommen zur Bewässerung von Feldern, z. B. aus Brunnen.
- Braunes Wasser: verschmutztes Wasser, das durch die Produktion entsteht.

In Deutschland beläuft sich der virtuelle Wasserverbrauch auf knapp 4000 Liter pro Person und Tag. Maximal die Hälfte davon stammt aus deutschen Wasservorräten, die andere Hälfte verbrauchen wir indirekt in anderen Ländern, in denen teilweise Wasserknappheit herrscht. Der virtuelle Wasserverbrauch variiert je nach Lebensmittel erheblich.

**9** ≡ **27 Liter in einem Glas Tee**

a) Erkläre, was mit der Überschrift gemeint ist: Wie passen 27 Liter Wasser in ein Glas Tee?

b) In Deutschland gibt es aktuell keinen Mangel an sauberem Trinkwasser. Erkläre, warum es trotzdem wichtig ist, den virtuellen Wasserverbrauch zu senken.

c) Berechne den virtuellen Wasserverbrauch für ein Käsebrot. Recherchiere dazu den virtuellen Wasserverbrauch der benötigten Lebensmittel.

# 5.4 Volumen eines Quaders

Sarah will ihrer Freundin Lea einen Karton mit Keksen schicken. Sie hat zwei Kartons zur Auswahl. In welchen Karton passt mehr hinein?

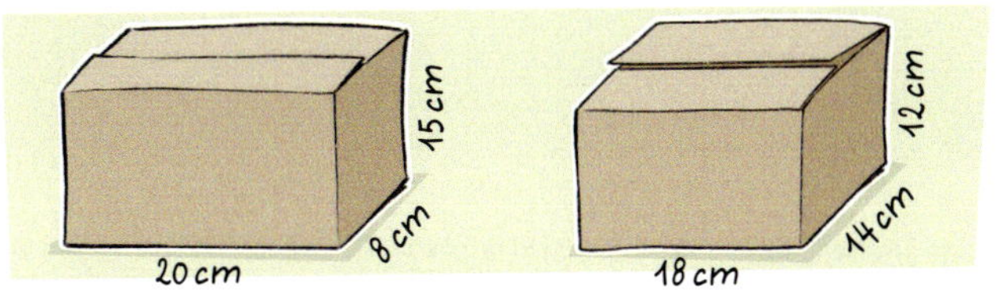


## Volumen eines Quaders

In einen Quader mit den Kantenlängen 5 cm, 4 cm und 3 cm passen $5 \cdot 4 \cdot 3 = 60$ Einheitswürfel mit dem Volumen $1\,cm^3$.
Der Quader hat das Volumen $V = 60\,cm^3$.

Für das Volumen eines Quaders mit den Kantenlängen a, b und c gilt:
„Volumen = Länge mal Breite mal Höhe“
**Volumen: $V = a \cdot b \cdot c$**
$V = 5\,cm \cdot 4\,cm \cdot 3\,cm = 60\,cm^3$

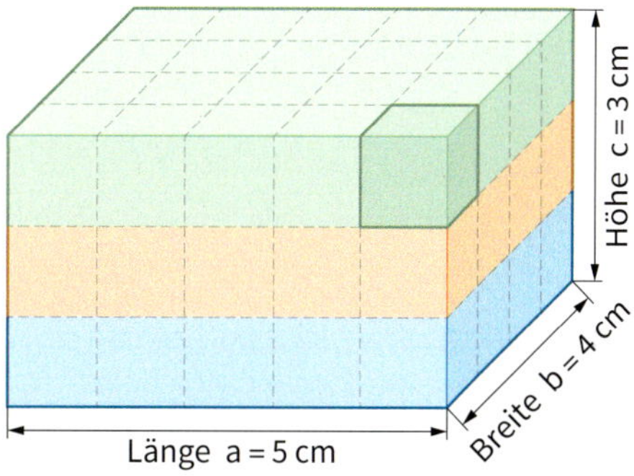


WES-137382-037

## Volumen eines Quaders berechnen

Berechne das Volumen des Quaders mit den Kantenlängen $a = 40\,mm$, $b = 0{,}3\,dm$, $c = 2\,cm$.

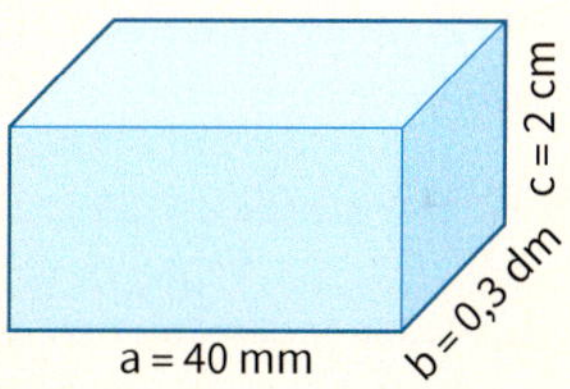


**Lösung**
Rechne zuerst die Kantenlängen in die gleiche Einheit um:
$a = 40\,mm = 4\,cm$, $b = 0{,}3\,dm = 3\,cm$, $c = 2\,cm$
Volumen: $V = a \cdot b \cdot c = 4\,cm \cdot 3\,cm \cdot 2\,cm = 24\,cm^3$

**1** ≡ **Quadervolumen**
Berechne das Volumen des Quaders.

a)
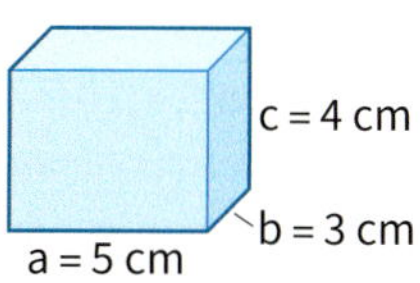


b)
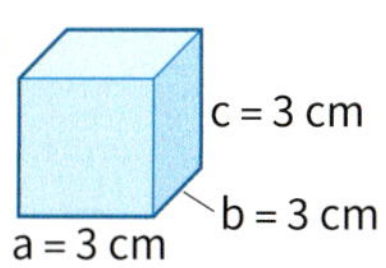


c)
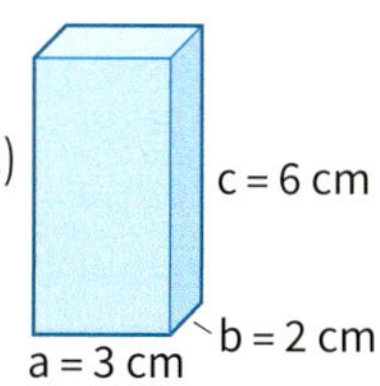


d)
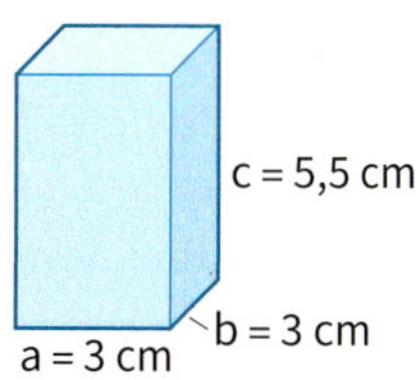

**2** ≡ **Volumen von Quadern berechnen**
Berechne das Volumen des Quaders mit den gegebenen Längen.

a) $a = 3\,cm$, $b = 9\,cm$, $c = 2\,cm$
b) $a = 1\,cm$, $b = 5\,cm$, $c = 12\,cm$
c) $a = 5\,cm$, $b = 3\,cm$, $c = 77\,mm$
d) $a = 10\,cm$, $b = 20\,cm$, $c = 6\,dm$
e) $a = 90\,mm$, $b = 9\,cm$, $c = 0{,}2\,dm$
f) $a = 4\,cm$, $b = 0{,}4\,dm$, $c = 44\,mm$

**3** ≡ **Großer Quader**
Berechne das Volumen des Quaders.
Gib das Volumen in Kubikmeter ($m^3$) und in Kubikdezimeter ($dm^3$) an.

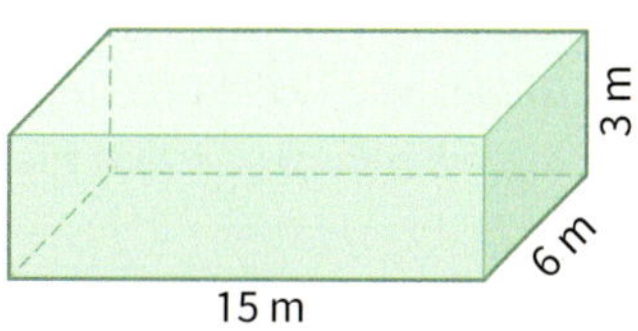

**4 Baukosten**

Frau Müller will ein Nullenergiehaus bauen. Der Architekt geht davon aus, dass die Kosten 380 € pro Kubikmeter betragen. Das Haus ist 18 m lang, 12 m breit und 3 m hoch. Berechne die Baukosten für das Nullenergiehaus.

**5 Graben**

Um neue Abwasserrohre legen zu können, müssen die Stadtwerke einen Graben ausheben. Der Graben ist 800 m lang, 2 m breit und 5 m tief. Wie viel Erde muss ausgehoben werden?

**6 Volumen eines Würfels**

Berechne das Volumen des Würfels.

a) $a = 20\,cm$ b) $a = 2{,}5\,cm$ c) 4,5 cm
d) $a = 5\,cm$ e) $a = 3\,cm$ f) 0,4 m
g) $a = 40\,cm$ h) $a = 6{,}3\,m$ i) 50 dm

**Formel für das Würfelvolumen**

$V = a \cdot a \cdot a = a^3$

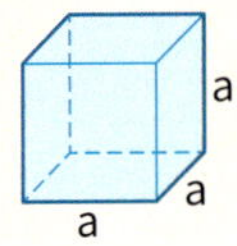


**7 Kann das sein?**

a) Simon hat für sein Zimmer ein Volumen von $30{,}2\,m^3$ berechnet.
b) Laura hat für das Badezimmer ein Volumen von $15\,000\,000\,mm^3$ berechnet.

**8 Schrägbilder und Volumen von Quadern**

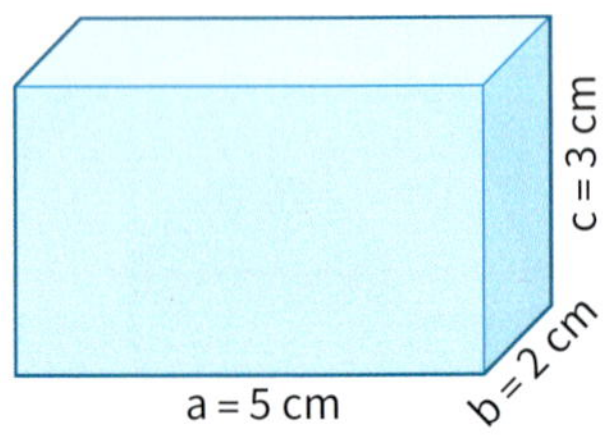


a) Verdoppele die Kantenlänge a und zeichne das Schrägbild des Quaders. Wie ändert sich das Volumen dieses Quaders?
b) Verdoppele die Kantenlänge c und zeichne das Schrägbild des Quaders. Wie ändert sich das Volumen dieses Quaders?
c) Verdoppele die Kantenlängen a, b und c. Zeichne dann das Schrägbild des Quaders. Wie ändert sich das Volumen dieses Quaders?

**Vorbereiten**
Wie viele?
Seite 183

**9 Quader stapeln**

In einer kleinen Kiste mit den Maßen 10 cm × 5 cm × 4 cm sollen Quader gestapelt werden. Die Quader sind 3 cm lang, 2 cm breit und 1 cm hoch. Wie viele Quader passen in die Kiste? Gib an, wie die Quader gestapelt werden können. Probiere verschiedene Möglichkeiten.

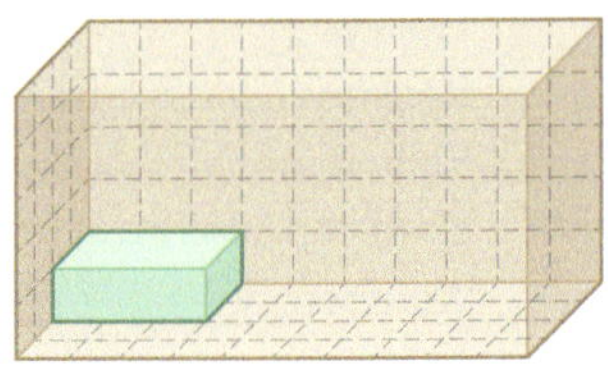

**10 Umzugskartons stapeln**

Familie Beyer möchte umziehen.

a) Ein Umzugskarton hat die Kantenlängen 67 cm, 35 cm, 35 cm. Gib sein Volumen an.
b) Der gemietete Kleintransporter hat einen Laderaum von ca. 1,68 m Breite, 4,20 m Länge und 1,85 m Höhe. Lea behauptet: *„Da passen bestimmt mehr als 160 Kartons hinein!"* Entscheide, ob sie Recht hat.
c) Wie viele Kartons passen maximal in den Transporter? Wie muss gestapelt werden?

---

**Prüfe dich!**
Lösungen auf
Seite 209

**11** Berechne das Volumen des Quaders.

a) $a = 7\,cm$; $b = 4\,cm$; $c = 3\,cm$ b) $a = 30\,mm$; $b = 0{,}5\,dm$; $c = 2\,cm$

**12** Eine Lagerhalle ist 30 m lang, 22 m breit und 4 m hoch. Bestimme, wie viele Container untergebracht werden können, wenn ein Container 6 m lang, 2,50 m breit und 3 m hoch ist.

**13** a) Gib an, wie sich das Volumen eines Quaders ändert, wenn man eine Kantenlänge halbiert.
b) In einem Würfel werden alle Kantenlängen halbiert. Beschreibe die Änderung des Volumens.

---

**14** ≡ **Reihenhäuser**

Vorbereiten
Typische Fragen
Seite 183

Mehrere nebeneinanderliegende Reihenhäuser bilden zusammen eine Reihenhauskette. In der Regel sind Reihenhäuser gleich groß.

a) Für eine Reihenhauskette aus 6 Häusern ist das Gesamtvolumen mit insgesamt $2700\,m^3$ angegeben.
Wie groß ist jedes einzelne Haus?

**Volumen und Anzahl**
Dividierst du ein Volumen durch eine Anzahl, so erhältst du ein Volumen:
$400\,cm^3 : 8 = 50\,cm^3$
Dividierst du ein Volumen durch ein Volumen, so erhältst du eine Anzahl:
$400\,cm^3 : 50\,cm^3 = 8$

b) Eine neue Reihenhauskette soll ein Gesamtvolumen von $4400\,m^3$ haben. Für ein Reihenhaus ist ein Volumen von $550\,m^3$ geplant. Wie viele Reihenhäuser können entstehen?

**15** ≡ **Wasserbehälter**

a) Im Garten von Familie Hamm steht ein quaderförmiger Behälter, in dem das Regenwasser aufgefangen wird. Der Behälter ist 1,40 m lang, 1 m breit und 80 cm hoch. Der Behälter ist randvoll gefüllt. Berechne die Anzahl Wassereimer, die Frau Hamm abfüllen kann, wenn in einen Wassereimer 10 l hineinpassen.

b) Zum Verlegen eines Wasserrohres wird eine Grube von 5 m Tiefe, 80 cm Breite und 60 m Länge ausgehoben. Zum Abtransport der Erde fährt ein Lkw, der $50\,m^3$ Erde laden kann. Berechne die Anzahl Fahrten, die der Lkw machen muss.

**16** ≡ **Fehlende Größen**

a) Ein 8 cm hoher Quader hat ein Volumen von $160\,cm^3$. Berechne den Flächeninhalt der Grundfläche.

b) Ein Quader hat ein Volumen von $48\,cm^3$.
Er ist 3 cm lang und 4 cm breit.
Berechne die Höhe des Quaders.

c) Ein 4 cm hoher Quader mit quadratischer Grundfläche hat ein Volumen von $25\,cm^3$.
Berechne die weiteren Kantenlängen.

**Vom Volumen zum Flächeninhalt**
Gegeben: $V = 18\,cm^3$; $c = 3\,cm$
Gesucht: Grundfläche A
$18\,cm^3 = a \cdot b \cdot 3\,cm = A \cdot 3\,cm$
$A = 18\,cm^3 : 3\,cm = 6\,cm^2$

**Vom Volumen zur Kantenlänge**
Gegeben: $V = 20\,cm^3$, $a = 2\,cm$, $b = 5\,cm$
Gesucht: Kantenlänge c
$c = 20\,cm^3 : (2\,cm \cdot 5\,cm) = 2\,cm$

WES-137382-038

**17** ≡ **Fehlende Größen im Quader gesucht**

Länge, Breite, Höhe, Grundfläche, Volumen. Bestimme die fehlenden Größen.

a) $a = 8\,dm$, $b = 6\,dm$, $c = 1\,m$
b) $a = 15\,cm$, $b = 8\,cm$, $V = 1440\,cm^3$
c) $b = 60\,mm$, $c = 70\,mm$, $A = 2100\,mm^2$
d) $a = 25\,dm$, $A = 500\,dm^2$, $V = 5500\,dm^3$

**18** ≡ **Grundfläche und Volumen**

a) Ein quaderförmiges Aquarium hat eine Grundfläche von $500\,cm^2$ und ist 50 cm hoch. Berechne das Volumen des Aquariums. Wie viel Liter Wasser kann man höchstens einfüllen?

b) Ein anderes ebenfalls quaderförmiges Aquarium ist mit 25 l Wasser randvoll gefüllt.
Es ist 40 cm hoch. Berechne die Größe der Grundfläche.

---

**19** ≡ Berechne die Höhe des Quaders mit $V = 900\,cm^3$ und der Grundfläche $A = 60\,cm^2$.

**Prüfe dich!**
Lösungen auf
Seite 209

**20** ≡ Mike hat ein 40 cm hohes Aquarium randvoll mit Wasser gefüllt. Dazu hat er 126 l Wasser benötigt. Berechne die Größe der Grundfläche von Mikes Aquarium.

---

**21** ≡ **Schwimmbecken**

Ein Schwimmbecken ist 25 m lang, 8 m breit und 2 m tief.
Das Becken wird mit einem Schlauch aufgefüllt, der pro Minute 50 Liter ausschüttet.
Wie lange dauert es, bis das Schwimmbecken bis 20 cm unter der oberen Kante gefüllt ist?

# 5.5 Zusammengesetzte Körper

Bestimme das Volumen des Hauses auf zweierlei Weise.

- Zerlege das Haus in zwei Quader. Addiere die beiden Volumina.
- Ergänze das Haus zu einem Quader. Subtrahiere vom Volumen des Gesamtquaders das Volumen der „leeren Ecke“.

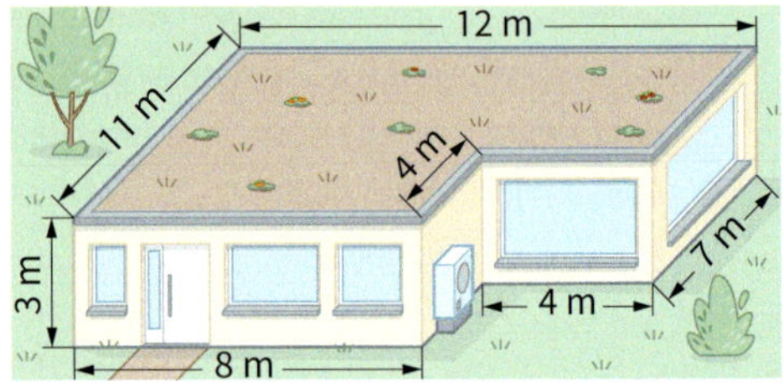


WES-137382-039

## Strategien zum Berechnen des Volumens zusammengesetzter Körper

**Zerlegen und addieren**

Man zerlegt den Körper in geeignete Quader. Dann berechnet man die Volumina der einzelnen Quader und addiert diese.

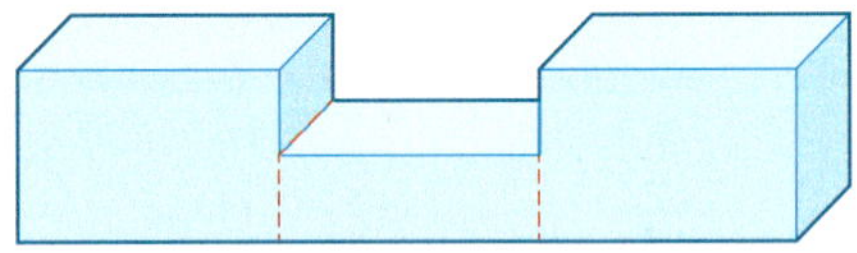

**Ergänzen und subtrahieren**

Man ergänzt den Körper zu einem Quader. Dann berechnet man das Volumen des Gesamtquaders und subtrahiert davon das Volumen des ergänzten kleinen Quaders.

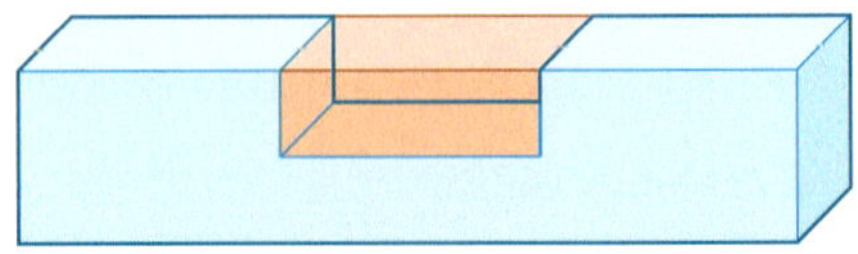

### 1 Zusammengesetze Körper

Bestimme das Volumen des abgebildeten Körpers mit einer der beiden Strategien.

a)

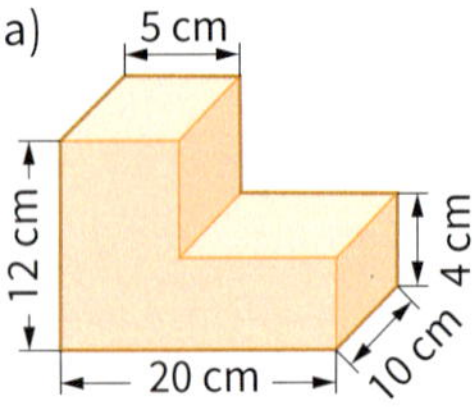


b)

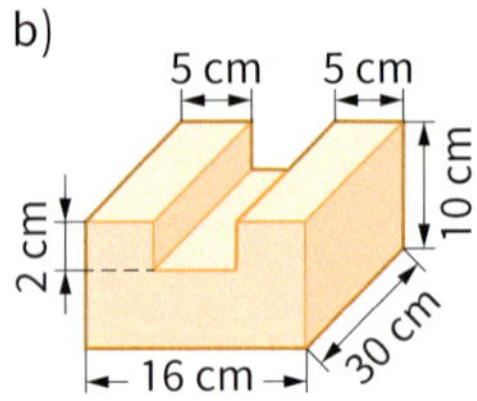


c)

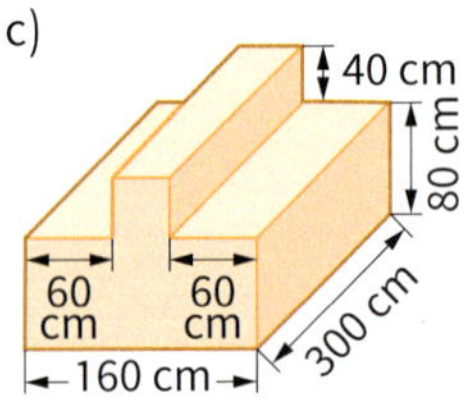


d)

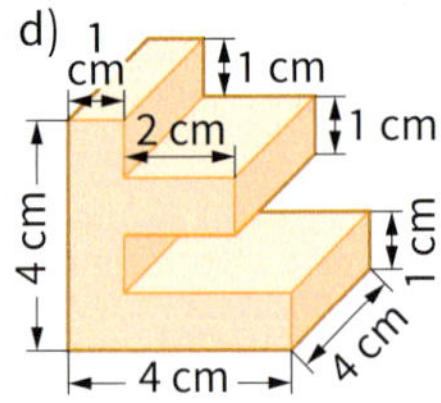


### 2 Anwendung

a) Der Doppel-T-Träger aus Eisen ist 2,5 m lang. 1 $cm^3$ Eisen wiegt 8 g. Wie viel wiegt der Doppel-T-Träger?

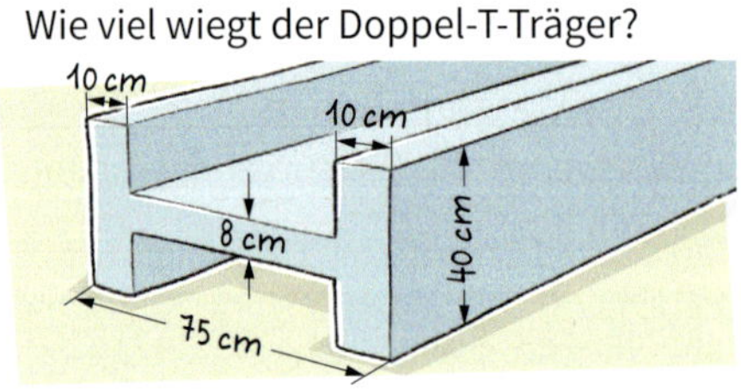


b) In der Hofeinfahrt steht ein Blumenkübel aus Beton. Wie schwer ist der Blumenkübel, wenn 1 $cm^3$ Beton 2,5 g wiegt?

### 3 Gartenbeet

Damit der Unkrautbewuchs und die Austrocknung gehemmt werden, wird das Beet gleichmäßig mit einer 5 cm dicken Schicht Rindenmulch bedeckt. Eine 60 Liter Packung Rindenmulch kostet 5,49 €. Berechne die entstehenden Kosten.

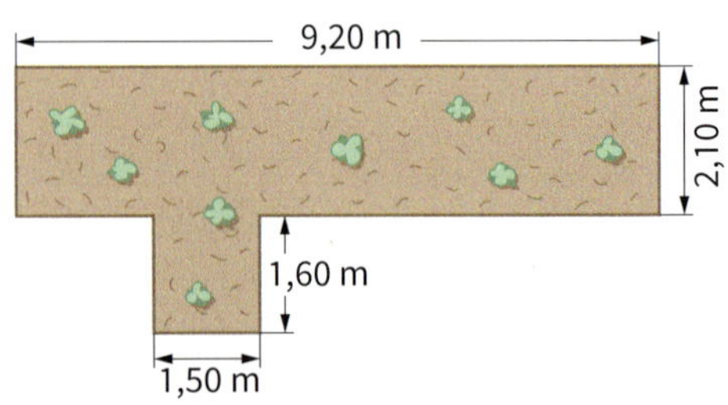

# 5.6 Oberflächeninhalt eines Quaders

**Vorbereiten**
Flächen
Seite 181

Laura möchte das quaderförmige Kästchen mit Glitzergoldfarbe anmalen. Ein kleines Glas reicht für eine Fläche von 200 $cm^2$ aus. Wie viele Gläser muss sie kaufen?

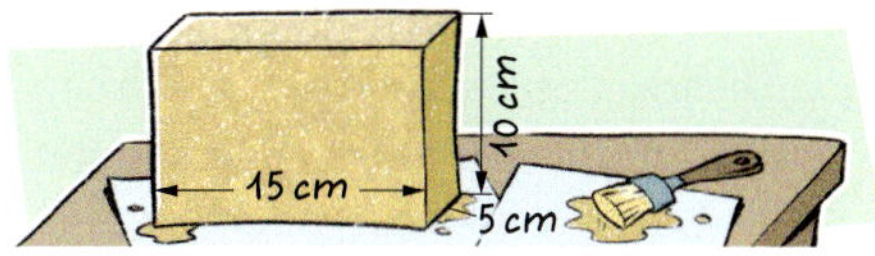


Um die Oberfläche des Kästchens anzumalen, muss Laura die 6 Außenflächen färben.

Lösung: Die Vorder- und die Rückfläche des Quaders sind gleich große Rechtecke. Ebenso die Grund- und die Deckfläche, wie auch die beiden Seitenflächen.

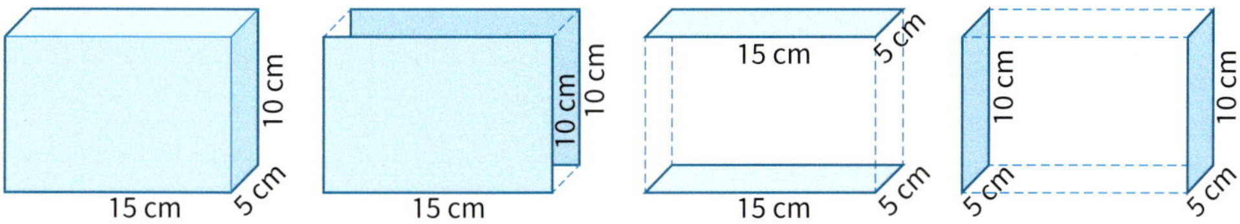


Für den Oberflächeninhalt des Quaders addiert man die Flächeninhalte der 6 Rechtecke.

$A_O = 2 \cdot (15\,cm \cdot 10\,cm) + 2 \cdot (15\,cm \cdot 5\,cm) + 2 \cdot (5\,cm \cdot 10\,cm) = 550\,cm^2$

Laura muss also 3 Gläser Glitzergoldfarbe kaufen.

### Oberflächeninhalt eines Quaders

Für den Oberflächeninhalt $A_O$ eines Quaders addiert man die Flächeninhalte der 6 Rechtecke. Gegenüberliegende Rechtecke haben den gleichen Flächeninhalt.

$A_O = 2 \cdot (a \cdot b) + 2 \cdot (a \cdot c) + 2 \cdot (b \cdot c)$

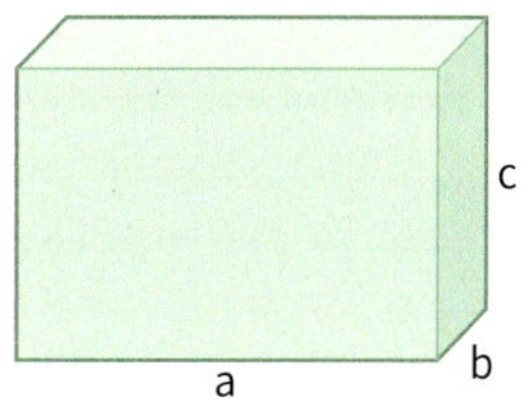


WES-137382-040

### Oberflächeninhalt eines Quaders berechnen

Berechne den Oberflächeninhalt des Quaders mit den Kantenlängen $a = 4\,cm$, $b = 3\,cm$ und $c = 2\,cm$.

$A_O = 2 \cdot (a \cdot b) + 2 \cdot (a \cdot c) + 2 \cdot (b \cdot c)$
$= 2 \cdot (4\,cm \cdot 3\,cm) + 2 \cdot (4\,cm \cdot 2\,cm) + 2 \cdot (3\,cm \cdot 2\,cm)$
$= 24\,cm^2 + 16\,cm^2 + 12\,cm^2 = 52\,cm^2$

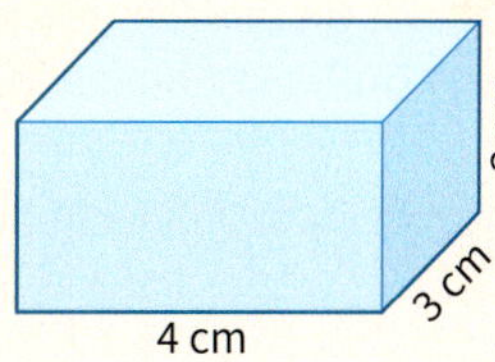


**1** **Oberflächeninhalt eines Quaders**

Berechne den Oberflächeninhalt des Quaders.

a) $a = 5\,cm$, $b = 6\,cm$, $c = 10\,cm$
b) $a = 3\,m$, $b = 7\,m$, $c = 1\,m$
c) $a = 3\,dm$, $b = 3\,dm$, $c = 8\,dm$
d) $a = 15\,mm$, $b = 40\,mm$, $c = 20\,mm$
e) $a = 50\,cm$, $b = 2\,dm$, $c = 300\,mm$
f) $a = 1{,}5\,m$, $b = 80\,cm$, $c = 5\,dm$

**2** **Geschenkverpackungen**

Wie viel Geschenkpapier benötigt man mindestens?

a)

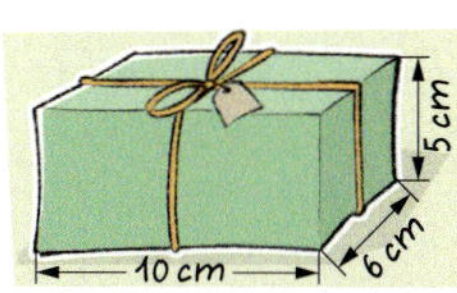


b)

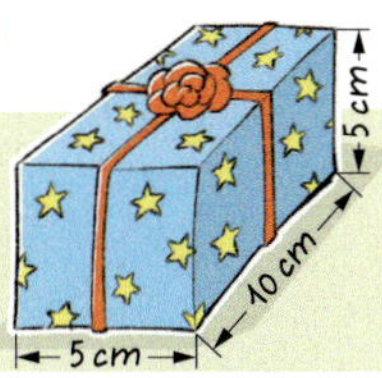


c)

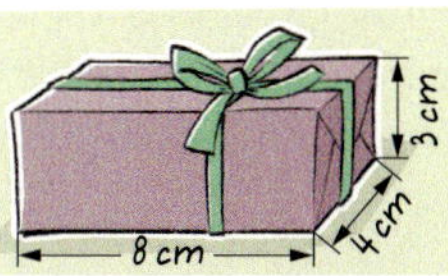


d)

**Prüfe dich!**
Lösungen auf
Seite 209

**3** Berechne den Oberflächeninhalt des Quaders.
a) $a = 8\,cm$, $b = 10\,cm$, $c = 20\,cm$
b) $a = 4\,dm$, $b = 2\,m$, $c = 5000\,mm$

**4** Die Bauklötze sollen bemalt werden.
Gib an, für wie viel Quadratzentimeter die Farbe mindestens ausreichen muss.

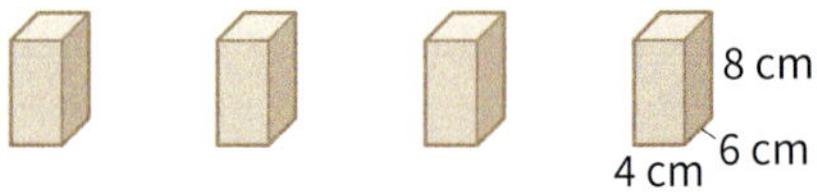


**5** **Kartonmaterial**
Ein Unternehmen möchte Kartons für den Versand von Büchern verwenden. Ein Karton soll die Maße $30\,cm \times 20\,cm \times 15\,cm$ haben. Wie viel Kartonmaterial wird für die Herstellung eines Kartons benötigt? Wie viele Kartons kann man aus $135\,000\,cm^2$ herstellen?

**6** **Würfel**
In einer Formelsammlung findest du diese Formeln zu einem Würfel.
a) Berechne das Volumen und den Oberflächeninhalt eines Würfels mit der Kantenlänge 8 cm.
b) Begründe die Formeln für das Volumen und den Oberflächeninhalt eines Würfels.

**Würfel**

Volumen: $V = a^3$

Oberflächeninhalt:
$A_O = 6 \cdot a^2$

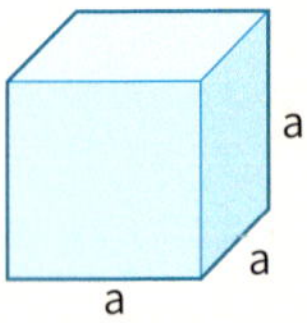


**7** **Würfel und Quader**
Welcher Körper hat den größeren Oberflächeninhalt?
a) Ein Würfel mit Kantenlänge 2 cm oder ein Quader mit $a = 1\,cm$, $b = 2\,cm$, $c = 3\,cm$
b) Ein Würfel mit Kantenlänge 5 cm oder ein Quader mit $a = 10\,cm$, $b = 2\,cm$, $c = 4\,cm$
c) Ein Würfel mit Kantenlänge 8 cm oder ein Quader mit $a = 7\,cm$, $b = 8\,cm$, $c = 10\,cm$

**8** **Oberflächeninhalt und Volumen**
a) Berechne das Volumen und den Oberflächeninhalt der vier Quader. Was fällt dir auf?
Quader A mit $a = 3\,cm$, $b = 4\,cm$, $c = 2\,cm$
Quader B mit $a = 2\,cm$, $b = 6\,cm$, $c = 2\,cm$
Quader C mit $a = 1\,m$, $b = 3\,m$, $c = 3\,m$
Quader D mit $a = 7\,m$, $b = 1\,m$, $c = 1\,m$
b) Zwei Quader haben das gleiche Volumen, aber unterschiedlichen Oberflächeninhalt. Welche Maße können die beiden Quader haben?
c) Zwei Quader haben den gleichen Oberflächeninhalt, aber unterschiedliches Volumen. Welche Maße können die beiden Quader haben?

**9** **Zusammengesetzte Körper**
Berechne den Oberflächeninhalt und das Volumen des zusammengesetzten Körpers. Nutze dazu eine passende Strategie:
- „Zerlegen und addieren"
- „Ergänzen und subtrahieren"

a)
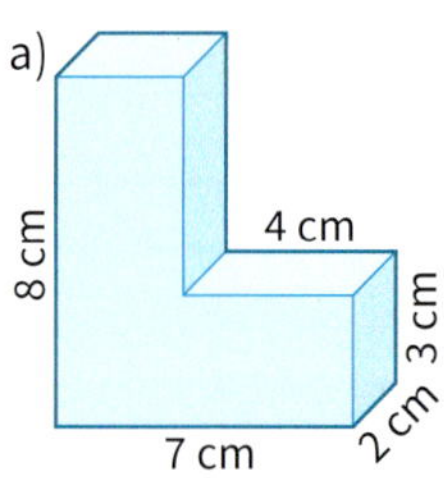


b)
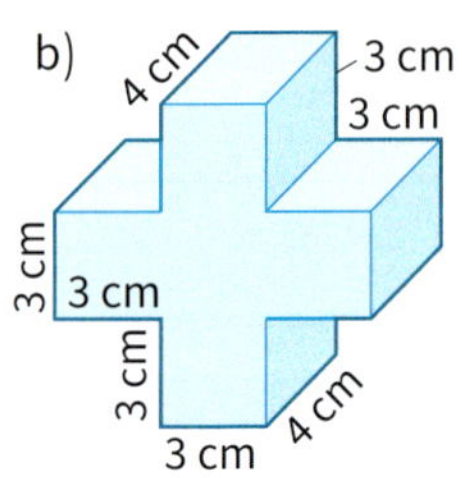


**10** **Taschentuch – Verpackung**
30 Papiertaschentuch-Pakete der Größe $10\,cm \times 5\,cm \times 2\,cm$ sollen in eine Plastikfolie eingeschweißt werden. Überlege, welche Anordnung am günstigsten ist, damit möglichst wenig Plastikfolie benötigt wird. Berechne, wie viel Plastikfolie benötigt wird.

# Mein Merkzettel

## Volumeneinheiten

Seite 108
Seite 111

| | | | |
|---|---|---|---|
| $m^3$ | $1000\,dm^3$ | $= 1\,m^3$ | |
| $dm^3$ | $1000\,cm^3$ | $= 1\,dm^3$ | $= 0{,}001\,m^3$ |
| $l$ | $1000\,ml$ | $= 1\,l$ | |
| $cm^3$ | $1000\,mm^3$ | $= 1\,cm^3$ | $= 0{,}001\,dm^3$ |
| $ml$ | | $1\,ml$ | $= 0{,}001\,l$ |
| $mm^3$ | | $1\,mm^3$ | $= 0{,}001\,cm^3$ |

$1\,ml = 1\,cm^3$, $1\,l = 1\,dm^3$, $1000\,l = 1\,m^3$

**Größere Einheit → kleinere Einheit**

$8{,}5\,m^3 = 8500\,dm^3$ (· 1000)   $35\,l = 35\,000\,ml$ (· 1000)

multipliziere mit 1000

**Kleinere Einheit → größere Einheit**

$2500\,cm^3 = 2{,}5\,dm^3$ (: 1000)   $1350\,ml = 1{,}35\,l$ (: 1000)

dividiere durch 1000

## Einheitentabelle zum Umrechnen

Seite 109

| gegeben | $m^3$ H | $m^3$ Z | $m^3$ E | $dm^3$ H | $dm^3$ Z | $dm^3$ E | $cm^3$ H | $cm^3$ Z | $cm^3$ E | $mm^3$ H | $mm^3$ Z | $mm^3$ E | größere Einheit | kleinere Einheit |
|---|---|---|---|---|---|---|---|---|---|---|---|---|---|---|
| $300\,dm^3$ | | | 0 | 3 | 0 | 0 | 0 | 0 | 0 | | | | $0{,}3\,m^3$ | $300\,000\,cm^3$ |
| $38\,cm^3$ | | | | | | 0 | 0 | 3 | 8 | 0 | 0 | 0 | $0{,}038\,dm^3$ | $38\,000\,mm^3$ |
| $4{,}9\,dm^3$ | | | 0 | 0 | 0 | 4 | 9 | 0 | 0 | | | | $0{,}0049\,m^3$ | $4900\,cm^3$ |

**Gemischte Einheiten:** $4680\,m^3 = 4\,m^3\;680\,dm^3$   $8{,}5\,l = 8\,l\;500\,ml$

## Quader

Seite 113
Seite 117

**Volumen:**

$V = a \cdot b \cdot c$

$V = 4\,cm \cdot 2\,cm \cdot 1\,cm = 8\,cm^3$

**Oberflächeninhalt:**

$A_O = 2 \cdot (a \cdot b) + 2 \cdot (a \cdot c) + 2 \cdot (b \cdot c)$

$A_O = 2 \cdot 8\,cm^2 + 2 \cdot 4\,cm^2 + 2 \cdot 2\,cm^2 = 28\,cm^2$

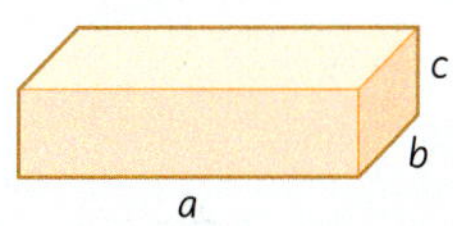


## Würfel

Seite 114
Seite 118

**Volumen:**

$V = a \cdot a \cdot a = a^3$

$V = (3\,cm)^3 = 27\,cm^3$

**Oberflächeninhalt:**

$A_O = 6 \cdot a^2$

$A_O = 6 \cdot (3\,cm)^2 = 54\,cm^2$

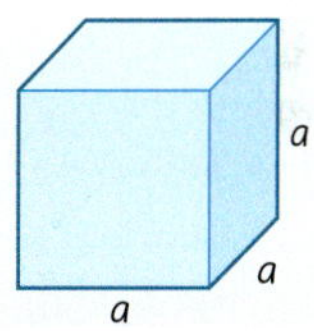


## Aus Quadern zusammengesetzte Körper – Volumen

Seite 116

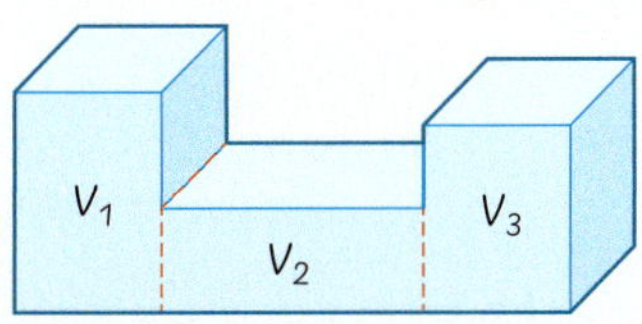


Zerlegen

$V = V_1 + V_2 + V_3$

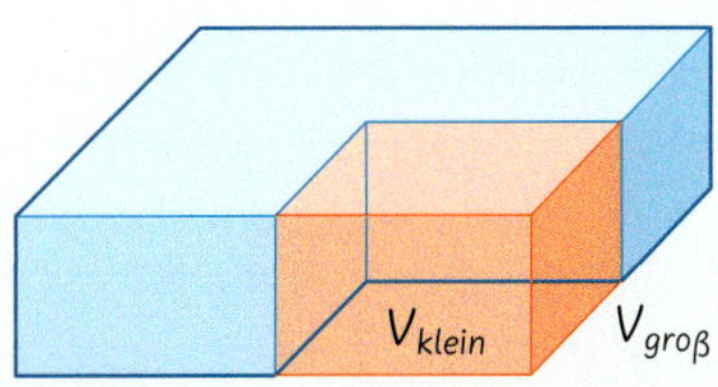


Ergänzen

$V = V_{groß} - V_{klein}$

## Aus Quadern zusammengesetzte Körper – Oberflächeninhalt

Seite 118

Summe aller Außenflächen = 2-mal Grundfläche plus 2-mal Rückfläche plus 2-mal Seitenfläche

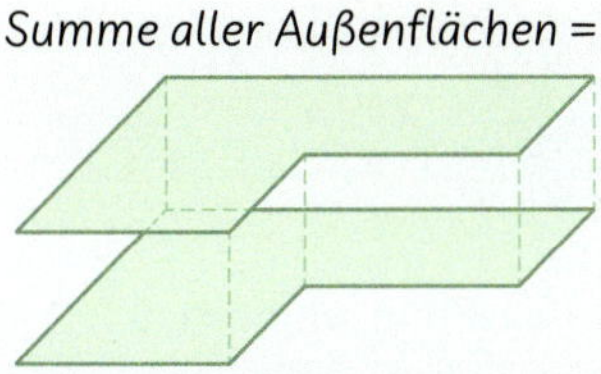

2-mal Grundfläche

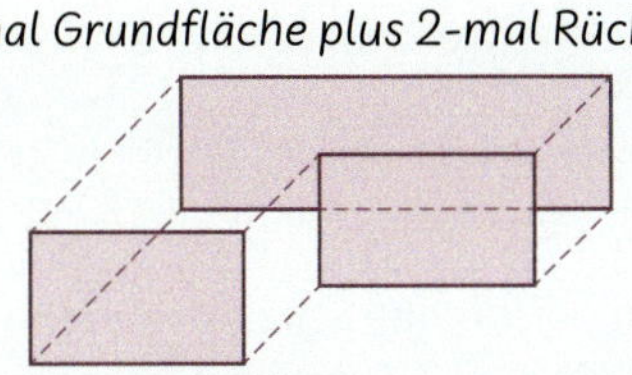

2-mal Rückfläche

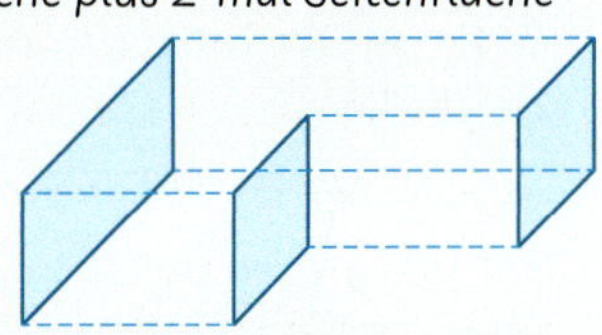

2-mal Seitenfläche

# Wiederholen für die Klassenarbeit

Lösungen auf Seite 210

**1 Zum Quader ergänzen**

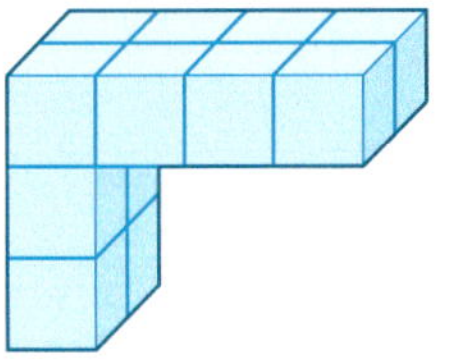

a) Gib das Volumen des Körpers an. Die kleinen Würfel haben eine Kantenlänge von 1 cm.
b) Bestimme die Anzahl kleiner Würfel, die du mindestens ergänzen musst, damit ein Quader entsteht.

**2 Umrechnen in eine kleinere Einheit**

Gib das Volumen in der nächstkleineren Einheit an.

a) $47\,dm^3$ b) $17\,cm^3$ c) $2800\,cm^3$ d) $45\,m^3$
e) $370\,cm^3$ f) 15 l g) $108\,dm^3$ h) 95 l

**3 Umrechnen in eine größere Einheit**

Gib das Volumen in der nächstgrößeren Einheit an.

a) $25\,000\,dm^3$ b) $180\,000\,mm^3$ c) $7\,300\,000\,mm^3$ d) $75\,000\,dm^3$
e) 3 600 000 ml f) $670\,000\,cm^3$ g) $56\,000\,dm^3$ h) 45 000 ml

**4 Umrechnen in andere Einheiten**

Gib das Volumen in der angegebenen Einheit an.

a) $83\,m^3$ in $cm^3$ b) $650\,000\,mm^3$ in $cm^3$ c) $56\,000\,dm^3$ in $cm^3$ d) $90\,dm^3$ in l
e) 38 l in $mm^3$ f) $69\,000\,000\,cm^3$ in $m^3$ g) $3\,m^3$ in l h) $4\,000\,cm^3$ in $mm^3$

**5 Volumen umrechnen**

Rechne das Volumen in die angegebene Einheit um.

a) $5400\,dm^3$ in $m^3$ b) $610\,mm^3$ in $cm^3$ c) $5{,}6\,dm^3$ in $cm^3$ d) $0{,}09\,dm^3$ in $cm^3$
e) 450 ml in l f) 7,5 l in ml g) $7{,}34\,m^3$ in $dm^3$ h) $0{,}468\,m^3$ in $cm^3$

**6 Runden von Volumina**

a) Runde auf ganze $m^3$: $6947\,dm^3$ $23\,611\,dm^3$ $1499\,dm^3$ $784\,498\,978\,cm^3$ $37{,}47\,m^3$
b) Runde auf ganze l: 5251 ml 509 ml 299 863 ml 94 745 ml 1 001 001 ml

**7 Monsterzahlen**

Hier hat Simon sehr genau gerechnet. Sein Klassenraum hat einen Rauminhalt von $36\,401\,552\,102\,mm^3$. Kann das sein? Runde sinnvoll und wähle eine passende Maßeinheit.

**8 Rechnen mit Volumina**

Berechne. Achte darauf, in der gleichen Einheit zu rechnen.

a) $39\,m^3 + 87\,m^3$ b) $4\,dm^3 - 680\,cm^3$ c) $350\,ml \cdot 20$ d) $880\,dm^3 : 11$
e) $630\,dm^3 + 0{,}5\,m^3$ f) $20{,}6\,l - 50\,ml$ g) $2{,}7\,m^3 + 0{,}08\,m^3$ h) $2\,l : 5$
i) $2\,m^3 + 20\,dm^3$ j) $9{,}1\,dm^3 - 7{,}455\,dm^3$ k) $0{,}04\,l \cdot 24$ l) $200\,dm^3 : 10\,dm^3$

**9 Holzbalken**

Für den Hausbau wird ein Holzbalken benötigt. Er hat ein Volumen von $86{,}4\,dm^3$. Ein Kubikzentimeter Holz wiegt 0,5 g. Bestimme die Länge und das Gewicht des Holzbalkens.

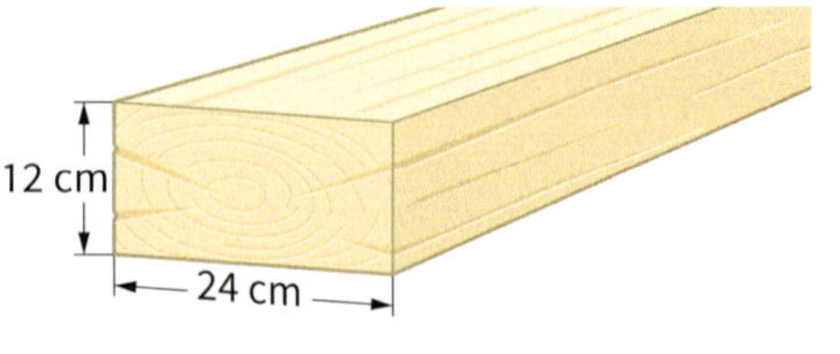


**10 Schachteln**

Auf einem Tisch stehen zwei quaderförmige Schachteln. Schachtel 1 ist 30 cm lang, 24 cm breit und hat ein Volumen von $10\,800\,cm^3$. Schachtel 2 hat eine Grundfläche von $700\,cm^2$ und ein Volumen von $11\,200\,cm^3$. Gib an, welche der beiden Schachteln höher ist.

Lösungen auf Seite 211

**11** ≡ **Aquarium**

Familie Rausch hat sich ein quaderförmiges Aquarium gekauft. Es ist 1,20 m lang, 50 cm breit und 8 dm hoch.

a) Berechne das Volumen des Aquariums und gib das Ergebnis in Liter an.

b) Man rechnet pro Fisch mit einem Platzbedarf von $10\,dm^3$. Bestimme die Anzahl Fische, die Familie Rausch nach dieser Angabe höchstens für ihr Aquarium kaufen sollte.

**12** ≡ **Wasserbehälter**

Ein quaderförmiger Behälter ist 20 cm lang, 40 cm breit und 15 cm hoch. Merle füllt 4 Liter Wasser in den Behälter.

a) Berechne die Höhe des Wasserstandes.

b) Gib den Anteil des Behälters an, der noch gefüllt werden muss, damit der Behälter ganz voll ist.

**13** ≡ **Umzug**

Familie Gauß möchte umziehen.

a) Ein Umzugskarton hat die Kantenlängen 40 cm, 72 cm, 50 cm. Gib sein Volumen in Liter an.

b) Der gemietete Lkw hat einen Laderaum von ca. 2,40 m Breite, 8 m Länge und 3 m Höhe.
Peter behauptet: *„Da passen bestimmt 400 Kartons hinein!“* Entscheide, ob er Recht hat.

**14** ≡ **Quader und Würfel**

Berechne das Volumen und den Oberflächeninhalt des Körpers.

a) Quader mit $a = 4\,cm$, $b = 6\,cm$, $c = 8\,cm$

b) Würfel mit $a = 4\,cm$

c) Quader mit $a = b = 5\,cm$, $c = 7\,cm$

d) Quader mit $a = c = 4\,cm$, $b = 10\,cm$

**15** ≡ **Quadermaße**

Übertrage die Tabelle in dein Heft und berechne die fehlenden Größen des Quaders.

| | | | | | |
|---|---|---|---|---|---|
| **Länge a** | 3 dm | 18 cm | ■ | ■ | 3 cm |
| **Breite b** | 5 dm | 9 cm | 24 mm | 40 dm | ■ |
| **Höhe c** | 6 dm | ■ | 50 mm | ■ | 0,3 dm |
| **Grundfläche $A = a \cdot b$** | ■ | ■ | $384\,mm^2$ | $6\,m^2$ | $9\,cm^2$ |
| **Volumen V** | ■ | $486\,cm^3$ | ■ | $9\,m^3$ | ■ |
| **Oberflächeninhalt $A_O$** | ■ | ■ | ■ | ■ | ■ |

**16** ≡ **Quader gesucht**

Ein Quader hat die Kantenlängen $a = 2\,cm$, $b = 6\,cm$, $c = 8\,cm$.

a) Gib die Kantenlängen eines Quaders an, der das gleiche Volumen, aber einen anderen Oberflächeninhalt hat.

b) Gib die Kantenlängen eines Quaders an, der den gleichen Oberflächeninhalt, aber ein anderes Volumen hat.

**17** ≡ **Zusammengesetzter Körper**

a) Berechne das Volumen des Körpers auf zwei Arten: Einmal durch Zerlegen in geeignete Quader und einmal durch Ergänzen.

b) Berechne den Oberflächeninhalt des Körpers.

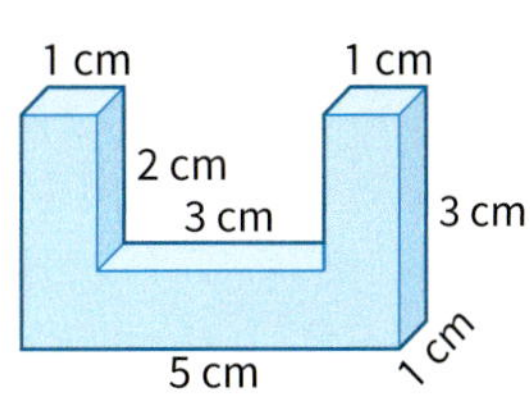

# 6 Statistische Daten

Bei statistischen Untersuchungen werden häufig große Datenmengen erhoben. Um einen besseren Überblick zu haben, werden Sie dann in Tabellen zusammengefasst und grafisch in Diagrammen veranschaulicht. Eine Tabellenkalkulation kann dabei sehr hilfreich sein.

- **Wie lassen sich Daten in Diagrammen veranschaulichen?**
- **Welche Wirkung kann mit Diagrammen erzeugt werden?**
- **Wie lassen sich Daten beschreiben und vergleichen?**

# 6.1 Absolute und relative Häufigkeiten

Vorbereiten
Anteile
Seite 10
Prozente
Seite 26

In den sechsten Klassen wurde eine Umfrage zum Schulweg durchgeführt.

- Wie kommen die Kinder zur Schule?
- Bestimme die Klassengrößen.

| | Zu Fuß | Bus | Fahrrad | Sonstige |
|---|---|---|---|---|
| 6 a | 8 | 7 | 6 | 4 |
| 6 b | 5 | 6 | 6 | 3 |

Lisa sagt: „*Mit dem Fahrrad kommen in beiden Klassen gleich viele Kinder zur Schule, aber der Anteil ist in der Klasse 6 b größer.*“ Was meinst du dazu?

WES-137382-041

### Absolute und relative Häufigkeiten

Die **absolute Häufigkeit** gibt an, wie oft etwas vorkommt.

Die **relative Häufigkeit** gibt den Anteil einer absoluten Häufigkeit an der Gesamtzahl an:

relative Häufigkeit $= \frac{\text{absolute Häufigkeit}}{\text{Gesamtzahl}}$

Die Gesamtzahl ist die Summe aller absoluten Häufigkeiten.
Relative Häufigkeiten gibt man als Bruch (Anteil an der Gesamtzahl) oder in Prozent an.
Die Summe der relativen Häufigkeiten ist 1, also 100 %.

### Absolute und relative Häufigkeiten berechnen

25 Schülerinnen und Schüler werden befragt, wie sie zur Schule kommen.

- Die Antworten werden gezählt (absolute Häufigkeiten). Gesamtzahl: 25
- Anschließend werden die relativen Häufigkeiten berechnet, zunächst für „zu Fuß“:
  $\frac{\text{(absolute Häufigkeit)}}{\text{Gesamtzahl}} = \frac{8}{25}$

| | absolute Häufigkeit | relative Häufigkeit | |
|---|---|---|---|
| | | als Bruch | in Prozent |
| **Zu Fuß** | 8 | $\frac{8}{25} = \frac{32}{100}$ | 32 % |
| **Bus** | 7 | $\frac{7}{25}$ | 28 % |
| **Fahrrad** | 6 | $\frac{6}{25}$ | 24 % |
| **Sonstige** | 4 | $\frac{4}{25}$ | 16 % |
| **Gesamt** | **25** | $\frac{25}{25}$ | **100 %** |

**1** **Relative Häufigkeiten**

Berechne zu den absoluten Häufigkeiten der Umfrage die relativen Häufigkeiten.

a)

| Lieblingstier | Anzahl |
|---|---|
| Koala | 11 |
| Elefant | 8 |
| Delfin | 4 |
| Sonstige | 2 |

b)

| Lieblingsessen | Anzahl |
|---|---|
| Pizza | 20 |
| Nudeln | 10 |
| Schnitzel | 6 |
| Sonstige | 4 |

c)

| Lieblingsfarbe | Anzahl |
|---|---|
| rot | 36 |
| blau | 22 |
| gelb | 10 |
| Sonstige | 12 |

**2** **Von der Strichliste zu relativen Häufigkeiten**

Eine 6. Klasse wurde gefragt: „*An wie vielen Arbeitsgemeinschaften nimmst du teil?*“
Bestimme die relativen Häufigkeiten.

| keine | 1 AG | 2-3 AGs | mehr als 3 AGs |
|---|---|---|---|
| 卌 卌 卌 | 卌 I | 卌 II | IIII |

**3** **Absolute Häufigkeiten berechnen**

Von den 720 Schülerinnen und Schüler der Gaußschule kommt $\frac{1}{3}$ aus der Weststadt, $\frac{1}{4}$ aus der Südstadt und $\frac{1}{5}$ aus der Oststadt; alle anderen kommen aus der Nordstadt.

a) Bestimme den Anteil der Schülerinnen und Schüler aus der Nordstadt.

b) Bestimme die Anzahl der Schülerinnen und Schüler aus den einzelnen Stadtteilen.

**4** Die Kinder der Klasse 6 c haben eine Umfrage zu ihrem Lieblingshaustier durchgeführt. Bestimme die relativen Häufigkeiten. Prüfe, ob die Summe der relativen Häufigkeiten 1 ergibt.

| Haustier | Hund | Katze | Hamster | Kaninchen | Wellensittich |
|---|---|---|---|---|---|
| Häufigkeit | 8 | 6 | 1 | 7 | 3 |

**Prüfe dich!** Lösungen auf Seite 212

### Absolute Häufigkeiten und relative Häufigkeiten vergleichen

*„In der Klasse 6 a sind 25 Kinder, 6 Kinder kommen mit dem Fahrrad zur Schule."*

*„In der Klasse 6 b sind 20 Kinder, 6 Kinder kommen mit dem Fahrrad zur Schule."*

Vergleiche die absoluten und relativen Häufigkeiten.

Absolute Häufigkeiten vergleichen: Klasse 6 a: 6 Kinder Klasse 6 b: 6 Kinder

*„In beiden Klassen kommen 6 Kinder mit dem Fahrrad."*

Relative Häufigkeiten vergleichen: Klasse 6 a: $\frac{6}{25} = 24\,\%$ Klasse 6 b: $\frac{6}{20} = 30\,\%$

*„In der Klasse 6 b ist der Anteil der Kinder, die mit dem Fahrrad kommen, größer als in der 6 a."*

**5** **Lieblingsgetränke vergleichen**

Die Lieblingsgetränke in den Klassenstufen 6 und 7 wurden erfragt.

a) Erstelle eine Tabelle mit den relativen Häufigkeiten. Gib diese als Bruch und in Prozent an.

b) In welcher Klassenstufe ist Wasser beliebter?

| | Kl. 6 | Kl. 7 |
|---|---|---|
| Milch | 16 | 8 |
| Saftschorle | 40 | 24 |
| Wasser | 30 | 28 |
| Limonade | 14 | 20 |

**6** **Lea-ärgere-dich-nicht**

Lea und Robert spielen ein Würfelspiel. Im ersten Spiel hat jeder 150-mal gewürfelt, im zweiten Spiel hat jeder 300-mal gewürfelt.

a) Erstelle eine Tabelle mit den relativen Häufigkeiten.

b) Lea hat sich im ersten Spiel sehr über die vielen 6-er von Robert geärgert. Was könnte man Lea sagen?

| | Anzahl 6-er | |
|---|---|---|
| | Lea | Robert |
| 1. Spiel | 18 | 33 |
| 2. Spiel | 66 | 45 |

**7** In Mühldorf und in Neuhausen wurden Personen nach ihrem Lieblingsobst gefragt. Erstelle eine Tabelle, in der die relativen Häufigkeiten als Bruch und in Prozent angegeben sind. In welchem Dorf sind Äpfel beliebter?
Vergleiche die absoluten und relativen Häufigkeiten.

| Lieblingsobst | Erdbeeren | Äpfel | Birnen | Bananen | Himbeeren |
|---|---|---|---|---|---|
| Mühldorf | 30 | 48 | 24 | 12 | 6 |
| Neuhausen | 36 | 56 | 40 | 16 | 12 |

**Prüfe dich!** Lösungen auf Seite 212

**8** **Gesamtzahl bestimmen**

a) In einer Umfrage geben 28 Personen an, am liebsten Vanilleeis zu essen. Das sind $\frac{2}{5}$ der Befragten. Bestimme die Gesamtzahl der Befragten.

b) In einer Klasse geben 8 Schülerinnen und Schüler an, Kirschen zu mögen. Dies sind $\frac{2}{7}$ der Schülerinnen und Schüler. Bestimme die Gesamtzahl der Schülerinnen und Schüler.

# 6.2 Daten darstellen

**Vorbereiten**
Winkel
Seite 188

Die Konditorei Zuckerguss hat letzten Monat 600 Torten verkauft. Im Schaufenster hängt ein Tortenbild, das die Anteile der verkauften Kuchen zeigt.
Wie viele Erdbeerkuchen, Blaubeerkuchen, Mandarinenkuchen und Schokokuchen wurden verkauft?

WES-137382-042

## Das Kreisdiagramm

Relative Häufigkeiten kann man in einem **Kreisdiagramm** darstellen.
Die relative Häufigkeit entspricht dem Anteil des Kreisausschnitts am ganzen Kreis.
Der Mittelpunktswinkel eines Kreisausschnitts entspricht dem Anteil am Vollwinkel (360°).

„Mittelpunktswinkel = relative Häufigkeit · 360°“

| Kuchen | Erdbeer | Mandarine | Schoko | Blaubeer |
|---|---|---|---|---|
| relative Häufigkeit | $\frac{4}{10}$ | $\frac{3}{10}$ | $\frac{1}{10}$ | $\frac{2}{10}$ |
| Mittelpunktswinkel | $\frac{4}{10} \cdot 360° = 144°$ | $\frac{3}{10} \cdot 360° = 108°$ | $\frac{1}{10} \cdot 360° = 36°$ | $\frac{2}{10} \cdot 360° = 72°$ |
| Farbe | rot | gelb | braun | blau |

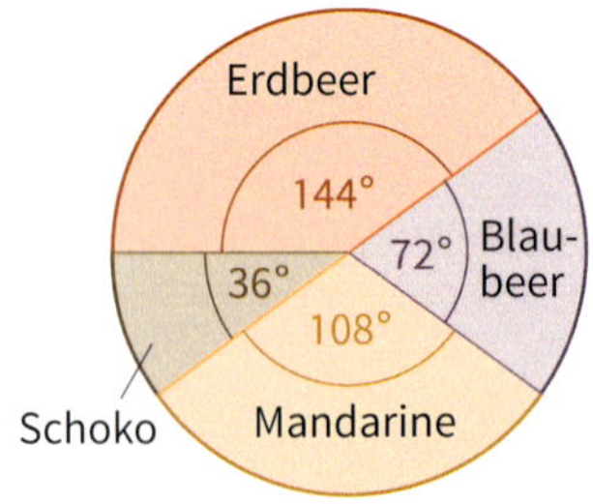


## Von den absoluten Häufigkeiten zum Kreisdiagramm

1. Gesamtzahl bestimmen
2. Relative Häufigkeiten bestimmen
3. Mittelpunktswinkel bestimmen, zum Beispiel für Grün gilt: $\frac{3}{30} \cdot 360° = 36°$
4. Kreisdiagramm zeichnen

| Farbe | grün | blau | rot | gelb | Gesamt |
|---|---|---|---|---|---|
| absolute Häufigkeit | 3 | 10 | 12 | 5 | 30 |
| relative Häufigkeit | $\frac{3}{30}$ | $\frac{10}{30}$ | $\frac{12}{30}$ | $\frac{5}{30}$ | 1 |
| Winkel | 36° | 120° | 144° | 60° | 360° |

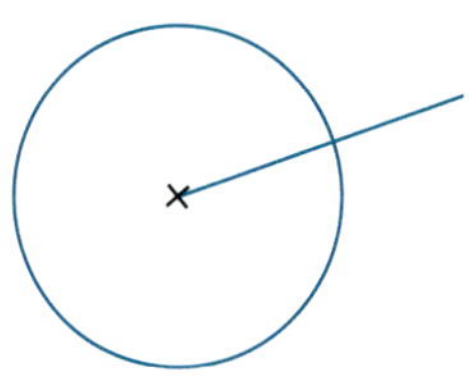

Zeichne einen Kreis und einen Schenkel.

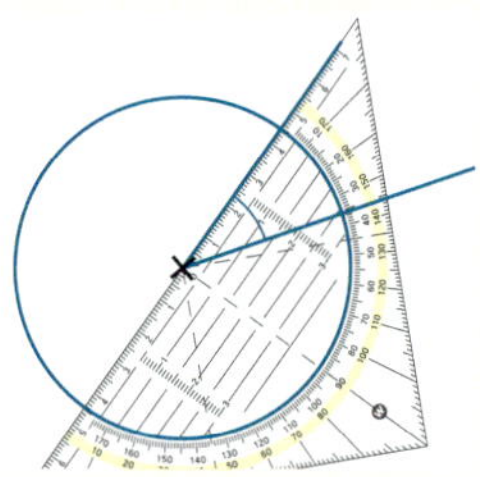

Zeichne den 36° großen Winkel an den Schenkel.

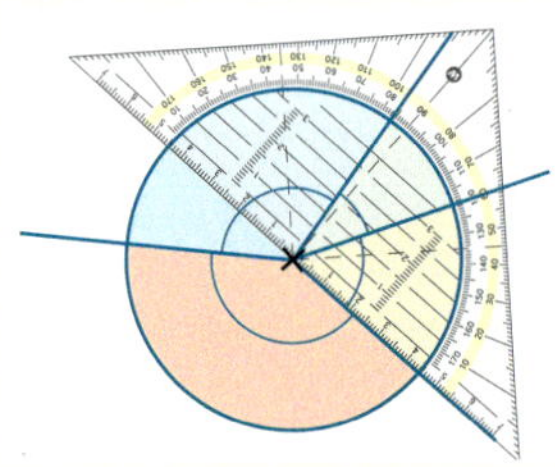

Trage alle Winkel nacheinander an. So ergibt sich das vollständige Kreisdiagramm.

### 1 Kreisdiagramm zeichnen

Stelle das Ergebnis der Umfrage in einem Kreisdiagramm dar.

a)

| Geschwister | 0 | 1 | 2 | 3 oder mehr |
|---|---|---|---|---|
| relative Häufigkeit | $\frac{1}{4}$ | $\frac{1}{2}$ | $\frac{1}{6}$ | $\frac{1}{12}$ |

b)

| Obst | Apfel | Banane | Kiwi | Birne |
|---|---|---|---|---|
| relative Häufigkeit | 30 % | 35 % | 20 % | 15 % |

**2** **Von absoluten Häufigkeiten zum Kreisdiagramm**

Berechne die relativen Häufigkeiten und zeichne ein Kreisdiagramm.

a)

| Urlaub | Meer | Hof | Berge | See |
|---|---|---|---|---|
| absolute Häufigkeit | 10 | 9 | 5 | 6 |

b)

| Fach | Sport | Kunst | Mathe | Bio |
|---|---|---|---|---|
| absolute Häufigkeit | 11 | 7 | 4 | 8 |

**3** Fülle die Tabelle aus. Rechne um.

| relative Häufigkeit | ■ | ■ | $\frac{3}{5}$ | ■ | $\frac{5}{6}$ | ■ |
|---|---|---|---|---|---|---|
| Prozent | 10 % | ■ | ■ | 25 % | ■ | ■ |
| Mittelpunktswinkel | ■ | 270° | ■ | ■ | ■ | 80° |

Prüfe dich!
Lösungen auf Seite 212

**4** Die Schuhgrößen der Schülerinnen und Schülern der 6. Klassenstufe wurden notiert. Bestimme die relativen Häufigkeiten als Bruch und erstelle ein Kreisdiagramm.

| Schuhgröße | 34 | 35 | 36 | 37 | 38 | 39 |
|---|---|---|---|---|---|---|
| Absolute Häufigkeit | 6 | 8 | 18 | 15 | 8 | 5 |

**5** **Kreisdiagramm aus Säulendiagramm**

Die Schülerinnen und Schüler der 6 c haben ihre Körpergröße in cm gemessen.

a) Lies die absoluten Häufigkeiten aus dem Säulendiagramm ab und berechne die relativen Häufigkeiten.

b) Erstelle ein Kreisdiagramm.

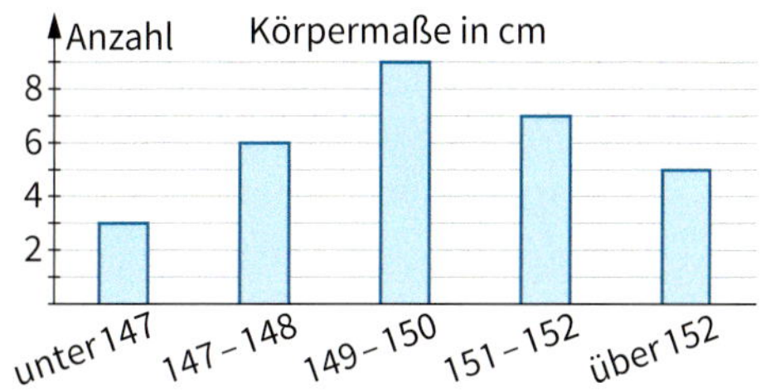


Nachschlagen
Diagramme
Seite 174

**6** **Gesunde Ernährung**

Die Ernährungspyramide zeigt, was man essen sollte, um gesund zu bleiben. An der Spitze stehen die Nahrungsmittel, die nur in geringer Menge gegessen werden sollten. Unten sind die Nahrungsmittel eingetragen, die zu bevorzugen sind.

a) Stelle die Angaben in einem Kreisdiagramm dar.

b) Erstelle ein Kreisdiagramm zu deinen eigenen Essgewohnheiten.

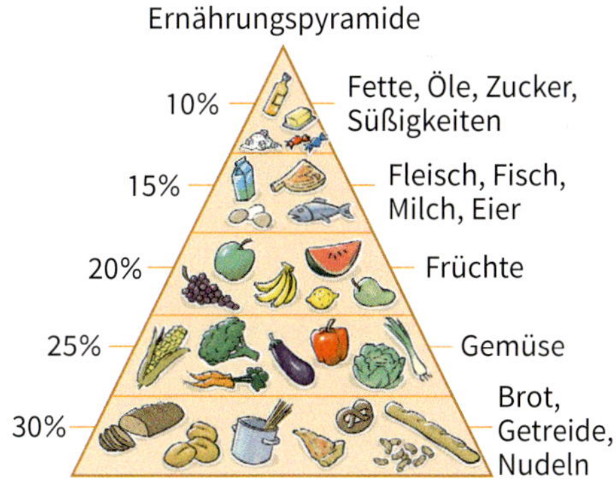


**7** **Daten ablesen**

Strom kann aus erneuerbaren Energien erzeugt werden. Zu den erneuerbaren Energien werden zum Beispiel Wind, Wasser, Sonne oder Biomasse gezählt.

a) Ein Politiker sagt: „*Biomasse macht ein Viertel der Stromerzeugung aus erneuerbaren Energien aus.*“ Was sagst du dazu?

b) Bestimme die Anteile der einzelnen erneuerbaren Energien.

c) Die Daten stammen aus dem Jahr 2022. Recherchiere, ob sich etwas geändert hat.

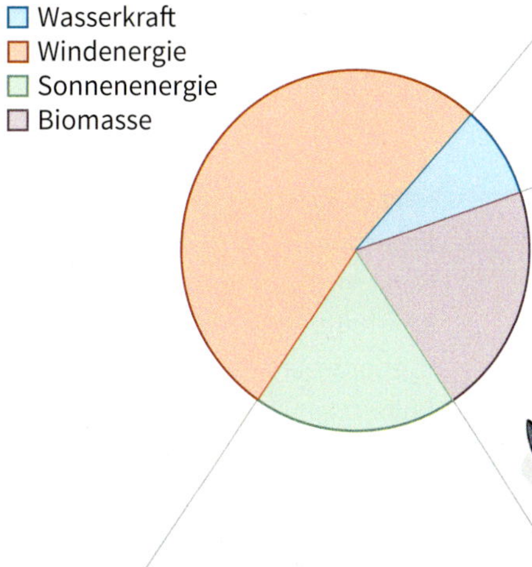

**8** ≡ **Abstimmung in der Dörfergemeinschaft**

In den Dörfern Arburg, Beberg und Cetal wurde darüber abgestimmt, ob man sich zu einer ABC-Gemeinde mit einer zentralen Gemeindeverwaltung zusammenschließen soll.

a) Gib jeweils das Abstimmungsergebnis in Prozent an.

b) In Beberg und Cetal wurden jeweils 500 Stimmen abgegeben, in Arburg doppelt so viele. Bestimme die Anzahl der Personen, die in den einzelnen Dörfern mit Nein gestimmt haben.

c) Bestimme den Gesamtanteil der Ja-Stimmen.

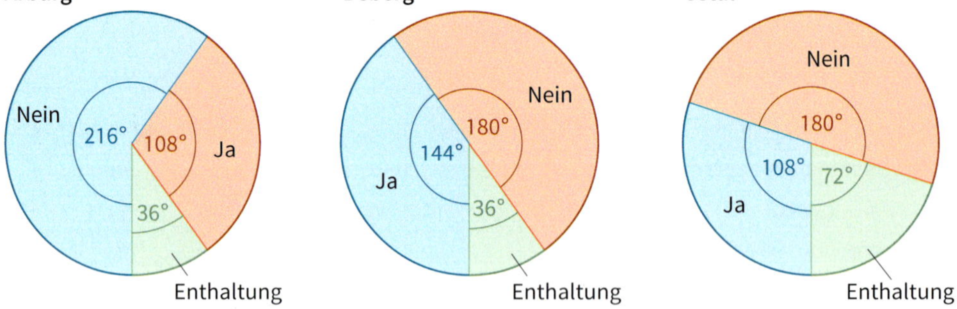


**Prüfe dich!**
Lösungen auf Seite 212

**9** ≡ In der Klasse 6 a sind 24, in der Klasse 6 b sind 30 Kinder. In beiden Klassen wurde gefragt, wer in der Stadtmitte, am Stadtrand, in einem Dorf oder auf dem Land wohnt. Überprüfe die Aussagen mithilfe der absoluten Häufigkeiten. Korrigiere die Aussagen gegebenenfalls.

(1) In der Klasse 6 a gibt es mehr Kinder, die am Stadtrand leben als in der Klasse 6 b.

(2) In der Klasse 6 b leben mehr Kinder in der Stadtmitte als in der Klasse 6 a.

(3) In beiden Klassen gibt es 4 Kinder, die auf dem Land wohnen.

(4) In der Klasse 6 b leben doppelt so viele Kinder in einem Dorf als in der Klasse 6 a.

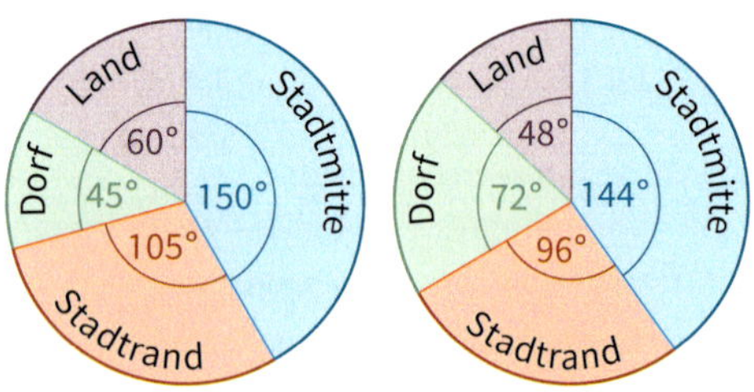


**10** ≡ **Ortseinfahrt**

An einer Ortseinfahrt wird die Höchstgeschwindigkeit auf 50 $\frac{km}{h}$ begrenzt.
Die Polizei kontrolliert die Geschwindigkeit der Fahrzeuge. Hier ist das Ergebnis:

| Geschwindigkeit in $\frac{km}{h}$ | bis 40 | über 40 bis 50 | über 50 bis 60 | über 60 bis 70 | über 70 |
|---|---|---|---|---|---|
| Anzahl der Fahrzeuge | 5 | 92 | 66 | 13 | 4 |

a) Zeichne zu den Daten ein Kreisdiagramm.

b) Wie viel Prozent der Überprüften sind bis zu 10 $\frac{km}{h}$ zu schnell gefahren?

c) Zwei Wochen später werden an derselben Stelle 200 Autos kontrolliert. Die Daten sind im Kreisdiagramm dargestellt. Berechne die absoluten Häufigkeiten.

d) Kann man aufgrund der zweiten Verkehrskontrolle sagen, dass sich die Autofahrer mittlerweile besser an die Verkehrsregeln halten?

Verkehrskontrolle nach zwei Wochen

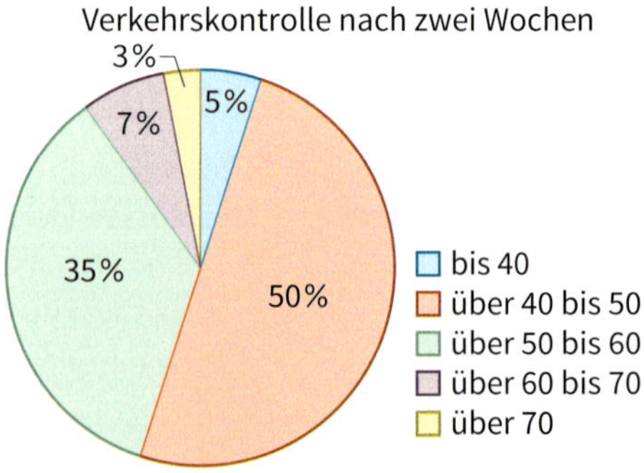

WES-137382-043

## Das Streifendiagramm

Relative Häufigkeiten kann man auch in einem **Streifendiagramm** darstellen.
Die relativen Häufigkeiten entsprechen dem Anteil eines Streifenstücks am Streifen.

1. Gesamtlänge des Streifens festlegen: Man wählt meist 100 mm.
2. Relative Häufigkeit bestimmen
3. Länge der Streifenstücke bestimmen, zum Beispiel Grün: $\frac{4}{20} \cdot 100\,\text{mm} = 20\,\text{mm}$
4. Streifendiagramm zeichnen

| Farbe | grün | blau | rot |
|---|---|---|---|
| absolute Häufigkeit | 4 | 5 | 11 |
| relative Häufigkeit | $\frac{4}{20} = 20\,\%$ | $\frac{5}{20} = 25\,\%$ | $\frac{11}{20} = 55\,\%$ |
| Länge des Streifens | 20 mm | 25 mm | 55 mm |

### 11 Streifendiagramm zeichnen

Zeichne ein Streifendiagramm der Länge 100 mm.

a)

| Internetzeiten | mehr als 1 Stunde | bis zu 1 Stunde | gar nicht |
|---|---|---|---|
| Anteil | $\frac{4}{25}$ | $\frac{18}{25}$ | $\frac{3}{25}$ |

b)

| Lieblingsland | Deutschland | Spanien | Frankreich | Dänemark | andere |
|---|---|---|---|---|---|
| rel. Häufigkeit | 45% | 20% | 15% | 10% | 10% |

c)

| Lieblingsfach | Deutsch | Musik | Geschichte | Biologie | andere |
|---|---|---|---|---|---|
| rel. Häufigkeit | 0,38 | 0,26 | 0,14 | 0,12 | 0,10 |

d)

| Sammelobjekt | Bändchen | Karten | Münzen | Magnete | andere |
|---|---|---|---|---|---|
| rel. Häufigkeit | 18% | 20% | 14% | 16% | 32% |

### 12 Von absoluten Häufigkeiten zum Streifendiagramm

Berechne die relativen Häufigkeiten und zeichne ein Streifendiagramm.

a)

| Lieblingseis | Erdbeer | Vanille | Mango |
|---|---|---|---|
| absolute Häufigkeit | 10 | 8 | 7 |

b)

| Haustier | Vogel | Hund | Fische | Katze |
|---|---|---|---|---|
| absolute Häufigkeit | 6 | 18 | 4 | 12 |

### 13 Verkaufsoffener Sonntag

In einer Stadt wurden 1170 Personen zum Thema „verkaufsoffener Sonntag" befragt.

a) Zeichne ein passendes Streifendiagramm.
b) Zeichne ein passendes Kreisdiagramm.
c) Berechne die absoluten Häufigkeiten und zeichne ein passendes Säulendiagramm.

| | |
|---|---|
| Finde ich gut | 30 % |
| Lehne ich ab | 50 % |
| Ist mir egal | 20 % |

### 14 Naturflächen

In drei deutschen Städten wurde der Anteil der Naturflächen gemessen. Beschreibe die Streifendiagramme und vergleiche die Städte.

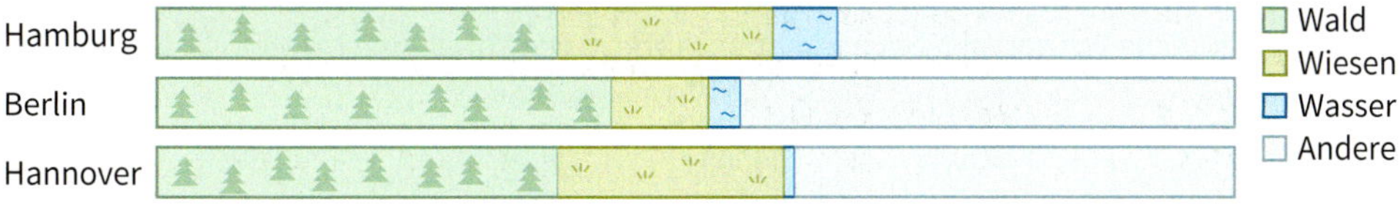

# 6.3 Kenngrößen von Daten

Sarah und Kaja machen jeden Morgen Liegestütze. Beide notieren die Anzahl der Liegestütze und vergleichen ihre Ergebnisse am Ende der Woche.
Gib die größte und die kleinste Anzahl der Liegestütze an, die beide jeweils an einem Tag geschafft haben.
Wer von beiden hat die bessere Leistung gebracht?
Nach welchen Kriterien würdest du das beurteilen?

WES-137382-044

**Kenngrößen von Daten: Maximum, Minimum, Spannweite**

Die in der **Urliste** gesammelten Werte können in einer Tabelle dargestellt werden.

| | Mo | Di | Mi | Do | Fr | Sa | So |
|---|---|---|---|---|---|---|---|
| **Liegestütze** | 5 | 12 | 7 | 12 | 6 | 4 | 10 |

**Daten auswerten**

*„Welches ist der größte Wert?“* **Maximum**: 12
*„Welches ist der kleinste Wert?“* **Minimum**: 4
*„Was ist die Differenz aus den beiden?“* **Spannweite:** 12 – 4 = 8

**Daten auswerten**

In der Tabelle findest du die Daten zu einem 50 m-Lauf. Werte die Tabelle aus.

| **Schüler** | Alex | Felix | Chris | Damian | Emil |
|---|---|---|---|---|---|
| **Zeit in s** | 11,2 | 8,1 | 9,4 | 10,8 | 14,0 |

Anzahl der Werte: 5
Maximum: 14,0 s Minimum: 8,1 s Spannweite: 14,0 s – 8,1 s = 5,9 s
Felix war mit 8,1 s am schnellsten. Emil war mit 14,0 s am langsamsten. Die Spannweite beträgt 5,9 s.

**1** **Daten auswerten**
Bestimme das Maximum, das Minimum und die Spannweite.
a) 3; 5; 6; 8; 3; 4; 6
b) 10; 8; 12; 6; 3; 9
c) 2; 2; 0,5; 3,5; 4
d) 6 s; 7 s; 2 s; 5 s; 8 s; 5 s; 9 s
e) 130 €; 100 €; 138 €; 78 €
f) 1,2 kg; 783 g; 786 g; 1876 g

**2** **Neuschnee satt**
Ein Urlaubsort wirbt mit der Höhe des Neuschnees in der letzten Woche. Bestimme das Maximum, das Minimum und die Spannweite der Neuschneehöhe.

**Prüfe dich!** Lösungen auf Seite 212

**3** Bestimme das Maximum, das Minimum und die Spannweite.
a) 3; 9; 4; 6; 10; 1; 3; 5
b) 18; 23; 20; 28; 17; 13; 7
c) 7,50 €; 7,15 €; 7,97 €; 7,10 €

**4** **Wasserverbrauch**
Der jährliche Wasserverbrauch pro Kopf wurde in verschiedenen Ländern bestimmt. Gib an, wer am meisten und wer am wenigsten Wasser verbraucht.

| **Land** | **China** | **Kenia** | **Deutschland** | **USA** | **Estland** |
|---|---|---|---|---|---|
| **Verbauch in l** | 420 000 | 80 000 | 297 000 | 1 207 000 | 1 357 000 |

# Daten darstellen mit Tabellenkalkulation

**Daten eingeben**

Auf dem Tabellenblatt sind alle Felder mit Buchstaben (Spalte) und Ziffern (Zeile) bezeichnet.

- Trage in das erste Feld (A1) die Überschrift deiner Tabelle ein.
- Trage in die erste Spalte die Merkmale ein und in die zweite Spalte die zugehörigen Werte.

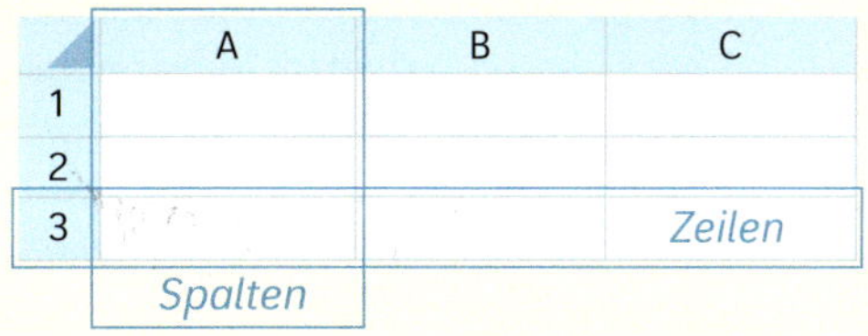


**Befehle eingeben**

Ein Gleichheitszeichen bedeutet, dass in diesem Feld etwas ausgerechnet wird.

**Gesamtzahl berechnen**

Berechne die Gesamtzahl wie in Feld B8. Dabei gibt B4:B7 den Bereich an, aus dem die Werte summiert werden sollen.

**Relative Häufigkeiten berechnen**

Berechne die relative Häufigkeit wie in Spalte C. Teile dazu die absolute Häufigkeit durch die Gesamtzahl (zum Beispiel B4/B8).

**Kenngrößen bestimmen**

Nutze BEFEHLE, wie MIN( ) oder MAX( ). Gib in den Klammern den Bereich der Daten ein, aus dem die Werte ermittelt werden sollen.

| | A | B | C | D | E | F |
|---|---|---|---|---|---|---|
| 1 | Haushaltsabfälle 2020 pro Person | | | | | |
| 2 | | | | | | |
| 3 | | Menge in kg | relative Häufigkeit | | | |
| 4 | Hausmüll | 160 | =B4/B8 | | | |
| 5 | Wertstoffe | 152 | =B5/B8 | | | |
| 6 | Biomüll | 128 | =B6/B8 | | **Minimum** | =MIN(B4:B7) |
| 7 | Sperrmüll | 34 | =B7/B8 | | **Maximum** | =MAX(B4:B7) |
| 8 | **Gesamt** | =SUMME(B4:B7) | | | **Spannweite** | F7-F6 |

**Diagramm erstellen**

Markiere den Bereich, in dem die Merkmale (Hausmüll, Wertstoffe ...) und die absoluten Häufigkeiten stehen. Gehe dann zum Menü EINFÜGEN. Das Programm schlägt verschiedene Diagramme vor. Wähle zum Beispiel ein Säulendiagramm aus.

**1 Werte vergleichen**

Lisa und Sara haben ihre Ergebnisse beim Weitsprung in Meter aufgeschrieben.

| | | | | | | | | | |
|---|---|---|---|---|---|---|---|---|---|
| **Lisa** | 2,8 | 2,7 | 3 | 2,8 | 2,9 | 3,1 | 2,8 | 2,5 | 3,2 |
| **Sara** | 2,7 | 2,6 | 2 | 2,8 | 2,7 | 3,4 | 2,4 | 3,2 | 3 |

a) Bestimme mit einer Tabellenkalkulation das Maximum, das Minimum und die Spannweite.
b) Erstelle ein Säulendiagramm und ein Kreisdiagramm.
c) Die Sportlehrerin wird eine von den beiden zu den Stadtmeisterschaften mitnehmen. Für wen sollte sie sich entscheiden?

**2 Absolute und relative Häufigkeiten darstellen**

Im Schuljahr 2022/2023 waren in Niedersachsen 530 679 Schülerinnen und Schüler an weiterführenden Schulen angemeldet. Davon waren 44,2 % an Gymnasien, 24,3 % an Gesamtschulen, 20 % an Oberschulen, 8,7 % an Realschulen und 2,8 % an Hauptschulen gemeldet.
a) Stelle die relativen Häufigkeiten in einem geeigneten Diagramm dar.
b) Bestimme die absoluten Häufigkeiten und stelle sie in einem geeigneten Diagramm dar.

# 6.4 Daten erheben und auswerten

Um eine Fragestellung zu untersuchen, kann das Erheben von Daten helfen. Je nach Fragestellung bietet es sich an, die Daten durch Beobachtungen, durch Befragungen oder durch Experimente zu erheben. Oft kann man nur eine kleine Anzahl von Daten aufnehmen. Daher beschränkt man sich auf eine Stichprobe: eine Auswahl von Beobachtungen, Personen oder Experimente. Diese Auswahl sollte ähnlich wie die Gesamtheit zusammengesetzt sein.
Die erhobenen Daten werden anschließend ausgewertet. Daraus können dann Schlüsse zur Beantwortung der Fragestellung gezogen werden.

WES-137382-046

## Daten erheben

**Ziel der Datenerhebung festlegen**
Welche Fragestellung möchtest du untersuchen?

↓

**Methode der Datenerhebung auswählen**
Umfrage, Beobachtung oder Experiment

↓

**Stichprobe festlegen**
Da du nicht alles untersuchen kannst, lege eine Auswahl fest, die ähnlich wie die Gesamtheit zusammengesetzt ist.

↓

**Durchführung der Datenerhebung planen**
- Fragebogen oder Erhebungsbogen planen und erstellen.
- Zeitpunkt und Ort der Datenerhebung festlegen.
- Alle notwendigen Materialien und Hilfsmittel bereitstellen.

↓

**Daten auswerten**
- Die erhobenen Daten in Strichlisten oder Häufigkeitstabellen aufbereiten.
- Kenngrößen je nach Fragestellung bestimmen (zum Beispiel: Minimum, Maximum, Spannweite).
- Diagramme erstellen, zum Beispiel: Säulendiagramm, Balkendiagramm, Kreisdiagramm, Streifendiagramm).

↓

**Schlüsse ziehen**
- Versuche die Fragestellung mithilfe der Kenngrößen zu beantworten.
- Welche Kenngrößen beschreiben die Daten sinnvoll?
- Welche Fehler traten auf?

## Daten durch Befragung erheben

**Ziel der Datenerhebung festlegen**
Für ein Drittel der Kinder in den Jahrgangsstufen 5 bis 9 soll aufgrund der Entfernung zur Schule ein Fahrtkostenzuschuss gezahlt werden. Ab welcher Entfernung vom Wohnort zur Schule ist ein Zuschuss möglich?

**Methode der Datenerhebung auswählen**
Umfrage: Informationen einer Gruppe von Menschen erheben

**Stichprobe festlegen**
Es sollen nur die Schülerinnen und Schüler der Klasse 6a und 6b befragt werden.

**Durchführung der Datenerhebung planen**
Fragebogen erstellen: „*Wie weit wohnst du von der Schule entfernt?*“
Als Antwortmöglichkeiten werden verschiedene Bereiche angegeben.

**Datenerhebung durchführen**

| Schulweg in km | weniger als 2 km | 2 km bis 5 km | 5 km bis 10 km | mehr als 10 km |
|---|---|---|---|---|
| Anzahl Klasse 6a | 9 | 11 | 8 | 2 |
| Anzahl Klasse 6b | 4 | 7 | 13 | 4 |

**Daten auswerten**

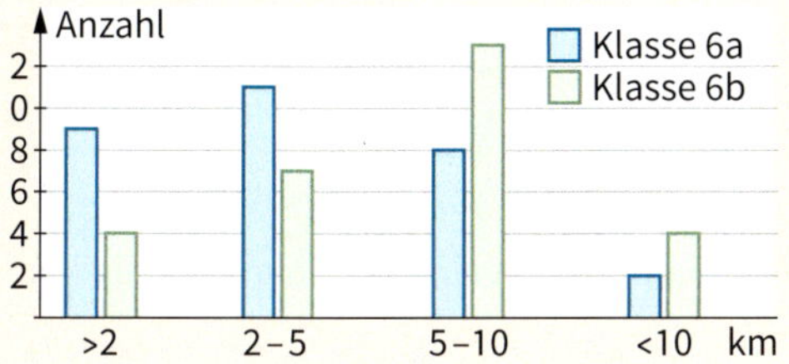


| Kenngrößen | Anzahl (6a) | Anzahl (6b) |
|---|---|---|
| Minimum | 2 | 4 |
| Maximum | 11 | 13 |
| Spannweite | 9 | 9 |

Für die Klasse 6a wurden 30 Entfernungen erfasst, für Klasse 6b waren es 28.

**Schlüsse ziehen**
Obwohl bei beiden Klassen die gleiche Spannweite vorliegt, zeigt sich eine unterschiedliche Verteilung. In der Klasse 6a hat genau ein Drittel, also 10 von 30 Kindern, eine Entfernung von mehr als 5 km zur Schule. Bei der Klasse 6b sieht es ganz anders aus, es lässt sich also nicht aus der Verteilung einer einzelnen Klasse eine einheitliche Regel für den Fahrkostenzuschuss ableiten.

**1** ≡ **Befragung planen**
Plant eine Datenerhebung durch eine Befragung.

*Soll der Unterrichtsbeginn verlegt werden? Welcher Beginn ist sinnvoll?*

*Sollen im Schulkiosk Süßigkeiten angeboten werden?*

**2** ≡ **Beobachtung planen**
Plant eine Datenerhebung durch Beobachtung.

*Kommen mehr Kinder mit dem Bus zur Schule als mit dem Auto?*

*Reicht die Anzahl der Fahrradständer vor deiner Schule?*

**3** ≡ **Planen, Durchführen und Auswerten**
Plant eine Datenerhebung durch Experiment.

*Ist die Pulsfrequenz – Anzahl der Herzschläge in einer Minute – im Liegen niedriger als im Stehen?*

*Wie weit fliegen selbst gebaute Papierflieger? Schaffen sie 15 m?*

# 6.5 Anzahlen bestimmen – Zählprinzip

Sorina möchte sich eine Schultasche kaufen. Sie entscheidet sich für das Modell *Easy* der Firma *shCool*. Dieses gibt es in 4 Mustern, einfarbig, kariert, gestreift und mit Punkten. Zudem kann sie als Zubehör zwischen zwei Trinkflaschen wählen. Unter wie vielen Möglichkeiten kann Sorina wählen?

WES-137382-047

## Baumdiagramme – Zählprinzip

Das Kombinieren verschiedener Möglichkeiten lässt sich übersichtlich in einem **Baumdiagramm** darstellen.
Um die Gesamtzahl aller Kombinationen zu erhalten, kann man die Anzahl der Möglichkeiten bei den einzelnen Auswahlen miteinander multiplizieren.

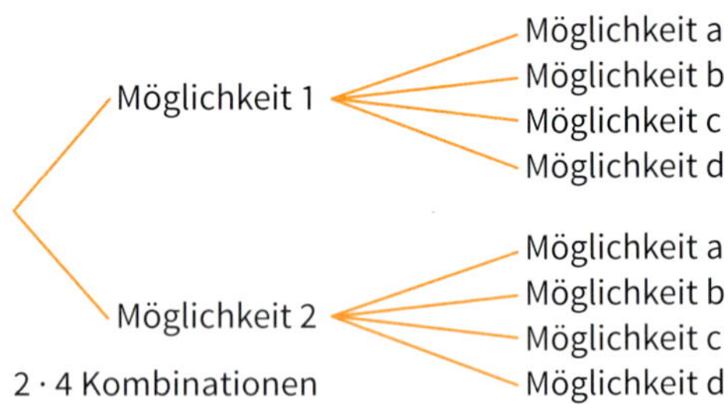


## Anzahl der Möglichkeiten bestimmen

In einer Schulmensa gibt es eine Auswahl aus drei Hauptgerichten und zwei Beilagen. Wie viele Möglichkeiten für verschiedene Kombinationen aus Hauptgericht und Beilage gibt es?

**Lösung**

Zeichne zur Veranschaulichung ein Baumdiagramm:

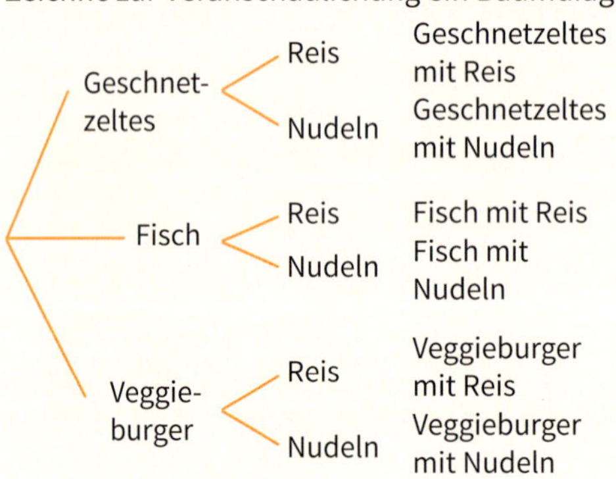


Zu jeder Entscheidungsmöglichkeit gehört eine Verzweigung des Baumdiagramms. Es gibt also 6 Möglichkeiten.

Rechnerisch:
Es gibt 3 Möglichkeiten bei der Auswahl der Hauptgerichte und 2 Möglichkeiten bei der Auswahl der Beilagen. Also:
$3 \cdot 2 = 6$

**1 Menüwahl**

In der Pizzeria kann man ein Menü aus Salat, Pizza und Eis zusammenstellen.

a) Bestimme die Anzahl der Möglichkeiten für ein Menü.
b) Fabian hat nur noch 13 €. Kann er dafür ein Menü zusammenstellen?
c) Eine große Portion Eis besteht aus drei Kugeln. Es gibt die Sorten Vanille, Schoko, Erdbeer, Himbeer und Zitrone. Fabian möchte drei verschiedene Kugeln. Wie viele verschiedene Möglichkeiten hat er? Die Reihenfolge der Kugeln ist dabei egal.

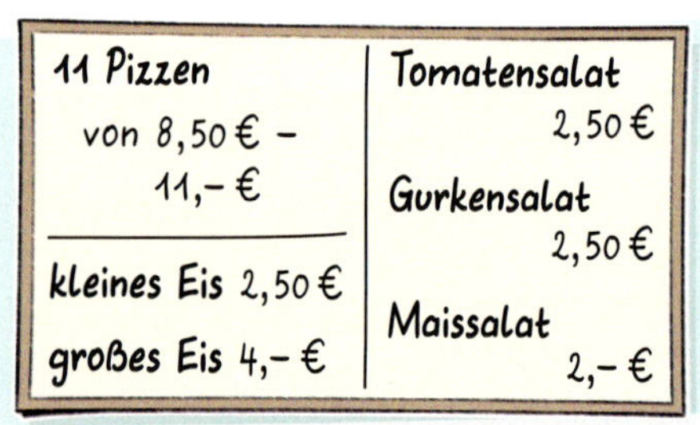

**2** ☰ **Radtour planen**

In einer Radtourenkarte sind drei Wege von Laras Standort nach Unterstein und vier Radwege von Unterstein nach Oberstein eingezeichnet. Wie viele Möglichkeiten hat Lara, wenn sie mit ihrem Fahrrad über Unterstein nach Oberstein fahren möchte?

**3** ☰ **Tierbilder kombinieren**

Bei einem Spiel sind 10 Tierbilder in je vier Teile (Kopf, Hals, Rumpf, Beine) zerlegt. Man kann daraus verschiedene lustige Tiere zusammensetzen.

a) Wie viele verschiedene Tiere kann man insgesamt zusammenstellen?

b) Drei der zehn Tiere sind Vögel. Wie viele verschiedene Möglichkeiten gibt es, Vögel zusammenzustellen?

c) Wie viele verschiedene Möglichkeiten gibt es, ein Tier mit einem Vogelkopf, aber mit Beinen, die nicht zu einem Vogel gehören, zusammenzustellen?

---

**4** ☰ Eine Tüte mit Gummitierchen enthält Weingummi in der Form von Löwen und Elefanten, eine andere Tüte enthält saure Schlangen in rot, gelb, blau, orange und grün. Aus jeder Tüte wird einmal gezogen. Bestimme die Anzahl der möglichen Kombinationen aus Gummitierchen.

**Prüfe dich!**
Lösungen auf Seite 212

---

**5** ☰ **Ziehen ohne Zurücklegen**

In einem Sack sind eine blaue, zwei grüne und vier rote Kugeln. Ben zieht zwei Kugeln.

a) Wie viele unterschiedliche Farbkombinationen gibt es?

b) In wie vielen Fällen haben die Kugeln die gleiche Farbe?

**6** ☰ **Fußballteam aufstellen**

Eine Fußballjugend hat 2 Mädchen, die als Torfrau geeignet sind, 4 Spielerinnen für die Abwehr, 6 für das Mittelfeld und 4 für den Sturm. Die Trainerin soll eine Mannschaft mit der abgebildeten Aufstellung zusammenstellen. Wie viele Möglichkeiten hat sie?

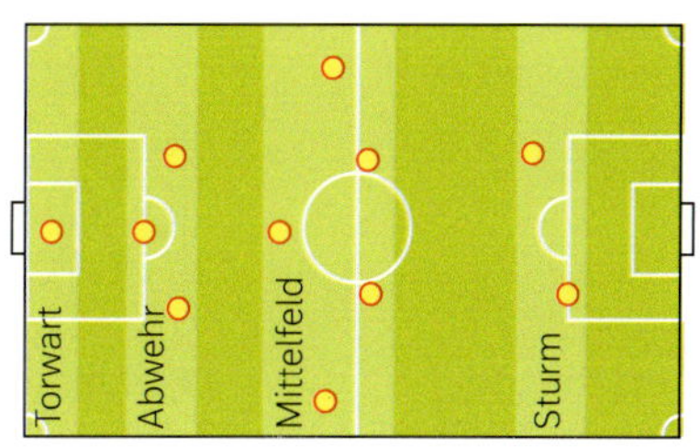


**7** ☰ **Turmbau**

Nimm an, du hast 2 blaue und 3 gelbe Bausteine. Wie viele Möglichkeiten gibt es, damit einen 4 Steine hohen Turm zu bauen?

**8** ☰ **Münzwurf**

Beim Werfen einer Münze kann entweder Zahl (Z) oder Wappen (W) oben liegen. Eine Münze wird dreimal nacheinander geworfen.

a) Ergänze das nebenstehende Baumdiagramm.

b) Das Gesamtergebnis einer dreimal nacheinander geworfenen Münze haben wir im Baumdiagramm durch ZZW angegeben. Was bedeutet ZZW? Wie unterscheidet sich ZWZ von ZZW?

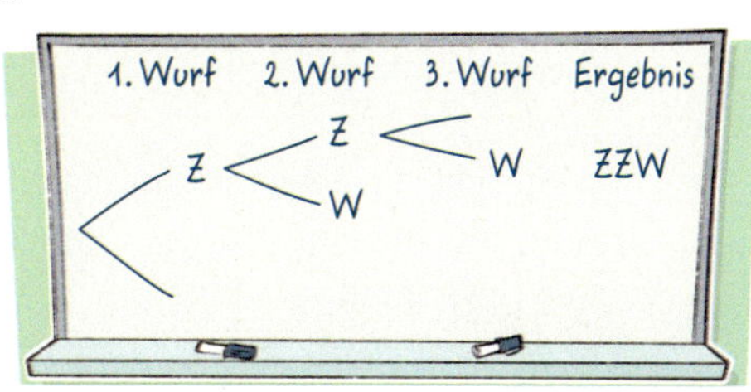

# 6.6 Zufallsexperimente

Anne und Robin spielen mit Glückskreiseln. Sie vereinbaren, dass derjenige gewinnt, der die Zahl 1 erdreht. Anne dreht Kreisel 1 und Robin Kreisel 2.
Vergleicht die Gewinnchancen der beiden.

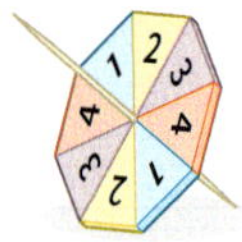
Glückskreisel 1

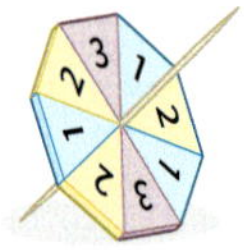
Glückskreisel 2

WES-137382-048

### Zufallsexperimente

**Zufallsexperimente** sind Versuche mit folgenden Eigenschaften:
- Man kann nicht vorhersagen, welches **Ergebnis** bei der Durchführung des Versuches auftritt; das hängt vom Zufall ab.
- Aber schon vor dem Versuch lassen sich alle möglichen Ergebnisse angeben. Man fasst sie zusammen zur **Ergebnismenge S**.
  *Beispiel:* Beim Würfeln ist $S = \{1, 2, 3, 4, 5, 6\}$.
- Der Versuch kann unter den gleichen Bedingungen (beliebig oft) wiederholt werden.

### Gewinnchancen bei Spielen

Es gibt Zufallsexperimente, bei denen alle Ergebnisse die gleiche Change haben und solche, bei denen die Ergebnisse unterschiedliche Chance haben. Vergleicht man die Gewinnchancen miteinander, dann können diese entweder gleichgroß sein, oder die Chance auf einen Gewinn ist größer oder kleiner für ein einzelnes Ergebnis.

**Zufallsexperiment**
Münze werfen
- **Zufallsgerät**

- **Ergebnisse**
  Wappen, Zahl
  $S = \{\text{Wappen, Zahl}\}$

**Zufallsexperiment**
Würfel werfen
- **Zufallsgerät**

- **Ergebnisse**
  1, 2, 3, 4, 5, 6
  $S = \{1, 2, 3, 4, 5, 6\}$

**Zufallsexperiment**
Zahlen drehen
- **Zufallsgerät**

- **Ergebnisse**
  1, 2
  $S = \{1, 2\}$

**Zufallsexperiment**
Farben drehen
- **Zufallsgerät**

- **Ergebnisse**
  gelb, rot, blau
  $S = \{\text{gelb, rot, blau}\}$

**1** ≡ **Glücksrad**

Auf der Geburtstagsfeier von Anne dürfen die Gäste ein Glücksrad drehen. Anne hat folgende Regeln festgelegt. Clara gewinnt bei einer geraden Zahl, Niklas bei einer ungeraden Zahl. Bei einer Zahl kleiner als 5 gewinnt Susanne, bei einer Primzahl gewinnt Andrej.

a) Wer gewinnt, wenn eine (1) 1, (2) 2, (3) 5, (4) 8 gedreht wird?
b) Vergleiche die Gewinnchancen der Gäste.
c) Anne möchte eine größere Chance als jeder ihrer Gäste haben. Formuliere eine Regel für den Gewinnfall von Anne.

**2** ≡ **Gewinnchancen einschätzen**

Gleiche oder unterschiedliche Gewinnchancen?

a) Gib für die Zufallsexperimente die Ergebnismenge an.
   (1) Werfen einer Münze; (2) Werfen einer Reißzwecke;
   (3) Ziehen einer Murmel aus einem Becher mit 3 gelben und 4 roten Murmeln.

b) Entscheide, ob die Gewinnchancen der Zufallsexperimente in Aufgabenteil a) gleich groß sind und vergleiche sie miteinander.

**3** ≡ **Gewinnchancen beim Kugelziehen**

In einem Becher befinden sich sechs schwarze, vier rote und fünf weiße Kugeln. Es wird blind eine Kugel gezogen.

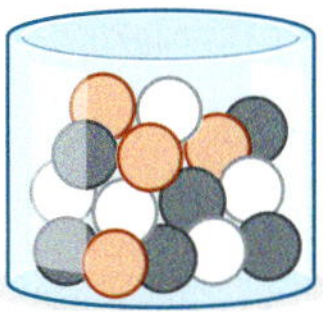

a) Vergleiche die Gewinnchancen für die drei Farben.
b) Nenne zwei Möglichkeiten, die Anzahl der Kugeln im Gefäß zu ändern, damit alle Farben die gleiche Chance haben.
c) Wie viele Kugeln von welcher Farbe müsste man hinzufügen, damit die Chance eine weiße Kugel zu ziehen doppelt so groß ist, wie die eine schwarze Kugel zu ziehen?

**4** ≡ Auf einem Straßenfest steht das abgebildete Glücksrad.

a) Begründe, dass nicht alle Ergebnisse die gleiche Chance haben.
b) Welche Ergebnisse haben die gleiche Chance?
c) Luisa sagt: *„Die Chance eine ungerade Zahl zu erhalten ist größer als die für eine gerade Zahl."*
   Was sagst du dazu?
d) Tine setzt darauf, dass eine 1 gedreht wird. Worauf könnte ihre Freundin Annalena setzen, um die gleiche Gewinnchance zu haben?

**Prüfe dich!**
Lösungen auf Seite 212

## Absolute und relative Häufigkeiten bei Zufallsexperimenten

**Zufallsexperiment**
Reißnagel werfen
- **Zufallsgerät**

- **Ergebnisse**
  Kopf und Seite

Das Zufallsexperiment wird 2000-mal durchgeführt.
Für die Ergebnisse lassen sich die absoluten und relativen Häufigkeiten berechnen.

| | Kopf | Seite |
|---|---|---|
| **absolute Häufigkeit** | 812 | 1188 |
| **relative Häufigkeit** | $\frac{812}{2000} = 0{,}406 \approx 0{,}4$ | $\frac{1188}{2000} = 0{,}594 \approx 0{,}6$ |

**5** ≡ **Lego-Sechser**

Helen würfelt mit einem beschrifteten Lego-Sechser.

a) Bestimme die relativen Häufigkeiten.
b) Was lässt sich aus den relativen Häufigkeiten über die Chance, eine 6 zu würfeln, schließen?

| | 1 | 2 | 3 | 4 | 5 | 6 |
|---|---|---|---|---|---|---|
| **absolute Häufigkeit** | 3 | 223 | 1 | 56 | 60 | 147 |

**6** ≡ Ein beschrifteter Quader wird geworfen.
Bestimme die relativen Häufigkeiten.

| | 1 | 2 | 3 | 4 | 5 | 6 |
|---|---|---|---|---|---|---|
| **absolute Häufigkeit** | 86 | 27 | 369 | 408 | 33 | 77 |

**Prüfe dich!**
Lösungen auf Seite 213

# Mein Merkzettel

Seite 124

## *Absolute und relative Häufigkeiten*

- *absolute Häufigkeiten aufschreiben*
- *Gesamtzahl berechnen: Summe der absoluten Häufigkeiten*
- *relative Häufigkeiten berechnen: relative Häufigkeit* $= \frac{\text{absolute Häufigkeit}}{\text{Gesamtzahl}}$

| | grün | rot | blau | gesamt |
|---|---|---|---|---|
| **absolute Häufigkeit** | 6 | 9 | 15 | **30** |
| **relative Häufigkeit** | $\frac{6}{30} = \frac{1}{5}$ | $\frac{9}{30} = \frac{3}{10}$ | $\frac{15}{30} = \frac{1}{2}$ | **1** |
| **Mittelpunktswinkel** | 72° | 108° | 180° | **360°** |
| **Streifenlänge** | 20 mm | 30 mm | 50 mm | **100 mm** |

$6 + 9 + 15 = 30$ ✓

$\frac{1}{5} + \frac{3}{10} + \frac{1}{2} = 1$ ✓

$72° + 108° + 180 = 360°$ ✓

$20\,mm + 30\,mm + 50\,mm = 100\,mm$ ✓

Seite 126

## *Kreisdiagramm zeichnen*

- *einen Schenkel zeichnen*
- *Mittelpunktswinkel berechnen:* $\frac{\text{absolute Häufigkeit}}{\text{Gesamtzahl}} \cdot 360°$
- *mit dem Geodreieck nacheinander die Mittelpunktswinkel abtragen*

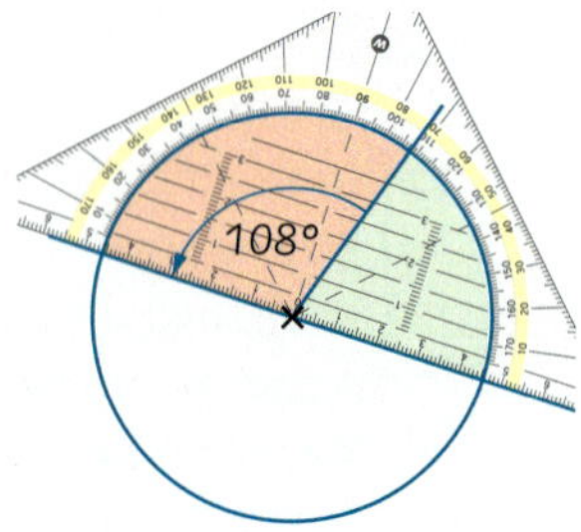


Seite 129

## *Streifendiagramm zeichnen*

- *Gesamtlänge z. B. 100 mm; Streifenstück:* $\frac{\text{absolute Häufigkeit}}{\text{Gesamtzahl}} \cdot 100\,mm$

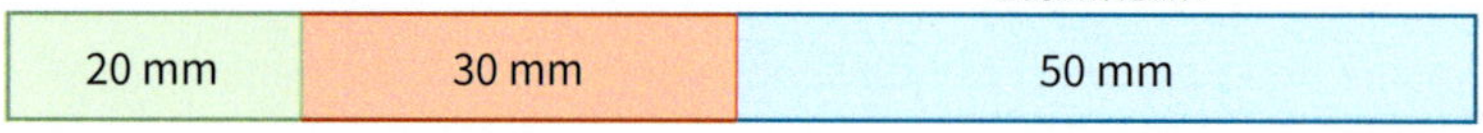


Seite 130

## *Kenngrößen*

**Daten auswerten**

- *Werte der Größe nach sortieren*
- *Minimum, Maximum, Spannweite bestimmen*

**Sandras Weiten beim Tauchen**

*Urliste: 7 m; 4 m; 7 m; 1 m; 11 m; 9 m; 2 m; 3 m*

*Minimum: 1 m* *Maximum: 11 m*

*Spannweite: 11 m – 1 m = 10 m*

Seite 130
Seite 134

## *Zählprinzip*

- *Baumdiagramm zeichnen*

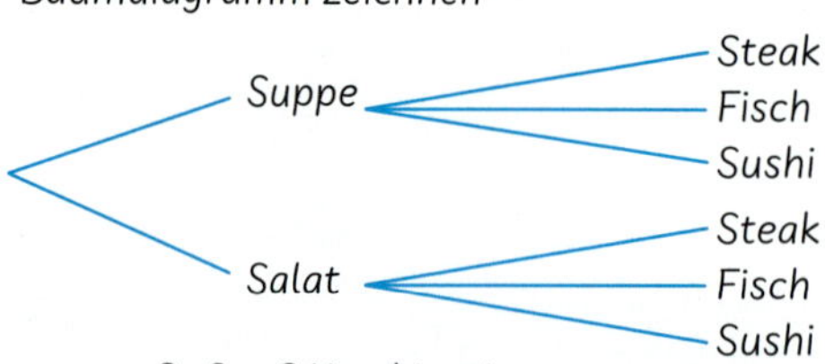


$2 \cdot 3 = 6$ Kombinationen

- *Berechnen, wie viele Möglichkeiten verschiedene Kombinationen aus 2 Vorspeisen und 3 Hauptspeisen zu bilden:* $2 \cdot 3 = 6$ *Kombinationen*

## *Zufallsexperimente*

**Würfel werfen**

*Ergebnisse: 1, 2, 3, 4, 5, 6*

*Ergebnismenge:* $S = \{1, 2, 3, 4, 5, 6\}$

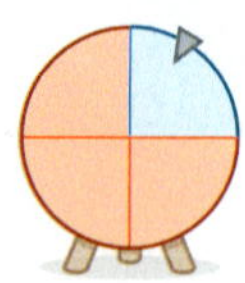

**Glücksrad drehen**

*Ergebnisse: rot, blau*

*Ergebnismenge:* $S = \{rot, blau\}$

# Wiederholen für die Klassenarbeit

Lösungen auf Seite 213

## 1 Relative Häufigkeiten berechnen

Berechne die relativen Häufigkeiten.

a) Ergebnis der Klassensprecherwahl

| Name | Justin | Max | Kim | Lucie |
|---|---|---|---|---|
| Stimmen | 9 | 7 | 5 | 4 |

b) Ergebnis der AG-Wahl

| AG | Schach | Fechten | Nähen | Football |
|---|---|---|---|---|
| Anzahl | 18 | 24 | 36 | 42 |

## 2 Absolute Häufigkeiten aus relativen Häufigkeiten berechnen

Von 120 Kindern haben $\frac{2}{5}$ ein Geschwisterkind, $\frac{1}{5}$ zwei Geschwister, $\frac{1}{10}$ drei oder mehr und der Rest keine Geschwister. Berechne die absoluten Häufigkeiten.

## 3 Lieblingssportarten

In der Klasse 6 b wurde eine Umfrage zu den Lieblingssportarten der Schülerinnen und Schüler durchgeführt. In der Pause wischt Tim einige Einträge weg.
Ergänze die fehlenden Zahlen.

## 4 Kreisdiagramm und Streifendiagramm

Wofür wird das Taschengeld ausgegeben?

a) Erstelle ein Kreisdiagramm.

b) Erstelle ein Streifendiagramm.

| | |
|---|---|
| **Shopping** | 50 % |
| **Essen und Trinken** | 25 % |
| **Freizeitaktivitäten** | 20 % |
| **Sonstiges** | 5 % |

## 5 Klicks auf die Schulhomepage

Welches Diagramm passt zu den Daten? Begründe.

| Mai | Juni | Juli |
|---|---|---|
| 9 986 | 10 027 | 10 045 |

①

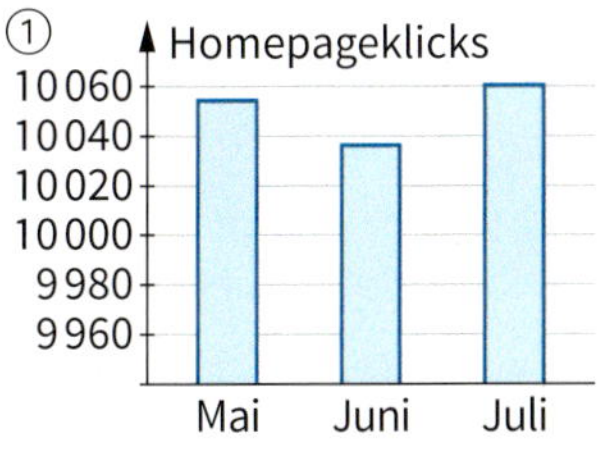


②

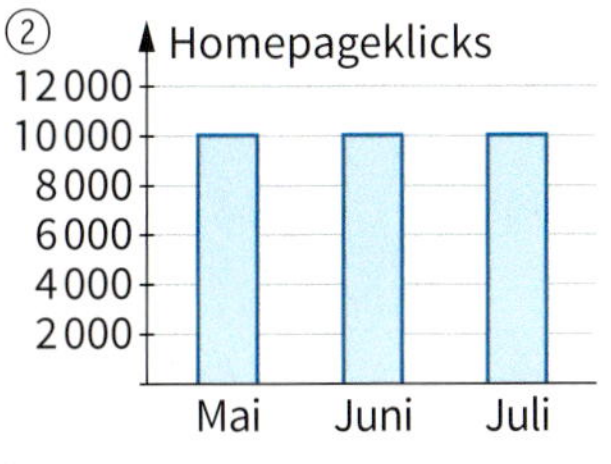


③

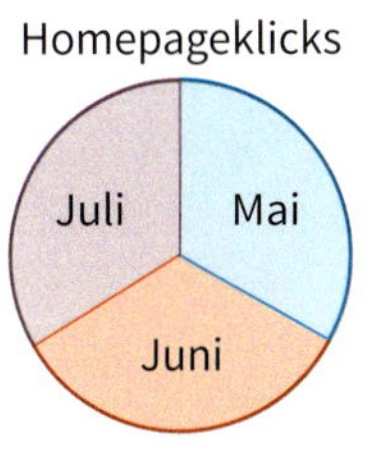


## 6 Daten auswerten

Bestimme das Maximum, das Minimum und die Spannweite.

a) 8; 3; 7; 3; 4; 12; 10; 1

b) 93 cm; 2,2 m; 213 cm; 1,7 m

c) 98 g; 0,8 kg; 1,05 kg; 540 g

## 7 Anwenden des allgemeinen Zählprinzips

Für eine Flagge aus drei Streifen stehen fünf unterschiedliche Farben zur Verfügung.
Wie viele Gestaltungsmöglichkeiten gibt es, wenn

a) alle Streifen unterschiedlich gefärbt sind;

b) die beiden äußeren Streifen dieselbe Farbe besitzen?

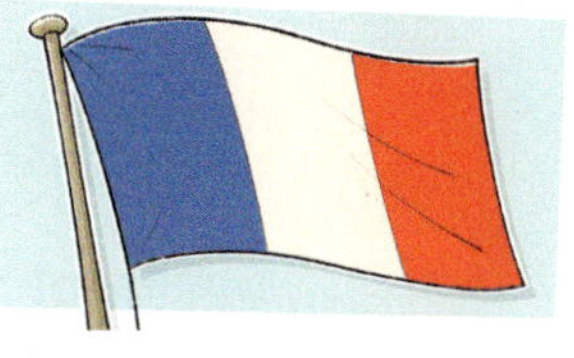

## 8 Glücksrad

a) Gib die Ergebnismenge für das abgebildete Glücksrad an.

b) Vergleiche die Gewinnchancen der einzelnen Ergebnisse.

c) Wie könnte das Glücksrad aussehen, damit die Chance von gelb, rot und grün gleich groß ist, die Chance von blau aber dreimal so groß wie die von grün ist?

BRAEBURN
FRISCHE ERNTE
FUJI
FRISCHE ERNTE

# 7 Zuordnungen

2 kg Äpfel kosten 5 €.
4 kg Äpfel kosten dann 10 €.
Kostet die doppelte Menge immer doppelt so viel?
Wie teuer sind dann 3 kg Äpfel?
Welche Menge erhalte ich für 3,50 €?
Zwischen dem Preis und der Menge besteht ein Zusammenhang. Diesen Zusammenhang kann man als Tabelle oder in einer Grafik darstellen. Aus diesem Zusammenhang kann man viele Informationen ablesen.

- **Wie können Größen miteinander zusammenhängen?**
- **Wie stellt man den Zusammenhang zwischen Größen dar?**
- **Wie kann man einen unbekannten Wert mithilfe einer Zuordnung berechnen?**

# 7.1 Zuordnungstabellen

Denisa und Chiara lassen Wasser gleichmäßig in eine Vase laufen. Sie notieren alle 10 Sekunden die Höhe des Wasserstandes. Die Werte werden in einer Tabelle gesammelt. Am Ende stellen die beiden eine Zuordnung zwischen Zeit und Füllhöhe in einem Koordinatensystem dar. Wie könnte die Grafik von Chiara und Denisa aussehen?

WES-137382-049

## Zuordnungen grafisch darstellen

Die **Zuordnung** zwischen zwei Größen kann man in einer **Tabelle** darstellen. Jedes **Wertepaar** enthält eine Information, die man in Worten beschreiben kann. Jedem Wertepaar entspricht ein **Punkt** (x-Wert | y-Wert) auf dem **Graphen**.

Tabelle

| Zeit in s | 0 | 10 | 20 | 30 | 40 | 50 | … |
|---|---|---|---|---|---|---|---|
| Füllhöhe in cm | 0 | 3 | 7 | 8 | 9 | 10 | … |

Wertepaar: (50 | 10)

In Worten: „*Nach 50 s steht das Wasser 10 cm hoch.*“

Zuordnungsvorschrift: *Zeit in s → Füllhöhe in cm*

Graph

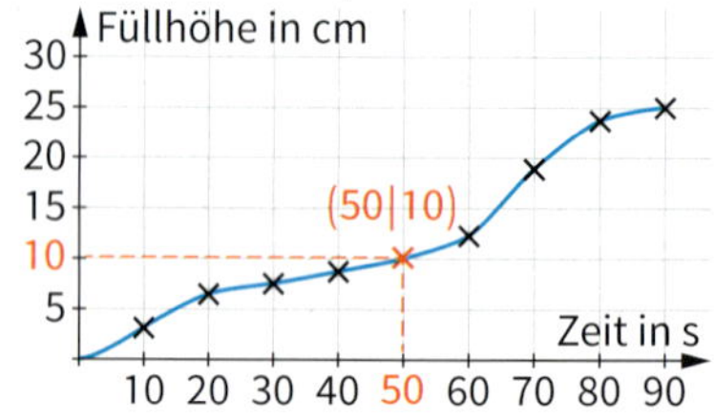


## Von der Tabelle zum Graphen

Zurückgelegte Strecke eines Radrennfahrers

| x: Zeit in min | 10 | 20 | 30 | 40 | 50 | 60 | 70 |
|---|---|---|---|---|---|---|---|
| y: Strecke in km | 4 | 10 | 18 | 27 | 35 | 42 | 45 |

- Achsen festlegen und beschriften
  x-Achse: *Zeit in min*; y-Achse: *Strecke in km*
- Achseneinteilung festlegen
  x-Achse: 1 cm entspricht 10 min;
  y-Achse: 1 cm entspricht 10 km
- Graphen zeichnen:
  *Wertepaare als Punkte eintragen*
  *Punkte verbinden, wenn es sinnvoll ist*

Radrennfahrer

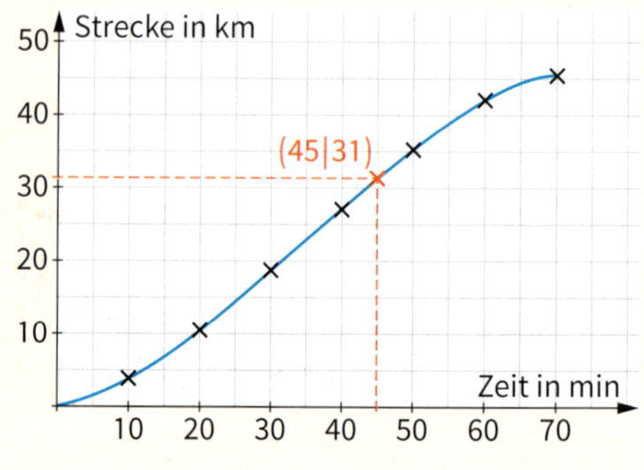


- Weitere Punkte auf dem Graphen ablesen und die Information in Worten beschreiben:
  Punkt (45 | 31): Nach 45 min hat der Radfahrer eine Strecke von 31 km zurückgelegt.

**1** **Hammerwurf**

Mit Messgeräten wurden zum Flug eines Hammers einige Wertepaare bestimmt.

| Weite in m | 0 | 12 | 20 | 35 | 45 | 55 | 65 | 74 |
|---|---|---|---|---|---|---|---|---|
| Höhe in m | 0,5 | 6 | 8,5 | 11 | 10,5 | 8,5 | 4,5 | 0 |

a) Lies aus der Tabelle ab, wie weit und wie hoch der Hammer flog.

b) Zeichne den Graphen und wähle dabei die Achsen geeignet. Beantworte mithilfe des Graphen die Fragen: Welche Höhe hatte der Hammer bei der Weite von 30 m? Welche Weite hatte der Hammer bei einer Höhe von 7 m?

**2** ≡ **Wasserstände**

Hannes und Hilda haben vor ihrer Klassenfahrt zur Insel Borkum die Wasserstände an der Fischerbalje (Borkums Südküste) recherchiert. Gemessen wurde der Wasserstand in Meter. Für die Uhrzeiten 19 Uhr bis 24 Uhr haben sie keine Messwerte gefunden.

| **Uhrzeit** | 1 | 2 | 3 | 4 | 5 | 6 | 7 | 8 | 9 | 10 | 11 | 12 | 13 | 14 | 15 | 16 | 17 | 18 |
|---|---|---|---|---|---|---|---|---|---|---|---|---|---|---|---|---|---|---|
| **Stand in m** | 6,0 | 5,9 | 5,4 | 4,7 | 4,2 | 3,7 | 3,4 | 3,7 | 4,6 | 5,2 | 5,6 | 5,8 | 6,0 | 5,9 | 5,6 | 5,0 | 4,5 | 4,1 |

a) Zeichne den Graphen. Begründe deine Wahl der Achsen.

b) Schätze die fehlenden Werte für die Stunden von 19 Uhr bis 24 Uhr.

**3** ≡ **Fragwürdige Zwischenwerte**

Im Supermarkt kostet ein Schokoriegel 1,20 €. Ein Sparpaket mit 5 Riegeln kostet 4,50 €.

a) Wie viel muss Carla bezahlen für 1, 2, ..., 10 Schokoriegel? Erstelle eine Tabelle.

b) Stelle die Zuordnung *Anzahl* → *Preis* für 0 bis 10 Schokoriegel in einem Graphen dar.

c) Im Beispiel ist das Wertepaar (1,5 | 1,8) markiert. Welche Bedeutung hat dieses Wertepaar im Sachzusammenhang? Erkläre, ob es demnach sinnvoll ist, die Punkte zu verbinden.

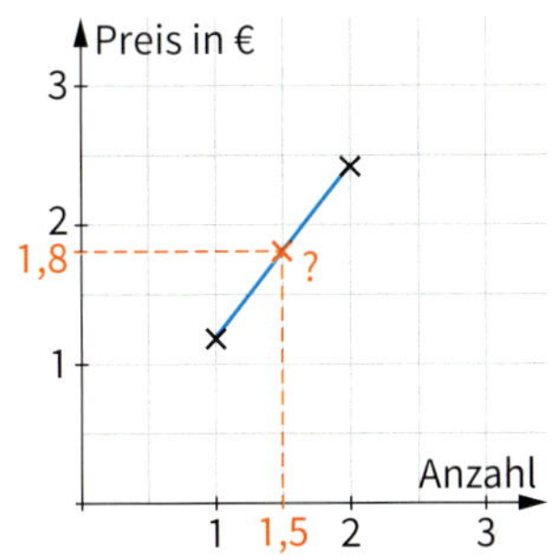

**4** ≡ **Graphen erklären**

Finn hat für die Hausaufgaben drei Graphen erstellt.

a) Gib an, zwischen welchen Größen eine Zuordnung dargestellt ist. Beschreibe die Zuordnung.

b) Bei welchem Graphen ist es sinnvoll die Punkte zu verbinden, bei welchem sollte man es nicht tun? Begründe deine Antwort.

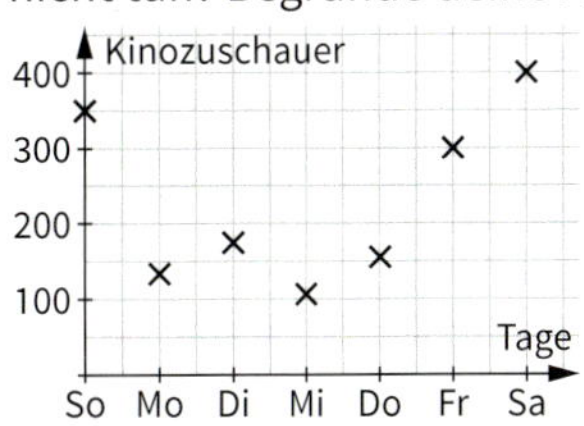


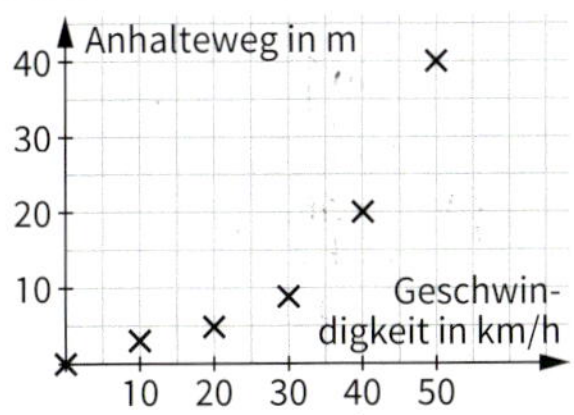


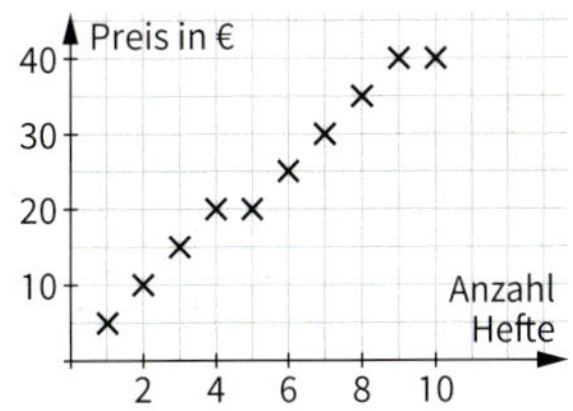


**5** ≡ Eine Brezel kostet 90 ct. Heute ist beim Bäcker Brezeltag, es gibt 5 Brezeln für 4 €. Stelle die Zuordnung *Anzahl* → *Preis* für die ersten 12 Brezeln in einer Tabelle und in einem Graphen dar. Erkläre, ob man die Punkte im Graphen verbinden darf.

**Prüfe dich!**
Lösungen auf Seite 214

**6** ≡ Die Tabelle zeigt die durchschnittliche Körpergröße von Babys.

| **Alter in Monaten** | 0 | 1 | 2 | 3 | 4 | 6 | 8 |
|---|---|---|---|---|---|---|---|
| **Körpergröße in cm** | 51 | 53 | 57 | 60 | 62 | 66 | 70 |

a) Veranschauliche die Zuordnung *Alter* → *Körpergröße* in einem Graphen. Achte auf eine sinnvolle Einteilung der Achsen.

b) Lies an deinem Graphen ab und beantworte die Fragen: Wie groß ist ein Baby, das 5 Monate alt ist? Wie alt ist ein Baby, das 68 cm groß ist?

c) Angenommen ein Kind wächst weiterhin so schnell wie in den ersten beiden Monaten. Bestimme, wie groß dann ein einjähriges oder ein zehnjähriges Kind wäre.

## 7 Vom Graphen zur Tabelle

In Wetterstationen zeichnet ein automatischer Temperaturschreiber täglich den Temperaturverlauf auf, wie hier auf dem abgebildeten Blatt.

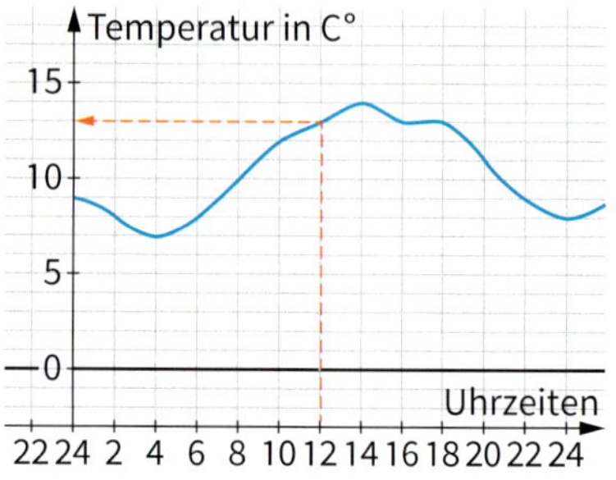


a) Bestimme aus der Grafik das Wertepaar, das zur roten Markierung gehört. Beschreibe die Information des Wertepaars in Worten.
b) Wann betrug die Temperatur 10 °C?
c) Erkläre, wann es am wärmsten und wann es am kältesten war und gib diese Temperaturen an.

## 8 Mit dem Auto nach Hamburg

Emilia hat auf der Fahrt zu Oma und Opa Wertepaare aus Fahrzeit und zurückgelegter Wegstrecke in ein Koordinatensystem eingetragen.

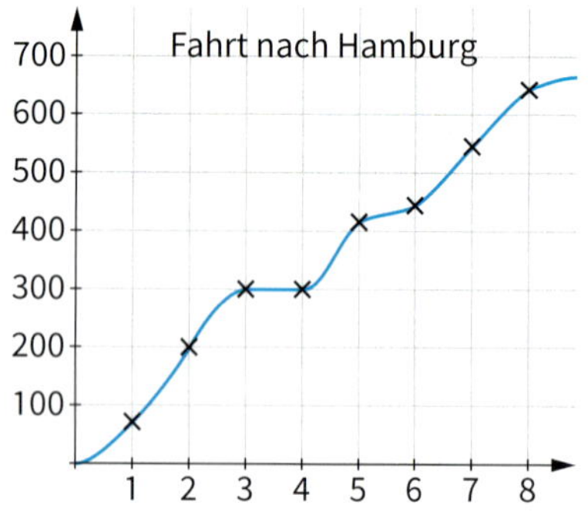


a) Gib die Beschriftung der Koordinatenachsen an.
b) Wie weit war die Fahrt? Wie lange hat sie gedauert?
c) Wie erkennt man schnelles und langsames Fahren?
d) Bestimme die Zeiträume, in denen Stau gewesen sein könnte. Gibt es auch andere Erklärungen?
e) Was spricht dafür, was spricht dagegen, dass die Punkte verbunden wurden?

## 9 Lohnerhöhung

Ein Start-Up-Unternehmen beschäftigt viele Hilfskräfte, Studentinnen und Studenten und auch feste Arbeitskräfte. Der Lohn wird als Wochenlohn ausgezahlt. Der Wochenlohn soll nun erhöht werden. Hierfür werden drei Vorschläge diskutiert.

① Jeder Wochenlohn wird um 50 € erhöht.

② Jeder Wochenlohn wird um ein Zehntel erhöht.

③ Löhne unter 400 € werden auf 400 € erhöht; alle anderen Löhne bleiben unverändert.

a) Setze die Tabelle für die alten Löhne 200 €, 300 € … bis 1000 € fort.
b) Zeichne für die Vorschläge (1) bis (3) Graphen in ein gemeinsames Koordinatensystem. Prüfe, ob das Verbinden der Punkte sinnvoll wäre.
c) Für welche Arbeitskräfte ist Vorschlag (1) am günstigsten, für welche der Vorschlag (2) und für welche der Vorschlag (3)?

| alter Lohn in € | neuer Lohn in € | | |
|---|---|---|---|
| | (1) | (2) | (3) |
| 100 | 150 | 110 | 400 |
| 200 | … | … | … |
| … | … | … | … |

## 10 Geometrische Zuordnungen

Wenn man bei einem Kreis den Radius vergrößert, wird der Umfang und auch der Flächeninhalt größer. Die Zuordnungen zwischen Radius und Umfang sowie zwischen Radius und Flächeninhalt kann man in Tabellen darstellen.

a) Übertrage die Tabellen in dein Heft und fülle die Lücken aus.
b) Erstelle zu jeder Tabelle einen Graphen. Die x-Achse gibt den Radius an.
c) Beschreibe, wie sich der Umfang und der Flächeninhalt ändert, wenn der Radius verdoppelt wird.

| Radius in cm | Umfang in cm |
|---|---|
| 2 | |
| 3 | |
| 4,5 | |
| 12 | |

| Radius in cm | Flächeninhalt in cm² |
|---|---|
| 2 | |
| 3 | |
| 4,5 | |
| 12 | |

# Füllgraphen

WES-137382-050

### Gefäße füllen

Sophie und Piet füllen den Erlenmeyerkolben gleichmäßig mit Wasser, bis er überläuft.
Der Graph stellt die Zuordnung *Zeit → Höhe des Wassers* grafisch dar.

Sophie beschreibt den Verlauf des Graphen: *„Der Wasserstand steigt erst langsam, dann immer schneller an, weil das Gefäß nach oben hin enger wird. Gegen Ende nimmt der Wasserstand kurze Zeit gleichmäßig zu, weil das Gefäß oben am Hals gleich breit ist."*

### Graphen gesucht

Skizziere zu jedem Gefäß einen Füllgraphen für die Zuordnung *Zeit → Höhe des Wassers im Gefäß*.
Beschreibe jeweils den Verlauf in Worten.

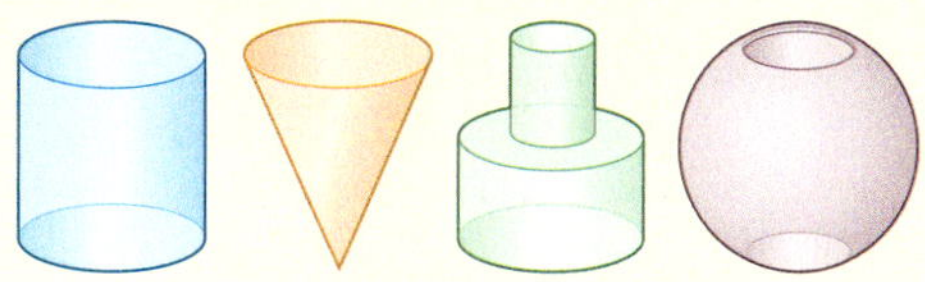

### Gefäße gesucht

Hier sind einige Füllgraphen vorgegeben. Skizziere passende Gefäße dazu.

### Badewannen leeren

Bei einer Badewanne wird der Stöpsel gezogen. Das Wasser fließt gleichmäßig ab.
Der Graph stellt die Zuordnung *Zeit → Höhe des Wassers* dar.

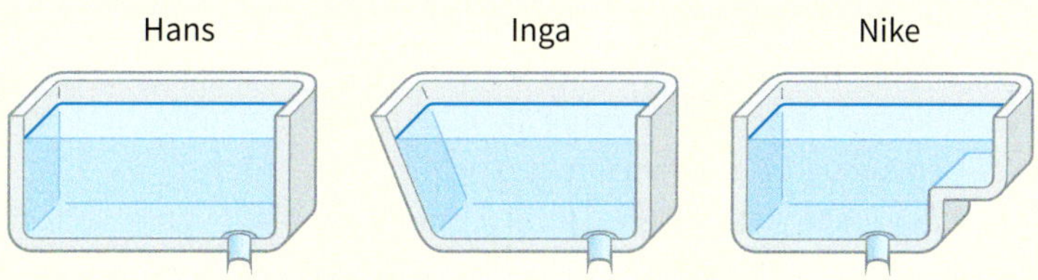


a) Wessen Badewanne passt zum gegebenen Graphen?
b) Skizziere zu den anderen Badewannen jeweils einen Graphen.

### Graphen mit Tabellenkalkulation

Die Graphen von Zuordnungen lassen sich mit einem Tabellenkalkulationsprogramm darstellen. Dafür werden die Messwerte in die Tabelle eingetragen und daraus das passende Diagramm erzeugt.

| Zeit in s | Höhe des Wassers in cm |
|---|---|
| 0 | 0 |
| 10 | 3 |
| 20 | 6 |
| 30 | 12 |
| 40 | 14 |

Tabelle markieren

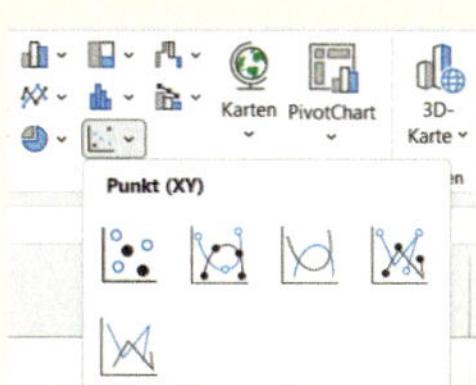


[Einfügen] > [Diagramme]

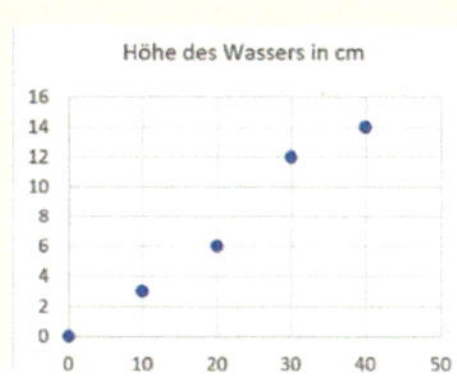


[Punkte (XY)]

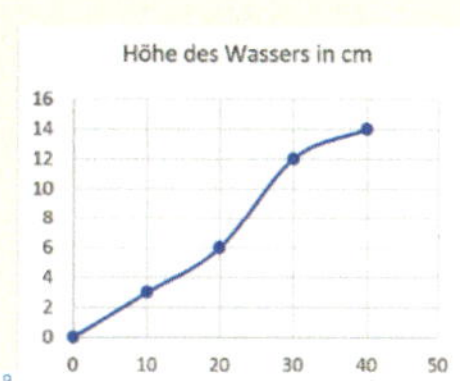

[Punkte mit Linien]

# 7.2 „Je mehr – desto …“-Zuordnungen

Ein Jugendamt gibt den Eltern diese Empfehlung für das Taschengeld ihrer Kinder.

| | | | | | | | | |
|---|---|---|---|---|---|---|---|---|
| **Alter des Kindes in Jahren** | 6 | 8 | 10 | 12 | 14 | 16 | 18 | 20 |
| **Taschengeld in Euro pro Monat** | 7 | 11 | 18 | 22 | 35 | 45 | 75 | 80 |

- *„Je älter das Kind ist, desto mehr Taschengeld bekommt es.“* Ist die Aussage richtig?
- Warum nimmt das empfohlene Taschengeld nicht gleichmäßig zu?
- Nenne weitere Beispiele für „je mehr – desto mehr“-Zuordnungen.

WES-137382-051

***„Je mehr – desto mehr“***
Erhöht man den x-Wert,
so erhöht sich der y-Wert.
Der Graph **steigt** immer.

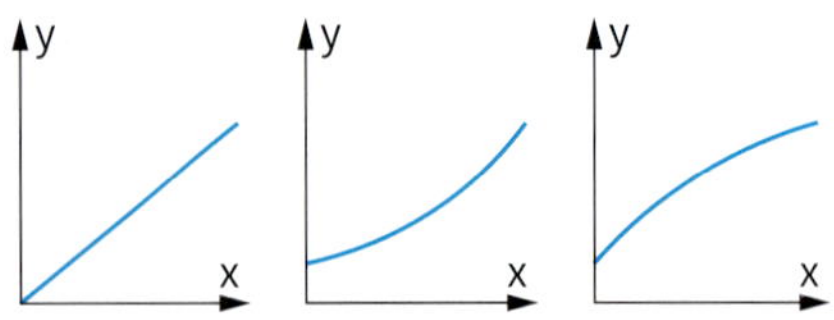


***„Je mehr – desto weniger“***
Erhöht man den x-Wert,
so verringert sich der y-Wert.
Der Graph **fällt** immer.

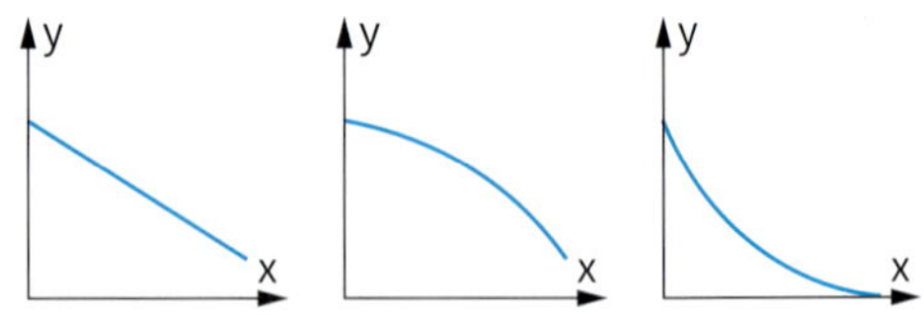


**Graphen zuordnen**
Es regnet und im Garten steht ein Eimer, der Regenwasser auffängt. Welcher Graph beschreibt die Zuordnung *Zeit → Höhe des Wassers im Eimer*?

**Lösung**
Der Graph (2) beschreibt die Zuordnung *Zeit → Höhe des Wassers im Eimer*.
Die x-Achse gibt die Zeit an. Die Zeit schreitet voran und dabei nimmt die Höhe des Wassers im Eimer zu. *„Je länger es regnet, desto höher steht das Wasser im Eimer.“*

Bei dem Graphen (1) wurde nicht berücksichtigt, dass die Zeit fortschreitet. Es ist nicht eindeutig, welcher y-Wert zu einem x-Wert gehört.
Der Graph (3) stellt eine *„je mehr – desto weniger“*-Zuordnung dar.

**1** **Abbrennende Kerze**
Eine Kerze brennt ab. Der Graph soll die Zuordnung *Zeit → Höhe der Kerze* beschreiben. Erkläre, welcher Graph passt.
Wie könnte man die Achsen beschriften?

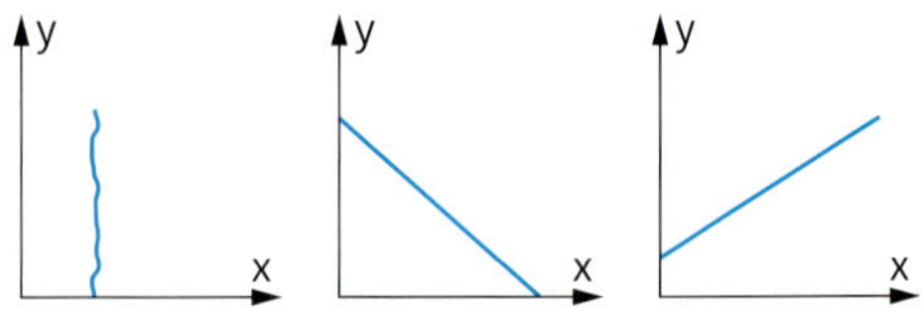


**2** **Wasser erhitzen**
Wasser wird in einem Kochtopf erhitzt. Dabei wird die Temperatur im Abstand von 30 Sekunden (0,5 min) gemessen.
Erstelle einen Graphen und beschreibe, um welche Art von Zuordnung es sich handelt.

| | | | | | | | | | |
|---|---|---|---|---|---|---|---|---|---|
| **Zeit in min** | 0 | 0,5 | 1 | 1,5 | 2 | 2,5 | 3 | 3,5 | 4 |
| **Temperatur in °C** | 18 | 28 | 38 | 47 | 56 | 65 | 73 | 80 | 87 |

**3** ≡ **Gletscherschmelze**

Der Vernagtferner ist ein Gletscher in den Ötztaler Alpen. In der Tabelle ist die Entwicklung der Oberfläche des Gletschers dargestellt.

| **Jahr** | 1970 | 1975 | 1980 | 1985 | 1990 | 1995 | 2000 | 2005 | 2010 | 2015 | 2020 |
|---|---|---|---|---|---|---|---|---|---|---|---|
| **Fläche in km²** | 9,3 | 9,5 | 9,4 | 9,4 | 9,2 | 9,2 | 8,7 | 8,3 | 7,9 | 7,4 | 6,9 |

a) Untersuche, ob es sich um eine „*je mehr – desto weniger*“-Zuordnung handelt.
b) Warum ist es trotzdem sinnvoll, aktuell von „*je mehr – desto weniger*“ zu sprechen?

**4** ≡ In der Tabelle wurde die Tageslänge in Ulm am 21. des Monats für jeden Monat eingetragen.

| **Monat** | Januar | Februar | März | April | Mai | Juni |
|---|---|---|---|---|---|---|
| **Tageslänge am 21. des Monats in h** | 8,5 | 10 | 12 | 14 | 15,5 | 16 |

Handelt es sich um eine „*je mehr – desto …*“-Zuordnung?
Erstelle den Graphen und überlege, wie er sich für die folgenden Monate fortsetzen könnte.

**Prüfe dich!**
Lösungen auf Seite 214

**5** ≡ **Reichweiten**

Bei einem Elektrokleinwagen werden Angaben zur Reichweite in einer Tabelle dargestellt.

| **Geschwindigkeit in $\frac{km}{h}$** | 20 | 40 | 60 | 80 | 100 | 120 | 140 | 160 |
|---|---|---|---|---|---|---|---|---|
| **Reichweite des Autos in km** | 320 | 360 | 350 | 310 | 230 | 180 | 150 | 130 |

a) Handelt es sich um eine „*je mehr – desto …*“-Zuordnung?
b) Erstelle zu der Tabelle einen Graphen (x-Achse: 1 cm entspricht 10 $\frac{km}{h}$; y-Achse: 1 cm entspricht 50 km).

**6** ≡ **Zuordnungen und ihre Graphen**

Gib an, ob es sich um eine „*je mehr – desto mehr*“- oder „*je mehr – desto weniger*“-Zuordnung oder nichts von beiden handelt. Skizziere jeweils einen Graphen.

- *Gewicht der Äpfel → Preis*
- *Alter eines Menschen → Körpergröße*
- *Uhrzeit → Temperatur*
- *Gewicht eines Pakets → Portopreis*
- *Anzahl der Gäste auf einer Feier → Anzahl benötigter Kartoffeln*
- *Anzahl der Gäste auf dem Schiff → Tage, wie lange der Kartoffelvorrat reicht*

**7** ≡ Gib an, ob es sich um eine „*je mehr – desto mehr*“- oder „*je mehr – desto weniger*“-Zuordnung handelt und skizziere jeweils einen Graphen.

- *Seitenlänge eines Würfels → Volumen*
- *Gigabyte pro Monat → Preis pro Monat*
- *Anzahl der Pumpen → Zeit bis der Pool leer ist*
- *Alter eines Menschen → Gewicht*

**Prüfe dich!**
Lösungen auf Seite 215

**8** ≡ **Freibad**

Notiere in einer Tabelle, wie viel der Eintritt für eine Gruppe von 2, 3, …, 15 Kindern im günstigsten Fall kostet.
Emilia sagt: „*Das ist eine ‚je mehr – desto mehr‘-Zuordnung.*“
Mattis entgegnet: „*Nein, hier erkennt man doch ‚je mehr – desto weniger‘*“. Erkläre, was die beiden denken.

| Kinder unter 14 Jahre | |
|---|---|
| Einzelkarte | 2,50 € |
| Fünferkarte | 11,00 € |
| Zehnerkarte | 20,00 € |

**9** ≡ **Quadrat und Rechteck**

a) Piet sagt: „*Ein Quadrat mit doppelter Seitenlänge hat auch doppelten Flächeninhalt.*“
Prüfe an einem Beispiel, ob Piet recht hat. Skizziere einen Graphen zu der Zuordnung *Seitenlänge eines Quadrats → Flächeninhalt des Quadrats*.
b) Ein Rechteck mit den Seitenlängen a und b hat den Flächeninhalt 72 cm². Erstelle skizzenhaft einen Graphen zu *Seitenlänge a → Seitenlänge b* in einem Rechteck mit $A = 72\,cm^2$.

# 7.3 Direkt proportionale Zuordnungen

Am Gemüsestand ist wieder viel los.
4 kg Kartoffeln kosten nur 3,60 €!
Luisa möchte gleich 8 kg kaufen. Katharina benötigt 2 kg. Emil genügt 1 kg.

- Wie viel müssen sie jeweils zahlen?
- Wie viel bekommt Silas für 5,40 €?

WES-137382-052

## Direkt proportionale Zuordnungen

Direkt proportionale Zuordnungen sind besondere „*je mehr – desto mehr*“-Zuordnungen.
Bei einer **direkt proportionalen Zuordnungen** zweier Größen gilt:

- Verdoppelt sich eine Größe, so verdoppelt sich die andere Größe.
- Verdreifacht sich eine Größe, so verdreifacht sich die andere Größe.
- Halbiert sich eine Größe, so halbiert sich die andere Größe.

| Obst in kg | Preis in € |
|---|---|
| 1 | 0,90 |
| **2** | **1,80** |
| 4 | 3,60 |
| 6 | 5,40 |

**Vervielfacht** sich eine Größe, so **vervielfacht** sich die andere Größe entsprechend.

## Tabelle für eine direkt proportionale Zuordnung

In zwei Tagen laufen durch einen defekten Wasserhahn 4 Liter Wasser aus.

Wie viel Wasser ist in 6 Tagen ausgelaufen?

| Zeit in Tagen | Wasser in Liter |
|---|---|
| 2 | 4 |
| 6 | 12 |

Nach 6 Tagen sind 12 Liter ausgelaufen.

Nach wie viel Tagen sind 20 l ausgelaufen?

| Zeit in Tagen | Wasser in Liter |
|---|---|
| 2 | 4 |
| 10 | 20 |

20 Liter sind nach 10 Tagen ausgelaufen.

**1** **Fruchtgummi**
1 kg Fruchtgummi kosten 3,50 €.
Wie viel kosten 3 kg Fruchtgummi? Wie viel Fruchtgummi erhält man für 21 €?

**2** **Nougatcreme**
1 Esslöffel (15 g) Nougatcreme liefert dem Körper 80 Kalorien.
Welche Menge Nougatcreme liefert 560 Kalorien? Wie viele Kalorien liefern 4 Esslöffel?

**3** **Packpapier**
10 m Packpapier von der 1 m breiten Rolle kosten 9,90 €.
Welche Länge Packpapier bekommt man für 29,70 €? Wie teuer sind 2 m Packpapier?

**4** **Kopfrechnen**
Berechne im Kopf und notiere das Ergebnis.
a) 5 Liter Apfelsaft kosten 7,50 €. Wie viel kosten 15 Liter Apfelsaft?
b) 3 Karusellfahrten dauern 8 Minuten. Wie lange dauern 12 Fahrten?
c) In 3 Torten sind 0,6 kg Zucker. Wie viele Torten kann man mit 3,6 kg Zucker backen?
d) 8 Stifte kosten 4,40 €. Wie viele Stifte erhält man für 1,10 €?

**5** **Lücken füllen**

Die Zuordnung der Größen ist direkt proportional. Fülle die Lücken.

a)

| Menge in kg | Preis in € |
|---|---|
| **1** | **4** |
| 2 | |
| 4 | |
| 12 | |
| 20 | |

b)

| Volumen in l | Gewicht in kg |
|---|---|
| 1 | |
| **3** | **6** |
| 6 | |
| | 24 |
| 30 | |

c)

| Fahrkarten | Preis in € |
|---|---|
| 2 | |
| | 16 |
| **8** | **32** |
| 16 | |
| | 160 |

**6** **Proportional oder nicht proportional?**

Überprüfe, ob die Größen proportional zusammenhängen.

| Obst in kg | Preis in € |
|---|---|
| 2 | 5 |
| 4 | 7,50 |
| 6 | 10 |

| Anzahl Nägel | Preis in € |
|---|---|
| 4 | 2 |
| 8 | 4 |
| 12 | 6 |

| Alter in Jahren | Größe in cm |
|---|---|
| 1 | 75 |
| 3 | 97 |
| 4 | 104 |

| Menge in g | Preis in € |
|---|---|
| 50 | 0,75 |
| 100 | 1,20 |

·2 (Menge), ·1,6 (Preis)

Faktoren unterschiedlich, also nicht proportional

**7** Auf dem Markt kosten 2 kg Erdbeeren 6 €.

a) Bestimme den Preis für 6 kg Erdbeeren und für 500 g Erdbeeren.

b) Bestimme die Menge an Erdbeeren, die man für 3 € und für 24 € erhält.

**Prüfe dich!**
Lösungen auf Seite 215

**8** Die Zuordnung der Größen ist direkt proportional. Fülle die Lücken.

| Benzin in l | Preis in € |
|---|---|
| 5 | 8 |
| | 32 |
| 40 | |
| 50 | |

| Zutat in g | Tortenstücke |
|---|---|
| | 1 |
| 100 | 5 |
| 200 | |
| | 25 |

| Saft in l | Obst in kg |
|---|---|
| 10 | |
| 30 | 45 |
| | 90 |
| 120 | |

**9** **Kakao**

Kakaopulver wird in Säcken zu je 30 kg verschifft. Für den Verkauf wird das Kakaopulver in Dosen mit 400 g abgefüllt.

a) Auf einer Palette befinden sich 450 Dosen Kakaopulver. Wie viele Säcke Kakaopulver wurden hierfür benötigt?

b) Das Getränkepulver der Firma Kabiglück besteht zu einem Viertel seiner Masse aus echtem Kakaopulver. Der Rest sind Zucker und andere Zutaten. Wie viel Kilogramm Getränkepulver kann man mit 150 Dosen Kakaopulver herstellen?

**10** **Passstraße**

Fährt man die berühmte Passstraße Stilfser Joch hinauf, gewinnt man durchschnittlich 2 m Höhe auf einer 25 m langen Strecke. Franka kämpft sich mit dem Fahrrad hoch und schafft es, in einer halben Stunde 7000 m weit zu fahren.

a) Bestimme die Höhenmeter, die Franka in einer halben Stunde geschafft hat.

b) Wie lange müsste Franka fahren, um eine Höhe von 28 m oder 2800 m zu überwinden? Ist das rechnerische Ergebnis für Franka realistisch?

**11** **Mathe zum Schmunzeln**

Raul kann in 12 s drei kleine Windbeutel essen.

a) Wie lange braucht er für 730 kleine Windbeutel?

b) Wie viele kleine Windbeutel schafft Simon in 2 Stunden?

# 7.4 Dreisatz – direkte Proportionalität

**Vorbereiten**
Teiler und Vielfache
Seite 179

Mayas Lieblingsschokoriegel sind im Angebot.
Sie kauft 3 Schokoriegel und bezahlt dafür 4,20 €.
Ihre Freundin Marie kauft gleich 5 Schokoriegel.
Wie viel muss sie zahlen?

Bestimmt man zuerst den Preis für einen Schokoriegel, so kann man hieraus den Preis für beliebig viele Schokoriegel bestimmen.

WES-137382-053

### Dreisatz für direkt proportionale Zuordnungen

Die Zuordnung *Kirschen in kg* → *Preis in €* ist direkt proportional.
3 kg Kirschen kosten 12 €. Wie viel kosten 7 kg?

3 kg Kirschen kosten 12 €.
1 kg Kirschen kostet 4 €.
7 kg Kirschen kosten 28 €.

| | Kirschen in kg | Preis in € | |
|---|---|---|---|
| | **3** | **12** | |
| :3 | 1 | 4 | :3 |
| ·7 | **7** | 28 | ·7 |

### Dreisatz für eine direkt proportionale Zuordnung

4 kg Äpfel kosten 10 €.

| | Äpfel in kg | Preis in € | |
|---|---|---|---|
| | **4** | **10** | |
| :4 | 1 | 2,5 | :4 |
| ·3 | **3** | 7,5 | ·3 |

**Wie viel kosten 3 kg Äpfel?**
4 kg Äpfel kosten 10 €.
1 kg Äpfel kostet 2,50 €.
**3 kg Äpfel kosten 7,50 €.**

| | Äpfel in kg | Preis in € | |
|---|---|---|---|
| | **4** | **10** | |
| :2 | 2 | 5 | :2 |
| ·7 | 14 | **35** | ·7 |

**Wie viele Äpfel bekommt man für 35 €?**
Für 10 € bekommt man 4 kg.
Für 5 € bekommt man 2 kg.
**Für 35 € bekommt man 14 kg.**

**1** ≡ **Eis**
Löse die Aufgabe in einer Tabelle und formuliere dazu drei Sätze. 4 kg Eis kosten 14 €.
a) Wie viel kosten 3 kg Eis?
b) Wie viel Kilogramm Eis erhält man für 21 €?

**2** ≡ **Essen zubereiten**
Ein Rezept ist für 4 Personen gedacht. Dafür benötigt man 200 ml Milch.
Wie viel Milch benötigt man für 3 Personen? Für wie viele Personen reichen 700 ml Milch?

**3** ≡ **Haus und Garten**

a) 4 m Tapete kosten 32 €. Wie viel kosten 11 m Tapete?
b) Für 12 Balkonkästen werden 4 Säcke Blumenerde verwendet.
Wie viele Säcke Blumenerde benötigt man für 30 Balkonkästen?
c) Für 500 m² Rasen benötigt man 5 Packungen Rasensamen.
Wie viele Packungen benötigt man für 1400 m² Rasen?
d) 11 Dielen wiegen 47,30 kg. Wie schwer sind 19 Dielen?

**4** **Unterschiedliche Lösungswege**

Zur Herstellung von 30 Modellen benötigt ein 3D-Drucker 12 Stunden. Die Zuordnung *Anzahl der Modelle → Zeit* ist proportional. Nun soll berechnet werden, wie lange derselbe 3D-Drucker für 20 Modelle benötigt.
Übertrage die Tabellen in dein Heft und fülle sie aus. Beschreibe die unterschiedlichen Vorgehensweisen. Welches Vorgehen findest du am geschicktesten?

Mattis (:30, ·20)

| Anzahl | Zeit in h |
|---|---|
| 30 | 12 |
| 1 | ■ |
| 20 | ■ |

Denisa (:6, ·4)

| Anzahl | Zeit in h |
|---|---|
| 30 | 12 |
| 5 | ■ |
| 20 | ■ |

Hilda (·2, :3)

| Anzahl | Zeit in h |
|---|---|
| 30 | 12 |
| 60 | ■ |
| 20 | ■ |

Axel ($\cdot \frac{2}{3}$)

| Anzahl | Zeit in h |
|---|---|
| 30 | 12 |
| | |
| 20 | ■ |

**5** **Geschickten Zwischenschritt wählen**

Bestimme den Wert im roten Feld. Wähle den Zwischenschritt geschickt.

| x | y |
|---|---|
| 12 | 30 |
| ■ | ■ |
| 8 | ■ |

| x | y |
|---|---|
| 24 | 11 |
| ■ | ■ |
| 36 | ■ |

| x | y |
|---|---|
| 65 | 50 |
| ■ | ■ |
| ■ | 40 |

| x | y |
|---|---|
| 322 | 14 |
| ■ | ■ |
| ■ | 12 |

**6** **Bonbons**

Auf einem Volksfest kann man 250 g lose Bonbons für 4 € kaufen. Berechne den Preis für 600 g Bonbons. Berechne die Menge, die man für 14 € kaufen kann.

**7** **Erde abtransportieren**

Bei einem Hausbau müssen 210 m³ Aushub abtransportiert werden. Mit 8 Lkw-Fahrten werden 112 m³ Erde abgefahren. Wie viele Fahrten müssen noch gemacht werden?

---

**Prüfe dich!** Lösungen auf Seite 215

**8** Herr Haupt verkauft Apfelsaft zum Selbstabfüllen. 4 Liter Apfelsaft kosten 6 €.
a) Wie viel kosten 3 Liter, 10 Liter oder 15 Liter Apfelsaft?
b) Wie viel Liter Apfelsaft kann man für 9 €, 15 € oder 21 € kaufen?

**9** Familie Brecht lässt aus Birnen Saft pressen. Aus 28 kg Birnen ergeben sich 20 Liter Birnensaft. In diesem Jahr betrug die Ernte von den Birnbäumen in ihrem Garten 210 kg.
Wie viel Liter Birnensaft wird Familie Brecht erhalten?

---

**10** **E-Auto**

Das Elektroauto von Frau Brandl verbraucht etwa 19 kWh Strom auf 100 km.
a) Berechne die Strecke die mit einer vollen 76 kWh Batterie zurückgelegt werden kann. Wie weit kommt sie, wenn die Batterie nur halb voll ist?
b) Die Reserve des Autos reicht für 40 km. Berechne, wie viel kWh das entspricht.

**11** **Rohr teilen**

Ein 4 m langes Rohr wird in gleich lange Teile geteilt. Bestimme die Länge der Einzelteile, wenn man das Rohr in 2 Teile, 5 Teile oder 20 Teile teilt.

**12** **Eiskugeln**

a) 3 Kugeln Eis kosten 3,60 €. Berechne den Preis eines Familien-Eisbechers mit 7 Kugeln Eis.
b) 3 Kugeln Eis kosten 4,80 €, 5 Kugeln Eis mit Sahne kosten 8,60 €. Wie teuer ist die Sahne?

### 13 Katzenfutter

Familie Koch muss für ihre drei Katzen alle 14 Tage neues Katzenfutter kaufen. Ihre Nachbarn geben über die Ferien noch eine Katze zu Familie Koch. Wie lange reicht das Katzenfutter?

### 14 Mountainbike-Fahrt

Ein Mountainbikefahrer benötigt im Gebirge auf seiner Trainingsstrecke 16 min, um 200 Höhenmeter zurückzulegen.

a) Wie lange benötigt er für 250, 700, 1200 Höhenmeter? Erläutere, welche Voraussetzungen du dabei machst.

b) Wie viel Höhenmeter legt er demnach in 30 min, 40 min, 74 min zurück?

### 15 Treppenstufen laufen

Annalena schafft die 50 Treppenstufen in der Schule in 30 Sekunden. Angenommen, ihr geht nie die Puste aus.

a) Wie lange benötigt sie für die 240 Eichenholzstufen der Wendeltreppe des Eichbergturms?

b) Wie lange würde sie für die 2046 Stufen beim „TAIPEI 101 RUN UP“ benötigen?

### 16 Sonar

Um Objekte unter Wasser zu orten, kann ein Sonargerät verwendet werden. Das Gerät sendet Schallwellen aus, diese werden an einem Objekt reflektiert und dann wieder registriert. Bei einer Entfernung von 1500 m dauert das 2 s. Wie weit entfernt ist das Objekt, wenn die Schallwelle nach 1,5 s (0,1 s; 4,2 s; 0,6 s) registriert wird?

### 17 Doppelter Dreisatz

Für ein 3-tägiges Seminar mit 18 Personen musste eine Firma 4860 € an den Veranstalter zahlen. Wegen des großen Erfolgs plant die Firma nun ein 5-tägiges Seminar für 30 Personen durchzuführen.
Erläutere das Vorgehen rechts zur Bestimmung der Kosten dieses Seminars und vervollständige die Tabelle.
Welche Voraussetzung ist dabei gemacht worden?

| Anzahl der Personen | Anzahl der Tage | Kosten (in €) |
|---|---|---|
| 18 | 3 | 4860 |
| 18 | 1 | |
| 18 | 5 | |
| 1 | 5 | |
| 30 | 5 | |

### 18 Doppelter Dreisatz – direkt proportional

In einem Bergwerk werden von 1800 Bergleuten in 12 Schichten 25 920 t Erz abgebaut. Wie viele Tonnen Erz können von 1200 Bergleuten in 15 Schichten abgebaut werden?

Tabelle für den doppelten Dreisatz

| Bergleute | Schichten | Erz in t |
|---|---|---|
| 1800 | 12 | 25 920 |
| | | |

### 19 Pool leeren

Frau Plansch pumpt mit drei Pumpen in zwölf Stunden 3600 l Wasser aus ihrem Pool. Wie viele Liter Wasser pumpen acht Pumpen in neun Stunden?

# Mein Merkzettel

## Zuordnungen
Seite 142

- *Eine Zuordnung zwischen zwei Größen kann in einer Tabelle dargestellt werden.*

*Zuordnung: Zeit in s → Füllhöhe in cm*

| Zeit in s | 10 | 20 | 30 | 40 |
|---|---|---|---|---|
| Füllhohe in cm | 4 | 8 | 10 | 12 |

## Von der Tabelle zum Graphen
Seite 142

- *Achsen geeignet festlegen und beschriften*
- *Wertepaare aus Tabelle als Punkte im Koordinatensystem eintragen*
- *wenn sinnvoll, Punkte verbinden*

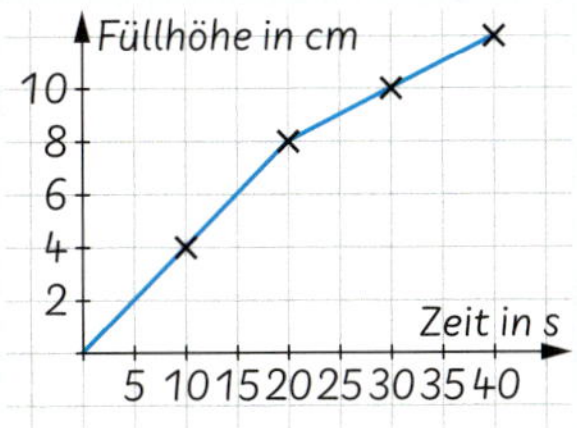


## Werte am Graphen ablesen

- *Wie hoch stand das Wasser nach 30 s?*
  *x-Wert gegeben: y-Wert ablesen*
- *Nach wie viel Sekunden stand das Wasser 6 cm hoch?*
  *y-Wert gegeben: x-Wert ablesen*

*Merke: jeder x-Wert hat genau einen y-Wert.*

## „Je mehr – desto mehr"-Zuordnungen
Seite 146

*Erhöht man den x-Wert, so erhöht sich der y-Wert.*
Anzahl Gäste → Getränke

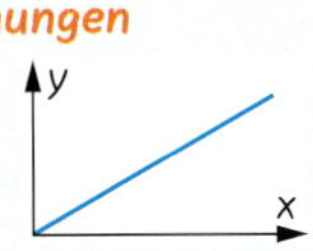


## „Je mehr – desto weniger"-Zuordnungen

*Erhöht man den x-Wert, so verringert sich der y-Wert.*
Brenndauer → Höhe der Kerze

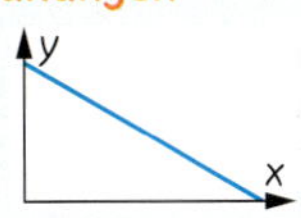


## Direkt proportionale Zuordnungen
Seite 148

- *„Je mehr – desto mehr"-Zuordnungen*
- **Vervielfacht** *sich die eine Größe, so* **vervielfacht** *sich die andere Größe entsprechend.*

## Dreisatz – direkt proportionale Zuordnung
Seite 150

2 Äpfel kosten 1,60 €. Zuordnung: Anzahl Äpfel → Preis in €

*Wie viel kosten 7 Äpfel?*

:2, ·7 (links); :2, ·7 (rechts)

| Äpfel | Preis |
|---|---|
| **2** | **1,60** |
| 1 | 0,80 |
| **7** | 5,60 |

*7 Äpfel kosten 5,60 €.*

*Wie viele Äpfel bekommt man für 7,20 €?*

:2, ·9 (links); :2, ·9 (rechts)

| Äpfel | Preis |
|---|---|
| **2** | **1,60** |
| 1 | 0,80 |
| 9 | **7,20** |

*Für 7,20 € bekommt man 9 Äpfel.*

## Doppelter Dreisatz
Seite 152

- *Bei einem Betriebsausflug werden 5 Tretboote für 2 Stunden gemietet. Das kostet 100 €.*
- *Wie viel kostet es, wenn nur 4 Boote gebraucht werden, diese aber für 3 Stunden gemietet werden sollen?*

:5, ·4 (links); :2, ·3 (Mitte); :5, ·4, :2, ·3 (rechts)

| Tretboote | Zeit in h | Kosten (in €) |
|---|---|---|
| 5 | 2 | 100 |
| 1 | 2 | 20 |
| 4 | 2 | 80 |
| 4 | 1 | 40 |
| 4 | 3 | 120 |

# Wiederholen für die Klassenarbeit

Lösungen auf Seite 216

## 1 Von der Tabelle zum Graphen

Familie Bernecker möchte Urlaub auf einem Campingplatz in Italien machen.
Sie vergleichen den Campingplatz in Cavallino mit dem in Ravenna.

| Anzahl der Nächte | 1 | 2 | 5 | 7 | 8 | 10 | 12 | 14 |
|---|---|---|---|---|---|---|---|---|
| Preis in Cavallino in € | 90 | 230 | 400 | 550 | 750 | 850 | 1050 | 1150 |
| Preis in Ravenna in € | 150 | 300 | 550 | 700 | 800 | 800 | 950 | 1100 |

a) Zeichne die Graphen zu *Anzahl der Nächte → Preis* für beide Orte in ein gemeinsames Koordinatensystem. (x-Achse: 1 Nacht pro Kästchen; y-Achse: 50 Euro pro Kästchen)
b) Bestimme den Zeitraum, in dem der Urlaub in Cavallino günstiger ist.
c) Pauline verbindet die Punkte der Graphen. Erkläre, ob das sinnvoll ist.

## 2 Information am Graphen ablesen

a) Bestimme mithilfe des Graphen die Temperatur um 10 Uhr und um 18 Uhr.
b) Gib zu der tiefsten und der höchsten Temperatur die Wertepaare aus Zeitpunkt und Temperatur an.

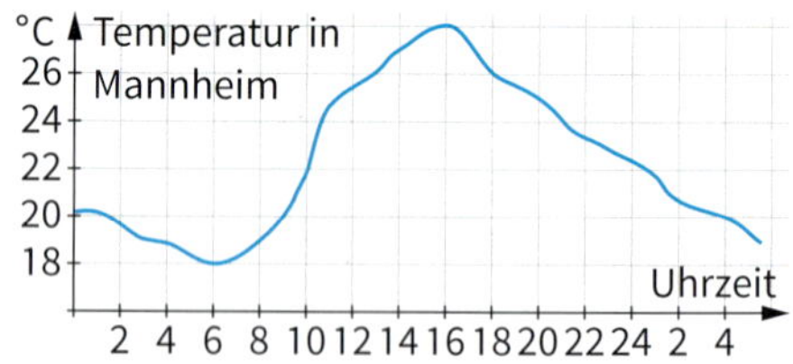


## 3 *„Je mehr – desto"*-Zuordnungen

Die Kosten für das Parken sind in den Städten Karlsruhe und Paris sehr unterschiedlich.
a) Erkläre, warum es sich bei der Zuordnung *Parkdauer → Kosten* um eine *„je mehr – desto mehr"*-Zuordnung handelt.
b) Untersuche, ob es sich bei der Zuordnung *Parkdauer → Preis für die letzte Parkstunde* auch um eine „je mehr – desto mehr"-Zuordnung handelt. Finde eine Begründung für die unterschiedliche Gestaltung der Parkgebühren in den einzelnen Städten.

Karlsruhe: Parkhaus im Zentrum

| Parkdauer in Stunden | Kosten |
|---|---|
| 1 | 3,00 € |
| 2 | 5,50 € |
| 3 | 7,50 € |
| 4 | 9,50 € |
| 5 | 11,00 € |
| 6 | 12,50 € |

Paris: Parkhaus im Zentrum

| Parkdauer in Stunden | Kosten |
|---|---|
| 1 | 5,00 € |
| 2 | 11,00 € |
| 3 | 18,00 € |
| 4 | 26,00 € |
| 5 | 35,00 € |
| 6 | 45,00 € |

## 4 Rechengeschichte schreiben

In der Tabelle ist eine Zuordnung dargestellt. Erfinde dazu eine Geschichte mit einer Fragestellung, die hier gelöst ist.

a)

| | |
|---|---|
| 5 | 9,00 |
| 1 | 1,80 |
| 3 | 5,40 |

b)

| | |
|---|---|
| 12 | 8 |
| 3 | 2 |
| 18 | 12 |

## 5 Direkt proportionale Zuordnungen erkennen

Entscheide bei (1) und (2), ob eine direkt proportionale Zuordnung vorliegt und ergänze (3) im Heft zu einer direkt proportionalen Zuordnung. Zeichne den Graphen zu (1) und (3).

(1)

| Birnen | Preis |
|---|---|
| 1 kg | 2,45 € |
| 2 kg | 4,90 € |
| 5 kg | 12,25 € |

(2)

| Tickets | Preis |
|---|---|
| 4 Tage | 23,20 € |
| 5 Tage | 29,00 € |
| 7 Tage | 37,50 € |

(3)

| Himbeeren | Preis |
|---|---|
| 250 g | |
| 400 g | 3,60 € |
| 1,3 kg | |

Lösungen auf Seite 217

**6** **Mit Zuordnungen Entscheidungen treffen**

Familie Rose möchte ihren Garten neu gestalten lassen und vergleicht daher Angebote zweier Handwerker. Firma Grünbolt verlangt 60 Euro für die Fahrtkosten und 80 Euro pro Stunde. Firma Gartenfein berechnet keine Fahrtkosten, verlangt aber 90 Euro pro Stunde. Die Arbeitszeit geben beide Firmen mit 7 Stunden an und wollen die Arbeit an einem Tag erledigen.

a) Stelle die Kosten beider Firmen in einem Diagramm dar. Beschreibe beide Graphen.
b) Für welche Firma sollte sich Familie Rose entscheiden?
c) Untersuche, ob es sich bei beiden Zuordnungen um proportionale Zuordnungen handelt.

**7** **Der Dreisatz geht doch immer – oder?**

Meriam behauptet: „*Sobald ich weiß, dass eine Zuordnung proportional ist, kann ich den Dreisatz anwenden.*“ Kim sagt: „*Es gibt auch proportionale Zuordnungen, bei denen das nicht geht.*“ Nimm Stellung.

**8** **Dreisatz – Proportional**

Die Zuordnung der Größen ist direkt proportional. Fülle die Lücken.

a)

| Geld in Euro | getauscht in US-Dollar |
|---|---|
| 100 | 112 |
| ▫ | ▫ |
| 175 | ▫ |

b)

| Menge Bonbons | Preis in € |
|---|---|
| 250 | 3 |
| ▫ | ▫ |
| ▫ | 10,50 |

c)

| gepresste Äpfel in kg | Apfelsaft in l |
|---|---|
| 14 | 10 |
| ▫ | ▫ |
| 63 | ▫ |

**9** **Grundstückspreis**

In einem neuen Baugebiet werden die Grundstücke zu einem festen Preis pro Quadratmeter verkauft. Ein 30 m langes und 20 m breites Grundstück kostet 81 000 €.
Wie viel kostet dort ein 24 m langes und 18 m breites Grundstück?

**10** **Schülercafé**

Die Schülervertretung betreibt ein Schülercafé. Aus Erfahrungen weiß man, dass für 50 Brötchen 1200 g Käse, 250 g Butter und 2 Gurken gebraucht werden.

a) Für eine Theateraufführung sollen 120 [180, 250] Brötchen geschmiert werden. Berechne die Menge der einzelnen Zutaten.
b) Anna hat vom Hofladen 3 kg [2500 g, 6 kg] Käse mitgebracht. Wie viele Brötchen können damit belegt werden?

**11** **Vogelfutter**

Mira kauft in einer Zoohandlung besonderes Vogelfutter, das dort abgepackt wird.
75 g Vogelfutter kosten 2,10 €. Wie viel kosten 150 g [50 g, 350 g, 70 g] Vogelfutter?

**12** **Mit direkt proportionalen Zuordnungen vergleichen**

Im Gartenmarkt kann man Rollrasen für 8,50 € pro Quadratmeter bestellen.

a) Welche Kosten entstehen für einen 17,5 $m^2$ große Rasenfläche?
b) Um wie viel teurer wäre es, wenn man den besonders belastbaren Spezialrasen „Spiel&Sport-Extra“ zu 11,20 € verwenden würde?
c) Welche Fläche kann man mit Rollrasen auslegen, wenn maximal 200 € zur Verfügung stehen? Welche Seitenlängen könnte eine solche rechteckige Rasenfläche haben?

**13** **Doppelter Dreisatz – Hühner**

8 Hühner legen in 8 Tagen genau 32 Eier.

a) Bestimme, wie viele Eier 6 Hühner in 8 Tagen legen.
b) Bestimme, wie viele Eier 3 Hühner in 6 Tagen legen.

# 8 Terme und Gleichungen

Am Strand findet man neben Muscheln auch häufig verschieden große Steine.

Mit Geschicklichkeit können die Steine so gestapelt werden, dass sie wie auf einer Wippe im Gleichgewicht liegen.

Nun nimmt man auf einer Seite einen Stein weg. Was muss man tun, damit das Gleichgewicht erhalten bleibt?

- **Wie können Gesetzmäßigkeiten in Zahlenfolgen dargestellt werden?**
- **Wie stelle ich einen Term auf?**
- **Welche Bedeutung hat die Lösung einer Gleichung?**

# 8.1 Zahlenfolgen und Terme

Sophie hat eine Folge von Figuren aus Streichhölzern gelegt. Notiert, wie viele Streichhölzer sie für die *erste, zweite, dritte*, …, *zehnte* Figur benötigt.
Finde eine Rechenvorschrift, mit der man die Anzahl der Streichhölzer in der Figur Nr. 1; 2; 3; 10; ….; n berechnen kann.

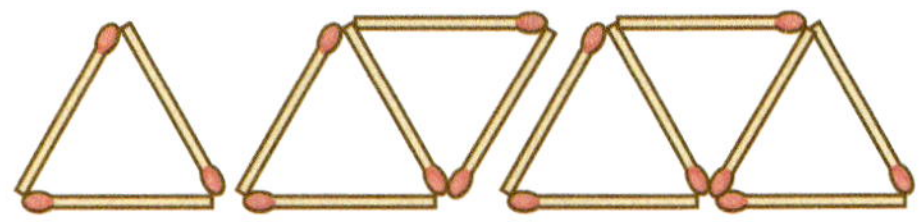

WES-137382-054

## Zahlenfolge

Eine **Zahlenfolge** besteht aus einem Startwert und einer Vorschrift, die angibt, wie sich die Zahlenfolge fortsetzt.
Zahlenfolgen werden oft durch Muster (Punkte, Figuren, ...) dargestellt.
Zahlenfolgen haben kein Ende, sie bestehen aus unendlich vielen Zahlen. Diese Zahlen heißen **Folgeglieder** der Zahlenfolge.

### Zahlenfolge mit Streichhölzern

Jede Figur besteht aus 3 Streichhölzern mehr als die vorherige:
$4 \xrightarrow{+3} 7 \xrightarrow{+3} 10 \xrightarrow{+3} 13, \dots$
also:
Startwert: 4; Vorschrift $\xrightarrow{+3}$
oder Anzahl = 1 + 3 · Figurennummer.

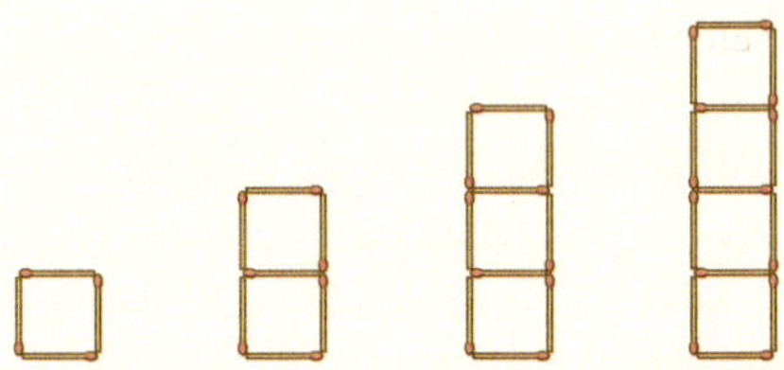

Zahlenfolge: 4; 7; 10; 13; ...

**1** **Punktmuster fortsetzen und beschreiben**

Setze das Muster um zwei Figuren fort. Aus wie vielen Punkten besteht die 7. Figur?

a) 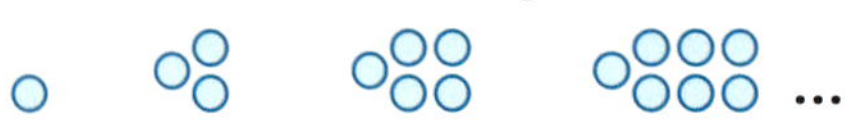

b) 

c) 

d) 

**2** **Kopfrechnen**

Übe dich im Kopfrechnen und berechne die nächsten zehn Folgeglieder.

a) Startwert: 3; Vorschrift: $\xrightarrow{+13}$
b) Startwert: 20; Vorschrift: $\xrightarrow{+7}$
c) Startwert: 200; Vorschrift: $\xrightarrow{-9}$
d) Startwert: 2; Vorschrift: $\xrightarrow{\cdot 2}$

**3** **Gemischte Vorschriften**

Bei der Zahlenfolge 1; 2; 5; 10; 13; 26; 29; … werden abwechselnd zwei verschiedene Vorschriften angewandt:
$1 \xrightarrow{\cdot 2} 2 \xrightarrow{+3} 5 \xrightarrow{\cdot 2} 10 \xrightarrow{+3} 13 \xrightarrow{\cdot 2} 26 \xrightarrow{+3} 29 \xrightarrow{\cdot 2} \dots$
Setze die Zahlenfolge passend fort, indem du fünf weitere Folgeglieder bestimmst.

a) 3; 6; 10; 20; 24; 48; …
b) 2; 7; 21; 26; 78; 83; …
c) 10; 15; 21; 26; 32; …
d) 20; 90; 190; 260; 360; …

**4** a) Gib die nächsten fünf Folgeglieder an:
(1) 1; 3; 5; 7; …  (2) 2; 4; 6; 8; …  (3) 3; 6; 9; 12; …  (4) 1; 4; 9; 16; …

**Prüfe dich!**
Lösungen auf Seite 219

Einstieg

### Gesetzmäßigkeiten herausfinden

Das nebenstehende Muster soll fortgesetzt werden. Die Zahlen geben jeweils die Anzahl der Punkte in der Figur an.
Bestimme die nächsten 3 Zahlen.
Finde auch eine Rechenvorschrift, mit der man zu jeder Figur die Anzahl der Punkte berechnen kann.

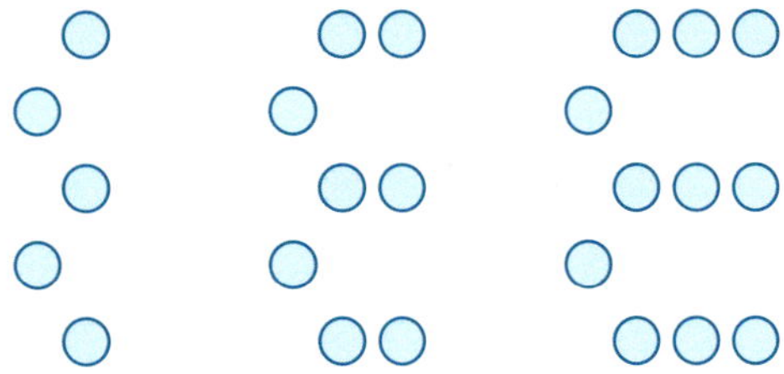
5 8 11

### Variablen und Term

Eine **Variable** ist ein Platzhalter für Zahlen in einer Rechenvorschrift. Als Variablen werden meist Buchstaben wie n, x, y, … genutzt. Variablen halten einen Platz frei für Zahlen, die eingesetzt werden können.

Term
$2 \cdot x + 5$
Variable

Eine Rechenvorschrift mit einer Variablen bezeichnet man als **Term**. Setzt man für die Variable eine Zahl ein, so wird der Wert des Terms für diese Zahl berechnet.

Wert des Terms für $x = 6$:
$2 \cdot 6 + 5 = 17$

### Term für eine Zahlenfolge aufstellen

Zahlenfolge: 6, 7, 8, 9 …
Variable: natürliche Zahl n

- Zahlen in Zahlterme zerlegen
- Term aufstellen

| Variable n | 1 | 2 | 3 | 4 |
|---|---|---|---|---|
| Zahlenfolge | 6 | 7 | 8 | 9 |
| Zahlterm | 1 + 5 | 2 + 5 | 3 + 5 | 4 + 5 |
| Term | n + 5 | | | |

WES-137382-055

**5** **Folgeglieder berechnen und Terme angeben**
Gib zunächst die nächsten fünf Folgeglieder an. Gib dann einen Term an, mit dem man das n-te Folgeglied berechnen kann.
a) 12; 23; 34; …  b) 95; 110; 125; …  c) 4; 8; 16; …  d) 1; 3; 9; …

**6** **Achtung**
Franca hat zu jeder Folge einen Term bestimmt.
Wo hat sie Fehler gemacht? Erkläre.

*a) 8; 12; 16; 20; …*
*Term: $8 + 12 \cdot n$*

*b) 9; 13; 17; 21; …*
*Term: $5 + (4 + n)$*

*c) 3; 6; 11; 18; …*
*Term: $2 + n \cdot n$*

*d) 80; 85; 90; 95; …*
*Term: $85 + 5 \cdot (n - 1)$*

**7** **Folgen in Figuren**
Bei jeder Figur wird die Anzahl der kleinen Dreiecke gezählt. So entsteht eine Zahlenfolge.
a) Finde heraus, wie viele Dreiecke von Figur zu Figur addiert werden. Welche Gesetzmäßigkeit erkennst du?
b) Gib die nächsten vier Folgeglieder an.
c) Formuliere einen Term für n-te Figur.

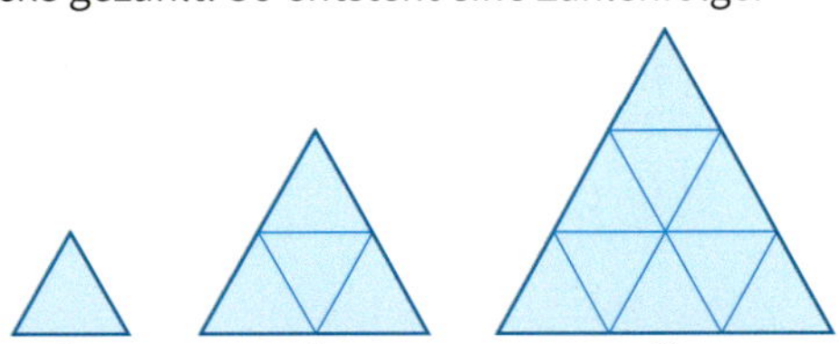
1 4 9

**Prüfe dich!**
Lösungen auf Seite 219

**8** In jedem Säckchen sind gleich viele Kugeln. Wähle eine geeignete Variable und beschreibe die Gesamtzahl der Kugeln mit einem Term. Gib an, wofür die Variable steht.

**9** Setze die Muster in der Abbildung um drei Figuren fort und notiere die nächsten drei Folgeglieder. Bestimme mithilfe der Abbildung, wie viele Punkte das n-te Dreieck enthält. Verwende für die Variable n die Anzahl der Punkte in der unteren Reihe.

a)

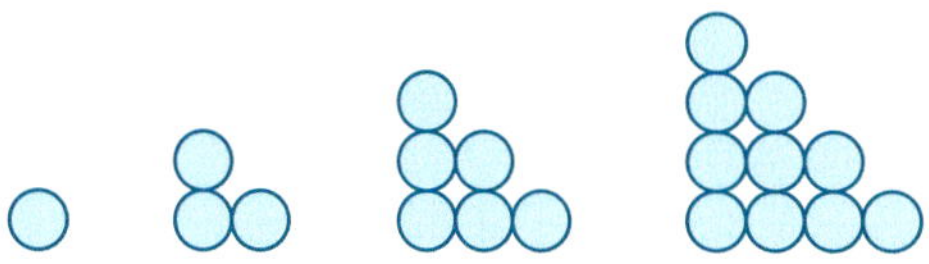

b)

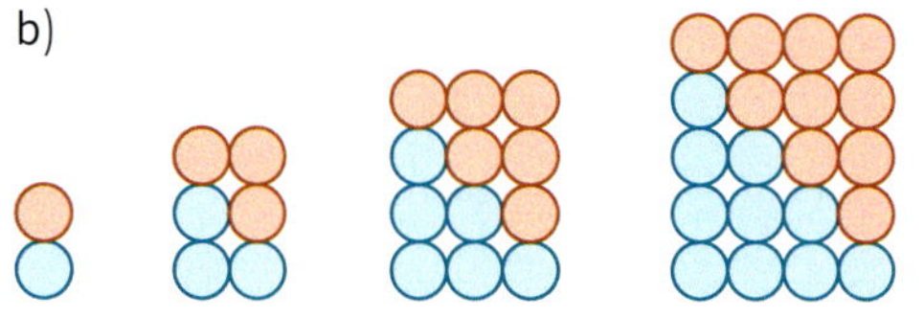

**10** **Neuer Garten**

Frau Müller gestaltet ihren Garten neu. Sie kauft einen Apfelbaum für 45 € und verschiedene Sträucher. Jeder Strauch kostet 6 €.

a) Entscheide, welcher Term den Gesamtpreis richtig beschreibt. Wofür steht die Variable n?
(1) $45 \cdot n + 6 \cdot n$ (2) $45 \cdot n + 6$ (3) $45 + 6 \cdot n$ (4) $n \cdot 6 + 45$

b) Was gibt der Wert des Terms an, wenn du für n die Zahlen 4, 5, 8 und 10 einsetzt?

### Wert eines Terms berechnen

| **Variable x** | 4 | 0 | 0,5 | −2,5 | −3 |
|---|---|---|---|---|---|
| **Term $2 \cdot x + 5$** | $2 \cdot 4 + 5$ | $2 \cdot 0 + 5$ | $2 \cdot 0{,}5 + 5$ | $2 \cdot (-2{,}5) + 5$ | $2 \cdot (-3) + 5$ |
| **Wert des Terms** | 13 | 5 | 6 | 0 | −1 |

**11** **Termwerte berechnen**

Berechne den Wert des Terms für die angegebenen Einsetzungen.

a)

| x | $180 - (x + 46)$ |
|---|---|
| 35 | |
| 52 | |
| 67 | |

b)

| x | $(x + 15) : 5$ |
|---|---|
| 5 | |
| 25 | |
| 45 | |

c)

| x | $(x - 18) : 2$ |
|---|---|
| 22 | |
| 28 | |
| 50 | |

d)

| x | $(x - 6) : 5 + 8$ |
|---|---|
| 36 | |
| 41 | |
| 71 | |

**12** **Fensterschmuck**

Sophie will aus einem langen Draht einen Fensterschmuck basteln. Sie weiß aber noch nicht, wie groß sie den Schmuck machen soll und probiert verschiedene Möglichkeiten durch.
Stelle einen Term für die gesamte Drahtlänge auf. Berechne die Gesamtlänge für (1) x = 10 cm; (2) x = 7 cm.

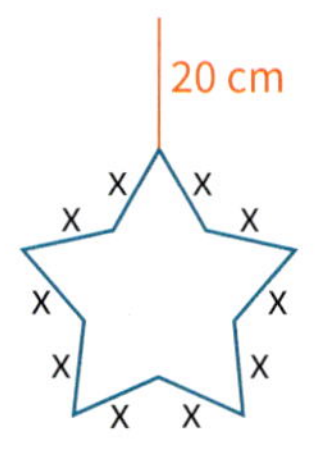


**13** **Rechenbäume**

Wähle für x nacheinander die Zahlen 8, 15, 36, 47. Berechne den Wert des Terms. Lege eine Tabelle an. Beim schrittweisen Berechnen hilft dir der Rechenbaum.

a) $x \cdot 7 + 70$ b) $200 - x - 35$
c) $9 \cdot x - 65$ d) $7985 + 246 \cdot x$

### Term als Rechenbaum

Term: $x \cdot 4 + 50$

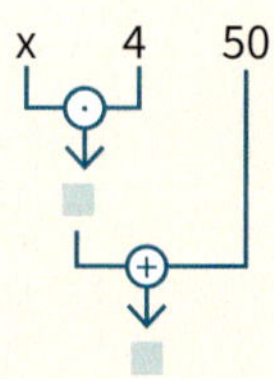

## 14 Terme und Rechenbäume

Notiere zum Rechenbaum den passenden Term. Berechne dann den Wert des Terms für die Einsetzungen 16, 32 und 40.

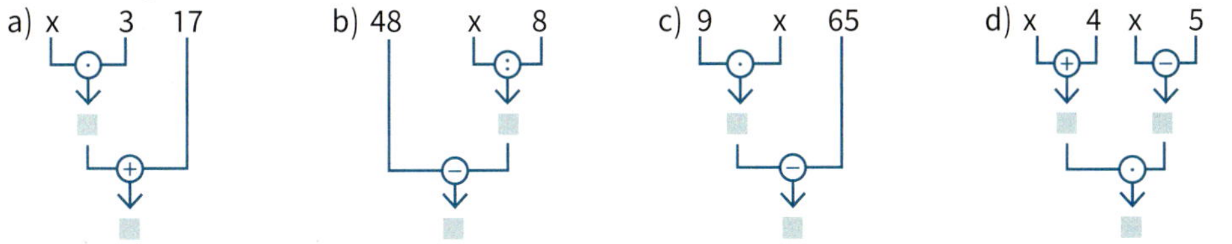


## 15 Werte in Tabellen berechnen

Lege eine Tabelle an. Setze für x nacheinander die Zahlen 12, 24, 36, 84, 108 ein und berechne dann jeweils den Wert des Terms. Zeichne auch einen Rechenbaum.

a) $x \cdot 6 + 237$ b) $435 + x \cdot 7$ c) $937 - (x + 436)$ d) $x \cdot (3 + 4) - 17$
e) $x \cdot 5 - x + 5$ f) $x : 4 + x \cdot 4$ g) $(x + 4) \cdot (x - 4)$ h) $(x \cdot 8 - x \cdot 5) - x \cdot 2$

---

16 Lege eine Tabelle an. Setze für x nacheinander die Zahlen 9, 15, 24, 33 ein und berechne dann jeweils den Wert des Terms. Zeichne auch einen Rechenbaum.

a) $x \cdot 4 + 16$ b) $90 \cdot x + 31$ c) $(x - 6) \cdot 5 - x$ d) $x \cdot 4 - x : 3 + 12$

**Prüfe dich!**
Lösungen auf Seite 219

---

## 17 Von der Wortform zum Term

Gib den Term an. Setze für x nacheinander die Zahlen 222, 333, 444, 999 und 143 ein und berechne dann jeweils den Wert des Terms.

**Terme in Wortform**
Multipliziere x mit der Summe von 84 und 12.
**Term:** $x \cdot (84 + 12)$

a) Subtrahiere von der Summe aus x und 95 die Zahl 17.
b) Subtrahiere 227 vom Produkt aus x und 43.
c) Addiere zu 348 die Differenz von x und 11.
d) Addiere zu 259 die Summe aus x und 58.
e) Multipliziere x mit der Summe von x und 9.

## 18 Im Theater

Marie, Sarah, Leon, Mark, Kristin und Frank arbeiten bei der Aufführung eines Theaterstücks mit. Sie erhalten jeder für das Einstudieren des Stücks 50 € und pro Aufführung 12 €. Die Tabelle zeigt die Anzahl der Aufführungen. Nicht bei jeder Aufführung spielen alle Kinder mit:

| Name | Marie | Sarah | Leon | Mark | Kristin | Frank |
|---|---|---|---|---|---|---|
| **Anzahl der Aufführungen** | 20 | 9 | 15 | 12 | 23 | 27 |

a) Formuliere in Worten, wie man den Verdienst für jedes Kind berechnen kann.
b) Notiere einen Term. Verwende für die Anzahl der Aufführungen die Variable n.
c) Berechne, wie viel jedes Kind erhält.

## 19 Ist das fair?

An der Losbude „Mathefix" kann man Zahlenkarten aus einem Säckchen ziehen. Die Losbudenbesitzerin sagt: „Du erhältst so viele Punkte wie das Dreifache deiner Zahl vermindert um 8 angibt!" Würdest du hier mitspielen?

# Tabellenkalkulation und Terme

Zum Aufstellen der Wertetabelle eines Terms oder einer Zahlenfolge sind in jeder Zeile gleichartige Rechnungen durchzuführen. Diese kann man gut von einem Tabellenkalkulationsprogramm erledigen lassen.
*Beispiel:* Erstellen einer Wertetabelle für den Term $4 \cdot x - 3$

- In der Spalte A stehen unter der Überschrift „x“ ab der zweiten Zeile die Zahlen, die eingesetzt werden sollen. Die Überschrift der Spalte B ist die Rechenvorschrift, also der Term.
- Zur Berechnung des Wertes des Terms soll nun die Zahl aus der ersten Spalte eingesetzt werden. Für den Wert in B2 heißt die Rechenvorschrift: „Multipliziere 4 mit der Zahl aus A2 und subtrahiere 3“. Man gibt diese Rechenvorschrift in folgender Form in Zelle B2 ein: **=4*A2–3**
  Das Gleichheitszeichen = gibt an, dass eine Rechenvorschrift eingegeben wurde, das Sternchen * ist das Multiplikationszeichen. Statt der Variablen x verweist die Rechenvorschrift auf das Feld A2, dessen Inhalt für die Variable x in den Term eingesetzt werden soll.

B2 =4*A2-3

| | A | B | C | D | E |
|---|---|---|---|---|---|
| 1 | x | 4*x-3 | | | |
| 2 | 2 | 5 | | | |
| 3 | 4 | 13 | | | |
| 4 | 5 | 17 | | | |
| 5 | 8 | 29 | | | |
| 6 | 10 | 37 | | | |
| 7 | 15 | 57 | | | |
| 8 | 20 | 77 | =4·A8–3 | | |
| 9 | 30 | 117 | | | |
| 10 | 45 | 177 | | | |
| 11 | 50 | 197 | | | |
| 12 | | | | | |

- Durch Ziehen an der rechten Ecke der Zeile B2 nach unten berechnet das Programm automatisch die nächsten Werte und verwendet dafür die Zahlen aus A3, A4 usw. Im Feld B8 steht zum Beispiel dann die Rechenanweisung: **=4*A8–3**

**1** **Tabelle erstellen**
Erstelle eine Wertetabelle für den Term $7 \cdot x + 5$, indem du wie im Beispiel vorgehst.

**2** **Tabellenkalkulation im Zoo**
Ein Zoo hat viele Angestellte, die sich um die Pflege der Tiere kümmern. Jede erhält einen Stundenlohn von 16 €, außerdem pro Woche eine Zulage von 85 €.
Die Pflegerinnen und Pfleger der Elefanten haben in dieser Woche unterschiedlich viele Stunden gearbeitet:
Herr Meier 40 h, Frau Sorge 32 h, Frau Abt 39 h, Herr Held 28 h und Frau Safari 34 h.

a) Berechne für jede Elefantenpflegerin und für jeden Elefanenpfleger den Wochenlohn. Lege dazu eine Tabelle an.
b) Der Zoodirektor berechnet den Lohn für seine Angestellten mithilfe eines Tabellenkalkulation. Erstelle das abgebildete Rechenblatt mit deiner Tabellenkalkulationsprogramm.

| | A | B | C | D | E |
|---|---|---|---|---|---|
| 1 | | 1. Woche | | 2. Woche | |
| 2 | Name | Arbeitszeit | Lohn | Arbeitszeit | Lohn |
| 3 | Herr Meier | 40 | 725 | | |
| 4 | Frau Sorge | | | | |
| 5 | Frau Abt | | | | |
| 6 | Herr Held | | | | |
| 7 | Frau Safari | | | | |

c) In der folgenden Woche haben Herr Meier 38, Frau Sorge 37, Frau Abt 41, Herr Held 29 und Frau Safari 33 Stunden gearbeitet. Berechne die Löhne mithilfe der Tabellenkalkulation

**3** **Schlussverkauf**
Judy hat zum Geburtstag von ihrer Familie 120 € geschenkt bekommen: Im Schlussverkauf hat sie sich davon ein Oberteil für 34 €, eine Leggins für 14 €, Modeschmuck für 13,50 € und ein Parfüm für 24,99 € gekauft.
Erstelle eine Tabelle und ermittle, wie viel Geld Ida nun noch übrig hat.

## 4 Klassenfahrt

Die Klasse 5d (28 Schülerinnen und Schüler) plant eine Klassenfahrt. Der Bus kostet 450 € für eine Fahrtstrecke von maximal 200 km. Für jeden weiteren Kilometer werden 70 ct berechnet. Da die Klasse am Zielort weitere Ausflüge mit dem Bus plant, möchte sie mit einer Tabellenkalkulation ermitteln, wie hoch die Kosten bei unterschiedlichen Fahrtstrecken sein werden.

a) Erstelle diese Tabelle für zusätzliche Kilometerleistungen von 50 km, 55 km, 60 km, 65 km, 70 km, …, 150 km.

b) Welche Kosten entstehen dabei für jeden einzelnen Schüler und jede einzelne Schülerin?

## 5 Folgeglieder ermitteln

Auch für eine Folge kann man die Folgeglieder mithilfe eines Tabellenkalkulationsprogramms berechnen.

*Beispiel:* Berechnung der ersten 10 Folgeglieder der Folge 7, 13, 19, …

- Überschriften vergeben: Schreibe in Feld A1: Nummer, in B1: Folgeglieder.
- Um die Spalte 1 ab Zelle A2 mit den Zahlen von 1 bis 10 zu füllen, gibt man die ersten beiden Zahlen vor. Dann markiert man diese beiden Zellen und geht mit der Maus auf den quadratischen Eckpunkt. Wenn man diesen nach unten zieht, füllt das Programm die folgenden Zellen automatisch auf.

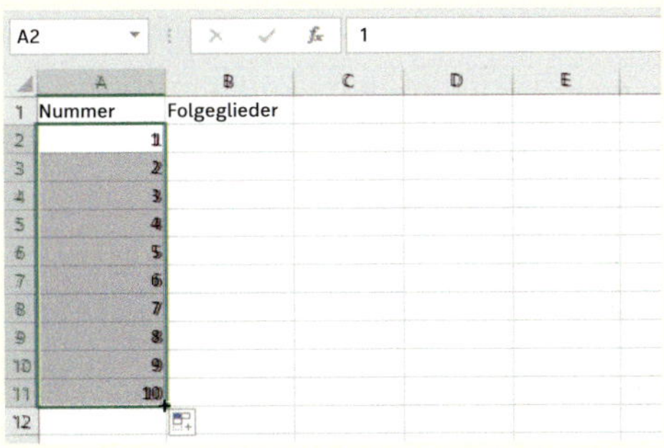


- Das erste Folgeglied ist die 7 und wird in das Feld B2 eingetragen.
- Nun muss man dem Programm die Rechenvorschrift mitteilen: „Addiere zum vorherigen Folgeglied die Zahl 6“. Man gibt diese Rechenvorschrift in folgender Form in Zelle B3 ein:
  **=B2+6**

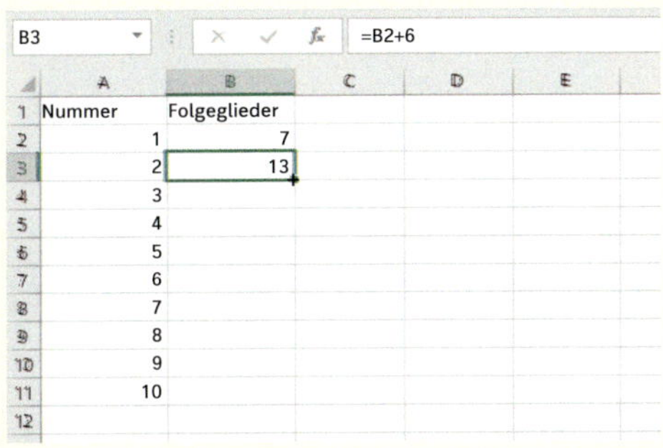


- Wenn man dann die Zelle B3 markiert und an dem quadratischen Eckpunkt nach unten zieht, überträgt das Programm diese Rechenvorschrift automatisch in die darunterstehenden Zellen.

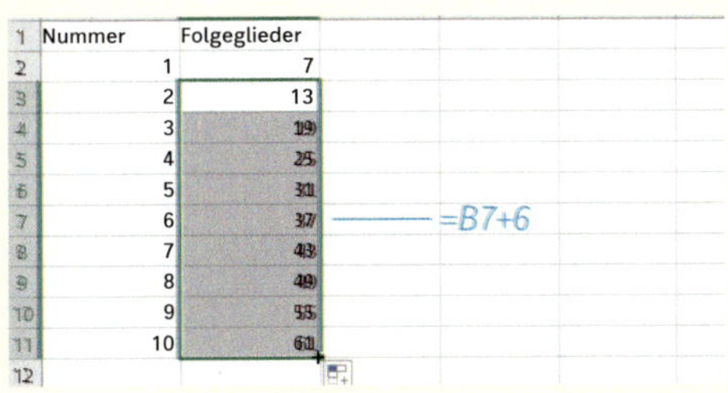


Berechne mit deiner Tabellenkalkulation die ersten 20 Folgeglieder der Folge 6, 13, 20, 27, 34, …, indem du wie im Beispiel vorgehst.

## 6 Zahlenfolgen ergänzen

Berechne die ersten 20 Folgeglieder mithilfe einer Tabellenkalkulation.

a) Startwert 7; Vorschrift $\xrightarrow{+8}$

b) Term für das n-te Folgeglied: $5 \cdot n + 9$

c) 5; 10; 20; 40; 80; ….

d) 12; 36; 108; 324; ….

# 8.2 Gleichungen

WES-137382-056

In der Abbildung siehst du eine Waage im Gleichgewicht. Wie schwer ist das Überraschungspaket mit der Aufschrift x?

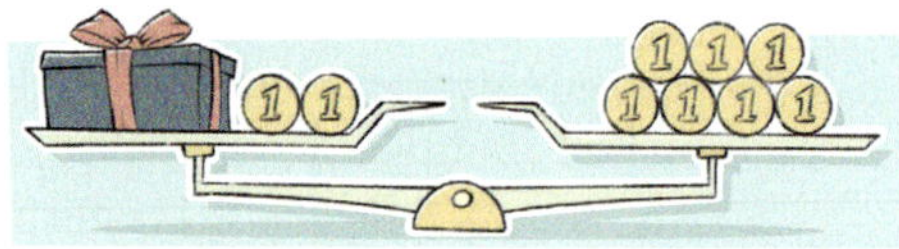

### Gleichung

In einer **Gleichung** sind zwei Terme mit einem Gleichheitszeichen verbunden.

$7 \cdot x + 3 = 9 \cdot x + 2$

$x \cdot x + 2 \cdot x = 0$

Eine Zahl heißt **Lösung einer Gleichung**, wenn sich beim Einsetzen dieser Zahl für die Variable links und rechts vom Gleichheitszeichen derselbe Wert ergibt.

Gleichung: $3 \cdot x = x + 4$

2 ist Lösung der Gleichung, denn $3 \cdot 2 = 2 + 4$ ist wahr.

4 ist keine Lösung der Gleichung, denn $3 \cdot 4 = 4 + 4$ ist falsch.

### Lösen einer Gleichung durch Probieren

Eine Gleichung kann man durch **systematisches Probieren** lösen.

### Systematisches Probieren

Gleichung: $8 \cdot x + 46 = 182$

Probiere:

$x = 20$: $8 \cdot 20 + 46 = 206$ größer als 182

x muss schon eine größere Zahl sein.

$x = 15$: $8 \cdot 15 + 46 = 166$ kleiner als 182

$x = 17$: $8 \cdot 17 + 46 = 182$ gleich 182

$x = 17$ ist Lösung der Gleichung.

**1** **Lösen durch Probieren**

Finde die Lösung der Gleichung durch Probieren.

a) $3 \cdot x - 57 = 78$ b) $2 \cdot x + 18 = 48$ c) $4 \cdot x - 152 = 100$ d) $27 \cdot x : 9 = 9$

e) $5 \cdot x - 5 = 55$ f) $13 \cdot x + 3 = 94$ g) $5 \cdot x - x = 96$ h) $2 \cdot x = 2 + x$

**2** **Zahlenrätsel**

An welche Zahl wurde gedacht? Erstelle dazu auch eine Gleichung.

**3** **Zahl gesucht**

Stelle zwei Terme und eine Gleichung auf. Löse die Gleichung durch Probieren.

a) Addiert man 9 zum Doppelten einer Zahl, erhält man das 3-Fache der Zahl vermindert um 5.

b) Das Vierfache einer Zahl ist genauso groß wie das Doppelte der Zahl vermehrt um 6.

c) Subtrahiert man vom Fünffachen einer Zahl 6, so erhält man das Gleiche, wie wenn man zum Doppelten der Zahl 3 addiert.

**4** Löse die Gleichung durch systematisches Probieren.

a) $9 \cdot x - 36 = 99$ b) $85 - 6 \cdot x = 31$ c) $x : 2 + 79 = 100$ d) $88 + x : 16 = 94$

Prüfe dich!
Lösungen auf Seite 219

**5** Subtrahiert man 5 vom Achtfachen einer Zahl, so erhält man das Gleiche, wie wenn man zum Sechsfachen der Zahl 7 addiert. Löse die Gleichung durch Probieren.

**6** **Systematisches Probieren mit einer Tabellenkalkulation**

Mit einer Tabellenkalkulation kann man die Lösungen einer Gleichung durch Probieren finden. Dazu vergleicht man die Werte der Terme.

a) Bestimme alle ganzzahligen Lösungen der Gleichungen. Wie viele Lösungen findest du?

(1) $x \cdot x = x + 12$ (2) $4x \cdot x = 8x + 12$ (3) $3x \cdot x - \frac{5}{2}x - 6 = \frac{1}{2}x \cdot x \cdot x$

b) Beschreibe mithilfe der abgebildeten Tabellen, wie man eine Lösung der Gleichung $x \cdot x = 4x - 1{,}11$ findet. Bestimme dann alle Lösungen der Gleichung.

| | A | B | C | D |
|---|---|---|---|---|
| 1 | S: 1 | x·x | ≟ | 4x−1,11 |
| 2 | 2 | 4 | < | 6,89 |
| 3 | 3 | 9 | < | 10,89 |
| 4 | 4 | 16 | > | 14,89 |

| F | G | H | I |
|---|---|---|---|
| S: 0,5 | x·x | ≟ | 4x−1,11 |
| 3 | 9 | < | 10,89 |
| 3,5 | 12,25 | < | 12,89 |
| 4 | 16 | > | 14,89 |

| K | L | M | N |
|---|---|---|---|
| S: 0,1 | x·x | ≟ | 4x−1,11 |
| 3,5 | 12,25 | < | 12,89 |
| 3,6 | 12,96 | < | 13,29 |
| 3,7 | 13,69 | = | 13,69 |

c) Bestimme alle Lösungen der Gleichung.

(1) $x \cdot x = 3{,}75 - x$ (2) $3x \cdot x = 2{,}16x - 0{,}33$ (3) $x \cdot x \cdot x = 0{,}55x \cdot x + 0{,}4x + 0{,}05$

### Rückwärtsrechnen

Einstieg

Lina soll die Lösung der Gleichung $4 \cdot x + 5 = 105$ lösen und meint: „Das ist doch ganz einfach: Wenn gilt $4 \cdot x + 5 = 105$ sind, dann sind $4 \cdot x = 100$ und x ist demnach 25“. Erläutere Linas Lösungsschritte.

### Lösen einer Gleichung durch Rückwärtsrechnen

Eine Gleichung kann man auch durch **Rückwärtsrechnen** lösen.

Gleichung: $8 \cdot x + 46 = 182$

$x \xrightarrow{\cdot 8} 8 \cdot x \xrightarrow{+46} 182$

$17 \xleftarrow{:8} 136 \xleftarrow{-46} 182$

$x = 17$ ist Lösung der Gleichung.

WES-137382-057

### Gleichungen lösen durch Rückwärtsrechnen

Löse die Gleichung $4{,}5 + 1{,}5 \cdot x = 10{,}5$.

$4{,}5 + 1{,}5 \cdot x = 10{,}5$ +4,5 rückwärts bedeutet −4,5

$1{,}5 \cdot x = 6$ ·1,5 rückwärts bedeutet :1,5

$x = 4$

Die Lösung der Gleichung ist $x = 4$.

Löse die Gleichung $6 \cdot x + 45 = 75$.

$6 \cdot x + 45 = 75 \quad | -45$

$6 \cdot x = 30 \quad | :6$

$x = 5$

Die Lösung der Gleichung ist $x = 5$.

**7** **Rückwärts geht es besser**

Bestimme die Lösung der Gleichung durch Rückwärtsrechnen.

a) $2 \cdot x - 8 = 24$ b) $3 \cdot x + 12 = 36$ c) $5 \cdot x - 35 = 70$ d) $8 \cdot x + 24 = 72$
e) $24 + 6 \cdot x = 66$ f) $55 + 7 \cdot x = 97$ g) $2 \cdot 6 \cdot x = 48$ h) $x : 9 + 4 = 12$

**8** ≡ **Handykauf**

Marvin will 420 € für ein neues Handy sparen. Er hat schon 175 €. Ab jetzt kommen pro Monat 35 € dazu. Wie lange muss Marvin noch sparen?
Stelle eine Gleichung auf und löse die Gleichung durch Rückwärtsrechnen.

**9** ≡ **Kalender**

Frau Sperling bestellt Kalender als Siegpreise für einen Wettbewerb. Ein Kalender kostet 14,50 €, hinzu kommen 6 € für den Versand. Der Rechnungsbetrag lautet 122 €.
Bestimme durch Rückwärtsrechnen die Anzahl Kalender, die Frau Sperling bestellt hat.

**10** ≡ **Würfeln**

Werft mit zwei Spielwürfeln. Stellt Gewinnregeln auf und lasst euren Partner herausfinden, bei welcher Augensumme er gewinnt. Formuliert eure Regeln als Gleichungen. Untersucht, bei welcher eurer Regeln die Gewinnchancen am größten bzw. am kleinsten sind

---

**Prüfe dich!**
Lösungen auf Seite 220

**11** ≡ Löse die Gleichung durch Rückwärtsrechnen.

a) $7 \cdot x + 34 = 55$ b) $x \cdot 6 - 52 = 50$ c) $x : 3 + 173 = 200$ d) $x : 5 - 24 = 41$

**12** ≡ Ein Taschenbuch kostet 6,50 €. Für das Verpacken als Geschenk werden 3 € berechnet. Julius kauft für seinen Freund Steven mehrere Taschenbücher, die er zusammen einpacken lässt. Julius bezahlt 42 €. Bestimme die Anzahl der Taschenbücher durch Rückwärtsrechnen.

---

**13** ≡ **Unterschiedliche Lösungswege**

Bestimmt die Lösung der Gleichung. Ein Partner verwendet „systematisches Probieren“, der andere „Rückwärtsrechnen“. Wer ist schneller? Tauscht nach 2 Aufgaben immer die Lösungsstrategie.

| a) | b) | c) | d) |
|---|---|---|---|
| $2 \cdot x + 31 = 93$ | $4 \cdot y + 78 = 190$ | $x : 2 + 23 = 38$ | $x : 11 + 47 = 107$ |
| $3 \cdot x - 31 = 44$ | $4 \cdot y - 58 = 222$ | $x : 6 - 13 = 37$ | $x \cdot 11 - 47 = 107$ |
| $4 \cdot x - 53 = 31$ | $8 \cdot y - 47 = 401$ | $y : 5 - 18 = 42$ | $y \cdot 13 + 85 = 345$ |
| $5 \cdot x + 53 = 98$ | $7 \cdot y + 83 = 300$ | $z : 3 + 26 = 59$ | $y : 13 - 85 = 345$ |

**14** ≡ **Eine oder keine**

Es gibt Gleichungen mit keiner oder mehreren Lösungen. Welcher Fall liegt hier vor?

a) $x \cdot x = 3 \cdot x$ b) $x \cdot x = 10$ c) $x^2 - x = 0$ d) $x^2 = 50$

**15** ≡ **Glück im Lotto**

Fabian, Annika und Elias haben 3655 € im Lotto gewonnen. Sie wollen 700 € davon an einen Tierschutzverein spenden und den Rest gleichmäßig aufteilen. Wie viel Euro erhält jeder?
Stelle zunächst eine Gleichung auf und löse durch systematisches Probieren.

**16** ≡ **Figur und Gleichung**

Bestimme einen Term für den Umfang der Figur. Wie lang müsste die Länge x sein, damit der Umfang 90 cm beträgt?

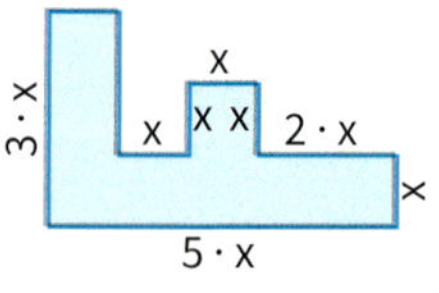


**17** ≡ **Fest verschnürt**

Ein würfelförmiges Paket mit der Seitenlänge a soll verschnürt werden.

a) Stelle einen Term für die Gesamtlänge der benötigten Schnur auf, wenn du für die Schleife 30 cm Schnur zusätzlich brauchst.
b) Berechne die Länge der Schnur für
(1) a = 10 cm, (2) a = 15 cm, (3) a = 25 cm.
c) Welche Maße hat ein Paket, wenn du 4,5 m Schnur brauchst?

# Mein Merkzettel

### Zahlenfolge

Seite 158

*„Startwert 3, dann kommen immer 2 dazu."*

3   5   7   9   11   13   …

+2   +2   +2   +2   +2   +2

### Term mit einer Variablen aufstellen

Seite 159

*Variable: n*

*Term für das n-te Folgeglied:* $1 + n \cdot 2$

*Das 50. Folgeglied ist* $1 + 50 \cdot 2 = 101$.

### Wert eines Terms berechnen

Seite 160

*Setze für die Variable x eine Zahl ein, um den Wert des Terms für diese Zahl zu berechnen.*

| Variable $x$ | Term $4 \cdot x + 3$ | Wert des Terms |
|---|---|---|
| 2 | $4 \cdot 2 + 3$ | 11 |
| −3 | $4 \cdot (-3) + 3$ | −9 |

### Vom Text zum Term

Seite 161

*Text: Addiere zum Doppelten einer Zahl die 7.*

*Variable für die Zahl: x*

*Term:* $2 \cdot x + 7$

*Wert des Terms für* $x = 3$: $2 \cdot 3 + 7 = 13$

### Gleichung durch systematisches Probieren lösen

Seite 164

*Gleichung:* $4 \cdot x - 3 = 25$

*Gesuchte Zahl: x*

*Probiere:*

$x = 5$: $4 \cdot 5 - 3 = 20 - 3 = 17$ *kleiner als 25*

$x = 9$: $4 \cdot 9 - 3 = 36 - 3 = 33$ *größer als 25*

$x = 7$: $4 \cdot 7 - 3 = 28 - 3 = 25$

*Die gesuchte Zahl ist 7.*

### Gleichung durch Rückwärtsrechnen lösen

Seite 165

*Gleichung:* $3x - 5 = 31$

*Gesuchte Zahl: x*

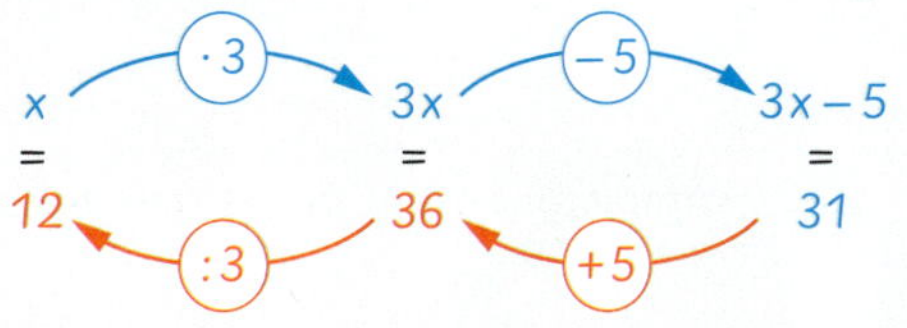


*Die gesuchte Zahl ist 12.*

# Wiederholen für die Klassenarbeit

Lösungen auf Seite 220

**1 Folgeglieder berechnen**

Berechne 8 Folgeglieder für die Folge.
Bestimme auch einen Term, mit dem man die Folge beschreiben kann.

a) Startwert 5; Vorschrift $\xrightarrow{+2}$     b) Startwert 3; Vorschrift $\xrightarrow{+3}$

**2 Punktmuster**

Das Punktmuster gibt eine Zahlenfolge an. Nenne die ersten 8 Folgeglieder.

**3 Termwerte berechnen**

Setze für x nacheinander die angegebenen Zahlen ein und berechne den Wert des Terms.

a) $x \cdot 4 + 16$ für $x = 3$, $x = 12$, $x = 25$     b) $(x - 6) \cdot 5 - x$ für $x = 8$, $x = 12$, $x = 15$

**4 Zahlenrätsel**

Stelle für das Zahlenrätsel eine Gleichung auf. Bestimme dann die gesuchte Zahl.

a) Wenn man die Zahl mit 7 multipliziert und dann 2 subtrahiert, dann erhält man 33.

b) Wenn man die Zahl mit 3 multipliziert, dann 11 addiert und das Ergebnis durch 7 dividiert, erhält man 5.

# Vorbereiten und Wiederholen

Du hast schon viel Neues gelernt.

Mit den 3-Minuten-Runden hältst du dein Wissen im Unterricht wach.

Im Wissensspeicher findest du wichtige Inhalte kompakt zusammengefasst.

Die Aufgaben zum Vorbereiten und Wiederholen erleichtern dir den Einstieg in neue Themen.

Die Lösungen kannst du selbstständig zur Kontrolle deiner Rechnungen nutzen.

- **3-Minuten-Runden zum Wachhalten für den Unterricht**
- **Nachschlagen von Informationen**
- **Vorbereiten auf ein neues Thema**
- **Symbole und Sprechweisen**
- **Lösungen zur Selbstkontrolle**

# 3-Minuten-Runden

**1**

**Quadratzahlen**

Bilde die Quadratzahlen zu 15 bis 25.

**2**

**Maßstab** 1 : 50 000

| Karte | Wirklichkeit |
|---|---|
| 5 cm | ■ |
| ■ | 20 km |

**3**

**Flächeninhalt gesucht**

Quadrat: $a = 12$ cm

Rechteck:

$a = 2{,}5$ cm; $b = 8$ cm

**4**

**Multipliziere schriftlich.**

$436 \cdot 7$ $\quad 572 \cdot 68$

$509 \cdot 34$

**5**

**Ordne der Größe nach.**

20 % $\quad \frac{1}{4} \quad \frac{1}{3}$

0,5 $\quad \frac{3}{10}$

**6**

**Dividiere schriftlich.**

474 : 3

4248 : 6

2247 : 7

**7**

**Primzahlen**

Gib alle Primzahlen von 30 bis 50 an.

**8**

**Rechne um.**

3 min in s

2 a in $m^2$

1,609 km in m

**9**

**Multipliziere.**

$2377 \cdot 4$

$2477 \cdot 4$

$3477 \cdot 4$

**10**

**Dividiere.**

954 : 6

354 : 6

1467 : 9

**11**

**Zerlege in Primfaktoren.**

20 $\quad$ 36 $\quad$ 42

45 $\quad$ 60

**12**

**Kürze.**

$\frac{3}{6} \quad \frac{12}{3} \quad \frac{18}{12} \quad \frac{6}{9}$

$\frac{4}{2} \quad \frac{8}{6} \quad \frac{4}{16} \quad \frac{8}{24}$

**13**

**Runde** auf Zehner:

867, 2095, 374

**Runde** auf Hunderter:

281, 2351, 9962

**14**

**Wahr oder falsch?**

„Jedes Parallelogramm ist ein Rechteck."

„Jedes Rechteck ist ein Parallelogramm."

**15**

Welche Vierecke haben genau zwei Symmetrieachsen?

**16**

47 − ■ = 29

7 · ■ = 84

■ : 6 = 12

56 : ■ = 8

**17**

$\frac{1}{10}$ von 50

$\frac{1}{2}$ von 72

$\frac{1}{4}$ von 80

$\frac{2}{3}$ von 30

**18**

**Zahl in der Mitte**

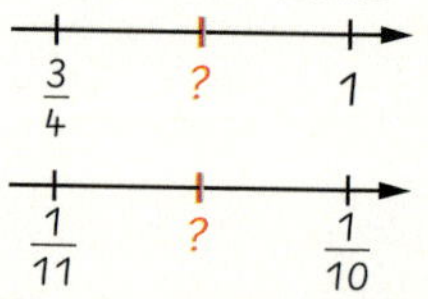

**19**

10 % von 500

20 % von 50

10 % von 360

15 % von 300

**20**

**Als Dezimalzahl**

$\frac{3}{10}$ $\frac{3}{100}$ $\frac{3}{1000}$ $\frac{16}{10}$ $\frac{16}{100}$ $\frac{30}{10}$ $\frac{55}{50}$ $\frac{150}{20}$

**21**

**Erkläre:**

Warum ist $\frac{4}{5}$ größer als $\frac{3}{4}$? Finde verschiedene Erklärungen.

**22**

$(5 + 35) \cdot 6$

$13 + 76 + 87$

$48 \cdot 4 : 6$

$2 \cdot 56 \cdot 5$

**23**

Gib drei dreistellige Zahlen an, die 2, 3 und 5 als Teiler haben.

**24**

**Fehlende Seite im Rechteck**

$u = 42\,cm$; $a = 5\,cm$

$A = 56\,m^2$; $a = 7\,m$

**25**

**Wahr oder falsch?**

„Beim Kürzen wird ein Bruch kleiner, beim Erweitern wird er größer."

**26**

Schreibe in **gemischter Schreibweise**.

$\frac{7}{2}$ $\frac{5}{3}$ $\frac{29}{6}$ $\frac{101}{5}$ $\frac{89}{9}$

**27**

Zeichne einen Kreis um M(0|0) durch P(8|6). Gib den Radius an.

**28**

**Gib die Winkelarten an.**

135° 65° 205° 180° 30° 350°

**29**

Gib die Winkelgrößen an, die die Uhrzeiger um 14 Uhr bilden.

**30**

**Wahr oder falsch?**

„Jedes Quadrat ist ein Rechteck."

„Jedes Trapez ist ein Parallelogramm."

**31**

**Berechne.**

$\frac{1}{3} + \frac{1}{4}$ $\frac{1}{3} - \frac{1}{4}$

$\frac{1}{3} \cdot \frac{1}{4}$ $\frac{1}{3} : \frac{1}{4}$

**32**

**Berechne.**

$\frac{3}{5} + \frac{3}{10}$ $\frac{1}{6} + \frac{3}{10}$

$\frac{2}{3} + \frac{3}{2}$ $\frac{3}{4} + \frac{2}{3}$

**33**

**Berechne.**

$\frac{4}{5} \cdot \frac{3}{4}$ $\frac{7}{10} \cdot \frac{3}{5}$

$\frac{7}{8} \cdot \frac{4}{7}$ $\frac{1}{4} \cdot \frac{1}{6}$

**34**

**Berechne.**

$\frac{3}{4} : 2$ $\frac{3}{4} : \frac{2}{3}$

$\frac{3}{4} : \frac{1}{2}$ $\frac{3}{4} : \frac{3}{2}$

**35**

**Wahr oder falsch?**

„In jedem Drachen schneiden sich die Diagonalen im rechten Winkel."

**36**

**Berechne.**

$0{,}5 + 0{,}1$ $0{,}5 \cdot 0{,}1$

$0{,}5 - 0{,}1$ $0{,}5 : 0{,}1$

**Subtrahiere.** 37

81 – 77

65 – 38

209 – 26

183 – 69

**Anteile** 38

10 % von 150

$\frac{1}{3}$ von 150

20 % von 360

**Kürze die Brüche.** 39

$\frac{6}{8}$ $\frac{12}{20}$ $\frac{18}{9}$

$\frac{16}{32}$ $\frac{14}{49}$ $\frac{26}{65}$

**Wahr oder falsch?** 40

„Stufenwinkel sind immer gleich groß."

**Potenzen** 41

$2^3$ $3^3$

$2^5$ $1^8$

$11^2$ $10^7$

**Als Dezimalzahl** 42

$\frac{1}{2}$ $\frac{1}{3}$ $\frac{1}{4}$ $\frac{1}{5}$ $\frac{1}{6}$

$\frac{1}{8}$ $\frac{1}{9}$ $\frac{1}{10}$

**Schreibe als Bruch.** 43

0,1 0,05 0,32

1,25 2,58

0,009

44

Bestimme P', wenn P(3|4) an Z(6|6) gespiegelt wird.

**Vergleiche.** 45

$\frac{4}{5}$ und $\frac{3}{5}$ $\frac{2}{3}$ und $\frac{3}{4}$

$\frac{6}{7}$ und $\frac{7}{8}$ $\frac{5}{13}$ und $\frac{5}{11}$

**Zeitspannen** 46

10:42 Uhr bis 12:09 Uhr

16:17 Uhr bis 20:43 Uhr

**Teilbarkeit** 47

Prüfe, ob die Zahlen durch 3 oder 9 teilbar sind.

23 36 45 57 63

**Gib in Kilogramm an.** 48

2 t

7000 g 65 000 g

250 000 mg

**Wahr oder falsch?** 49

„Bei einer Verschiebung ändert sich der Umlaufsinn einer Figur."

50

Bestimme P', wenn P(7|3) um Z(3|1) mit 90° gedreht wird.

51

**Runde** auf Tausender, Hunderter und Zehner: 1982

52

8 m² – 50 cm²

5 ha – 75 m²

3 km² – 150 ha

**Rechne um:** 53

1 dm³ in cm³

0,5 m³ in dm³

200 mm³ in cm³

**Rechne um:** 54

3 Liter in dm³

250 ml in Liter

5300 ml im cm³

**55 Wie lang? Wie viele?**
Teile 1,50 m Draht in 4 gleich lange Stücke.
Teile 1,50 m Draht in 25 cm lange Stücke.

**56 Wie lang? Wie viele?**
Teile 18 m Band in 4 gleich lange Stücke.
Teile 18 m Band in 75 cm lange Stücke.

**57 Wahr oder falsch?**
3 ist Teiler von 63
6 ist Teiler von 46
12 ist Teiler von 112

**58 Berechne.**
$0{,}4 + \frac{2}{3}$
$1{,}5 - \frac{1}{3}$
$\frac{2}{5} + 0{,}25$

**59 Teilbarkeit**
Welche Zahlen sind durch 6 teilbar?
12 21 56 48 72

**60 Maßstab**
Wie lang sind 5 cm auf der Karte in Wirklichkeit?
1:2000 1:30 000
1:500 000

**61 Quadervolumen berechnen:**
$a = 2$ cm; $b = 3$ cm;
$c = 4$ cm

**62**
Berechne den Oberflächeninhalt eines Würfels mit der Kantenlänge 5 cm.

**63 Quaderhöhe gesucht**
$V = 400\,\text{cm}^3$;
$a = 8$ cm; $b = 5$ cm

**64**
Teile eine 12 cm lange Strecke im Verhältnis
7 zu 5,
1 zu 1.

**65**
Stelle den Anteil dar.
$\frac{5}{6}$ $\frac{3}{4}$
$\frac{4}{9}$ $\frac{9}{12}$

**66 Rechenausdruck**
Subtrahiere von der Summe der Zahlen 64 und 36 die Differenz der Zahlen 68 und 26.

**67 Zahl gesucht**
Das Dreifache einer Zahl ist 96.
Die um 7 vergrößerte Zahl ist 25.

**68 Rechenausdruck**
Subtrahiere vom Produkt aus 12 und 5 die Zahl 27.

**69 Berechne.**
$\frac{2}{5} : 2$ $2 \cdot \frac{2}{7}$
$\frac{9}{4} : 3$ $15 \cdot \frac{3}{5}$
$\frac{7}{9} : 2$ $3 \cdot \frac{7}{9}$

**70 Fehlender Winkel im Dreieck**
$\alpha = 75°$, $\beta = 39°$, $\gamma = \square$
$\alpha = 98°$, $\gamma = 26°$, $\beta = \square$

**71 Umrechnen**
$7\,\text{m}^2$ in $\text{dm}^2$
$3\,100\,000\,\text{mm}^2$ in $\text{cm}^2$
$22\,\text{km}^2$ in ha

**72 Bestimme Maximum, Minimum und Spannweite.**
A: 3, 4, 8, 12
B: 17, 34, 12, 88, 13

WES-137382-058

# Natürliche Zahlen

### *Zahlen auf dem Zahlenstrahl markieren*

*Markiere die Zahlen 70, 85, 110, 125, 140 auf einem Ausschnitt des Zahlenstrahls.*

- *Ausschnitt des Zahlenstrahls von 70 bis 140*
- *Schrittlänge: 2 Kästchen ≙ 10 Schritte*
- *Auf gleiche Abstände achten!*

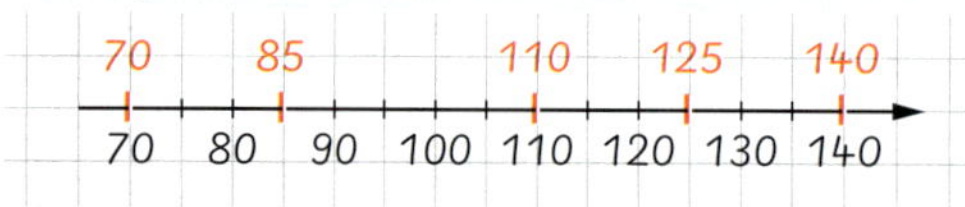


### *Zahlen runden*

- *Ziffer nach Rundungsstelle 0, 1, 2, 3 oder 4:*
  ***Abrunden** – Rundungsstelle bleibt gleich*
  *Stellen rechts durch 0 ersetzen*
- *Ziffer nach Rundungsstelle 5, 6, 7, 8, oder 9:*
  ***Aufrunden** – Rundungsstelle plus 1*
  *Stellen rechts durch 0 ersetzen*

### Potenzen

*Exponent (Hochzahl)*

$$2^7 = \underbrace{2\cdot 2\cdot 2\cdot 2\cdot 2\cdot 2\cdot 2}_{\text{7 Faktoren}}$$

*Basis (Grundzahl)*

### Quadratzahlen

$11^2 = 121$  $12^2 = 144$  $13^2 = 169$  $14^2 = 196$
$15^2 = 225$  $16^2 = 256$  $17^2 = 289$  $18^2 = 324$
$19^2 = 361$  $20^2 = 400$  $25^2 = 625$  $30^2 = 900$

**1 Zahlen ablesen**
Lies die markierten Zahlen ab.

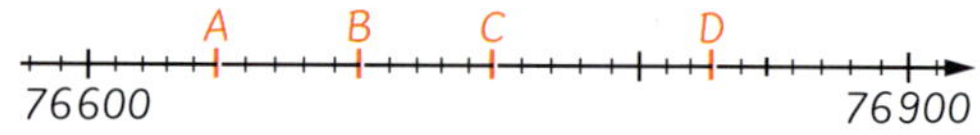


**2 Zahlenstrahl zeichnen**
Markiere die Zahlen auf einem geeigneten Ausschnitt des Zahlenstrahls.
a) 83, 85, 102  b) 300, 550, 700

**3 Zahl in der Mitte**
Rot ist die Mitte - Gib die fehlende Zahl an.

**4 Runden**
Runde die Zahlen auf Hunderter, Tausender und Zehntausender.
a) 53 198  b) 575 408  c) 9073

**5 Potenzen**
Schreibe als Potenz und berechne.
a) $2\cdot 2\cdot 2\cdot 2\cdot 2$  b) $12\cdot 12$  c) $5\cdot 5\cdot 5\cdot 5$

**6 Potenz gesucht**
Welche Zahl ergibt das?
a) Die Basis ist 3, der Exponent ist 2.
b) Die Zahl 10 wird potenziert mit 5.

WES-137382-059

# Diagramme

### *Säulendiagramme*

- *Größten Wert beachten (Höhe)*
- *Anzahl der Antworten beachten (Breite)*
- *vollständig beschriften*

*Tabelle*

| | *Anzahl* |
|---|---|
| ***Roller*** | *5* |
| ***Fahrrad*** | *6* |
| ***Inliner*** | *3* |
| ***Einrad*** | *1* |

*Damit fahre ich am liebsten*

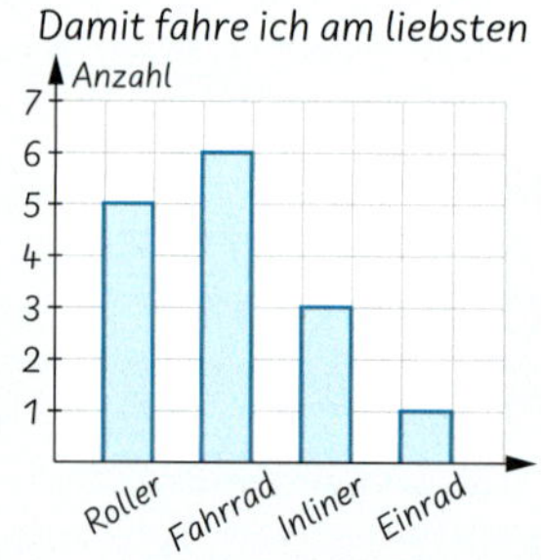


**1 Klassenarbeit**
Erstelle ein Säulendiagramm. Wie viele Kinder haben die Klassenarbeit geschrieben?

| Note | 1 | 2 | 3 | 4 | 5 | 6 |
|---|---|---|---|---|---|---|
| Anzahl | 4 | 8 | 7 | 4 | 3 | 1 |

**2 Informationen ablesen**

*Lieblingsessen an Weihnachten*

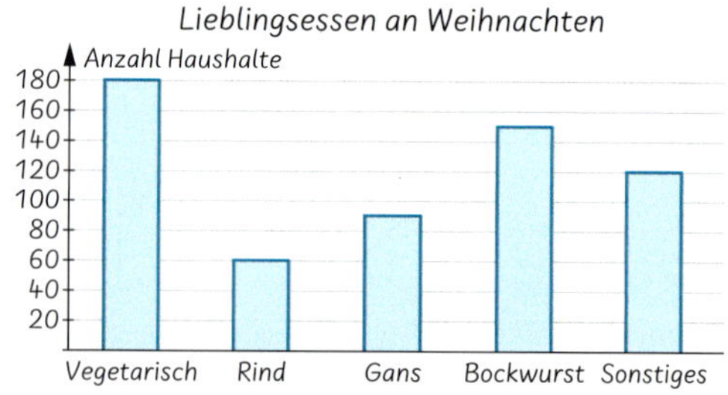


a) Wie viele Haushalte haben abgestimmt?
b) In der Zeitung steht: „Deutschland isst am liebsten vegetarisch“. Nimm Stellung.

# Regeln und Gesetze

WES-137382-060

### *Vorrangregeln*

- *Klammern zuerst berechnen*
  $47 - (22 + 15) = 47 - 37$
- *Potenzrechnung vor Punktrechnung*
  $4 \cdot 7^2 = 4 \cdot 49$
- *Punktrechnung vor Strichrechnung*
  $72 - 8 \cdot 4 = 72 - 32$
- *Von links nach rechts*
  $56 - 13 + 8 = 43 + 8$

### Assoziativgesetz – *Die Reihenfolge ist egal*

$384 + 620 + 380 = 384 + (620 + 380)$
$13 \cdot 4 \cdot 25 = 13 \cdot (4 \cdot 25)$

### Kommutativgesetz – *Vertauschen ist erlaubt*

$73 + 59 + 27 = 73 + 27 + 59$
$5 \cdot 37 \cdot 2 = 5 \cdot 2 \cdot 37$

### Distributivgesetz – *Ausmultiplizieren*

*„Aus einem Produkt wird eine Summe."*
$6 \cdot (12 + 9) = 6 \cdot 12 + 6 \cdot 9$

- *jeden Summanden mit dem Vorfaktor multiplizieren*

*Bei Division gilt das Distributivgesetz ebenso:*
$(54 + 90) : 9 = 54 : 9 + 90 : 9 = 6 + 10 = 16$

### Distributivgesetz – *Ausklammern*

*„Aus einer Summe wird ein Produkt."*
$5 \cdot 7 + 5 \cdot 8 = 5 \cdot (7 + 8)$

- *den Faktor, der in jedem Summanden vorkommt, vor die Klammer als Vorfaktor stellen*

### Rechnen mit der Null

- *Addition:* $78 + 0 = 78$ *„bleibt gleich"*
- *Subtraktion:* $37 - 0 = 37$ *„bleibt gleich"*
- *Multiplikation:* $24 \cdot 0 = 0$ *„wird null"*
  *Ist ein Faktor null, so ist das Produkt null.*
- *Division:* $0 : 24 = 0$
  *„0 geteilt durch eine Zahl ist immer null."*

***24 : 0 ist verboten!*** *Denn $0 \cdot \square = 24$ geht nicht.*
*Durch Null darf man nicht dividieren!*

**1 Rechenregeln beachten**
Berechne.
a) $18 + 12 \cdot 7$ b) $30 - 5 : 5$ c) $49 : 7 + 3 \cdot 2$
d) $60 - 2 \cdot (6 + 3)$ e) $75 - 5 \cdot 13$ f) $56 : 4 + 6$
g) $68 : 4 + 16 : 8$ h) $36 + 14 : (7 + 7) - 7 \cdot 3 + 7$

**2 Vom Text zum Rechenausdruck**
Stelle einen Rechenausdruck auf. Berechne.
a) Addiere zum Produkt der Zahlen 9 und 10 den Quotienten der Zahlen 85 und 5.
b) Subtrahiere von der Differenz der Zahlen 98 und 41 die Summe der Zahlen 21 und 4.
c) Dividiere die Differenz von 75 und 58 durch das Produkt aus 2 und 4.

**3 Vom Rechenausdruck zum Text**
Schreibe in Worten. Berechne dann.
a) $9 + 3 \cdot 2$ b) $3 \cdot (9 + 2) - 7$ c) $8 : 4 + (7 - 3)$

**4 Ausmultiplizieren**
Löse die Klammer auf. Berechne dann.
a) $8 \cdot (8 + 20)$ b) $5 \cdot (24 + 140)$ c) $(18 + 53) \cdot 2$
d) $(32 + 17) \cdot 2$ e) $(39 - 14) \cdot 6$ f) $(66 - 39) : 3$

**5 Ausklammern**
Klammere aus. Berechne dann.
a) $8 \cdot 96 + 8 \cdot 4$ b) $4 \cdot 84 - 4 \cdot 34$
c) $96 : 12 - 72 : 12$ d) $135 : 15 + 15 : 15$

**6 Geschickt rechnen**
Berechne geschickt, nutze dazu die Regeln.
a) $40 \cdot 37 \cdot 25$ b) $87 + 859 + 13$
c) $27 \cdot 43 - 43 \cdot 17$ d) $12 \cdot 988 + 12 \cdot 12$
e) $72 : 4 + 28 : 4$ f) $36 + 45 : (4 + 5)$

**7 Zahlenrätsel**
„Wenn ich das Quadrat der Zahl mit 2 multipliziere und vom Ergebnis 10 subtrahiere, erhalte ich das Achtfache der Zahl."

**8 Erlaubt oder verboten?**
Fülle die Lücken, wenn möglich.
a) $37 \cdot 0 = \square$ b) $\square \cdot 0 = 8$ c) $25 : \square = 0$
d) $45 : 0 = \square$ e) $\square : 5 = 0$ f) $18 \cdot \square = 0$

**9 Vorteilhaft rechnen**
Berechne geschickt, nutze dazu die Regeln.
a) $5 \cdot (57 - 27)$ b) $(200 - 2) \cdot 9$ c) $(16 + 17) \cdot 2$
d) $(17 + 23) \cdot 6$ e) $26 : 7 - 5 : 7$ f) $187 : 17$
g) $23 + 7 \cdot 0$ h) $(23 + 7) \cdot 0$ i) $(23 + 0) \cdot 7$

WES-137382-061

# Schriftlich Rechnen

## Schriftliches Addieren

- *Einer unter Einer, Zehner unter Zehner …*
- *von rechts beginnen, stellenweise addieren*
- *Übertrag notieren und hinzuaddieren*

| | | | | | | |
|---|---|---|---|---|---|---|
| | | 6 | 2 | 4 | 3 | Summand |
| + | | | | 8 | 2 | Summand |
| + | 9 | 7 | 3 | 2 | 7 | Summand |
| + | | | 1 | 5 | 3 | Summand |
| | 1 | | 2 | 1 | | Übertrag |
| 1 | 0 | 3 | 8 | 0 | 5 | Summe |

## Schriftliches Subtrahieren

- *Einer unter Einer, Zehner unter Zehner …*
- *Summe der Subtrahenden bilden*
- *geliehene Stellen passend notieren und zu den Subtrahenden hinzuaddieren*

| | | | | | | |
|---|---|---|---|---|---|---|
| | 4 | 1 | 9 | 0 | 3 | Minuend |
| − | 1 | 8 | 1 | 4 | 2 | Subtrahend |
| − | | 7 | 3 | 8 | 5 | Subtrahend |
| | 2 | | 2 | 1 | | Übertrag |
| | 1 | 6 | 3 | 7 | 6 | Differenz |

## Schriftliches Multiplizieren

- *nacheinander mit jeder Ziffer multiplizieren*
- *Stellenwerte übereinander, Nullen ergänzen*
- *Produkte anschließend addieren*

| | | | | | | |
|---|---|---|---|---|---|---|
| 5 | 2 | 7 | · | 4 | 3 | Faktor · Faktor |
| | 2 | 1 | [1]0 | [2]8 | 0 | 527 · 40 |
| | | 1 | 5 | 8 | [2]1 | 527 · 3 |
| | | | 1 | | | Übertrag |
| | 2 | 2 | 6 | 6 | 1 | Produkt |

## Schriftliches Dividieren

- *links beginnen: „Wie oft passt … hinein?"*
- *Produkt bilden und notieren*
- *subtrahieren*
- *nächste Ziffer an den Rest hängen*

*Dividend : Divisor = Quotient*

```
  6 7 1 2 : 4 = 1 6 7 8
− 4              (1 · 4)
  2 7
− 2 4            (6 · 4)
    3 1
  − 2 8          (7 · 4)
      3 2
    − 3 2        (8 · 4)
        0
```

**1 Kopfrechnen**

Notiere das Ergebnis.

a) 213 + 412 b) 455 − 199 c) 44 − 32 + 16
d) 123 + 87 e) 66 − 47 f) 117 − 89

**2 Additionsmauern**

Im oberen Stein steht die Summe der beiden darunterliegenden Zahlen. Übertrage die Zahlenmauer in dein Heft und fülle sie aus.

a)

| | | |
|---|---|---|
| | ■ | |
| ■ | | ■ |
| 17 | 45 | 18 |

b)

| | | |
|---|---|---|
| | 68 | |
| ■ | | 27 |
| ■ | 13 | ■ |

**3 Addieren und Subtrahieren**

Mache zunächst einen Überschlag und rechne dann schriftlich.

a) 375 + 4198 + 22 b) 907 − 122 + 785
c) 710 − (15 + 76 + 91) d) 202 + 3003 + 40004

**4 Zwei Subtrahenden**

Berechne schriftlich.

a) 12 345 − 2233 − 1112 b) 62 320 − 62 − 13 013
c) 5856 − 1967 − 2059 d) 8613 − 2879 − 3987

**5 Schriftlich multiplizieren**

a) 38 · 9 b) 7 · 45 c) 303 · 47
d) 17 · 71 e) 27 · 27 f) 1234 · 91

**6 Schriftlich dividieren**

a) 2128 : 7 b) 8112 : 52 c) 4305 : 35
d) 6225 : 25 e) 1024 : 16 f) 12342 : 6

**7 Veränderungen**

a) Wie verändert sich ein Produkt, wenn man jeden Faktor verdoppelt?
b) Wie verändert sich eine Differenz, wenn man den Minuenden und den Subtrahenden um 5 erhöht?

**8 Vom Text zum Rechenausdruck**

Notiere die Rechnung und berechne.

a) Differenz von 78 und 17
b) Quotient aus 275 und 11
c) Produkt aus 17 und 18
d) Der Subtrahend ist 95, der Minuend ist 108.

**9 Lücken füllen**

a)

| | | | | | |
|---|---|---|---|---|---|
| | | 8 | ■ | 6 | 9 |
| + | ■ | ■ | 0 | 7 | ■ |
| | 2 | 8 | 8 | ■ | 2 |

b)

| | | | | | |
|---|---|---|---|---|---|
| | ■ | ■ | 3 | 5 | 1 |
| − | | 1 | 6 | ■ | 2 |
| | 2 | 2 | ■ | 1 | ■ |

# Zahlen und Rechenwege beschreiben

## *Rechenausdruck in Worten beschreiben*

*Addieren: Summand plus Summand, Summe*
*Subtrahieren: Minuend minus Subtrahend, Differenz*
*Multiplizieren: Faktor mal Faktor, Produkt*
*Dividieren: Dividend geteilt durch Divisor, Quotient*

***7 + 5**: „Die Summe der Zahlen 7 und 5 ist 12."*

***12 – 3**: „Wenn man 3 von 12 subtrahiert, erhält man als Differenz 9."*

## *Rechenwege beschreiben*

*„zuerst"- „dann" - „zerlegen" - „ist gleich" - „ergibt" - „erhalten" - „Reihenfolge vertauschen" - „Zwischenergebnis" - „Ergebnis"...*

***780 + 325**: „Für 780 + 325 zerlege ich 325 in die Summe 300 + 25. Nun addiere ich zuerst 25 zu 780, das ergibt 805. Dann addiere ich noch 300 zum Zwischenergebnis 805 und erhalte 1105."*

***347 + 198**: „198 ist 200 – 2. Um 347 + 198 zu rechnen, addiere ich zuerst 200 zu 347, das ergibt 547, dann subtrahiere ich noch 2 vom Zwischenergebnis 547 und erhalte 545."*

## *Vom Rechenausdruck zur Rechengeschichte*

***30 – (8 + 3):** „Leon hat gestern 30 € Taschengeld gekommen. Er hat bereits für 8 € ein Buch gekauft und 3 € für Spiele ausgegeben. Jetzt hat Leon noch 19 €."*

## *Anteile beschreiben*

*„teilen" - „gleich große Teile" - „nehmen" - „zählen" - „verteilen" - „aufteilen" - „ergibt" ...*

***$\frac{2}{5}$ eines Ganzen***

*„Man teilt das Ganze in 5 gleich große Teile und nimmt 2 davon, das ergibt $\frac{2}{5}$."*

***$\frac{5}{3}$ als Verteilen beschreiben***

*„5 ganze Pizzen werden an 3 Kinder gerecht verteilt. Dazu kann jede Pizza in 3 gleich große Teile geteilt werden und jedes Kind erhält 5 Drittel Pizza, also $\frac{5}{3}$ einer ganzen Pizza."*

**1 Rechnung in Worten**

Gib die Rechnung mit ihrer Lösung in Worten an. Nutze dazu die Fachbegriffe.

a) 17 + 18 b) 45 – 28 c) 8 · 7 d) 27 : 3

**2 Unterschiedliche Wege**

a) Beschreibe, wie die beiden gerechnet haben. Nutze Fachbegriffe.

b) Man kann auch anders rechnen. Erkläre jeweils einen anderen Rechenweg, nutze die Fachbegriffe.

**3 Rechenwege beschreiben**

Diese Aufgaben kann man gut im Kopf ausrechnen. Rechne geschickt. Beschreibe in Worten, wie du rechnest.

a) 198 + 701 b) 43 – 19 c) 67 + 89 – 17
d) 7 · (1 + 20) e) (88 – 16) : 8 f) 999 · 7

**4 Rechengeschichten**

Berechne und erfinde eine Rechengeschichte zu dem Rechenausdruck.

a) 185 – (40 + 19) b) 80 – 17 + 100 : 2
c) 800 – (43 – 3) d) 7 · (3 + 9) – 16

**5 Anteile beschreiben**

Das Ganze ist das große Rechteck. Erkläre, wie der Anteil gebildet wird.

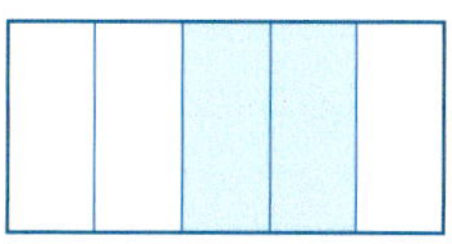

**6 Wie viel bekommt jeder?**

Beschreibe das Vorgehen beim Aufteilen und gib das Ergebnis als Bruch an.

a) 7 Pfannkuchen werden für 3 Kinder gebacken. Jedes Kind isst gleich viel.
b) 12 Personen essen 16 Flammkuchen, es wird gerecht aufgeteilt.
c) 2 Torten stehen für 16 Gäste bereit.
d) 10 Äpfel werden unter 8 Kindern aufgeteilt.

WES-137382-062

# Sachaufgaben

## *Von der Sachaufgabe zum Rechenausdruck*

*Eine Sachaufgabe beschreibt eine Situation. Die Schlüsselwörter können dir helfen, den Text in einen Rechenausdruck zu übersetzen.*

| + *plus* | − *minus* |
|---|---|
| *„kommt hinzu"*<br>*„wird mehr"*<br>*„vermehrt sich"*<br>*„nimmt zu"*<br>*„ergibt zusammen"* | *„verringert sich"*<br>*„wird weniger"*<br>*„gibt ab"*<br>*„nimmt ab"*<br>*„bleibt übrig"* |

25 Kinder sind im Bus. Es kommen 17 Kinder hinzu. Wie viele Kinder sind nun im Bus?

*Rechnung:* $25 + 17 = 42$

| · *mal* | : *geteilt* |
|---|---|
| *„wird vervielfacht"*<br>*„wird verdoppelt"*<br>*„von einem Tag auf sieben Tage"* | *„wird verteilt"*<br>*„wird halbiert"*<br>*„wird aufgeteilt"*<br>*„von 7 Tagen auf 1 Tag"*<br>*„durchschnittlich"* |

Sophia isst jeden Tag 2 Brötchen.
Wie viele Brötchen isst sie in einer Woche?

*Rechnung:* $2 \cdot 7 = 14$

## *Sachaufgaben verstehen und lösen*

*Aufgabe sorgfältig durchlesen.*

1. *Was ist gesucht?*
2. *wichtige Angaben notieren, nicht benötigte Angaben weglassen*
3. *Angaben in Rechenarten übersetzen*
4. *Rechenausdruck aufstellen und berechnen*
5. *Lösung am Text kontrollieren*
6. *Antwortsatz formulieren*

Auf einem Parkplatz mit 4 Einfahrten stehen 97 Autos. In den nächsten 2 Stunden fahren 36 Autos weg und 73 kommen hinzu.
Wie viele Autos stehen nun auf dem Parkplatz?

1. *Anzahl der Autos jetzt auf dem Parkplatz*
2. *„97 Autos parken", „36 fahren weg", „73 kommen dazu"*
   *nicht benötigt: 4 Einfahrten, 2 Stunden*
3. *„36 fahren weg" bedeutet „− 36"*
   *„73 kommen dazu" bedeutet „+ 73"*
4. $97 - 36 + 73 = 134$
5. *134 kann stimmen, denn es sind mehr hinzugekommen als weggefahren.*
6. *Auf dem Parkplatz stehen jetzt 134 Autos.*

### 1 Anzahlen bestimmen

a) In einem Theater gibt es 15 Sitzreihen. In jeder Reihe können 20 Personen sitzen. Bestimme die Anzahl der Sitzplätze.

b) 25 Kinder der 6 a und 28 Kinder der 6 b fahren mit 4 Begleitpersonen auf Klassenfahrt. Berechne die Anzahl der Personen, die auf der Klassenfahrt sind.

### 2 Preise und Geld

a) Ein Stuhl kostete bisher 40 €. Der Preis hat sich verdoppelt. Berechne den neuen Preis.

b) Max hat 20 €. Nun kauft er für 13,65 € ein. Berechne, wie viel Geld übrigbleibt.

c) Eine Eintrittskarte kostet 15 €. Es wurden 2400 € eingenommen. Bestimme die Anzahl der verkauften Eintrittskarten.

d) Lina hat 800 €. Sie kauft sich einen Computer für 499 €, einen Monitor für 129 €, eine Festplatte für 59 € und eine kabellose Maus für 12 €. Berechne, wie viel Geld übrigbleibt.

### 3 Badewanne füllen

Eine Badewanne ist mit 200 l Wasser gefüllt. Es werden 60 l herausgelassen, dann 40 l nachgefüllt. Anschließend fließt die Hälfte des Wassers ab. Berechne, wie viel Liter Wasser nun in der Badewanne sind.

### 4 In gleiche Teile aufteilen

a) Opa Werner gibt seinen 5 Enkeln insgesamt 75 €. Diese sollen gerecht aufgeteilt werden. Berechne, wie viel jedes Kind erhält.

b) Franzi ist in einer Woche insgesamt 154 km mit dem Fahrrad gefahren. Berechne, wie viele Kilometer sie durchschnittlich pro Tag gefahren ist.

c) Ein Buch hat 294 Seiten. Emma möchte das Buch in einer Woche durchlesen. Berechne, wie viele Seiten Emma dazu durchschnittlich pro Tag lesen muss.

### 5 Knobeln

a) Pauls Oma ist 55 Jahre alt. In fünf Jahren ist sie fünfmal so alt wie Paul heute ist. Berechne, wie alt Paul heute ist.

b) Julia gibt Paula 5 Münzen. Nun hat Paula 20 Münzen und damit halb so viele wie Julia. Berechne, wie viele Münzen Julia hatte.

# Teiler und Vielfache

WES-137382-063

### *Teiler und Vielfache*

*6 ist Teiler von 18, denn $6 \cdot 3 = 18$*
*18 ist durch 6 ohne Rest teilbar.*

*6, 12, 18, 24, … sind Vielfache von 6.*

*Teilermenge von 18:*
$18 = 1 \cdot 18$
$18 = 2 \cdot 9$
$18 = 3 \cdot 6$
*Teiler von 18: 1, 2, 3, 6, 9, 18*

### *Teilbarkeitsregeln – Endstellenregeln*

| Zahl ist teilbar | Endstellenregeln |
|---|---|
| durch 2 | Letzte Ziffer ist 0, 2, 4, 6 oder 8. |
| durch 5 | Letzte Ziffer ist 0 oder 5. |
| durch 10 | Letzte Ziffer ist 0. |
| durch 4 | Die Zahl aus den letzten zwei Ziffern ist ein Vielfaches von 4. |

### *Teilbarkeitsregeln – Quersummenregeln*

| Zahl ist teilbar | Endstellenregeln |
|---|---|
| durch 3 | Quersumme ist teilbar durch 3. |
| durch 9 | Quersumme ist teilbar durch 9. |

*Quersumme von 1234: $1 + 2 + 3 + 4 = 10$*

### *Teilbarkeitsregeln kombinieren*

*Eine Zahl ist durch 6 teilbar,*
*wenn sie durch 2 und durch 3 teilbar ist.*

### *Teiler von Summen, Differenzen, Produkten*

*7 teilt 21 und 84, deshalb ist 7 auch Teiler …*
*… von der Summe $21 + 84 = 105 \quad = 15 \cdot 7$*
*… von der Differenz $84 - 21 = 63 \quad = 9 \cdot 7$*
*… von dem Produkt $21 \cdot 84 = 1764 \quad = 252 \cdot 7$*

### *Primzahlen*

*Zahlen, die genau zwei Teiler haben,*
*nämlich nur 1 und sich selbst:*
*2, 3, 5, 7, 11, 13, 17, 19, 23, 29, 31, 37 …*

### *Primfaktorzerlegung*

*Zerlegung einer Zahl in ein Produkt von Primzahlen:*

$84 = 2 \cdot 42 = 2 \cdot 2 \cdot 21 = 2 \cdot 2 \cdot 3 \cdot 7$

$36 = 2 \cdot 18 = 2 \cdot 2 \cdot 9 = 2 \cdot 2 \cdot 3 \cdot 3$

**1 Lücken füllen**

a) Teiler von 12: 1, 2, 3, ▢, ▢, ▢
b) Teiler von ▢: 1, 3, ▢, 15
c) Teiler von ▢: 1, 2, 11, ▢

**2 Teiler**

Bestimme die Teiler.
a) von 34, 36 und 38 b) von 23, 24 und 25

**3 Gemeinsame Vielfache**

Gib alle Zahlen von 100 bis 150 an, die durch beide Zahlen teilbar sind.
a) 2 und 3 b) 3 und 5 c) 3 und 4 d) 2 und 9

**4 Teilbarkeit prüfen**

Prüfe, ob die Zahlen teilbar sind …
a) durch 2, 4, 5 oder 10: 25, 30, 164, 2360
b) durch 3 oder 9: 123, 199, 3024
c) durch 6 oder 12: 18, 60, 72, 252

**5 Primfaktorzerlegung**

Zerlege in Primfaktoren.
a) 20, 25 und 30 b) 120, 140 und 160

**6 Weitere Teilbarkeitsregeln**

Erkläre, wann eine Zahl durch 6 (12, 15, 25, 100) teilbar ist.

**7 Teiler von Summe und Produkt**

a) Es gilt: $42 + 4200 = 4242$. Prüfe 4242 auf Teilbarkeit durch 7 und durch 6. Begründe.
b) Es gilt: $42 \cdot 42 = 1764$. Prüfe 1764 auf Teilbarkeit durch 7 und durch 6. Begründe.

**8 Aussagen prüfen und begründen**

a) Von zwei aufeinanderfolgenden Zahlen ist immer eine durch 2 teilbar.
b) Von zwei aufeinanderfolgenden Zahlen ist immer eine durch 3 teilbar.
c) Von drei aufeinanderfolgenden Zahlen ist immer eine durch 3 teilbar.

**9 Zahlendetektiv**

Gib eine oder mehrere passende Zahlen an.
a) Ich bin eine gerade Primzahl.
b) Ich bin teilbar durch 6 aber nicht durch 12.
c) Ich bin teilbar durch 18 aber nicht durch 3.
d) Ich bin kleiner als 25, habe aber mehr als 7 Teiler.
e) Ich habe nur einen Teiler.
f) Ich bin eine Primzahl, die größer ist als 100.

WES-137382-064

# Längen

### Längeneinheiten

| | | | |
|---|---|---|---|
| Kilometer | 1000 m | = 1 km | |
| Meter | 10 dm | = 1 m | = 0,001 km |
| Dezimeter | 10 cm | = 1 dm | = 0,1 m |
| Zentimeter | 10 mm | = 1 cm | = 0,1 dm |
| Millimeter | | = 1 mm | = 0,1 cm |

### Größere Einheit → kleinere Einheit

Einheit wird kleiner → Maßzahl wird größer

·10 ·10

50 m = 500 dm = 5000 cm

### Kleinere Einheit → größere Einheit

Einheit wird größer → Maßzahl wird kleiner

:10 :10

8000 cm = 800 dm = 80 m

### Einheitentabelle zum Umrechnen

| km | | | m | | | dm | cm | mm |
|---|---|---|---|---|---|---|---|---|
| H | Z | E | H | Z | E | | | |
| | | | | 5 | 0 | 4 | 0 | |
| | | 0 | 0 | 0 | 8 | 0 | 0 | 0 |
| | | 0 | 0 | 3 | 0 | 0 | | |

Das Komma trennt die Einheiten (dicke Linie).

| gegebene Länge | größere Einheit | kleinere Einheit |
|---|---|---|
| 504 dm | 50,4 m | 5040 cm |
| 8 m | 0,008 km | 8000 mm |
| 30 m | 0,03 km | 300 dm |

### Verkleinerung im Maßstab 1 : 5000

1 cm in der Zeichnung entsprechen 5000 cm in der Wirklichkeit.

**Von der Zeichnung zur Wirklichkeit**

- mit 5000 multiplizieren
- in die größere Einheit umrechnen

| Zeichnung | Wirklichkeit |
|---|---|
| **6 cm** | 6 cm · 5000 = 30 000 cm = **300 m** |

**Von der Wirklichkeit zur Zeichnung**

- in die kleinere Einheit umrechnen
- durch 5000 dividieren

| Wirklichkeit | Zeichnung |
|---|---|
| **750 m** | 75 000 cm : 5000 = **15 cm** |

**1 Längen umrechnen**

Rechne in die angegebene Einheit um.

a) in m: 200 cm 250 dm 2,5 km 2000 cm

b) in dm: 30 cm 50 m 450 mm 1 km

c) in cm: 1,5 m 1 km 25 dm 130 mm

**2 Längen ordnen**

Ordne die Längen der Größe nach. Beginne mit der kleinsten Länge.

a) 350 cm 4 m 1 km 30 000 mm

b) 150 m 2000 mm 500 dm 15 000 cm

**3 Gemischte Einheiten**

Gib die Länge in beiden Einheiten an.

a) 1 km 300 m b) 12 m 50 cm

c) 20 m 5 cm d) 0,5 km 250 m

**4 Anteile von Längen**

Gib den Anteil in einer kleineren Einheit an.

a) $\frac{1}{4}$ km b) $\frac{1}{10}$ m c) $\frac{3}{4}$ m d) $\frac{9}{10}$ km

e) $\frac{1}{5}$ dm f) $\frac{1}{2}$ m g) $\frac{1}{8}$ km h) $\frac{4}{5}$ m

**5 Sachaufgaben**

a) Schnecke Anton legt an drei Tagen folgende Strecken zurück: 125 cm, 15 dm, 1 m 12 cm. Bestimme die Gesamtstrecke.

b) Ein 2 m 40 cm langer Draht soll in 15 gleich lange Teile geschnitten werden. Bestimme die Länge eines Teils.

**6 Auf der Karte und in der Wirklichkeit**

Übertrage die Tabelle und fülle sie aus.

a) Maßstab 1 : 20 000

| Karte | Wirklichkeit |
|---|---|
| 1 cm | ▢ |
| 5 cm | ▢ |
| ▢ | 2 km |
| ▢ | 10 km |
| ▢ | 500 m |

b) Maßstab 1 : 250 000

| Karte | Wirklichkeit |
|---|---|
| 1 cm | ▢ |
| 5 cm | ▢ |
| ▢ | 10 km |
| ▢ | 100 km |
| ▢ | 500 m |

**7 Maßstab bestimmen**

Bestimme den Maßstab.

a) 7 cm auf der Karte entsprechen 350 000 cm in der Wirklichkeit.

b) 5 cm auf der Karte entsprechen 4 km in der Wirklichkeit.

c) 10 cm auf der Karte entsprechen 10 km in der Wirklichkeit.

# Flächen

WES-137382-065

### Flächeneinheiten

| | | | |
|---|---|---|---|
| $km^2$ | 100 ha | = 1 $km^2$ | |
| ha („Hektar") | 100 a | = 1 ha | = 0,01 $km^2$ |
| a („Ar") | 100 $m^2$ | = 1 a | = 0,01 ha |
| $m^2$ | 100 $dm^2$ | = 1 $m^2$ | = 0,01 a |
| $dm^2$ | 100 $cm^2$ | = 1 $dm^2$ | = 0,01 $m^2$ |
| $cm^2$ | 100 $mm^2$ | = 1 $cm^2$ | = 0,01 $dm^2$ |
| $mm^2$ | | 1 $mm^2$ | = 0,01 $cm^2$ |

### Größere Einheit → kleinere Einheit

Einheit wird kleiner → Maßzahl wird größer

·100 ·100

5 $m^2$ = 500 $dm^2$ = 50 000 $cm^2$

### Kleinere Einheit → größere Einheit

Einheit wird größer → Maßzahl wird kleiner

:100 :100 :100

8 000 000 $m^2$ = 80 000 a = 800 ha = 8 $km^2$

### Einheitentabelle zum Umrechnen

| $km^2$ | | ha | | a | | $m^2$ | | $dm^2$ | | $cm^2$ | | $mm^2$ | |
|---|---|---|---|---|---|---|---|---|---|---|---|---|---|
| Z | E | Z | E | Z | E | Z | E | Z | E | Z | E | Z | E |
| | | | | | | | 0 | 0 | 0 | 5 | 0 | 0 | 0 |
| | | 2 | 0 | 0 | 0 | 0 | 0 | 0 | 0 | | | | |
| | | | | | | | 0 | 0 | 5 | 0 | 1 | | |
| | 0 | 0 | 8 | 5 | 0 | 0 | 0 | | | | | | |

Das Komma trennt die Einheiten (dicke Linie).

| gegebene Einheit | größere Einheit | kleinere Einheit |
|---|---|---|
| 50 $cm^2$ | 0,005 $m^2$ | 5 000 $mm^2$ |
| 200 000 $m^2$ | 20 ha | 20 000 000 $dm^2$ |
| 5,01 $dm^2$ | 0,0501 $m^2$ | 501 $cm^2$ |
| 8,5 ha | 0,085 $km^2$ | 85 000 $m^2$ |

### Flächeninhalte besonderer Figuren

| | | |
|---|---|---|
| **Rechteck** | $A = a \cdot b$ | $u = 2 \cdot a + 2 \cdot b$ |
| **Quadrat** | $A = a \cdot a$ | $u = 4 \cdot a$ |

### Zusammengesetzte Figuren

**Zerlegen**

$A = A_1 + A_2$

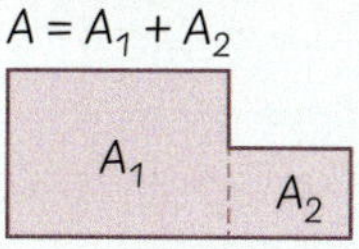


**Ergänzen**

$A = A_{groß} - A_{klein}$

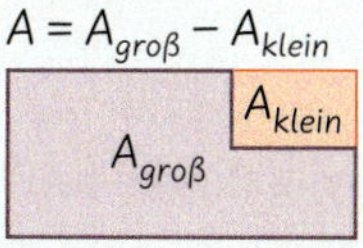


**1 Flächen umrechnen**

Rechne in die angegebene Einheit um.

a) in $m^2$: 500 $dm^2$ 30 000 $cm^2$ 25 a

b) in ha: 15 a 2000 $m^2$ 1 $km^2$

c) in $cm^2$: 500 $mm^2$ 0,25 $dm^2$ 15 $m^2$

**2 Flächeninhalte ordnen**

Ordne die Flächen der Größe nach. Beginne mit der kleinsten.

a) 5 $m^2$ 250 $cm^2$ 2000 $dm^2$ 350 $dm^2$

b) 1,5 $m^2$ 520 $dm^2$ 2000 $mm^2$ 6,5 $cm^2$

**3 Flächeninhalte addieren und subtrahieren**

Berechne.

a) 2,5 $m^2$ + 2 a b) 0,5 ha – 200 $m^2$

c) 5 $m^2$ + 2,5 a d) 1,5 $m^2$ – 50 $cm^2$

**4 Restflächen**

Bestimme den Flächeninhalt, der noch zur vorgegebenen Größe fehlt.

a) zu 1 ha: 80 a 800 $m^2$ 950 000 $dm^2$

b) zu 25 $m^2$: 16 $m^2$ 14000 $cm^2$ 1 $dm^2$

**5 Flächeninhalt und Umfang**

Bestimme den Flächeninhalt und den Umfang des Rechtecks.

a) a = 2 m, b = 4 m b) a = 2,5 m, b = 5 m

**6 Fehlende Seitenlänge**

Berechne die fehlende Seitenlänge des Rechtecks.

a) A = 64 $m^2$, a = 4 m b) A = 196 $m^2$, b = 14 m

**7 Fehlende Größen im Quadrat**

Ergänze die Tabelle.

| | | | |
|---|---|---|---|
| **a** | 5 cm | ▪ | ▪ |
| **A** | ▪ | 36 $cm^2$ | ▪ |
| **u** | ▪ | ▪ | 12 cm |

**8 Veränderte Rechtecke**

Was passiert mit dem Flächeninhalt?

a) Eine Seite wird verdoppelt.

b) Beide Seiten werden verdoppelt.

**9 Zusammengesetzte Figuren**

Berechne den Flächeninhalt und den Umfang.

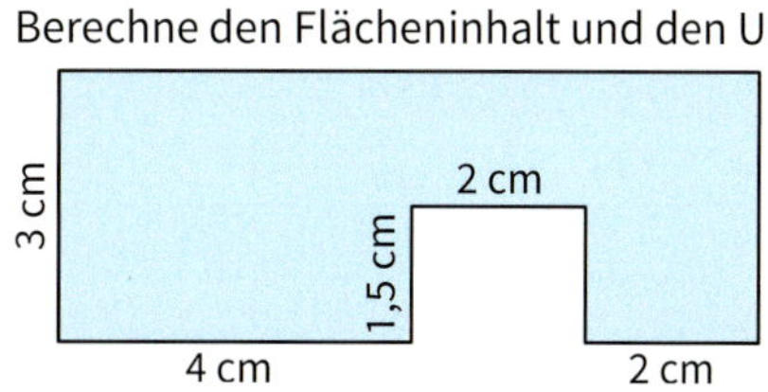

WES-137382-066

# Massen

### Masseneinheiten

| | | | | |
|---|---|---|---|---|
| Tonne | 1000 kg | = | 1 t | |
| Kilogramm | 1000 g | = | 1 kg | = 0,001 t |
| Gramm | 1000 mg | = | 1 g | = 0,001 kg |
| Milligramm | | | 1 mg | = 0,001 g |

### Größere Einheit → kleinere Einheit

Einheit wird kleiner → Maßzahl wird größer

$\cdot 1000$ $\cdot 1000$

2,3 t = 2300 kg = 2 300 000 g

### Kleinere Einheit → größere Einheit

Einheit wird größer → Maßzahl wird kleiner

: 1000 : 1000

52 000 mg = 52 g = 0,052 kg $\left(= \frac{52}{1000}\,\text{kg}\right)$

### Einheitentabelle zum Umrechnen

| t | | kg | | | g | | | mg | | |
|---|---|---|---|---|---|---|---|---|---|---|
| Z | E | H | Z | E | H | Z | E | H | Z | E |
| | 0 | 0 | 7 | 5 | 0 | 0 | 0 | | | |

**1 Massen umrechnen**

Rechne in die angegebene Einheit um.

a) in kg: 7500 g 1 t 64 000 g

b) in g: 2,5 kg 2500 mg 1 t

**2 Massen ordnen**

Ordne die Massen der Größe nach. Beginne mit der kleinsten.

a) 250 kg 0,5 t 6000 kg

b) 1500 mg 2,5 g 0,3 kg

**3 Massen addieren und subtrahieren**

Berechne.

a) 2,5 kg + 750 g b) 4 kg – 200 g

c) 5 t – 250 kg d) 1,5 g + 50 mg

**4 Fehlersuche**

Finde den Fehler.

a) 15 t = 1500 kg b) 50 kg = 50 000 g

c) 0,7 kg = 700 g d) 1,45 g = 145 mg

**5 Sachaufgabe**

Eine Konservendose wiegt 450 g. Wie viel wiegen 12 Konservendosen?

WES-137382-067

# Zeiten und Zeitpunkte

### Zeiteinheiten

| | | | | |
|---|---|---|---|---|
| Tag | 24 h | = | 1 d | |
| Stunde | 60 min | = | 1 h | $= \frac{1}{24}$ d |
| Minute | 60 s | = | 1 min | $= \frac{1}{60}$ h |
| Sekunde | | | 1 s | $= \frac{1}{60}$ min |

### Größere Einheit → kleinere Einheit

Einheit wird kleiner → Maßzahl wird größer

$\cdot 60$ $\cdot 60$

1 h = 60 min = 3600 s

### Kleinere Einheit → größere Einheit

Einheit wird größer → Maßzahl wird kleiner

: 60 : 24

2880 min = 48 h = 2 d

### Zeitpunkte und Zeitspannen

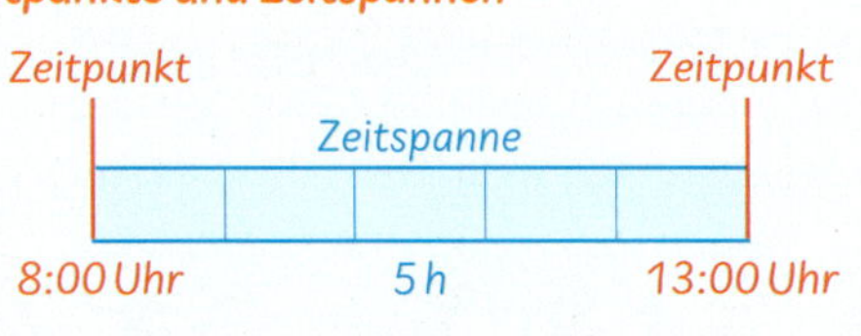


**1 Zeiten umrechnen**

Rechne in die angegebene Einheit um.

a) in h: 240 min 90 min 30 min

b) in min: 2 h 600 s 2,5 h

c) in s: 5 min 30 min 45 min

**2 Zeitspannen**

Gib die Zeitspanne an.

a) von 7:45 Uhr bis 8:30 Uhr

b) von 10:50 Uhr bis 12:25 Uhr

c) von 18:30 Uhr bis 20:07 Uhr

d) von 23:39 Uhr bis 2:16 Uhr

**3 Fragen zu Zeiten**

a) Es ist 7:55 Uhr. Wie spät ist es in 1 h 20 min?

b) Es ist 19:20 Uhr. Wie spät war es vor 1 h 45 min?

c) Es ist 15:40 Uhr. Wie lang ist die Zeitspanne bis 20:15 Uhr?

**4 Schall**

Der Schall legt in einer Sekunde in der Luft ungefähr 330 m zurück. In einem Gewitter hörst du den Donner 6 Sekunden nachdem du den Blitz gesehen hast.

Bestimme die Entfernung des Gewitters.

# Typische Fragen zu Größen

WES-137382-068

### *Wie lang? – Länge der Stücke bestimmen*

*Teile einen 2,40 m langen Stab in 6 gleich lange Stücke. Bestimme die Länge der Stücke.*
*Gegeben: 240 cm*
*Gesucht: Länge der Stücke*
*Rechnung: 240 cm : 6 = 40 cm*
*Jedes Teilstück ist 40 cm lang.*

### *Wie viele? – Anzahl der Stücke bestimmen*

*Teile einen 2,40 m langen Stab in 30 cm lange Teilstücke. Bestimme die Anzahl der Stücke.*
*Gegeben: 240 cm*
*Gesucht: Anzahl der Stücke*
*Rechnung: 240 cm : 30 cm = 8*
*Es sind 8 Stücke.*

### *Wie groß? – Flächengröße bestimmen*

*Teile ein 3600 $m^2$ großes Grundstück in 4 gleich große Flächen. Bestimme die Größe der Flächen.*
*Gegeben: 3600 $m^2$*
*Gesucht: Größe der Teilflächen*
*Rechnung: 3600 $m^2$ : 4 = 900 $m^2$*
*Jede Teilfläche ist 900 $m^2$ groß.*

### *Wie viele? – Anzahl der Flächen bestimmen*

*Teile ein 3600 $m^2$ großes Grundstück in 450 $m^2$ große Flächen. Bestimme die Anzahl der Flächen.*
*Gegeben: 3600 $m^2$*
*Gesucht: Anzahl der Teilflächen*
*Rechnung: 3600 $m^2$ : 450 $m^2$ = 8*
*Es sind 8 Teilflächen.*

### *Seitenlänge aus dem Flächeninhalt berechnen*

*Gegeben: Rechteck mit $A = 600\,m^2$; $a = 15\,m$*
*Gesucht: Seitenlänge b*
$15\,m \cdot b = 600\,m^2$
$b = 600\,m^2 : 15\,m = 40\,m$
*Die Seite b ist 40 m lang.*

### *Seitenlänge aus dem Umfang berechnen*

*Gegeben: Rechteck mit $u = 300\,m$; $a = 50\,m$*
*Gesucht: Seitenlänge b*
$2 \cdot 50\,m + 2 \cdot b = 300\,m$
$b = (300\,m - 100\,m) : 2 = 100\,m$
*Die Seite b ist 100 m lang.*

**1 Länge oder Anzahl**

Gib an, ob eine Länge oder eine Anzahl bestimmt wird und berechne.

a) Ein 1,80 m langes Brett wird in 15 cm lange Stücke zerschnitten.
b) Eine 4,50 m lange Leiste wird in 18 Stücke zerschnitten.
c) 350 cm : 50 cm   4 m : 16   1 km : 25 m
d) 3000 m : 150 m   50 dm : 4 cm   24 m : 60

**2 Masse oder Anzahl**

Gib an, ob eine Masse oder eine Anzahl bestimmt wird und berechne.

a) 12 kg Apfelmus werden in 16 gleich schwere Portionen aufgeteilt.
b) Teile 16 kg Kartoffelsalat in 400 g schwere Portionen.
c) 350 kg : 25   40 kg : 200g   650 g : 50
d) 3,2 kg : 16   90 kg : 1,5 kg   8 t : 64

**3 Flächengröße oder Anzahl**

Gib an, ob eine Fläche oder eine Anzahl bestimmt wird und berechne.

a) Frau Simon baut auf einer 5 $m^2$ großen Fläche vier verschiedene Kräuter auf gleich großen Teilflächen an.
b) Eine 168 $m^2$ große Fläche soll als Stellfläche für E-Bikes genutzt werden. Jedes E-Bike benötigt 2 $m^2$ Abstellfläche.
c) 200 $m^2$ : 25   4 ha : 50 $m^2$   15 a : 50 $m^2$
d) 1,6 $m^2$ : 25 $dm^2$   2,5 $m^2$ : 20   9 $dm^2$ : 4 $cm^2$

**4 Seitenlänge berechnen**

Berechne im Rechteck die fehlende Seitenlänge.

a) $A = 56\,cm^2$; $a = 7\,cm$ b) $A = 225\,m^2$; $b = 15\,m$
c) $A = 196\,m^2$; $a = 14\,cm$ d) $A = 40\,m^2$; $b = 10\,dm$

**5 Seitenlänge aus dem Umfang berechnen**

Berechne im Rechteck die fehlende Seitenlänge.

a) $u = 56\,m$; $a = 7\,m$   b) $u = 28\,m$; $b = 5\,cm$
c) $u = 1\,m$; $a = 16\,cm$   d) $u = 1{,}5\,m$; $b = 0{,}20\,m$

**6 Flächeninhalt und Umfang**

a) Der Flächeninhalt eines Rechtecks beträgt 60 $cm^2$, die Breite 15 cm. Bestimme den Umfang.
b) Der Umfang eines Rechtecks beträgt 48 cm, die Breite 6 cm. Bestimme den Flächeninhalt.

WES-137382-069

# Geodreieck nutzen

### *Senkrechte Gerade: zeichnen oder prüfen*

*Die Mittellinie auf eine der beiden Geraden legen.*

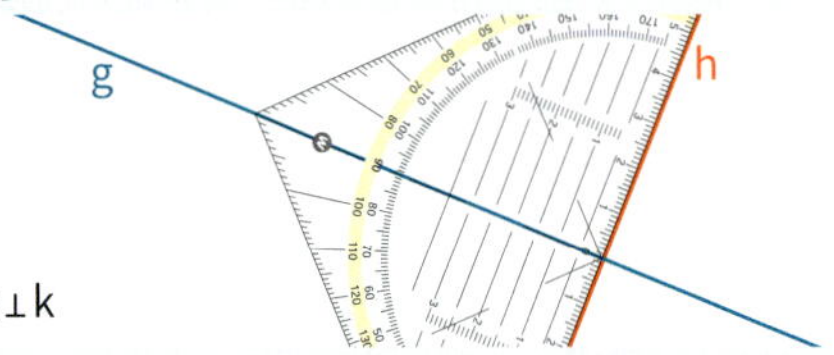


g ⊥ k

### *Parallele Gerade: zeichnen oder prüfen*

*Eine Parallele des Geodreiecks auf g oder h legen.*

g ∥ h

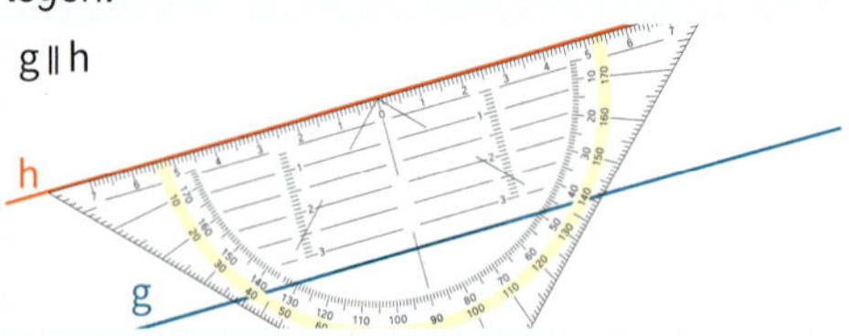


### *Abstand zwischen Punkten messen*

*Die Null an den Punkt A legen und die Länge der Strecke $\overline{AB}$ messen.*

|AB| = 6 cm

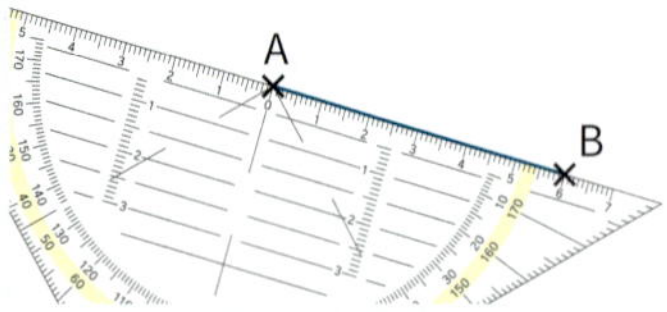


### *Abstand vom Punkt P zur Geraden g messen*

*Die Mittellinie mit der Null auf die Gerade legen und die Länge der Strecke zu P messen.*

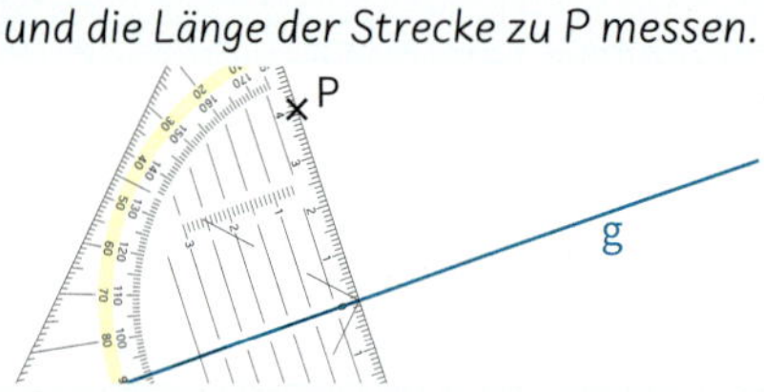


### *Abstand der Parallelen g und h messen*

*Die Mittellinie auf g legen und die Länge der Strecke von der Null bis zur Geraden h messen.*

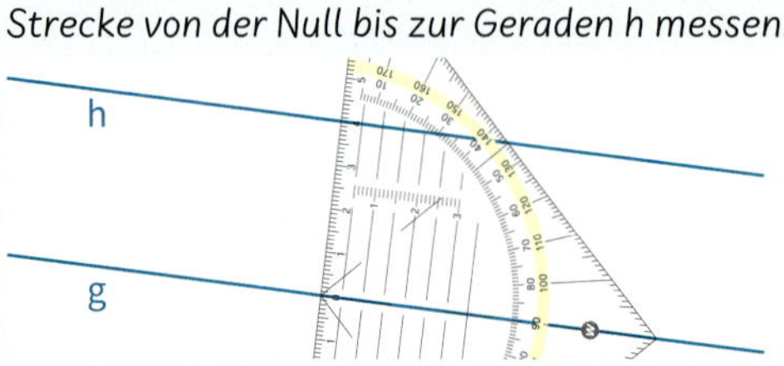


**1 Geraden untersuchen**

Überprüfe, welche Graden parallel und welche senkrecht zueinander sind.

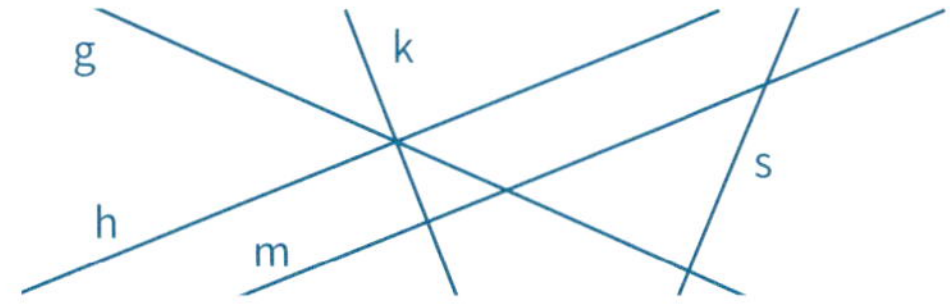


**2 Geraden zeichnen**

a) Zeichne eine Gerade g. Zeichne eine Parallele h im Abstand von 4 cm zu g. Begründe, dass es mehrere Möglichkeiten gibt.

b) Zeichne eine Gerade g und zwei zu g senkrechte Geraden h und k. Beschreibe, wie die Geraden h und k zueinander liegen.

**3 Senkrechte und parallele Geraden**

Wie liegen die Geraden g und h zueinander?

a) g ∥ k und k ∥ h
b) g ⊥ k und k ∥ h
c) g ∥ k und k ⊥ h
d) g ⊥ k und k ⊥ h

**4 Abstand eines Punktes von einer Geraden**

Mit welcher Skizze wird der Abstand „Punkt – Gerade" richtig bestimmt?

(1)

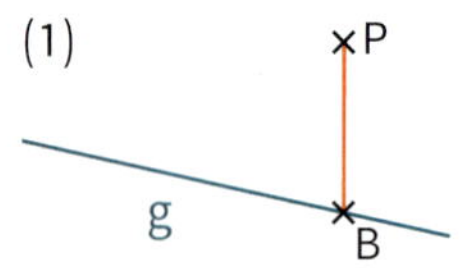


(2)

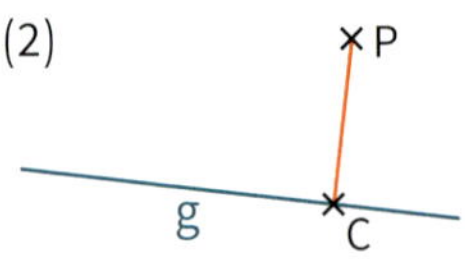


**5 Abstände von Punkten zu Geraden**

Bestimme den Abstand der Punkte P, Q, R und S zu den Geraden g und h.

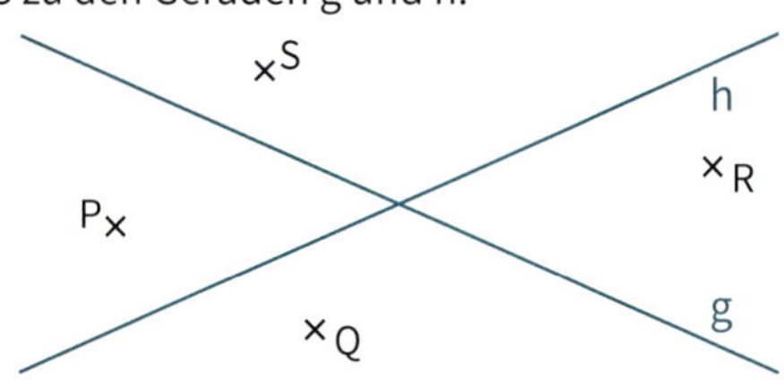


**6 Abstände von Punkten und Geraden**

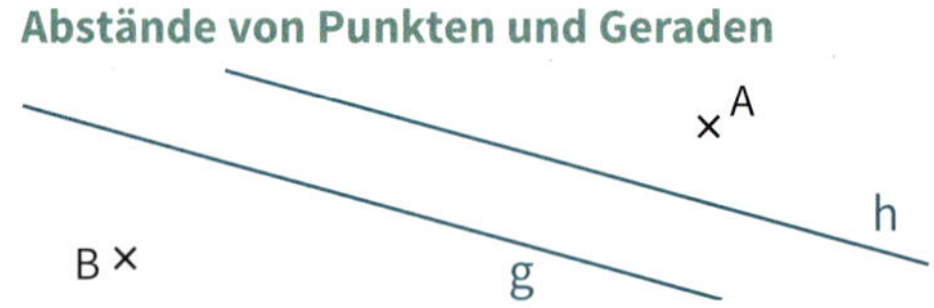


a) Bestimme den Abstand der Punkte A und B.

b) Bestimme den Abstand der Geraden g und h.

c) Bestimme die Abstände von Punkt A zu g und h, sowie von Punkt B zu g und h.

# Koordinatensystem

## *Punkte im Koordinatensystem*

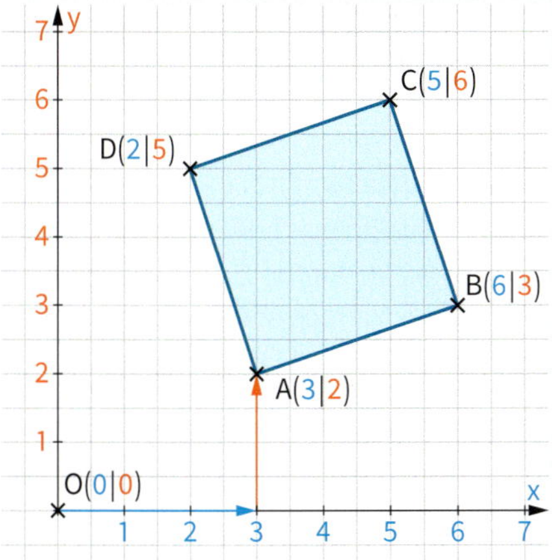


***erst*** *x-Koordinate,* ***dann*** *y-Koordinate*

*x-Koordinate: Gehe 3 Einheiten nach rechts.*

*y-Koordinate: Gehe 2 Einheiten nach oben.*

*Punkt A mit Koordinaten angeben: A(3|2)*

WES-137382-070

**1 Koordinaten ablesen**

Gib die Koordinaten der Eckpunkte an.

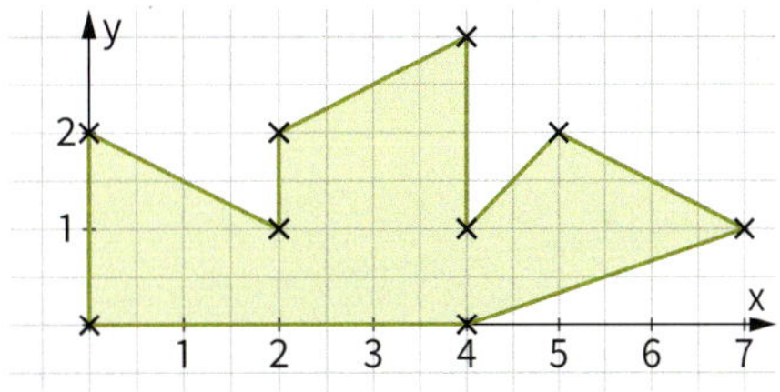


**2 Punkte einzeichnen**

Trage die Punkte ein und verbinde sie. Verbinde den letzten Punkt mit A.

a) A(1|1), B(11|1), C(9|6), D(3|6)

b) A(2|6), B(5|3), C(8|6), D(5|9)

c) A(1|2), B(5|2), C(5|6), D(3|8), E(1|6)

**3 Besondere Punkte**

Trage in ein Koordinatensystem fünf Punkte ein, die die Bedingung erfüllen.

a) x-Wert und der y-Wert sind gleich groß.

b) Der x-Wert ist immer 2.

c) Der x-Wert ist um 3 größer als der y-Wert.

# Symmetrie

## *Auf Achsensymmetrie prüfen*

*Achse einzeichnen. Punkte und Spiegelpunkte auf gleichen Abstand zur Achse prüfen.*

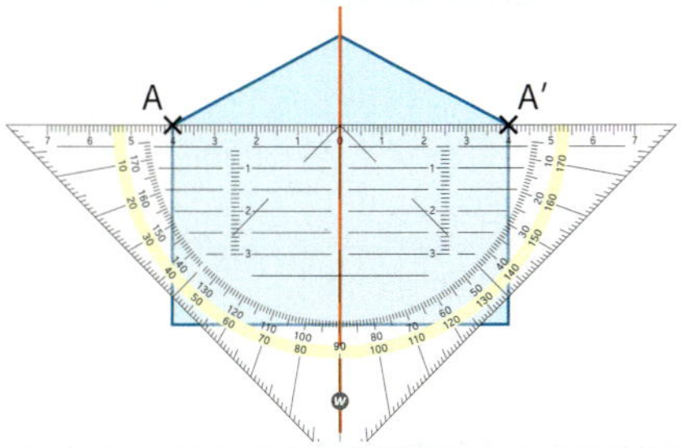


## *Auf Punktsymmetrie prüfen*

*Z einzeichnen. Punkte und Spiegelpunkte auf gleichen Abstand zu Z prüfen.*

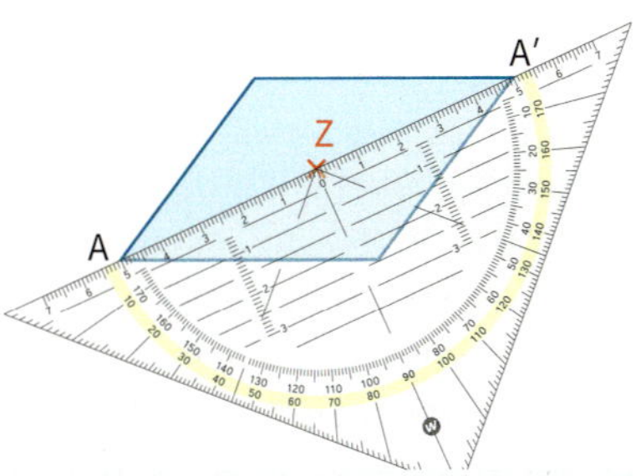


WES-137382-071

**1 Auf Achsensymmetrie prüfen**

Untersuche, ob die eingezeichneten Linien Symmetrieachsen sind.

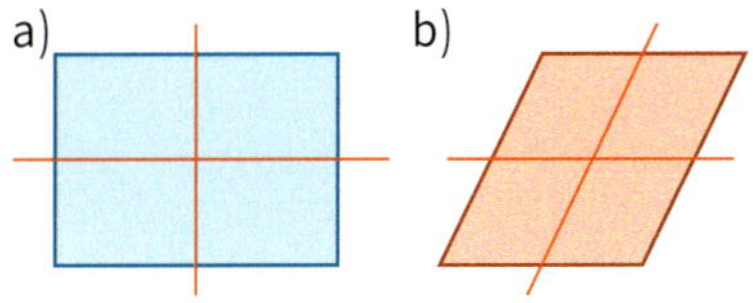


**2 Symmetrische Figuren**

Ist die Figur symmetrisch? Zeichne im Heft die Symmetrieachsen oder das Symmetriezentrum ein.

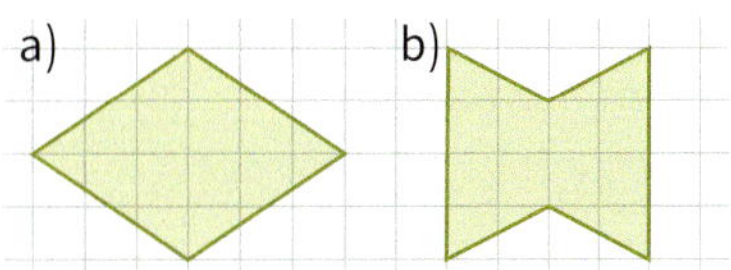


**3 Symmetrische Vierecke**

(A) Quadrat (B) Rechteck (C) Parallelogramm
(D) Raute (E) Drachen (F) Trapez

a) Welche Vierecke sind achsensymmetrisch? Gib die Anzahl der Symmetrieachsen an.

b) Welche Vierecke sind punktsymmetrisch zum Schnittpunkt der Diagonalen?

WES-137382-072

# Spiegelungen

## Achsenspiegelung

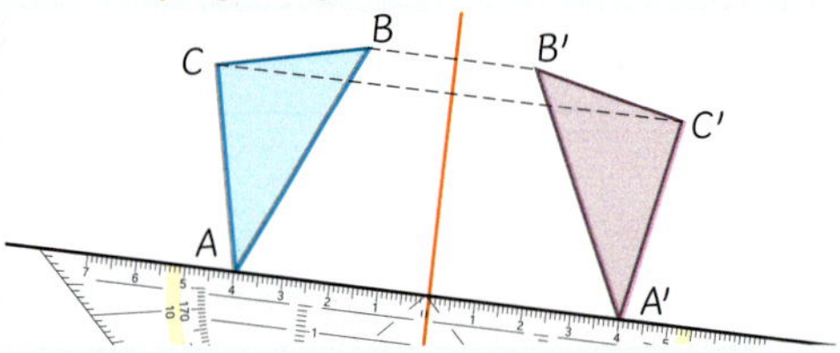


1. *Die Mittellinie auf die Spiegelachse legen.*
2. *Den Abstand von A zur Spiegelachse messen.*
3. *Den Bildpunkt A′ im selben Abstand zur Spiegelachse markieren.*
4. *Weitere Eckpunkte ebenso spiegeln.*

## Spiegelachse bestimmen

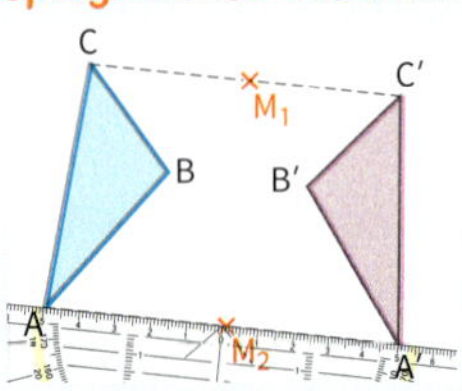


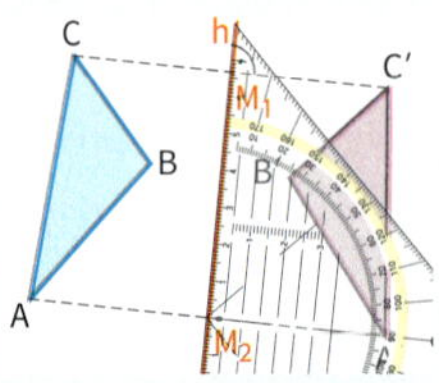


1. *Verbinde zwei Punkte mit ihren Bildpunkten.*
2. *Markiere die Mittelpunkte der Strecken.*
3. *Die Gerade durch die Mittelpunkte ist die Spiegelachse.*

## Punktspiegelung

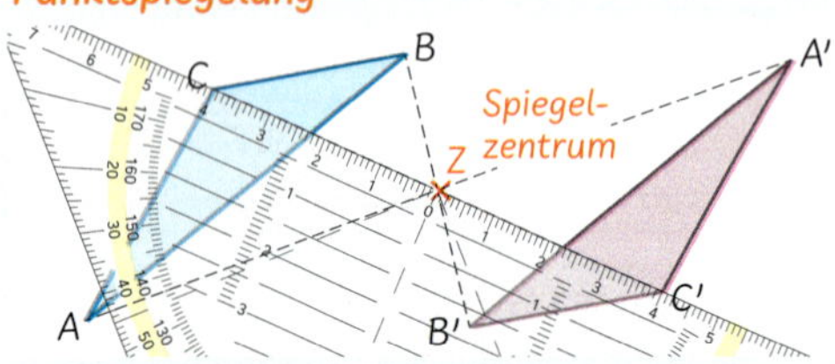


1. *Den Nullpunkt auf Z legen.*
2. *Den Abstand von A zum Punkt Z messen.*
3. *Den Bildpunkt A′ im selben Abstand zum Spiegelzentrum Z markieren.*
4. *Weitere Eckpunkte ebenso spiegeln.*

## Spiegelzentrum bestimmen

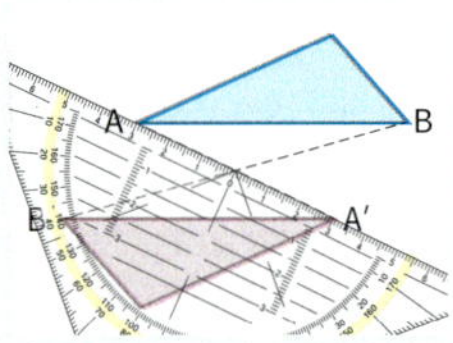


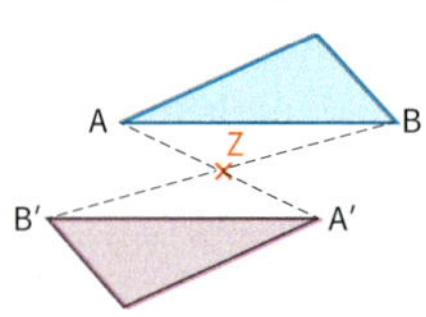


1. *Verbinde zwei Punkte mit ihren Bildpunkten.*
2. *Der Schnittpunkt ist das Spiegelzentrum.*

**1 Spiegeln an einer Spiegelachse**

Das Viereck ABCD mit A(2|2), B(4|1), C(6|5) und D(4|6) wird gespiegelt. Bestimme die Koordinaten der Bildpunkte A′, B′, C′ und D′.

a) Spiegele das Viereck ABCD an der Parallelen zur x-Achse durch D.
b) Spiegele das Viereck ABCD an der Parallelen zur y-Achse durch C.
c) Spiegele das Viereck ABCD an der Geraden durch die Punkte (1|1) und (3|3).

**2 Spiegelachse finden**

Das Dreieck ABC mit A(1|1), B(4|2) und C(2|4) wird gespiegelt. Das Bilddreieck hat die Eckpunkte A′(7|7), B′(6|4) und C′(4|6). Bestimme die Spiegelachse. Gib Punkte an, die auf der Spiegelachse liegen.

**3 Spiegelachsen**

Es sollte an der Spiegelachse gespiegelt werden. Beschreibe die Fehler.

a)

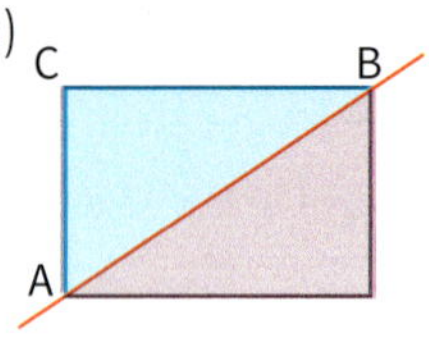


b)

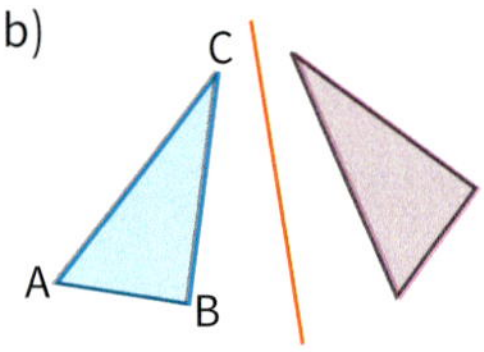


**4 Dreieck an einem Punkt spiegeln**

Zeichne das Dreieck ABC mit A(3|8), B(9|7) und C(5|11). Spiegele das Dreieck am Punkt Z. Gib die Koordinaten der Bildpunkte an.

a) Z(5|8) b) Z(5|11) c) Z(5|6) d) Z(8|9)

**5 Spiegelzentrum finden**

Untersuche, ob das Dreieck A′B′C′ das Bild des Dreiecks ABC bei einer Punktspiegelung sein kann. Falls ja, gib den Punkt an, an dem gespiegelt wurde.

a) Dreiecks ABC: A(3|0), B(6|1), C(1|5)
Dreieck A′B′C′: A′(9|6), B′(6|5), C′(11|1)
b) Dreiecks ABC: A(1|8), B(1|5), C(5|10)
Dreieck A′B′C′: A′(6|2), B′(5|5), C′(1|0)

**6 Achsenspiegelung und Punktspiegelung**

Gegeben sind das Dreieck ABC mit A(0|1), B(4|3) und C(1|6) sowie der Bildpunkt B′(8|4). Zeichne das Bild des Dreiecks ABC.

a) Achsenspiegelung b) Punktspiegelung

# Vierecke und Dreiecke

WES-137382-073

## Begriffe zum Beschreiben

**Seiten**
*gleich lang*
*gegenüberliegend*
*parallel, senkrecht*

**Diagonalen**
*halbieren sich*
*gleich lang*
*senkrecht*

**Winkel**
*rechter Winkel*
*gleich groß*

**Symmetrie**
*Symmetrieachse*
*Symmetriezentrum*

## Besondere Vierecke

**Quadrat**

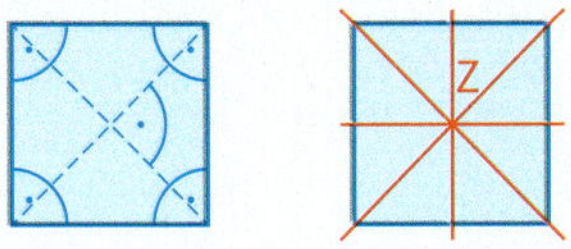


**Rechteck**

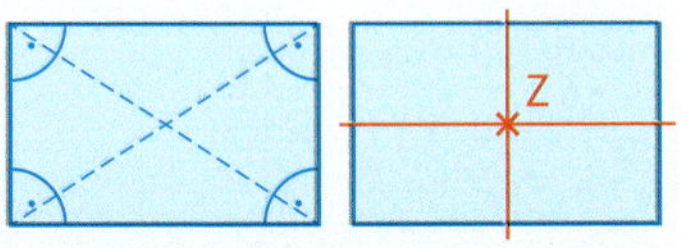


**Parallelogramm**

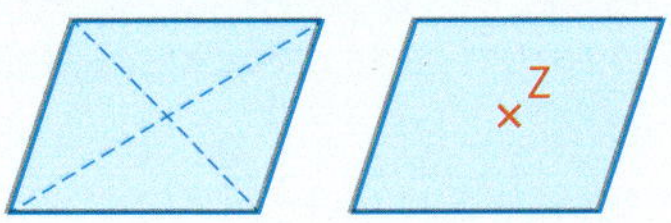


**Raute**

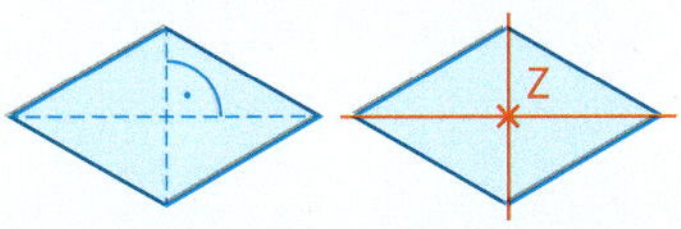


**Symmetrisches Trapez**

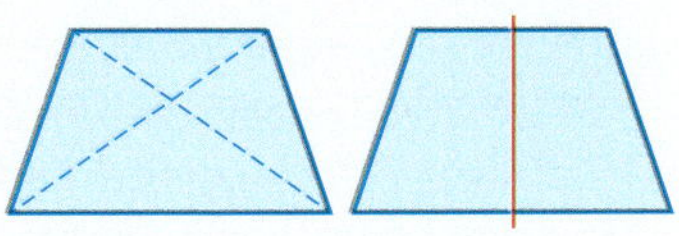

**Drachen**

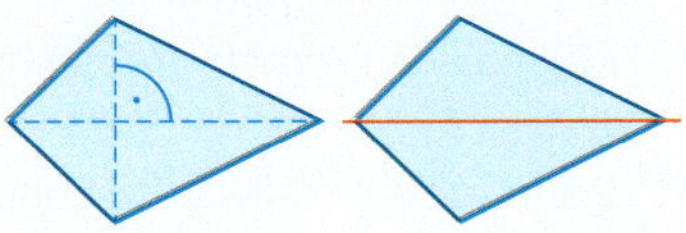

## Dreiecke

**Allgemeines Dreieck**

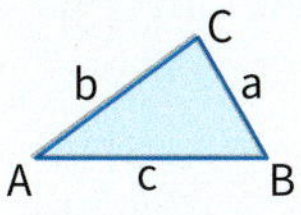


**Gleichschenkliges Dreieck**

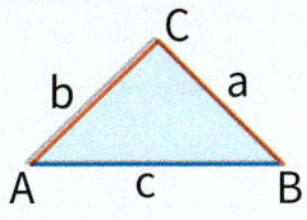


**Gleichseitiges Dreieck**

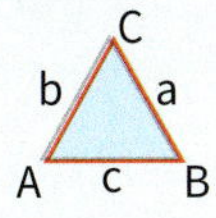


**Rechtwinkliges Dreieck**

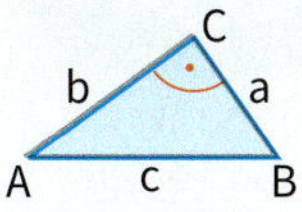


**Spitzwinkliges Dreieck**

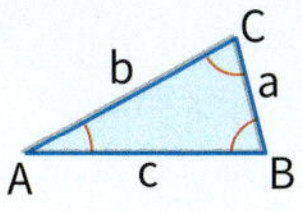


**Stumpfwinkliges Dreieck**

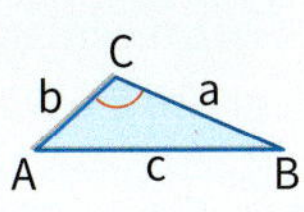


### 1 Vierecke

a) Zeichne ein Rechteck mit den Seitenlängen 3 cm und 5 cm.
b) Zeichne ein Quadrat mit der Seitenlänge 4 cm.
c) Zeichne ein Parallelogramm mit den Seitenlängen 3 cm und 5 cm.
d) Zeichne einen Drachen mit den Diagonalen e = 6 cm und f = 3 cm.

### 2 Vierecke beschreiben

Beschreibe das Viereck . Nutze die „Begriffe zum Beschreiben“.

a) Quadrat  b) Rechteck
c) Raute  d) Parallelogramm
e) Drachen  f) symmetrisches Trapez

### 3 Vierecke im Koordinatensystem

Zeichne die Vierecke in ein Koordinatensystem. Welchen Viereckstyp erhältst du?

a) A(2|0), B(3|1), C(2|2), D(1|1)
b) A(3,5|0,5), B(6|0), C(7|1,5), D(4,5|2)
c) A(2|2,5), B(6|2,5), C(4,5|4), D(3,5|4)
d) A(1|3,5), B(2,5|4,5), C(3,5|6), D(2|5)
e) A(9|0), B(11|1), C(9|5), D(7|4)
f) A(12|1), B(13|2,5), C(12|5), D(11|2,5)

### 4 Wahr oder falsch?

Welche Aussagen sind wahr? Gib für die falschen Aussagen ein Gegenbeispiel an.

a) Wenn ein Viereck ein Rechteck ist, dann ist es auch ein Quadrat.
b) Wenn ein Viereck ein Quadrat ist, dann ist es auch eine Raute.
c) Wenn ein Viereck ein Parallelogramm ist, dann ist es auch ein symmetrisches Trapez.
d) Wenn ein Dreieck gleichseitig ist, dann ist es auch ein gleichschenkliges Dreieck.

### 5 Rechtwinkliges Dreieck zeichnen

a) Zeichne ein rechtwinkliges Dreieck ABC mit den zueinander senkrechten Seiten a = 3 cm und b = 4 cm.
b) Bestimme die Länge der Seite c.
c) Berechne den Umfang des Dreiecks.

### 6 Gleichschenkliges Dreieck zeichnen

Zeichne ein gleichschenkliges Dreieck mit den Seitenlängen 4 cm, 4 cm und 6 cm.

WES-137382-074

# Kreise und Winkel

## *Kreise*

*Kreis um den Mittelpunkt M mit dem Radius r*

1. *M zeichnen*
2. *Radius r einstellen*
3. *Kreis zeichnen*

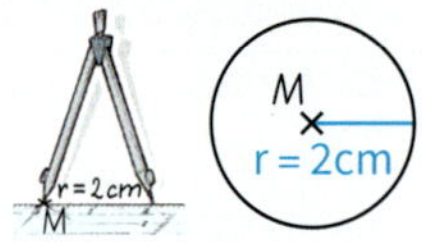


*Kreis um den Mittelpunkt M durch den Punkt P*

1. *M zeichnen*
2. *Radius $\overline{MP}$ einstellen*
3. *Kreis zeichnen*

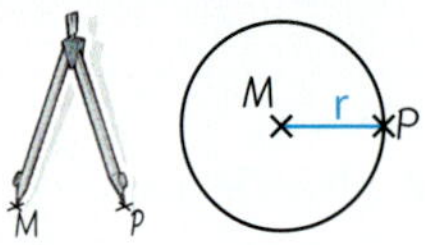


*Durchmesser d ist zweimal Radius r:* $d = 2 \cdot r$

## *Winkel*

*Ein Winkel hat einen Scheitelpunkt S und zwei Schenkel. Hier der Winkel α zwischen g und h.*

$\alpha = \sphericalangle(g, h) = \sphericalangle(ASB)$

$\beta = \sphericalangle(h, g) = \sphericalangle(BSA)$
$= 360° - \alpha$

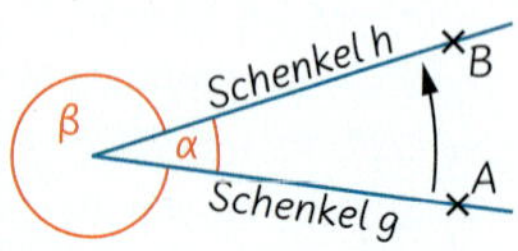

| *spitz* | *rechter Winkel* | *stumpf* |
|---|---|---|
| $0° < \alpha < 90°$ | $\alpha = 90°$ | $90° < \alpha < 180°$ |

| *gestreckt* | *überstumpf* | *Vollwinkel* |
|---|---|---|
| $\alpha = 180°$ | $180° < \alpha < 360°$ | $\alpha = 360°$ |

## *Winkel messen und zeichnen*

*Spitzer Winkel (40°)* *Stumpfer Winkel (110°)*

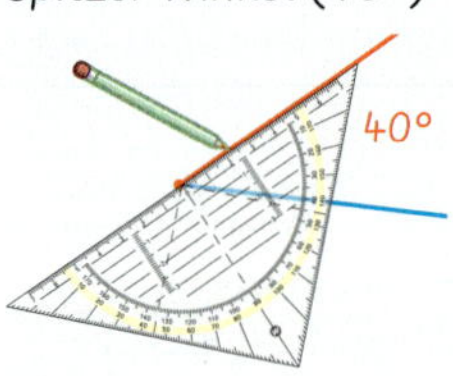


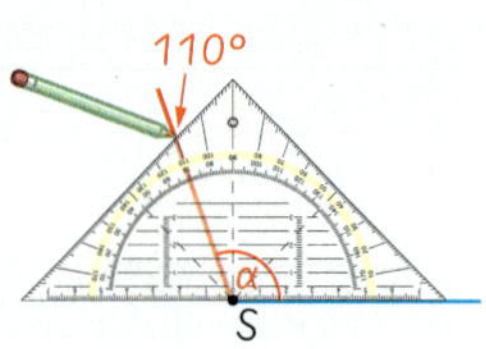


*Überstumpfer Winkel mit 310°*

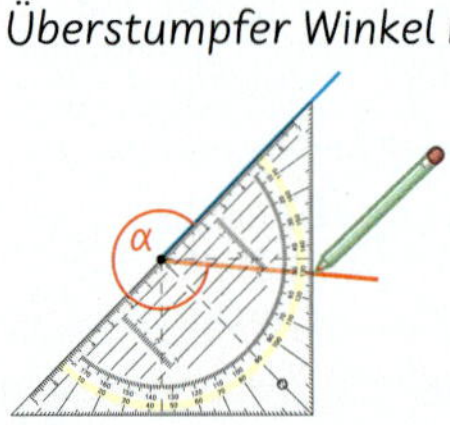


$\alpha = 180° + 130°$
$= 310°$

*oder*

$\alpha = 360° - 50°$
$= 310°$

**1 Kreise zeichnen**

a) Zeichne um einen Punkt M Kreise mit den Radien 2 cm, 3,5 cm und 4 cm.

b) Zeichne eine 3 cm lange Strecke $\overline{AB}$. Zeichne um A einen Kreis durch B und um B einen Kreis durch A.

**2 Kreise im Koordinatensystem**

a) Zeichne die Punkte A(3|1), B(6|4), C(1|6) und M(2|3) in ein Koordinatensystem.

b) Zeichne um M Kreise durch die Punkte A, B und C und gib die Radien der Kreise an.

**3 Winkel und ihre Typen**

Gib die Innenwinkel des Fünfecks mithilfe der Punkte an, miss ihre Größe und nenne jeweils den Typ des Winkels.

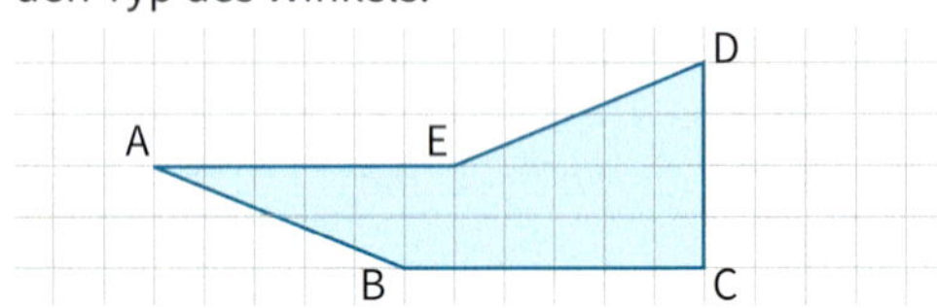


**4 Winkel zeichnen**

Zeichne die Winkel.

a) $\alpha = 35°$ b) $\beta = 167°$ c) $\gamma = 180°$ d) $\delta = 256°$

**5 Winkel im Kreis**

Zeichne einen Kreis mit dem Mittelpunkt M und dem Radius 6 cm. Zeichne den Radius ein. Zeichne an den Radius einen 60° großen Winkel mit dem Scheitelpunkt M. Zeichne an diesen Winkel einen 43° großen Winkel, dann weitere Winkel mit den Weiten 138° und 22°. Bestimme die Winkelgröße bis zum Vollwinkel.

**6 Steigungswinkel**

Die Angabe „Steigung 18 %“ bedeutet: Auf 100 m steigt z. B. eine Straße um 18 m an. Zeichne eine maßstäbliche Skizze und bestimme die Größe des Steigungswinkels.

**7 Tortenstücke**

Eine Torte mit einem Durchmesser von 26 cm wird in gleich große Stücke geschnitten. Bestimme die Winkelgröße, die ein Tortenstück hat, wenn man die Torte in acht, zwölf oder 16 Tortenstücke teilt.

# Winkel und Geraden

### *Winkel an einer Geradenkreuzung*

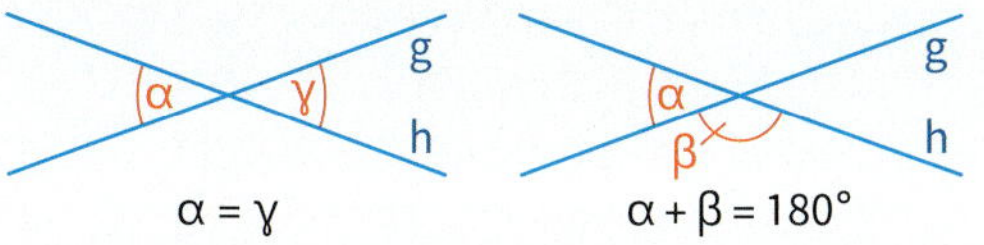


### *Winkel an Geradenkreuzungen*

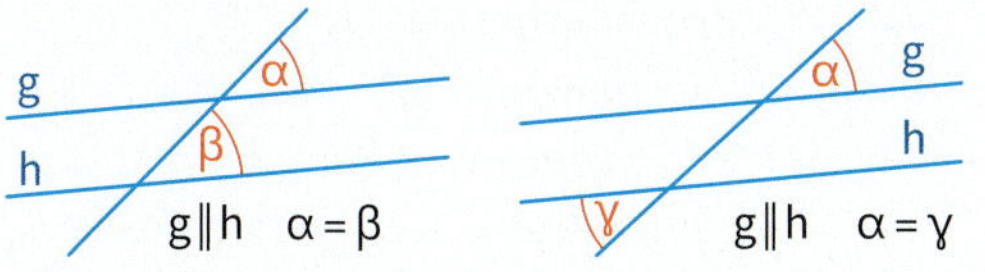


# Beschreiben in der Geometrie

### *Figuren beschreiben*

*Quadrat, Recheck, Dreieck, Raute, Trapez, Drachen, Kreis und zusammengesetzte Figuren*

*„Seiten"- „Ecken" - „aneinanderstoßende" - „senkrecht zueinander" - „gegenüberliegende" - „parallel" - „gleich lang" - „im rechten Winkel" - „achsensymmetrisch" - „punktsymmetrisch" - „Symmetrieachse" – „Symmetriezentrum"…*

***Einen Drachen beschreiben:***

*„Ein Drachen ist ein Viereck mit zwei Paaren gleich langer Seiten, die aneinanderstoßen. Die Diagonalen sind senkrecht zueinander und eine Diagonale wird durch die andere halbiert. Ein Drachen hat eine Symmetrieachse."*

### *Was passiert, wenn …?*

*Umfang, Flächeninhalt*

*„verdoppeln" - „halbieren" - „Seitenlänge" - „Doppelte" - „Hälfte" - „vervierfachen" - „wenn …, dann …" …*

***Was passiert mit dem Flächeninhalt eines Rechtecks, wenn die Seitenlängen verdoppelt werden?***

*„Wenn die Seiten verdoppelt werden, dann sind die Länge und die Breite 2-mal so lang. Der **Flächeninhalt** ist das Produkt aus Länge und Breite, damit ist er 4-mal so groß."*

**1 Winkelgrößen bestimmen**

Bestimme die Winkelgrößen ohne zu messen.

WES-137382-075

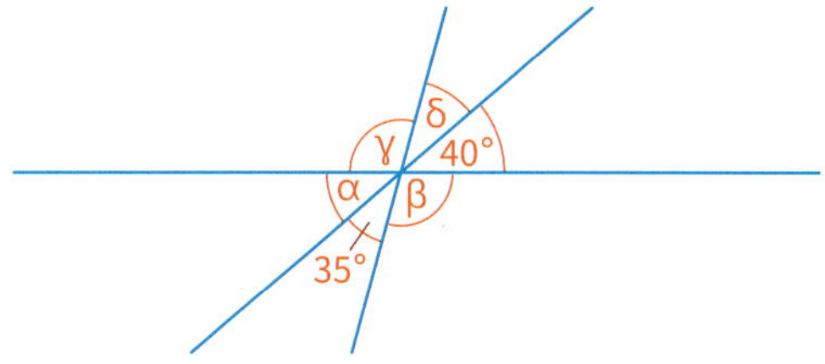


**2 Winkel berechnen**

Berechne die Größe der fehlenden Winkel.

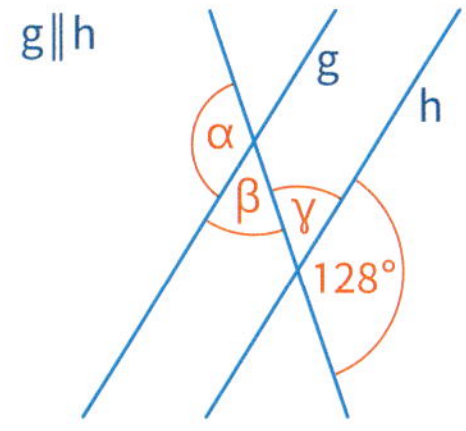


**1 Figuren beschreiben**

Beschreibe die Figur.

a) Quadrat
b) Parallelogramm
c) Raute
d) symmetrisches Trapez

**2 Vierecke im Koordinatensystem**

Zeichne ein Koordinatensystem in dein Heft (1 Längeneinheit entspricht 1 cm) und trage die Punkte $A(1|3)$, $B(1|1)$, $C(4|1)$, $D(4|3)$, $E(6|1)$, $F(6|4)$ und $G(4|6)$ ein.

a) Zeichne die Vierecke ABCD und DEFG.
b) Beschreibe, welche besonderen Vierecke entstanden sind.

**3 Im Koordinatensystem**

In einem Koordinatensystem sind die Eckpunkte einer Figur gegeben.
Was passiert mit der Figur, wenn …

a) alle x-Koordinaten um 1 erhöht werden?
b) alle y-Koordinaten um 1 erhöht werden?
c) alle x-Koordinaten und alle y-Koordinaten jeweils um 1 erhöht werden?

**4 Umfang eines Dreiecks**

In einem Dreieck werden alle drei Seitenlängen halbiert.
Wie verändert sich der Umfang des Dreiecks? Begründe.

# Mathematische Symbole und Sprechweisen

## Zahlen

| Symbol | Sprechweise |
|---|---|
| 1000 | *„tausend“* |
| 1 000 000 | *„eine Million“* |
| 1 000 000 000 | *„eine Billion“* |
| 2,34 | *„zwei Komma drei vier"* |
| $0,\overline{3}$ | *„null Komma Periode drei“* |
| $0,1\overline{6}$ | *„null Komma eins Periode sechs“* |
| $\frac{2}{3}$ | *„zwei Drittel“* |
| $1\frac{2}{5}$ | *„ein zwei Fünftel“* |

## Mathematische Schreib- und Sprechweisen

| Symbol | Beispiel | Sprechweise |
|---|---|---|
| + | 8 + 4 | *„**addiere** 8 **und** 4“*<br>*„**addiere** 4 **zu** 8“*<br>*„**zu** 8 **addiere** 4“;*<br>*„bilde die **Summe aus** 8 und 4“* |
| – | 7 – 2 | *„**subtrahiere** 2 **von** 7“*<br>*„**von** 7 **subtrahiere** 2“;*<br>*„bilde die **Differenz aus** 7 und 2“* |
| · | $5 \cdot 6$ | *„**multipliziere** 5 **mit** 6“*<br>*„**multipliziere** 5 und 6“;*<br>*„bilde das **Produkt aus** 5 und 6"* |
| : | 9 : 3 | *„**dividiere** 9 **durch** 3“*<br>*„bilde den **Quotienten aus** 9 und 3“* |
| < | $7 < 19$ | *„7 ist **kleiner** als 19.“* |
| > | $2 > 1$ | *„2 ist **größer** als 1.“* |
| = | $6 = 2 \cdot 3$ | *„6 ist **gleich** 2 mal 3.“* |
| ≈ | $197 \approx 200$ | *„197 ist **ungefähr** 200.“* |
| $\square^5$ | $2^5 = 32$ | *„2 **hoch** 5 ist 32.“* |
| $\square^2$ | $3^2 = 9$ | *„3 zum **Quadrat** ist 9.“* |
| {...} | {1, 4, 9} | *„Die **Menge** besteht aus 1, 4 und 9.“* |
| % | 10 % | *„10 **Prozent**“* |

## Griechisches Alphabet

| | | | | | | | |
|---|---|---|---|---|---|---|---|
| α | β | γ | δ, Δ | ε | ζ | η | θ, ϑ |
| *„Alpha““* | *„Beta“* | *„Gamma“* | *„Delta“* | *„Epsilon* | *„Zeta“* | *„Eta“* | *„Theta“* |
| ι | κ | λ | μ | ν | ξ | ο | π |
| *„Iota“* | *„Kappa“* | *„Lambda“* | *„Mü* | *„Nü* | *„Xi“* | *„Omikron“* | *„Pi“* |
| ρ | σ, Σ | τ | υ | φ, Φ | χ | ψ | ω, Ω |
| *„Rho“* | *„Sigma“* | *„Tau“* | *„Ypsilon“* | *„Phi“* | *„Chi* | *„Psi“* | *„Omega“* |

## Geometrie

| Symbol | Beispiel | Sprechweise |
|---|---|---|
| P | P(3\|4) | *„der **Punkt** P mit den Koordinaten 3 und 4"* |
| AB | g = AB | *„**Gerade** g durch A und B"* |
| $\overline{AB}$ | a = $\overline{AB}$ | *„**Strecke** a von A nach B"* |
| $\overline{AB}$ | $\overline{AB}$ = 4 cm | *„Die Strecke $\overline{AB}$ ist 4 cm lang."* |
| ∥ | g ∥ h | *„g ist **parallel** zu h." oder*<br>*„Die Geraden g und h sind parallel zueinander."* |
| ⊥ | g ⊥ h | *„g ist **senkrecht** zu h." oder „g ist **orthogonal** zu h." oder*<br>*„Die Geraden g und h sind orthogonal zueinander." oder*<br>*„Die Geraden g und h stehen senkrecht aufeinander."* |
| ABC | Dreieck ABC | *„das Dreieck mit den Eckpunkten A, B und C"* |
| ABCD | Viereck ABCD | *„das Viereck mit den Eckpunkten A, B, C und D"* |
| a, b, … | a = 5 cm | *„Die Seitenlänge von a ist 5 cm lang."* |
| u | u = 12 cm | *„Der **Umfang** ist 12 cm."* |
| A | A = 2 cm² | *„Der **Flächeninhalt** ist 2 cm²."* |
| ▒° | γ = 105° | *„Gamma gleich 105 Grad" oder*<br>*„Die Winkelgröße von Gamma beträgt 105 Grad." oder*<br>*„Der Winkel Gamma ist 105 Grad groß."* |
|  | 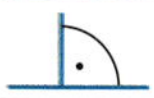 | *„rechter Winkel"* |

## Masseneinheiten und ihre Umrechnungen

**Die Umrechnungszahl für Masseneinheiten ist 1000.**

| Symbol | Beispiel | Sprechweise |
|---|---|---|
| mg | 1 mg = 0,001 g | *„Ein Milligramm ist ein Tausendstel Gramm."* |
| g | 1 g = 1000 mg | *„Ein Gramm ist 1000 Milligramm."* |
| kg | 1 kg = 1000 g | *„Ein Kilogramm ist 1000 Gramm."* |
| t | 1 t = 1000 kg | *„Eine Tonne ist 1000 Kilogramm."* |

## Zeiteinheiten und ihre Umrechnungen

| Symbol | Beispiel | Sprechweise |
|---|---|---|
| ms | 1 ms = 0,001 s | *„Ein Millisekunde ist eine Tausendstel Sekunde."* |
| s | 1 s = 1000 ms | *„Eine Sekunde ist 1000 Millisekunden lang."* |
| min | 1 min = 60 s | *„Eine Minute ist 60 Sekunden lang."* |
| h | 1 h = 60 min | *„Eine Stunde ist 60 Minuten lang."* |
| d | 1 d = 24 h | *„Ein Tag ist 24 Stunden lang."* |
| m | 1 m = 30 d | *„Ein Monat hat 30 Tage."*<br>Info: Banken rechnen für jeden Monat 30 Tage. |
| a | 1 a = 12 m | *„Ein Jahr hat 12 Monate."* |

## Längeneinheiten und ihre Umrechnungen

**Die Umrechnungszahlen für Längeneinheiten sind 10 und 1000.**

| Symbol | Beispiel | Sprechweise |
|---|---|---|
| mm | 1 mm | *„ein Millimeter“* |
| cm | 1 cm = 10 mm | *„Ein Zentimeter ist zehn Millimeter lang.“* |
| dm | 1 dm = 10 cm | *„Ein Dezimeter ist zehn Zentimeter lang.“* |
| m | 1 m = 10 dm | *„Ein Meter ist zehn Dezimeter lang.“* |
| km | 1000 m = 1 km | *„Ein Kilometer ist 1000 Meter lang.“* |
| | | |
| m in cm | 1 m = 100 cm | *„Ein Meter ist 100 Zentimeter lang.“* |
| m in mm | 1 m = 1000 mm | *„Ein Meter ist 1000 Millimeter lang.“* |

## Flächeneinheiten und ihre Umrechnungen

**Die Umrechnungszahl für Flächeneinheiten ist 1000.**

| Symbol | Beispiel | Sprechweise |
|---|---|---|
| $mm^2$ | 1 $mm^2$ | *„ein Quadratmillimeter“* |
| $cm^2$ | 1 $cm^2$ = 100 $mm^2$ | *„Ein Quadratzentimeter ist 100 Quadratmillimeter groß.“* |
| $dm^2$ | 1 $dm^2$ = 100 $cm^2$ | *„Ein Quadratdezimeter ist 100 Quadratzentimeter groß.“* |
| $m^2$ | 1 $m^2$ = 100 $dm^2$ | *„Ein Quadratmeter ist 100 Quadratdezimeter groß.“* |
| a | 1 a = 100 $m^2$ | *„Ein Ar ist 100 Quadratmeter groß.“* |
| ha | 1 ha = 100 a | *„Ein Hektar ist 100 Ar groß.“* |
| $km^2$ | 1 $km^2$ = 100 ha | *„Ein Quadratkilometer ist 100 Hektar groß.“* |
| | | |
| $m^2$ in $cm^2$ | 1 $m^2$ = 10 000 $cm^2$ | *„Ein Quadratmeter ist 10 000 Quadratzentimeter groß.“* |
| ha in $m^2$ | 1 ha = 10 000 $m^2$ | *„Ein Hektar ist 10 000 Quadratmeter groß.“*<br>Tipp: Ein Hektar ist 100 Meter mal 100 Meter. |
| $km^2$ in $m^2$ | 1 $km^2$ = 1 000 000 $m^2$ | *„Ein Quadratkilometer ist eine Million Quadratmeter groß.“*<br>Tipp: Ein Quadratkilometer ist 1000 Meter mal 1000 Meter. |

## Volumeneinheiten und ihre Umrechnungen

**Die Umrechnungszahl für Volumeneinheiten ist 1000.**

| Symbol | Beispiel | Sprechweise |
|---|---|---|
| $mm^3$ | 1 $mm^3$ | *„ein Kubikmillimeter“* |
| $cm^3$ | 1 $cm^3$ = 1000 $mm^3$ | *„Ein Kubikzentimeter ist 1000 Kubikmillimeter groß.“* |
| $dm^3$ | 1 $dm^3$ = 1000 $cm^3$ | *„Ein Kubikdezimeter ist 1000 Kubikzentimeter groß.“* |
| $m^3$ | 1 $m^3$ = 1000 $dm^3$ | *„Ein Kubikmeter ist 1000 Kubikdezimeter groß.“*<br>Tipp: Ein Kubikmeter ist 1 Meter mal 1 Meter mal 1 Meter. |
| | | |
| ml in $cm^3$ | 1 ml = 1 $cm^3$ | *„ein Milliliter“* |
| l in ml | 1 l = 1000 ml | *„Ein Liter entspricht 1000 Millilitern.“* |
| l in $cm^3$ | 1 l = 1000 $cm^3$ | *„Ein Liter entspricht 1000 Kubikzentimetern.“* |
| l in $dm^3$ | 1 l = 1 $dm^3$ | *„Ein Liter entspricht einem Kubikdezimeter.“* |
| $m^3$ in l | 1 $m^3$ = 1000 l | *„Ein Kubikmeter entspricht 1000 Litern.“* |
| $km^3$ in $m^3$ | 1 $km^3$ = 1 000 000 000 $m^3$ | *„Ein Kubikkilometer ist eine Billion Kubikmeter groß.“*<br>Tipp: Ein Kubikkilometer ist 1000 Meter mal 1000 Meter mal 1000 Meter. |

# 1 Brüche

## Lösungen zu Seite 10

**5** a) Das Ganze in 9 gleich große Teile teilen und 7 Teile davon nehmen. Bruch: $\frac{7}{9}$

b) Das Ganze in 8 gleich große Teile teilen und 3 Teile davon nehmen. Bruch: $\frac{3}{8}$

c) Das Ganze in 4 gleich große Teile teilen und 3 Teile davon nehmen. Bruch: $\frac{3}{4}$

d) Das Ganze in 8 gleich große Teile teilen und 4 Teile davon nehmen. Bruch: $\frac{4}{8}$

## Lösungen zu Seite 12

**10** a) $\frac{10}{12}$ b) $\frac{4}{9}$ c) $\frac{5}{9}$ d) $\frac{2}{3}$

**11** a)
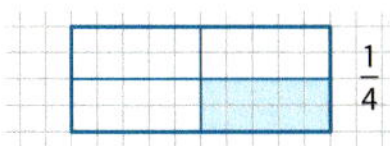


b)
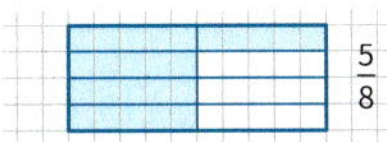


c)

d)

**12** a) Es wurden für den Nenner nur die weißen Teile gezählt und nicht alle Teile. Der richtige Bruch ist $\frac{3}{8}$.

b) Die oberen beiden und der Teil unten links müssen jeweils noch genau in der Mitte geteilt werden. Der richtige Bruch ist dann $\frac{5}{8}$.

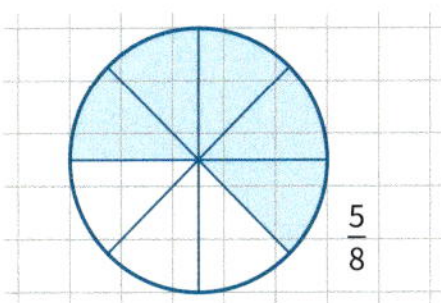


c) Die Stücke sind nicht gleich groß, z. B. so passt die Darstellung zum Bruch $\frac{2}{3}$:

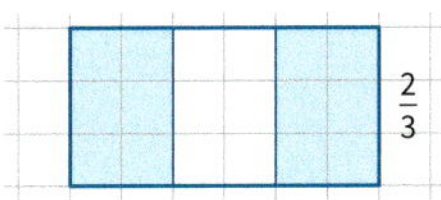


d) Der Anteil $\frac{5}{8}$ ist richtig dargestellt. Im Bild fehlt aber noch eine Aufteilungslinie.

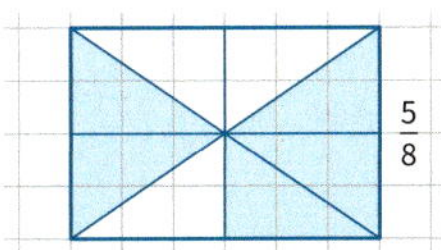


## Lösungen zu Seite 13

**18**

| Farbe | Bruch | Anzahl der Kästchen |
|---|---|---|
| rot | $\frac{1}{4}$ | 7 |
| gelb | $\frac{1}{14}$ | 2 |
| blau | $\frac{1}{2}$ | 14 |
| grün | $\mathbf{\frac{5}{28}}$ | **5** |

**19** a)
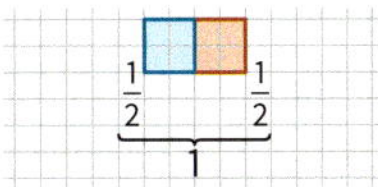


b)
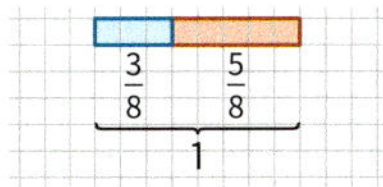


c)
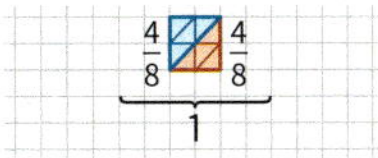


d)
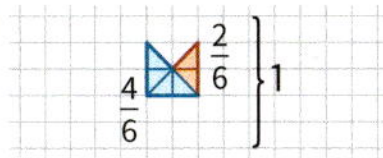


e)
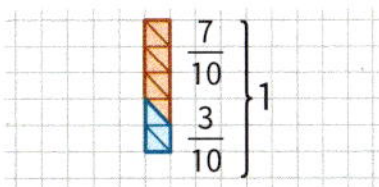


f)
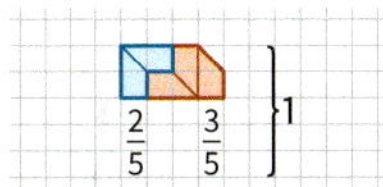


## Lösungen zu Seite 16

**5** a) $\frac{4}{6}$, gleichwertige Brüche: $\frac{2}{3}, \frac{8}{12}, \frac{12}{18}$

b) $\frac{8}{20}$, gleichwertige Brüche: $\frac{2}{5}, \frac{4}{10}, \frac{16}{40}$

c) $\frac{4}{10}$, gleichwertige Brüche: $\frac{2}{5}, \frac{8}{20}, \frac{16}{40}$

d) $\frac{12}{16}$, gleichwertige Brüche: $\frac{3}{4}, \frac{6}{8}, \frac{9}{12}$

**6** a)
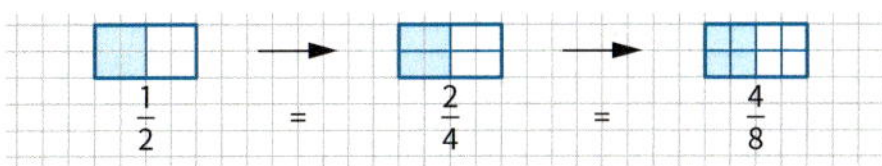


b)
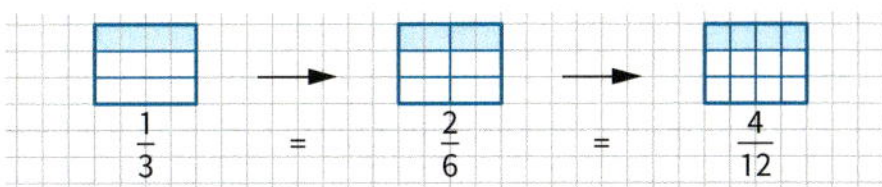


c)
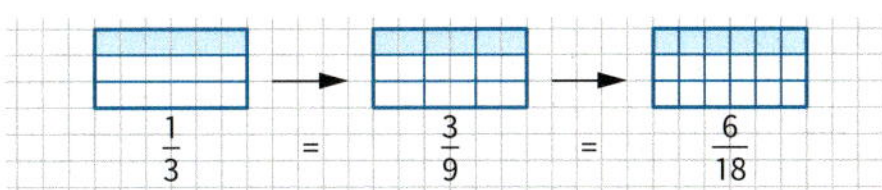


d)
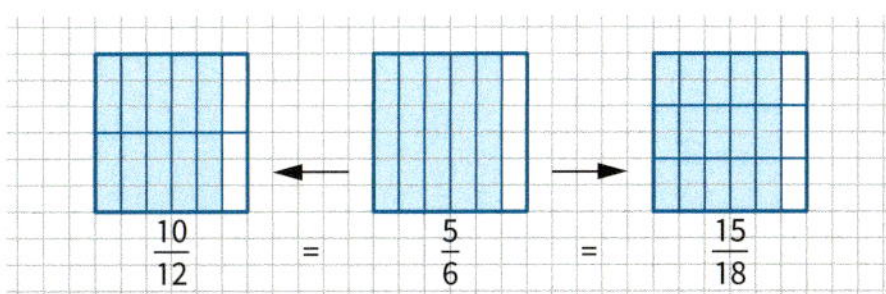

## Lösungen zu Seite 17

**13** a) $\frac{12}{14}=\frac{\mathbf{6}}{7}$, gekürzt mit 2

b) $\frac{9}{18}=\frac{\mathbf{1}}{2}$, gekürzt mit 9

c) $\frac{3}{8}=\frac{15}{\mathbf{40}}$, erweitert mit 5

d) $\frac{21}{24}=\frac{7}{\mathbf{8}}$, gekürzt mit 3

e) Fehler, Primzahl 7 nicht mehr kürzbar

f) $\frac{9}{\mathbf{13}}=\frac{63}{91}$, erweitert mit 7

g) Fehler, nicht auf Primzahl 17 erweiterbar

h) $\frac{9}{11}=\frac{\mathbf{99}}{121}$, erweitert mit 11

**14** a) $\frac{4}{10}=\frac{2}{5}$, gekürzt mit 2; $\frac{5}{11}$, nicht kürzbar;
$\frac{6}{12}=\frac{1}{2}$, gekürzt mit 6; $\frac{16}{22}=\frac{8}{11}$, gekürzt mit 2;
$\frac{17}{23}$, nicht kürzbar; $\frac{18}{24}=\frac{3}{4}$, gekürzt mit 6;
$\frac{9}{33}=\frac{3}{11}$, gekürzt mit 3; $\frac{10}{43}$, nicht kürzbar

b) Man kann den Bruch $\frac{210}{420}$ zum Beispiel mit den Zahlen 3, 7 und 10 kürzen.
Erst mit 10 kürzen, dann mit 7, dann mit 3:
$\frac{210}{420}=\frac{21}{42}=\frac{3}{6}=\frac{1}{2}$
Erst mit 3, dann mit 7, dann mit 10.
$\frac{210}{420}=\frac{70}{140}=\frac{10}{20}=\frac{1}{2}$
Das Kürzen ergibt dasselbe, da insgesamt mit der Zahl $3\cdot 7\cdot 10=210$ gekürzt wird.

## Lösungen zu Seite 18

**3** a) $\frac{1}{3}=\frac{2}{6}<\frac{3}{6}$ b) $\frac{2}{4}=\frac{4}{8}$

c) $\frac{3}{4}=\frac{6}{8}<\frac{7}{8}$ d) $\frac{4}{5}=\frac{8}{10}>\frac{6}{10}$

e) $\frac{2}{3}=\frac{10}{15}$, $\frac{3}{5}=\frac{9}{15}$, also: $\frac{2}{3}>\frac{3}{5}$

f) $\frac{2}{3}=\frac{16}{24}$ und $\frac{5}{8}=\frac{15}{24}$, also $\frac{2}{3}>\frac{5}{8}$

g) $\frac{3}{4}=\frac{15}{20}$ und $\frac{7}{10}=\frac{14}{20}$, also $\frac{3}{4}>\frac{7}{10}$

h) $\frac{4}{5}=\frac{32}{40}$ und $\frac{7}{8}=\frac{35}{40}$, also $\frac{4}{5}<\frac{7}{8}$

i) $\frac{5}{11}=\frac{25}{55}$ und $\frac{2}{5}=\frac{22}{55}$, also $\frac{5}{11}>\frac{2}{5}$

j) $\frac{4}{5}>\frac{1}{2}$ und $\frac{6}{12}=\frac{1}{2}$, also $\frac{4}{5}>\frac{6}{12}$

k) $\frac{1}{3}=\frac{7}{21}$ und $\frac{3}{7}=\frac{9}{21}$, also $\frac{1}{3}<\frac{3}{7}$

l) $\frac{3}{5}=\frac{30}{50}$ (erweitert mit 10)

## Lösungen zu Seite 20

**11** a) $\frac{2}{9}<\frac{1}{4}<\frac{1}{3}<\frac{8}{9}$ b) $\frac{3}{8}<\frac{1}{2}<\frac{3}{4}<\frac{7}{8}$

c) $\frac{5}{9}<\frac{5}{8}<\frac{6}{9}<\frac{7}{10}$ d) $\frac{3}{20}<\frac{6}{28}<\frac{7}{14}<\frac{11}{12}$

**12** Die Nachricht ist falsch, denn $\frac{1}{8}$ ist größer als $\frac{1}{10}$.
Heute vergessen demnach mehr Kinder in der Klassenstufe 5 ihre Hausaufgaben als im Jahr 2010.

## Lösungen zu Seite 20

**16** Anteil der Regentage bei Tim: $\frac{4}{14}=\frac{20}{70}$
Anteil der Regentage bei Tobias: $\frac{3}{10}=\frac{21}{70}$
$\frac{20}{70}<\frac{21}{70}$, also $\frac{4}{14}<\frac{3}{10}$
Der Anteil der Regentage im Urlaub von Tobias war also höher. Tim hatte etwas besseres Wetter.

**17** a) $\frac{1}{8}<\frac{1}{2}<\frac{5}{9}$ b) $\frac{3}{5}<\frac{11}{12}<\frac{15}{15}$

c) $\frac{9}{21}<\frac{13}{28}<\frac{7}{14}$ d) $\frac{13}{30}<\frac{11}{25}<\frac{7}{15}$

## Lösungen zu Seite 21

**2** a) Die 8 passt 1-mal in die 14, der Rest ist 6.
Das ergibt 1 Ganzes und $\frac{6}{8}$.
$\frac{14}{8}=\frac{8}{8}+\frac{6}{8}=1\frac{6}{8}=1\frac{3}{4}$

b) 5 Ganze als Fünftel sind $\frac{25}{5}$.
$\frac{25}{5}$ und $\frac{3}{5}$ ergeben zusammen $\frac{28}{5}$.
$5\frac{3}{5}=5+\frac{3}{5}=\frac{25}{5}+\frac{3}{5}=\frac{28}{5}$.

c) Die 6 passt 4-mal in die 24, der Rest ist 1.
Das ergibt 4 Ganze und $\frac{1}{6}$.
$\frac{25}{6}=\frac{24}{6}+\frac{1}{6}=4\frac{1}{6}$

d) 7 Ganze als Siebtel sind $\frac{49}{7}$.
$\frac{49}{7}$ und $\frac{1}{7}$ ergeben zusammen $\frac{50}{7}$
$7\frac{1}{7}=7+\frac{1}{7}=\frac{49}{7}+\frac{1}{7}=\frac{50}{7}$.

e) Die 3 passt 6-mal in die 18, ohne Rest.
Das ergibt 6 Ganze: $\frac{18}{3}=6$.

f) $12\frac{4}{8}=12\frac{1}{2}$
12 Ganze als Halbe sind $\frac{24}{2}$.
$\frac{24}{2}$ und $\frac{1}{2}$ ergeben zusammen $\frac{25}{2}$.
$12\frac{4}{8}=12\frac{1}{2}=\frac{24}{2}+\frac{1}{2}=\frac{25}{2}$

g) Die 2 passt 6-mal in die 13, der Rest ist 1.
Das ergibt 6 Ganze und $\frac{1}{2}$.
$\frac{13}{2}=\frac{12}{6}+\frac{1}{6}=6\frac{1}{2}$

h) Die 7 passt 5-mal in die 41, der Rest ist 6.
Das ergibt 5 Ganze und $\frac{6}{7}$.
$\frac{41}{7}=\frac{35}{7}+\frac{6}{6}=5\frac{6}{7}$

## Lösungen zu Seite 23

**5** a) A: $\frac{2}{3}$, B: $3\frac{1}{3}$, C: $2\frac{1}{6}$

b) A: $1\frac{1}{2}$, B: $2\frac{1}{2}$, C: $3\frac{1}{4}$

c) A: $\frac{1}{2}$, B: $1\frac{1}{2}$, C: $1\frac{1}{4}$

**6** $\frac{1}{4}<\frac{7}{8}<\frac{17}{8}<\frac{30}{8}=\frac{15}{4}<\frac{9}{2}<\frac{19}{4}$

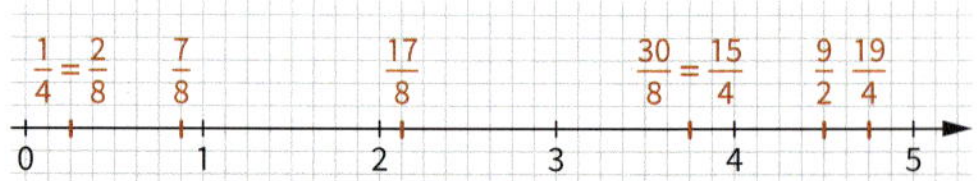

## Lösungen zu Seite 23

**9** a) $\frac{2}{7}$ b) $\frac{3}{14}$ c) $\frac{3}{20}$
d) $\frac{7}{8}$ e) $\frac{5}{12}$ f) $\frac{3}{3} = 1$

## Lösungen zu Seite 25

**6** a) $5 \cdot \frac{3}{7} = \frac{5 \cdot 3}{7} = \frac{15}{7} = 2\frac{1}{7}$ b) $\frac{2}{9} : 4 = \frac{2}{4 \cdot 9} = \frac{2}{36} = \frac{1}{18}$
c) $27 \cdot \frac{2}{9} = \frac{27 \cdot 2}{9} = \frac{54}{9} = 6$ d) $\frac{4}{5} : 2 = \frac{4 : 2}{5} = \frac{2}{5}$
e) $12 \cdot \frac{5}{144} = \frac{12 \cdot 5}{144} = \frac{60}{144} = \frac{5}{12}$ f) $\frac{28}{79} : 7 = \frac{28 : 7}{79} = \frac{4}{79}$

**7** a) $\frac{1}{4} : 2 = \frac{1}{4 \cdot 2} = \frac{1}{8}$ b) $3 \cdot \frac{2}{8} = \frac{3 \cdot 2}{8} = \frac{6}{8} = \frac{3}{4}$
c) $\frac{3}{4} : 3 = \frac{1}{4}$

## Lösungen zu Seite 25

**9** a) $\frac{12}{20} : 8 = \frac{\overset{3}{\cancel{12}}}{20 \cdot \underset{2}{\cancel{8}}} = \frac{3}{40}$ b) $4 \cdot \frac{3}{8} = \frac{\overset{1}{\cancel{4}} \cdot 3}{\underset{2}{\cancel{8}}} = \frac{3}{2} = 1\frac{1}{2}$
c) $\frac{9}{17} : 3 = \frac{9 : 3}{17} = \frac{3}{17}$ oder $\frac{9}{17} : 3 = \frac{\overset{3}{\cancel{9}}}{17 \cdot \underset{1}{\cancel{3}}} = \frac{3}{17}$
d) $8 \cdot \frac{3}{6} = \frac{\overset{4}{\cancel{8}} \cdot 3}{\underset{3}{\cancel{6}}} = \frac{4 \cdot \overset{1}{\cancel{3}}}{\underset{1}{\cancel{3}}} = 4$
e) $14 \cdot \frac{17}{49} = \frac{\overset{2}{\cancel{14}} \cdot 17}{\underset{7}{\cancel{49}}} = \frac{34}{7} = 4\frac{6}{7}$
f) $\frac{64}{33} : 16 = \frac{64 : 16}{33} = \frac{4}{33}$ oder $\frac{64}{33} : 16 = \frac{\overset{4}{\cancel{64}}}{33 \cdot \underset{1}{\cancel{16}}} = \frac{4}{33}$

## Lösungen zu Seite 27

**3**

| Bruch | $\frac{1}{10}$ | $\frac{3}{5}$ | $\frac{4}{5}$ | $\frac{17}{20}$ | $\frac{1}{5}$ |
|---|---|---|---|---|---|
| Prozent | 10 % | **60 %** | 80 % | **85 %** | 20 % |

| Bruch | $\frac{3}{4}$ | $\frac{3}{100}$ | $\frac{15}{25}$ | **1** | $\frac{150}{200}$ |
|---|---|---|---|---|---|
| Prozent | **75 %** | 3 % | **60 %** | 100 % | **75 %** |

## Lösungen zu Seite 27

**8** SC Jagst: $\frac{120}{500} = \frac{24}{100} = 24\,\%$
SC Enz: $\frac{7}{25} = \frac{28}{100} = 28\,\%$

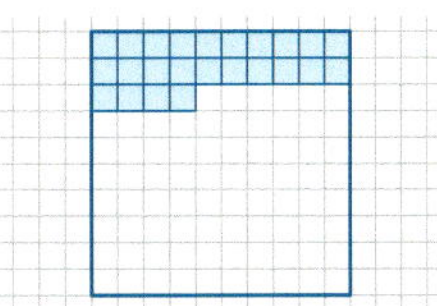
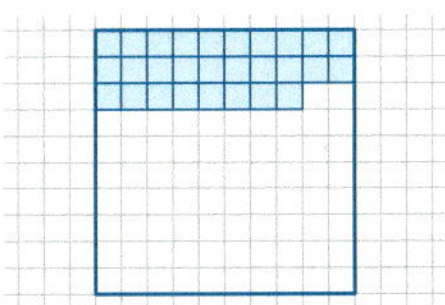

Der Anteil der Mädchen beim SC Enz ist größer als beim SC Jagst.

# Wiederholen für die Klassenarbeit

## Lösungen zu Seite 31

**1 Brüche bestimmen**

| | a) | b) | c) | d) | e) | f) |
|---|---|---|---|---|---|---|
| blau | $\frac{5}{6}$ | $\frac{7}{20}$ | $\frac{4}{7}$ | $\frac{9}{17}$ | $\frac{2}{4} = \frac{1}{2}$ | $\frac{4}{8} = \frac{1}{2}$ |
| weiß | $\frac{1}{6}$ | $\frac{13}{20}$ | 60 % | $\frac{8}{17}$ | $\frac{2}{4} = \frac{1}{2}$ | $\frac{4}{8} = \frac{1}{2}$ |

**2 Den Teller nicht leer gegessen**

Britta: $\frac{3}{6} = \frac{12}{24}$
Marcel: $\frac{5}{8} = \frac{15}{24}$
Yvonne: $\frac{7}{12} = \frac{14}{24}$

Da $\frac{12}{24} < \frac{14}{24} < \frac{15}{24}$, folgt $\frac{3}{6} < \frac{7}{12} < \frac{5}{8}$. Also hat Marcel am meisten Pizza übriggelassen und Britta hat am wenigsten Pizza übriggelassen.

**3 Rätselhafte Anteile**

a) 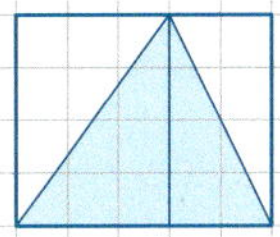 $\frac{1}{2}$
b) 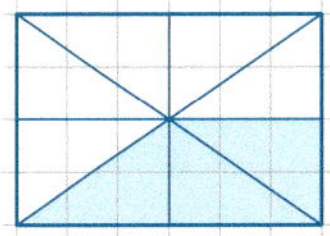 $\frac{3}{8}$
c) 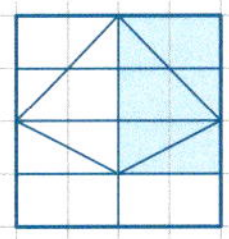 $\frac{3}{8}$
d) 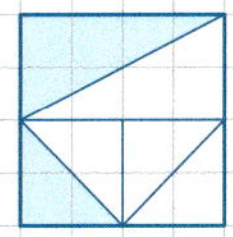 $\frac{3}{8}$

**4 Brüche am Rechteck darstellen**

a) 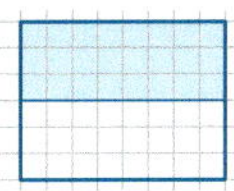 $\frac{1}{2}$
b) 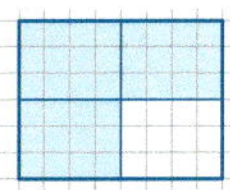 $\frac{3}{4}$
c) 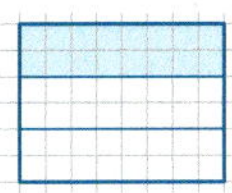 $\frac{1}{3}$
d) 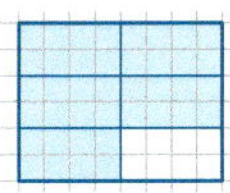 $\frac{5}{6}$
e) 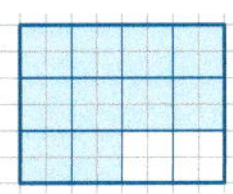 $\frac{10}{12}$
f) 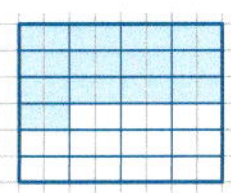 $\frac{13}{24}$

**5 Von Färbungen zu Brüchen**

a) $\frac{6}{12} = \frac{1}{2}$ b) $\frac{15}{24} = \frac{5}{8}$ c) $\frac{5}{28}$ d) $\frac{12}{40} = \frac{3}{10}$

**6 Gekürzt**

a) 6 b) 2 c) 4 d) 9
e) 25 f) 3 g) 17 h) 18
i) 3 j) 12 k) 19 l) 125

**7 Unechte Brüche im Bild**

$\frac{11}{6} = 1\frac{5}{6}$ b) $\frac{11}{4} = 2\frac{3}{4}$

## 8 Unechte Brüche

a) 5 Ganze sind $\frac{10}{2}$, dann noch $\frac{1}{2}$ dazu,
also: $5+\frac{1}{2}=\frac{10}{2}+\frac{1}{2}=\frac{11}{2}$

b) 3 Ganze sind $\frac{9}{3}$, dann noch $\frac{2}{3}$ dazu,
also: $3+\frac{2}{3}=\frac{9}{3}+\frac{2}{3}=\frac{11}{3}$

c) 14 Ganze sind $\frac{28}{2}$, dann noch $\frac{1}{2}$ dazu,
also: $14+\frac{1}{2}=\frac{28}{2}+\frac{1}{2}=\frac{29}{2}$

d) 7 Ganze sind $\frac{63}{9}$, dann noch $\frac{5}{9}$ dazu,
also: $7+\frac{5}{9}=\frac{63}{9}+\frac{5}{9}=\frac{68}{9}$

e) 15 Ganze sind $\frac{150}{10}$, dann noch $\frac{1}{10}$ dazu,
also: $15+\frac{1}{10}=\frac{150}{10}+\frac{1}{10}=\frac{151}{10}$

f) 8 Ganze sind $\frac{56}{7}$, dann noch $\frac{3}{7}$ dazu,
also: $8+\frac{3}{7}=\frac{56}{7}+\frac{3}{7}=\frac{59}{7}$

### Lösungen zu Seite 32

## 9 Gemischte Schreibweise

a) 5 passt 2-mal in 12, übrig bleiben $\frac{2}{5}$,
also: $\frac{12}{5}=2+\frac{2}{5}=2\frac{2}{5}$

b) 4 passt 3-mal in 13, übrig bleibt $\frac{1}{4}$,
also: $\frac{13}{4}=3+\frac{1}{4}=3\frac{1}{4}$

c) 23 passt 2-mal in 55, übrig bleiben $\frac{9}{23}$,
also: $\frac{55}{23}=2+\frac{9}{23}=2\frac{9}{23}$

d) 10 passt 100-mal in 1001, übrig bleiben $\frac{1}{10}$,
also: $\frac{1001}{10}=100+\frac{1}{10}=100\frac{1}{10}$

e) 56 passt 3-mal in 219, übrig bleiben $\frac{51}{56}$,
also: $\frac{219}{56}=3+\frac{51}{56}=3\frac{51}{56}$

f) 17 passt 3-mal in 51, ohne Rest,
also: $\frac{51}{17}=3$

## 10 Vollständig kürzen

a) $\frac{3}{5}$, gekürzt mit 6
b) $\frac{1}{5}$, gekürzt mit 15
c) $\frac{2}{5}$, gekürzt mit 18
d) $\frac{4}{1}=4$, gekürzt mit 48
e) $1\frac{2}{3}$, gekürzt mit 14
f) $\frac{13}{14}$, gekürzt mit 3

## 11 Geschickt vergleichen durch Argumente

a) $\frac{2}{3}>\frac{2}{5}$, weil bei gleichem Zähler der Bruch mit dem kleineren Nenner den größeren Wert hat.

b) $\frac{5}{6}>\frac{4}{6}$, weil bei gleichem Nenner der Bruch mit dem größeren Zähler den größeren Wert hat.

c) $\frac{2}{3}=\frac{6}{9}$, weil mit 3 erweitert wurde.

d) $\frac{4}{5}>\frac{4}{6}$, weil bei gleichem Zähler der Bruch mit dem kleineren Nenner den größeren Wert hat

e) $\frac{3}{5}>\frac{2}{7}$, weil $\frac{3}{5}>\frac{1}{2}$ und $\frac{2}{7}<\frac{1}{2}$.

f) $\frac{8}{9}<\frac{9}{8}$, weil $\frac{8}{9}<1$ und $\frac{9}{8}>1$.

## 12 Gemeinsamer Nenner oder geschickt begründen

a) $\frac{5}{6}>\frac{4}{6}=\frac{2}{3}$, also ist $\frac{5}{6}$ der größere Bruch.

b) $\frac{2}{9}=\frac{12}{54}>\frac{9}{54}=\frac{1}{6}$, also ist $\frac{2}{9}$ der größere Bruch.

c) $\frac{5}{8}>\frac{4}{8}=\frac{1}{2}$, also ist $\frac{5}{8}$ der größere Bruch.

d) $\frac{5}{6}>\frac{5}{9}$, weil bei gleichem Zähler der Bruch mit dem kleineren Nenner den größeren Wert hat

e) $2\frac{1}{3}>1\frac{1}{3}$, $2\frac{1}{3}$ ist um ein Ganzes größer als $1\frac{1}{3}$.

f) $\frac{7}{30}=\frac{21}{90}<\frac{22}{90}=\frac{11}{45}$, also ist $\frac{11}{45}$ der größere Bruch.

g) $\frac{6}{5}>\frac{17}{18}$, weil $\frac{6}{5}>1$ und $\frac{17}{18}<1$.

h) $\frac{6}{21}=\frac{30}{105}>\frac{28}{105}=\frac{4}{15}$, also ist $\frac{6}{21}$ der größere Bruch.

## 13 Brüche ordnen

a) $1\frac{1}{5}$ ist der einzige Bruch, der größer als 1 ist und damit der größte Bruch. $\frac{3}{4}$ ist größer als $\frac{1}{2}$, $\frac{3}{10}$ ist kleiner als $\frac{1}{2}$. Also folgt: $\frac{3}{10}<\frac{1}{2}<\frac{3}{4}<1\frac{1}{5}$

b) $\frac{5}{9}$ ist der einzige Bruch, der größer als $\frac{1}{2}$ ist und damit der größte Bruch. Die anderen Brüche auf den Nenner 36 erweitern:
$\frac{1}{4}=\frac{9}{36}<\frac{7}{18}=\frac{14}{36}<\frac{4}{9}=\frac{16}{36}$
Also folgt: $\frac{1}{4}<\frac{7}{18}<\frac{4}{9}<\frac{5}{9}$

c) $\frac{8}{7}$ und $\frac{5}{4}$ sind die einzigen Brüche, die jeweils um ein Teil größer sind als 1. Da $\frac{1}{4}>\frac{1}{7}$, ist $\frac{5}{4}>\frac{8}{7}$.
$\frac{7}{8}$ und $\frac{3}{4}$ sind jeweils um ein Teil kleiner als 1.
Da $\frac{1}{4}>\frac{1}{8}$, ist $\frac{7}{8}>\frac{3}{4}$.
Also folgt: $\frac{3}{4}<\frac{7}{8}<\frac{8}{7}<\frac{5}{4}$

d) $\frac{15}{6}=2\frac{3}{6}>2\frac{1}{6}$ und $\frac{19}{9}=2\frac{1}{9}$.
Mit $\frac{1}{9}<\frac{1}{6}$ gilt: $\frac{19}{9}=2\frac{1}{9}<2\frac{1}{6}<\frac{15}{6}$

## 14 Anteil zum Ganzen ergänzen

a)  $\frac{3}{7}$

b)  $\frac{4}{6}$

c)  $\frac{4}{5}$

d) 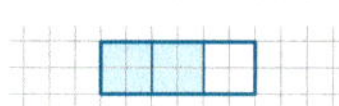 $\frac{2}{3}$

## 15 Brüche auf dem Zahlenstrahl

a) A: $\frac{6}{8}=\frac{3}{4}$, B: $\frac{10}{8}=1\frac{2}{8}=1\frac{1}{4}$, C: $\frac{13}{8}=1\frac{5}{8}$

b) A: $\frac{4}{10}=\frac{2}{5}$, B: $\frac{9}{10}$, C: $\frac{12}{10}=1\frac{1}{5}$

## 16 Platz auf dem Zahlenstrahl finden

| blau | orange | grün | lila | rot | schwarz |
|---|---|---|---|---|---|
| $\frac{2}{5}$ | $\frac{17}{30}$ | $\frac{13}{10}$ | $\frac{14}{8}$, $\frac{16}{9}$ | $\frac{25}{11}$, $\frac{29}{12}$ | $\frac{29}{8}$ |

## 17 Zahlenstrahl zeichnen

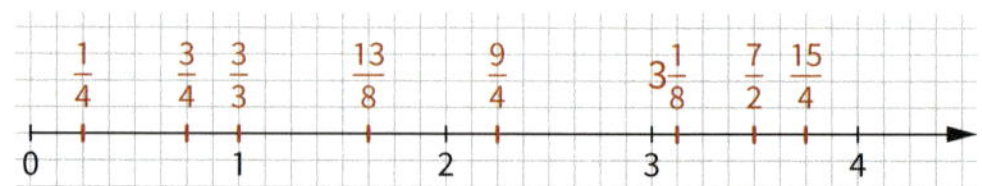

**18 Platz zwischen zwei Brüchen finden**

a) $\frac{4}{7}, \frac{1}{2}$ b) $\frac{17}{18}, \frac{33}{36}$ c) $\frac{399}{200}, \frac{797}{400}$ d) $\frac{17}{32}, \frac{33}{64}$

**19 Zahl gesucht**

a) $\frac{10}{12}=\frac{5}{6}$ b) $\frac{5}{2}=2\frac{1}{2}$ c) $\frac{4}{6}=\frac{2}{3}$ d) $\frac{5}{10}=\frac{1}{2}$

## Lösungen zu Seite 33

**20 Dichtheit**

a) Die Aussage ist falsch, wie sich durch das Erweitern mit 2 zeigen lässt:
$\frac{30}{80}=\frac{60}{160}, \frac{31}{80}=\frac{62}{160}$
Der Bruch $\frac{61}{160}$ liegt genau in der Mitte.

b) Diese Aussage ist wahr. Durch Erweitern mit 3 findet man immer zwei Brüche zwischen den beiden Brüchen.

**21 Adam und Eva erben**

Eva erbt mehr, denn $\frac{7}{15}=\frac{28}{60}>\frac{27}{60}=\frac{9}{20}$.
Mögliche Begründung: Adam erbt $\frac{1}{20}$ weniger als die Hälfte des Vermögens. Eva erbt $\frac{7}{15}=\frac{14}{30}$, also $\frac{1}{30}$ weniger als die Hälfte des Vermögens. Da $\frac{1}{20}>\frac{1}{30}$, weicht Adams Erbe deutlicher von der Hälfte nach unten ab als das Erbe von Eva.

**22 Tage mit Sonnenschein**

Anteil der Tage mit Sonnenschein:
Michael: $\frac{7}{10}=\frac{49}{70}$
Ole: $\frac{3}{5}=\frac{42}{70}$
Jorin: $\frac{8}{14}=\frac{40}{70}$
Es gilt $\frac{49}{70}>\frac{42}{70}>\frac{40}{70}$, also $\frac{7}{10}>\frac{3}{5}>\frac{8}{14}$.
Also hatte Michael das beste Wetter, gefolgt von Ole und Jorin.

**23 Vervielfachen und Teilen**

a) $3\cdot\frac{5}{6}=\frac{\overset{1}{\cancel{3}}\cdot 5}{\underset{2}{\cancel{6}}}=\frac{5}{2}=2\frac{1}{2}$

b) $\frac{3}{4}\cdot 12=\frac{3\cdot\overset{3}{\cancel{12}}}{\underset{1}{\cancel{4}}}=\frac{9}{1}=9$

c) $\frac{6}{7}:2=\frac{6:2}{7}=\frac{3}{7}$

d) $\frac{6}{7}:7=\frac{6}{7\cdot 7}=\frac{6}{49}$

e) $\frac{7}{6}:6=\frac{7}{6\cdot 6}=\frac{7}{36}$

f) $\frac{5}{7}\cdot 28=\frac{5\cdot\overset{4}{\cancel{28}}}{\underset{1}{\cancel{7}}}=\frac{20}{1}=20$

g) $\frac{14}{3}:7=\frac{14:7}{3}=\frac{2}{3}$

h) $\frac{14}{3}:12=\frac{\overset{7}{\cancel{14}}}{3\cdot\underset{6}{\cancel{12}}}=\frac{7}{18}$

i) $9\cdot\frac{7}{3}=\frac{\overset{3}{\cancel{9}}\cdot 7}{\underset{1}{\cancel{3}}}=\frac{21}{1}=21$

j) $\frac{8}{9}:4=\frac{8:4}{9}=\frac{2}{9}$

k) $4\cdot 1\frac{1}{2}=4\cdot\frac{3}{2}=\frac{\overset{2}{\cancel{4}}\cdot 3}{\underset{1}{\cancel{2}}}=\frac{6}{1}=6$

l) $3\frac{1}{4}\cdot 8=\frac{13}{4}\cdot 8=\frac{13\cdot\overset{2}{\cancel{8}}}{\underset{1}{\cancel{4}}}=\frac{26}{1}=26$

**24 Immer wenn**

a) Wenn man den Nenner eines Bruches um 1 vergrößert, dann verkleinert sich der Wert des Bruchs.

b) Wenn man Zähler und Nenner eines Bruchs verdoppelt, dann erweitert man den Bruch mit 2 und der Wert des Bruchs bleibt gleich.

c) Wenn bei zwei Brüchen in gemischter Schreibweise die natürliche Zahl vor dem ersten Bruch größer ist als die natürliche Zahl vor dem zweiten Bruch, dann ist der erste Bruch größer als der zweite.

**25 Brüche und Prozente**

| Bruchteil | $\frac{1}{4}$ | $\mathbf{\frac{3}{10}}$ | $\mathbf{\frac{9}{20}}$ | $\frac{3}{4}$ |
|---|---|---|---|---|
| Prozentangabe | **25 %** | 30 % | 45 % | **75 %** |

| Bruchteil | $\frac{3}{5}$ | $\mathbf{\frac{1}{8}}$ | $\frac{7}{20}$ | $\mathbf{\frac{4}{5}}$ |
|---|---|---|---|---|
| Prozentangabe | **60 %** | 12,5 % | **35 %** | 80 % |

**26 Anteile in Prozent**

a) $\frac{16}{25}=\frac{64}{100}=64\,\%$ b) $\frac{13}{20}=\frac{65}{100}=65\,\%$
c) $\frac{70}{200}=\frac{35}{100}=35\,\%$ d) $\frac{16}{40}=\frac{8}{20}=\frac{40}{100}=40\,\%$

**27 Mischmasch aufräumen**

- Größer als $\frac{1}{2}$:
  60% und $\frac{2}{3}$, wobei $\frac{2}{3}=\frac{20}{30}>\frac{60}{100}=\frac{3}{5}=\frac{18}{30}$
- Kleiner als $\frac{1}{2}$:
  $\frac{2}{5}=\frac{40}{100}$, $30\,\%=\frac{30}{100}=\frac{3}{10}$, $\frac{1}{4}=\frac{25}{100}$, $5\%=\frac{5}{100}$
  $\frac{3}{8}=\frac{30}{80}$ liegt zwischen $\frac{3}{10}=\frac{24}{80}$ und $\frac{2}{5}=\frac{32}{80}$

Damit folgt: $5\,\%<\frac{1}{4}<\frac{3}{10}=30\,\%<\frac{3}{8}<\frac{2}{5}<60\,\%<\frac{2}{3}$

**28 Wahr oder falsch?**

a) Wahr. Größerer Zähler bedeutet mehr Teile.

b) Wahr. Zu jedem Bruch gibt unendlich viele erweiterte Brüche.

c) Wahr. Prozentzahlen sind Brüche mit dem Nenner 100. $1\frac{1}{2}=\frac{3}{2}=\frac{150}{100}=150\,\%$

d) Falsch. $33\,\%=\frac{33}{100}\neq\frac{33}{99}=\frac{1}{3}$.

**29 Bruch als Prozent – und umgekehrt**

a) $\frac{25}{100}=\frac{1}{4}$ b) $\frac{1}{100}$ c) $\frac{37}{100}$
d) $\frac{7}{100}$ e) $\frac{6}{100}=\frac{3}{50}$ f) $\frac{15}{100}=\frac{3}{20}$
g) 75 % h) 40 % i) 110 %
j) 90 % k) 51 % l) 60 %

# 2 Rechnen mit Brüchen

## Lösungen zu Seite 36

**5**

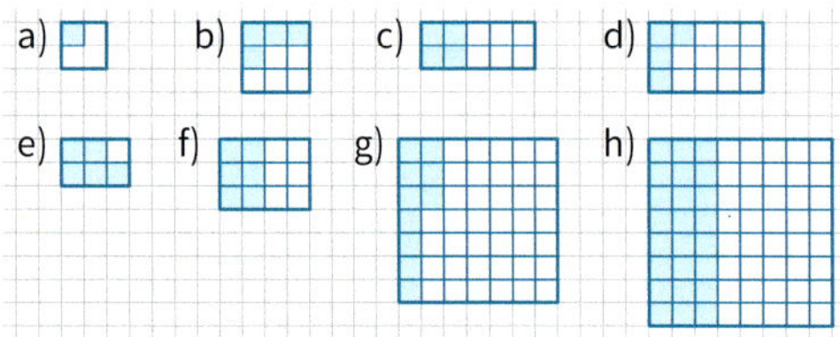


**6** a) $\frac{4}{10} = \frac{2}{5}$ b) $\frac{6}{15} = \frac{2}{5}$ c) $\frac{12}{30} = \frac{2}{5}$
d) $\frac{26}{39} = \frac{2}{3}$ e) $\frac{40}{56} = \frac{5}{7}$ f) $\frac{52}{117} = \frac{4}{9}$
g) $\frac{210}{525} = \frac{2}{5}$ h) $\frac{150}{1050} = \frac{1}{7}$

Man kann einen Bruch mit allen gemeinsamen Primfaktoren der Primfaktorzerlegungen von Zähler und Nenner kürzen. Das heißt, wenn man jeweils mit einem gemeinsamen Primfaktor kürzt, dann kann man so oft kürzen, wie es gemeinsame Primfaktoren von Zähler und Nenner gibt.

## Lösungen zu Seite 37

**11**

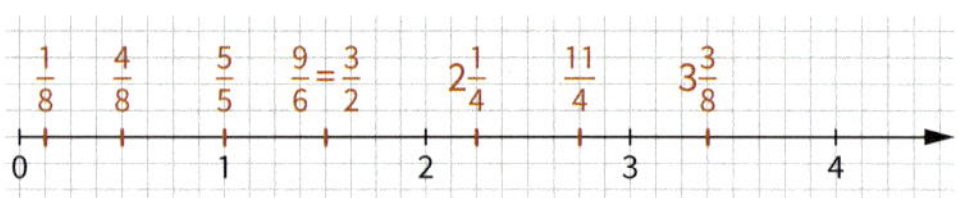


**12** a) $B = 3$ b) $B = \frac{5}{6}$ c) $A = \frac{11}{12}$ d) $C = \frac{30}{16}$

## Lösungen zu Seite 38

**20** a) 390 Kinder; 75 % b) 90 Hasen; 60 %
c) 196 Fische; 35 % d) 18 Katzen; 60 %

**21** a) 55 b) 27 c) $\frac{36}{5}$ d) $\frac{3}{2}$
e) $\frac{15}{11}$ f) $\frac{15}{8}$ g) $\frac{10}{3}$

## Lösungen zu Seite 39

**25** 2 Personen: Jeder erhält 2 l Saft.
3 Personen: Jeder erhält $\frac{4}{3}$ l Saft.
4 Personen: Jeder erhält 1 l Saft.
5 Personen: Jeder erhält $\frac{4}{5}$ l = 0,8 l Saft.
6 Personen: Jeder erhält $\frac{2}{3}$ l Saft.

## Lösungen zu Seite 41

**8** a) $\frac{3}{8}$ b) $\frac{1}{4}$ c) $\frac{7}{6}$
d) $\frac{7}{3}$ e) $\frac{11}{12}$ f) $\frac{1}{9}$

**9** a) $\frac{8}{12} = \frac{2}{3}$ b) $\frac{10}{9}$ c) $\frac{13}{30}$
d) $\frac{33}{700}$ e) $\frac{51}{175}$ f) $\frac{2}{35}$

## Lösungen zu Seite 42

**15** a) $\frac{13}{40}$ kg b) $\frac{3}{8}$ km c) $\frac{5}{4}$ cm d) $24\frac{1}{2}\,m^2$

**16** $\frac{5}{6}\,kg - \frac{1}{9}\,kg = \frac{15}{18}\,kg - \frac{2}{18}\,kg = \frac{13}{18}\,kg$
Omi hat $\frac{13}{18}$ kg Kartoffeln gekauft.

## Lösungen zu Seite 43

**20** a) 6 b) $2\frac{3}{8}$ c) $2\frac{3}{4}$ d) $8\frac{2}{9}$
e) $3\frac{3}{4}$ f) $5\frac{3}{4}$ g) $2\frac{3}{5}$ h) $2\frac{2}{5}$
i) $1\frac{4}{9}$ j) $\frac{5}{8}$ k) $\frac{1}{4}$ l) $\frac{4}{9}$

## Lösungen zu Seite 45

**6** Erst $\frac{5}{7} : 3 = \frac{5}{21}$, dann $\frac{5}{21} \cdot 2 = \frac{10}{21}$, insgesamt $\frac{5}{7} \cdot \frac{2}{3} = \frac{10}{21}$

**7** a) $30 \cdot \frac{2}{3} = 20$ $20 \cdot \frac{3}{5} = 12$
12 Mädchen kommen mit dem Bus zur Schule.
b) $\frac{2}{3} \cdot \frac{3}{5} = \frac{2}{5}$
$\frac{2}{5}$ der Klasse 5 a sind Mädchen, die mit dem Bus zur Schule kommen.

## Lösungen zu Seite 45

**10** a) $\frac{1}{9}$ b) $\frac{6}{5}$ c) 1 d) 1
e) $\frac{10}{9}$ f) $\frac{2}{3}$ g) $\frac{1}{4}$ h) $\frac{3}{5}$
i) $\frac{16}{45}$ j) 5 k) 37 l) $\frac{3}{2}$

## Lösungen zu Seite 46

**15** a) $\frac{21}{8}$ b) $\frac{3}{2}$ c) $\frac{4}{3}$ d) $\frac{3}{2}$
e) $\frac{25}{8}$ f) 14 g) $\frac{13}{2}$ h) $\frac{99}{7}$
i) 6 j) 3 k) 0 l) 2

**16** a) $A = 4\,m^2$ b) $A = \frac{3}{2}\,cm^2$
c) $A = 2\,cm^2$ d) $A = \frac{5}{3}\,m^2$

## Lösungen zu Seite 48

**6** a) 3 b) 12 c) $\frac{8}{7}$
d) $\frac{2}{3}$ e) $\frac{1}{10}$ f) 15

## Lösungen zu Seite 48

**10** a) $b = \frac{9}{7}$ cm b) $a = \frac{3}{4}$ cm

**11** a) $\frac{\mathbf{2}}{\mathbf{7}} : \frac{8}{21} = \frac{3}{4}$ b) $\frac{5}{6} : \frac{\mathbf{10}}{3} = \frac{1}{4}$
c) $\frac{3}{14} : \frac{12}{\mathbf{14}} = \frac{1}{4}$ d) $3 : \frac{\mathbf{1}}{\mathbf{5}} = 15$

## Lösungen zu Seite 49

**19** a) 0 b) $\frac{14}{15}$ c) 0
d) 0 e) nicht möglich f) 7

**20** Immer wenn der Divisor größer als 1 ist, ist der Quotient (das Ergebnis) kleiner als der Dividend.
a) Quotient ist größer als der Dividend
b) Quotient ist kleiner als der Dividend
c) Quotient ist größer als der Dividend.
d) Quotient ist größer als der Dividend.
e) Quotient ist kleiner als der Dividend.
f) Quotient ist größer als der Dividend.

**21** a) $\frac{2}{5}:\frac{8}{15}=\frac{3}{4}$ b) $\frac{3}{7}:\frac{9}{14}=\frac{2}{3}$ c) $\frac{1}{8}:\frac{5}{12}=\frac{3}{10}$
d) $4\frac{1}{2}:\frac{3}{10}=15$ e) $\frac{4}{9}:3\frac{1}{3}=\frac{2}{15}$ f) $\frac{4}{15}:20=\frac{1}{75}$

**22** $\frac{12}{5}\,l:\frac{3}{20}\,l=16$
Es können noch 16 Cocktails gemischt werden.

## Lösungen zu Seite 53

**8** a) $\frac{1}{10}+\frac{7}{10}+\frac{1}{15}=\frac{4}{5}+\frac{1}{15}=\frac{13}{15}$
b) $\frac{1}{16}+\frac{7}{24}+\frac{11}{24}=\frac{1}{16}+\frac{3}{4}=\frac{13}{16}$
c) $5\frac{1}{2}+\frac{1}{7}+1\frac{1}{4}+\frac{6}{7}=5+1+\frac{1}{2}+\frac{1}{4}+\frac{1}{7}+\frac{6}{7}=7\frac{3}{4}$
d) $\frac{3}{8}$ e) 2

**9** a) $\frac{3}{4}\cdot\frac{5}{7}+\frac{3}{4}\cdot\frac{2}{7}=\frac{3}{4}\cdot\left(\frac{5}{7}+\frac{2}{7}\right)=\frac{3}{4}$
b) $5\cdot\frac{2}{3}+\frac{2}{15}\cdot 5=\frac{10}{3}+\frac{2}{3}=4$
c) $\left(\frac{5}{2}+\frac{5}{4}\right)\cdot\frac{4}{15}=\frac{15}{4}\cdot\frac{4}{15}=1$
d) $\frac{4}{9}\cdot\left(\frac{3}{8}+\frac{9}{24}\right)=\frac{4}{9}\cdot\frac{6}{8}=\frac{1}{3}$
e) $\left(\frac{3}{4}-\frac{3}{8}\right):\frac{9}{8}=\left(\frac{3}{4}-\frac{3}{8}\right)\cdot\frac{8}{9}=\frac{3}{8}\cdot\frac{8}{9}=\frac{1}{3}$

## Lösungen zu Seite 54

**12** $1\frac{1}{4}\,kg+12\cdot\left(1\frac{1}{2}\,kg+\frac{1}{6}\,kg\right)=1\frac{1}{4}\,kg+12\cdot\frac{5}{3}\,kg$
$=1\frac{1}{4}\,kg+20\,kg=21\frac{1}{4}\,kg$
Der Kasten wiegt mit vollen Flaschen $21\frac{1}{4}$ kg.

## Lösungen zu Seite 55

**18** a) $\left(\frac{2}{3}+\frac{3}{4}\right)\cdot 24=34$
b) $\frac{8}{9}\cdot\frac{3}{4}-\left(\frac{2}{3}-\frac{1}{2}\right)=\frac{2}{3}-\frac{1}{6}=\frac{1}{2}$

**19** a) $\left(\frac{1}{2}+\frac{1}{4}\right)\cdot 4=3$
b) keine Klammersetzung notwendig, Rechnung ist so richtig.
c) $(5-2)\cdot\frac{1}{6}+1\frac{1}{2}=2$ d) $\frac{3}{4}+\left(\frac{2}{7}-\frac{3}{14}\right):\frac{2}{7}=1$

# Wiederholen für die Klassenarbeit

## Lösungen zu Seite 58

**1 Zahlenstrahl**
a) $A=\frac{2}{5}$, $B=\frac{6}{5}$ b) $A=\frac{1}{6}$, $B=\frac{7}{6}$
c) $A=\frac{3}{4}$, $B=\frac{7}{4}$ d) $A=\frac{3}{8}$, $B=\frac{7}{8}$

**2 Drei Zahlen im gleichen Abstand**
a) $\frac{5}{8}$ b) $3\frac{2}{3}$ c) $\frac{4}{35}$ d) $\frac{35}{12}$

**3 Wie viel sind es?**
a) 240 von 400 Kindern lieben Schokoladeneis.
b) In der Schulmensa werden pro Woche 1712 vegetarische Essen ausgegeben.
c) Familie Konz hat letztes Jahr 720 € für Warmwasser ausgegeben.

**4 Wie viele waren es?**
a) 13 560 € : 5 = 2712 € 2712 € · 12 = 32 544 €
Die Gesamtkosten lagen bei 32 544 €.
b) 80 kg : 5 = 16 kg 16 kg · 4 = 64 kg
Ein 80 kg schwerer Mensch besteht aus 64 kg Wasser.

**5 Lücken füllen**

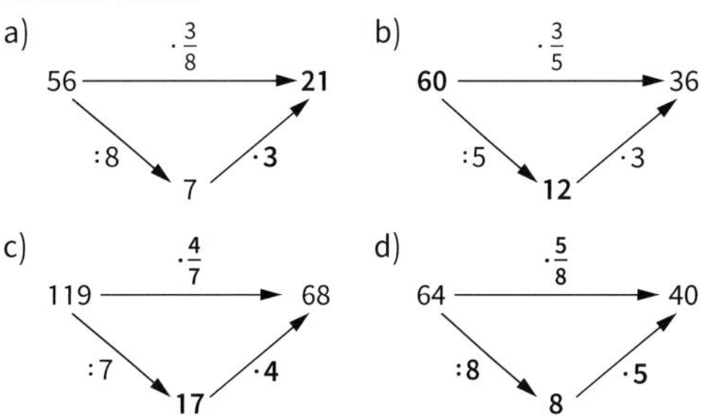


**6 Brüche vervielfachen**
a) $\frac{6}{7}$ b) $\frac{5}{8}$ c) $\frac{10}{9}$
d) $\frac{5}{3}$ e) 10 f) 14

**7 Anteile berechnen**
a) $\frac{3}{4}\cdot 5=\frac{15}{4}$; $3\frac{3}{4}$ kg b) $\frac{2}{7}\cdot 28=8$; 8 Kinder
c) $\frac{3}{8}\cdot 10=\frac{15}{4}$; $3\frac{3}{4}$ l d) $\frac{3}{5}\cdot 4=\frac{12}{5}$; $2\frac{2}{5}$ t
e) $\frac{7}{10}\cdot 2=\frac{7}{5}$; $1\frac{2}{5}$ km f) $\frac{1}{5}\cdot 12=\frac{12}{5}$; $2\frac{2}{5}$ kg
g) $\frac{3}{20}\cdot 50=\frac{15}{2}$; $7\frac{1}{2}$ m h) $\frac{24}{100}\cdot 200=48$; 48 l

**8 Gerechte Verteilung**
a) Jedes Kind bekommt $\frac{16}{12}=\frac{4}{3}$ Bananen.
b) Jedes Kind bekommt $\frac{3}{5}$ einer Pizza.
c) Jeder Gast bekommt $\frac{1}{8}$ Torte.
d) Jedes Kind isst $\frac{10}{4}=2\frac{1}{2}$ Pfannkuchen.

**9 Summe und Differenz**

a) $\frac{7}{12}$ b) $\frac{13}{24}$ c) $\frac{7}{10}$ d) $\frac{19}{40}$

e) $\frac{47}{100}$ f) $\frac{11}{36}$ g) $\frac{4}{9}$ h) $\frac{12}{35}$

i) $\frac{11}{20}$ j) $\frac{7}{36}$ k) $\frac{1}{14}$ l) $\frac{23}{54}$

## Lösungen zu Seite 59

**10 Addieren und subtrahieren mit gemischten Zahlen**

a) $7\frac{1}{2}$ b) $3\frac{1}{8}$ c) $7\frac{4}{15}$ d) $3\frac{9}{20}$

e) $5\frac{11}{12}$ f) $21\frac{19}{40}$ g) $1\frac{1}{10}$ h) $16\frac{5}{18}$

i) $11\frac{1}{2}$ j) $2\frac{19}{24}$ k) $10\frac{1}{2}$ l) $8\frac{59}{100}$

**11 Der König vererbt**

$\frac{1}{2}+\frac{1}{4}+\frac{1}{8}=\frac{7}{8}$ $1-\frac{7}{8}=\frac{1}{8}$

Es bleibt noch $\frac{1}{8}$ seines Vermögens für die Diener übrig.

**12 Onkel Theodor gewinnt im Lotto**

a) $\frac{2}{5}+\frac{1}{3}=\frac{11}{15}$

Die Neffen Kai und Dirk erhalten zusammen $\frac{11}{15}$ des Gewinns.

b) $1-\frac{11}{15}=\frac{4}{15}$ Die Nichte erhält $\frac{4}{15}$ des Gewinns.

c) $80\,000\,€ : \frac{4}{15} = 300\,000\,€$

Der Lottogewinn war 300 000 €.

**13 Multiplizieren mit natürlichen Zahlen**

a) $4\cdot\frac{3}{15}=\mathbf{\frac{12}{15}}$ b) $3\cdot\mathbf{\frac{3}{10}}=\frac{9}{10}$ c) $\mathbf{5}\cdot\frac{2}{11}=\frac{10}{11}$

d) $\frac{4}{5}\cdot\mathbf{6}=\frac{24}{5}$ e) $\frac{2}{9}\cdot\mathbf{9}=2$ f) $\mathbf{\frac{6}{5}}\cdot 5=6$

g) $\mathbf{60}\cdot\frac{1}{20}=3$ h) $\mathbf{\frac{1}{100}}\cdot 100=1$ i) $\frac{2}{9}\cdot\mathbf{18}=4$

j) $\frac{3}{7}=\frac{1}{14}\cdot\mathbf{6}$ k) $\mathbf{3}\cdot 1\frac{1}{2}=4\frac{1}{2}$ l) $\mathbf{6}\cdot\frac{2}{9}=1\frac{1}{3}$

**14 Dividieren und Probe machen**

a) 6 Probe: $6\cdot\frac{1}{4}=\frac{3}{2}$

b) 16 Probe: $16\cdot\frac{1}{2}=8$

c) $\frac{1}{6}$ Probe: $\frac{1}{6}\cdot 2=\frac{1}{3}$

d) $\frac{4}{3}$ Probe: $\frac{4}{3}\cdot\frac{2}{3}=\frac{8}{9}$

e) $\frac{3}{4}$ Probe: $\frac{3}{4}\cdot\frac{8}{21}=\frac{2}{7}$

f) $\frac{1}{5}$ Probe: $\frac{1}{5}\cdot 4=\frac{4}{5}=\frac{8}{10}$

g) 8 Probe: $8\cdot\frac{1}{4}=2$

h) 11 Probe: $11\cdot\frac{1}{4}=\frac{11}{4}=2\frac{3}{4}$

i) 3 Probe: $3\cdot\frac{1}{9}=\frac{1}{3}$

j) 2 Probe: $2\cdot\frac{6}{9}=\frac{12}{9}=\frac{4}{3}$

k) $\frac{75}{32}$ Probe: $\frac{75}{32}\cdot\frac{4}{5}=\frac{15}{8}$

l) $\frac{2}{5}$ Probe: $\frac{2}{5}\cdot\frac{15}{11}=\frac{30}{55}$

**15 Frühzeitiges Kürzen hilft**

a) 3 b) $\frac{5}{6}$ c) $\frac{3}{4}$ d) $\frac{2}{3}$

e) 1 f) $\frac{5}{2}$ g) $\frac{4}{9}$ h) $\frac{1}{3}$

i) $\frac{1}{2}$ j) $\frac{19}{9}=2\frac{1}{9}$ k) $\frac{23}{12}=1\frac{11}{12}$ l) $\frac{11}{18}$

**16 Multiplizieren und Dividieren**

a) $\frac{3}{4}$ b) 2 c) 6 d) 16

e) 9 f) $\frac{10}{27}$ g) $\frac{5}{3}$ h) $\frac{5}{4}$

i) 3 j) $\frac{2}{3}$ k) $\frac{1}{5}$ l) $\frac{4}{5}$

m) $\frac{1}{6}$ n) 6 o) $\frac{9}{4}$ p) 18

q) 2 r) $\frac{1}{18}$

**17 Anteile**

a) $18:\frac{2}{3}=27$

In der Klasse sind insgesamt 27 Kinder.

b) $2\,l\cdot\frac{4}{5}=\frac{8}{5}\,l$

Sie benötigt $\frac{8}{5}$ l Hafermilch.

c) $5\frac{1}{2}\,km:\frac{5}{12}=\frac{66}{5}\,km=13\frac{1}{5}\,km$

Die gesamte Wanderstrecke ist $13\frac{1}{5}$ km lang.

d) $6200\,g:4=1550\,g$; $1550\,g\cdot 7=10\,850\,g=10{,}85\,kg$

$20\,min:4=5\,min$, $5\,min\cdot 7=35\,min$

Er benötigt 35 Minuten und pflückt dabei insgesamt 10,85 kg Äpfel.

## Lösungen zu Seite 60

**18 Anteile von Anteilen im Garten**

$300\,m^2\cdot\frac{2}{3}=200\,m^2$ $200\,m^2\cdot\frac{2}{5}=80\,m^2$

Der Kopfsalat ist auf $80\,m^2$ Fläche gepflanzt.

**19 Anteile von Anteilen im Chor**

$12:\frac{2}{5}=30$ $30:\frac{3}{8}=80$

Es sind 80 Schülerinnen und Schüler in der Kursstufe.

**20 Altersrätsel**

a) $16\frac{1}{6}+2\frac{5}{12}=18\frac{7}{12}$ 18 Jahre 7 Monate

$16\frac{1}{6}-3\frac{1}{4}=12\frac{11}{12}$ 12 Jahre 11 Monate

Ben ist 18 Jahre 7 Monate alt und Emma ist 12 Jahre 11 Monate alt.

b) $18\frac{7}{12}-12\frac{11}{12}=5\frac{8}{12}$ 5 Jahre 8 Monate

Ben und Emma sind 5 Jahre 8 Monate auseinander.

**21 Verteilungsrätsel**

Damit Tina von jeder Glasgröße gleich viele volle Gläser erhält, müssen immer alle 3 Gläser gefüllt werden: $\frac{1}{2}l + \frac{1}{4}l + \frac{1}{8}l = \frac{7}{8}l$

$7\,l : \frac{7}{8}l = 8$

Es können 8 Gläser der drei Glasgrößen abgefüllt werden. Das sind zusammen 24 Gläser.

**22 Alle Rechenarten**

a) $\frac{3}{16}$ b) $\frac{1}{2}$ c) 3 d) 1
e) $\frac{5}{4}$ f) $\frac{5}{9}$ g) $\frac{3}{2}$ h) $\frac{1}{6}$
i) $\frac{1}{12}$ j) $\frac{1}{2}$ k) $\frac{9}{8}$ l) $\frac{17}{12}$
m) $\frac{2}{15}$ n) $\frac{8}{15}$ o) $\frac{6}{5}$ p) $\frac{22}{15}$
q) $\frac{11}{24}$ r) $\frac{5}{16}$ s) $\frac{29}{24}$ t) $\frac{20}{9}$
u) $\frac{7}{90}$ v) $\frac{9}{20}$ w) $\frac{43}{60}$ x) $\frac{35}{8}$

**23 Brüche in gemischter Schreibweise**

a) 26 b) 38 c) $4\frac{1}{4}$
d) $3\frac{3}{4}$ e) $\frac{10}{3} = 3\frac{1}{3}$ f) $\frac{5}{2} = 2\frac{1}{2}$

**24 Lücken füllen**

a) $2\frac{3}{7} - \mathbf{1}\frac{3}{7} = 1$ b) $\frac{8}{9} - \frac{\mathbf{6}}{\mathbf{9}} = \frac{2}{9}$
c) $\frac{1}{2} = \frac{\mathbf{7}}{\mathbf{16}} + \frac{1}{16}$ d) $\frac{\mathbf{25}}{\mathbf{10}} - \frac{3}{10} = 2\frac{1}{5}$
e) $3\frac{1}{7} - \frac{\mathbf{1}}{\mathbf{7}} = 3$ f) $\frac{5}{8} + \frac{\mathbf{39}}{\mathbf{40}} = \frac{8}{5}$
g) $\frac{\mathbf{3}}{\mathbf{4}} \cdot \frac{2}{3} = \frac{1}{2}$ h) $\frac{4}{5} \cdot \frac{\mathbf{7}}{\mathbf{6}} = \frac{14}{15}$
i) $\frac{2}{3} : \frac{\mathbf{16}}{\mathbf{27}} = \frac{9}{8}$ j) $\frac{\mathbf{9}}{\mathbf{10}} : \frac{2}{5} = \frac{9}{4}$
k) $\frac{\mathbf{3}}{\mathbf{2}} \cdot \frac{3}{2} = 2\frac{1}{4}$ l) $\frac{\mathbf{3}}{\mathbf{14}} : \frac{1}{2} = \frac{3}{7}$
m) $\frac{5}{8} + \frac{1}{2} \cdot \frac{\mathbf{3}}{\mathbf{4}} = 1$ n) $\frac{1}{2} \cdot \left(\frac{\mathbf{1}}{\mathbf{2}} + \frac{1}{4}\right) = \frac{3}{8}$
o) $\left(\frac{\mathbf{1}}{\mathbf{5}} + \frac{1}{10}\right) : \frac{3}{5} = \frac{1}{2}$

**25 Vorsicht mit der Null**

a) 0
b) Rechnung nicht erlaubt, da Division durch 0 nicht möglich ist.
c) Rechnung nicht erlaubt, da Division durch 0 nicht möglich ist.
d) Rechnung nicht erlaubt, da Division durch 0 nicht möglich ist.
e) 0
f) Rechnung nicht erlaubt, da Division durch 0 nicht möglich ist.

**26 Holzplatten**

a) $3\,cm^2 : \frac{9}{2}cm = \frac{2}{3}cm$ b) $4\,cm^2 : \frac{5}{3}cm = \frac{12}{5}cm$
c) $3\,cm^2 : \frac{7}{2}cm = \frac{6}{7}cm$ d) $\frac{7}{2}cm^2 : \frac{9}{4}cm = \frac{14}{9}cm$

## Lösungen zu Seite 61

**27 Wasserspender**

$5\,l - \left(7 \cdot \frac{1}{4}l + 3 \cdot \frac{1}{8}l\right) = \frac{23}{8}l = 2\frac{7}{8}l$

Es bleiben noch $2\frac{7}{8}l$ im Wasserspender.

**28 Aussagen beurteilen**

a) Die Aussage ist falsch. Gegenbeispiel: $2 \cdot \frac{1}{2} = 1 < 2$
b) Die Aussage ist falsch. Gegenbeispiel: $\frac{1}{2} : \frac{1}{4} = 2 > \frac{1}{2}$
c) Die Aussage ist wahr, denn ein unechter Bruch ist immer größer als 1. Damit ist auch die Summe größer als 1. Beispiel: $\frac{11}{5} + \frac{3}{2} = \frac{37}{10} > 1$
d) Die Aussage ist falsch.
Gegenbeispiel: $\frac{2}{3} + \frac{5}{24} = \frac{21}{24} = \frac{7}{8}$
e) Die Aussage ist falsch. Gegenbeispiel: $\frac{1}{2} + \frac{1}{2} = 1$

**29 Versunkenes Dorf**

a) $1 - \frac{2}{3} - \frac{5}{24} = \frac{3}{24} = \frac{1}{8}$
$\frac{1}{8}$ sind im Seeboden verschwunden,
das bedeutet $\frac{1}{8}$ entsprechen 4,5 m.
$4\frac{1}{2}m \cdot 8 = 36\,m$ Der Kirchturm ist 36 m hoch.
b) $36\,m \cdot \frac{5}{24} = \frac{15}{2}m = 7\frac{1}{2}m$
Das Wasser ist an dieser Stelle 7,5 m tief.

**30 Geschickt rechnen**

a) $\left(\frac{4}{7} + \frac{3}{7}\right) + \frac{1}{2} = \frac{3}{2}$
b) $\frac{1}{3}$
c) $\frac{3}{8} + \frac{6}{8} - \frac{1}{8} - \frac{8}{8} = 0$
d) $5 - \frac{5}{6} + \frac{1}{12} - 4 = 4\frac{1}{6} + \frac{1}{12} - 4 = 4\frac{3}{12} - 4 = \frac{1}{4}$

**31 Vom Text zum Rechenausdruck**

a) $\left(5 + \frac{3}{4}\right) \cdot \frac{1}{8} - \frac{1}{2} = \frac{7}{32}$
b) $\frac{1}{2} : \frac{2}{5} - \frac{1}{2} \cdot \frac{2}{5} = \frac{21}{20} = 1\frac{1}{20}$
c) $\left(2\frac{1}{8} + 3\frac{1}{2}\right) : \frac{1}{8} = \left(5\frac{5}{8}\right) \cdot 8 = 45$

**32 Vom Rechenausdruck zum Text**

a) Multipliziere die Summe aus $\frac{3}{4}$ und $\frac{1}{8}$ mit $\frac{5}{7}$ und addiere dann 7.
b) Bilde das Produkt aus $\frac{2}{3}$ und $\frac{9}{14}$ und subtrahiere davon $\frac{1}{7}$.
c) Subtrahiere $\frac{2}{3}$ vom Quotienten aus 5 und $\frac{1}{2}$.
d) Addiere zur Differenz aus $1\frac{3}{4}$ und $\frac{3}{8}$ das Produkt aus $\frac{2}{5}$ und $\frac{5}{8}$.

**33 Distributivgesetz nutzen**

a) $4\cdot\frac{3}{2}+4\cdot\frac{1}{4}=6+1=7$

b) $\frac{3}{2}\cdot\frac{5}{6}-\frac{3}{2}\cdot\frac{1}{3}=\frac{5}{4}-\frac{1}{2}=\frac{3}{4}$

c) $\frac{2}{3}\cdot\frac{9}{4}-\frac{2}{3}\cdot\frac{3}{8}=\frac{3}{2}-\frac{1}{4}=\frac{5}{4}$

d) $\frac{4}{5}\cdot\frac{10}{4}+\frac{4}{5}\cdot\frac{15}{4}=2+3=5$

e) $\frac{5}{7}\cdot 42-\frac{5}{21}\cdot 42=5\cdot 6-5\cdot 2=20$

f) $\frac{6}{10}\cdot\frac{5}{3}-\frac{6}{10}\cdot\frac{20}{33}=1-\frac{4}{11}=\frac{7}{11}$

g) $\frac{9}{21}\cdot\frac{7}{12}-\frac{9}{21}\cdot\frac{1}{6}=\frac{1}{4}-\frac{1}{14}=\frac{7}{28}-\frac{2}{28}=\frac{5}{28}$

h) $\frac{9}{20}\cdot\frac{5}{3}-\frac{3}{15}\cdot\frac{5}{3}=\frac{3}{4}-\frac{1}{3}=\frac{5}{12}$

**34 Distributivgesetz umgekehrt**

a) $18\cdot\left(\frac{5}{8}-\frac{1}{8}\right)=18\cdot\frac{1}{2}=9$

b) $\frac{5}{9}\cdot\left(\frac{5}{11}+\frac{6}{11}\right)=\frac{5}{9}$

c) $\frac{2}{9}\cdot\left(\frac{17}{3}-\frac{7}{6}\right)=\frac{2}{9}\cdot\frac{27}{6}=1$

d) $\frac{3}{8}\cdot\frac{16}{25}=\frac{6}{25}$

**35 Terme – Allerlei**

a) $20+\frac{5}{3}-10=11\frac{2}{3}$

b) $\frac{7}{3}+\frac{16}{3}-\frac{28}{9}=\frac{21}{9}+\frac{48}{9}-\frac{28}{9}=\frac{41}{9}=4\frac{5}{9}$

c) $\frac{3}{5}+\frac{1}{2}-\frac{4}{5}=\frac{3}{10}$

d) $\frac{2}{3}-\frac{1}{3}\cdot 1=\frac{1}{3}$

e) $\frac{2}{5}\cdot 1-\frac{1}{3}=\frac{6}{15}-\frac{5}{15}=\frac{1}{15}$

f) $\frac{3}{11}+\frac{24}{77}:6=\frac{21}{77}+\frac{4}{77}=\frac{25}{77}$

g) $\frac{5}{9}\cdot\frac{20}{20}=\frac{5}{9}\cdot 1=\frac{5}{9}$

h) $\frac{1}{4}\cdot\frac{5}{9}\cdot 8=\frac{10}{9}=1\frac{1}{9}$

# 3 Dezimalzahlen

## Lösungen zu Seite 65

**7**
a) $0{,}35=\frac{35}{100}$
b) $0{,}006=\frac{6}{1000}$
c) $1{,}07=\frac{107}{100}=1\frac{7}{100}$
d) $0{,}305=\frac{305}{1000}$
e) $4{,}62=\frac{462}{100}=4\frac{62}{100}$
f) $10{,}009=\frac{10\,009}{1000}=10\frac{9}{1000}$

**8**
a) $\frac{65}{100}=0{,}65$
b) $1\frac{3}{10}=1{,}3$
c) $\frac{1}{4}=0{,}25$
d) $\frac{205}{100}=2{,}05$
e) $3\frac{12}{1000}=3{,}012$
f) $\frac{22}{50}=\frac{44}{100}=0{,}44$

## Lösungen zu Seite 65

**12**
a) 0,25 0,52 1,03 1,25 1,30
b) 1,098 1,0998 1,976 1,98 1,984

## Lösungen zu Seite 66

**18**
a) A = 0,42 B = 0,48 C = 0,51
b) A = 1,989 B = 1,997 C = 1,999

**19** Beispiele für Lösungen:
a) 0,11; 0,12; 0,13; 0,14; 0,15 Mitte: 0,15
b) 4,51; 4,52; 4,53; 4,54; 4,55 Mitte: 4,55
c) 1,971; 1,972; 1,973; 1,974; 1,975 Mitte: 1,975
d) 4,991; 4,992; 4,993; 4,994; 4,995 Mitte: 4,995

## Lösungen zu Seite 66

**21**
a) 3,1748 = 3,175 b) 3,1748 = 3,17 c) 3,1748 = 3,2
d) 4,009 = 4,0 e) 4,009 = 4,01 f) 3,97 = 4,0

## Lösungen zu Seite 67

**4**
a) ÜS: 1,3 + 2 = 3,3 Ergebnis: 3,3333
b) ÜS: 3,7 – 1,5 = 2,2 Ergebnis: 2,2222
c) ÜS: 14 – 4 = 10 Ergebnis: 9,8765
d) ÜS: 0,4 + 0,1 + 0,7 = 1,2 Ergebnis: 1,2345
e) ÜS: 1,8 – 0,3 – 0,2 =1,3 Ergebnis: 1,2345
f) ÜS: 5,3 – 1,8 + 2 = 5,5 Ergebnis: 5,555

## Lösungen zu Seite 68

**9** a) 3,6 + **5,7** = 9,3 b) 14,7 – **9,2** = 5,5
c) **8,9** + 8,2 = 17,1 d) **6,55** – 5,8 = 0,75

## Lösungen zu Seite 68

**12** 178,32 € – 35,86 € – 2,80 €

| | | | | | |
|---|---|---|---|---|---|
| | 1 | 7 | 8, | 3 | 2 |
| – | | 3 | 5, | 8 | 6 |
| – | | | 2, | 8 | 0 |
| | | 1 | 2 | 1 | |
| | 1 | 3 | 9, | 6 | 6 |

Das neue Guthaben beträgt 139,66 €.

## Lösungen zu Seite 70

**5** a) 39 · 60 = 2340; eine Nachkommastelle,
also 3,9 · 60 = 234,0
b) 402 · 6 = 2412; eine Nachkommastelle,
also 402 · 0,6 = 241,2
c) 25 · 14 = 350; drei Nachkommastellen,
also 2,5 · 0,14 = 0,35
d) 108 · 24 = 2592; drei Nachkommastellen,
also 1,08 · 2,4 = 2,592

## Lösungen zu Seite 71

**9** a) 8,02 b) 7849 c) 0,082 d) 9280

**10** a) 0,0304 · 1000 = 30,4 b) 7403 · 0,01 = 74,03
7403 : 100 = 74,03

## Lösungen zu Seite 71

**13** 0,045 mm · 300 + 1 mm · 2 = 15,5 mm
Das Buch ist 15,5 mm dick.

**14** 46 mm – 2 · 1,5 mm = 43 mm
43 mm : 1000 = 0,043 mm
Ein Blatt des Buchs ist 0,043 mm dick.

## Lösungen zu Seite 72

**4** a)

| | | | | | | | | | |
|---|---|---|---|---|---|---|---|---|---|
| | 2, | 0 | 7 | : | 3 | = | 0, | 6 | 9 |
| – | 1 | 8 | | | | | | | |
| | | 2 | 7 | | | | | | |
| | – | 2 | 7 | | | | | | |
| | | | 0 | | | | | | |

Überschlag: 2,1 : 3 = 0,7

b)

| | | | | | | | | | |
|---|---|---|---|---|---|---|---|---|---|
| | 9, | 3 | 6 | : | 8 | = | 1, | 1 | 7 |
| – | 8 | | | | | | | | |
| | 1 | 3 | | | | | | | |
| – | | 8 | | | | | | | |
| | | 5 | 6 | | | | | | |
| | – | 5 | 6 | | | | | | |
| | | | 0 | | | | | | |

Überschlag: 9,6 : 8 = 1,2

c)

| | | | | | | | | | | |
|---|---|---|---|---|---|---|---|---|---|---|
| | 7 | 2, | 0 | 9 | : | 9 | = | 8, | 0 | 1 |
| – | 7 | 2 | | | | | | | | |
| | | 0 | 0 | | | | | | | |
| | – | | 0 | | | | | | | |
| | | | 0 | 9 | | | | | | |
| | | – | | 9 | | | | | | |
| | | | | 0 | | | | | | |

Überschlag: 72 : 9 = 8

d)

| | | | | | | | | | | | |
|---|---|---|---|---|---|---|---|---|---|---|---|
| | 0, | 7 | 1 | 4 | : | 3 | = | 0, | 2 | 3 | 8 |
| – | 0 | | | | | | | | | | |
| | 0 | 7 | | | | | | | | | |
| – | | 6 | | | | | | | | | |
| | | 1 | 1 | | | | | | | | |
| | – | | 9 | | | | | | | | |
| | | | 2 | 4 | | | | | | | |
| | | – | 2 | 4 | | | | | | | |
| | | | | 0 | | | | | | | |

Überschlag: 0,72 : 3 = 0,24

e)

| | | | | | | | | | | | |
|---|---|---|---|---|---|---|---|---|---|---|---|
| | 4, | 3 | 1 | 5 | : | 5 | = | 0, | 8 | 6 | 3 |
| – | 0 | | | | | | | | | | |
| | 4 | 3 | | | | | | | | | |
| – | 4 | 0 | | | | | | | | | |
| | | 3 | 1 | | | | | | | | |
| | – | 3 | 0 | | | | | | | | |
| | | | 1 | 5 | | | | | | | |
| | | – | 1 | 5 | | | | | | | |
| | | | | 0 | | | | | | | |

Überschlag: 4,5 : 5 = 0,9

f)

| | | | | | | | | | | | |
|---|---|---|---|---|---|---|---|---|---|---|---|
| | 0, | 6 | 0 | 9 | : | 7 | = | 0, | 0 | 8 | 7 |
| – | 0 | | | | | | | | | | |
| | 0 | 6 | | | | | | | | | |
| – | | 0 | | | | | | | | | |
| | | 6 | 0 | | | | | | | | |
| | – | 5 | 6 | | | | | | | | |
| | | | 4 | 9 | | | | | | | |
| | | – | 4 | 9 | | | | | | | |
| | | | | 0 | | | | | | | |

Überschlag: 0,63 : 7 = 0,9

### Lösungen zu Seite 74

**13** a) $3{,}6 : 1{,}2 = 36 : 12 = 3$
b) $0{,}12 : 0{,}4 = 1{,}2 : 4 = 0{,}3$
c) $32 : 0{,}16 = 3200 : 16 = 200$
d) $2{,}4 : 0{,}05 = 240 : 5 = 48$
e) $2{,}7 : 0{,}15 = 270 : 15 = 18$
f) $0{,}4 : 0{,}08 = 40 : 8 = 5$

**14** a) $6{,}75 : 1{,}5 = 675 : 15 = 4{,}5$
1 kg Brot kostet 4,50 €.
b) $29{,}1 : 7{,}5 = 291 : 75 = 3{,}88$
1 $m^2$ Tapete kostet 3,88 €.

### Lösungen zu Seite 76

**5** a) $500 : 0{,}05 = 10\,000$
Für 500 g Nektar sind 10 000 Flüge notwendig.
b) Anzahl Tablets pro Paket: $96 : 8 = 12$
Gewicht der Tablets in einem Paket:
$12 \cdot 0{,}473\,g = 5676\,g$
Jedes Paket wiegt je ungefähr 6 kg.

### Lösungen zu Seite 78

**8** a) $\frac{75}{100} = \frac{3}{4}$ b) $\frac{8}{100} = \frac{2}{25}$ c) $\frac{25}{100} = \frac{1}{4}$ d) $8\frac{1}{2}$
e) $20\frac{2}{100} = 20\frac{1}{50}$ f) $\frac{625}{1000} = \frac{25}{40} = \frac{5}{8}$

**9** a) $\frac{7}{5} = 1{,}4$ b) $\frac{11}{25} = 0{,}44$ c) $\frac{25}{11} = 2{,}\overline{27}$
d) $\frac{9}{8} = 1{,}125$ e) $\frac{8}{99} = 0{,}\overline{08}$ f) $\frac{5}{14} = 0{,}3\overline{571428}$

f)
```
  5 : 14 = 0,3571428...
- 0
  5 0
- 4 2
    8 0
  - 7 0
    1 0 0
   -  9 8
        2 0
      - 1 4
          6 0
        - 5 6
            4 0
          - 2 8
            1 2 0
          - 1 1 2
                8
              - ...
```

# Wiederholen für die Klassenarbeit

### Lösungen zu Seite 82

**1** **Stellenwerte in Dezimalzahlen**
a) Zehntel b) Hundertstel
c) Zehner d) Tausendstel
e) Zehntausendstel f) Zehner

**2** **Nicht benötigte Nullen**
a) 0,3 b) 0,28 c) 3030
d) 2,001 e) 20 f) 7,001 01

**3** **Dezimalzahlen ordnen**
a) $0{,}125 < 0{,}3 < 1{,}03 < 1{,}25 < 2{,}15$
b) $0{,}07 < 1{,}0998 < 1{,}976 < 1{,}98 < 1{,}984$

**4** **Dezimalzahlen auf dem Zahlenstrahl**
a) Der Abstand zwischen zwei Strichen ist $\frac{1}{50} = 0{,}02$
A = 0,06 B = 0,15 C = 0,29
D = 0,92 E = 1,21 F = 1,5
G = 1,84 H = 2,08 I = 2,36

b) 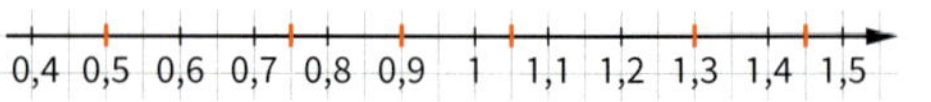


**5** **Zahlen in der Mitte**
a) 7,5 b) 2,35 c) 4,375 d) 8,995

**6** **Dezimalzahlen runden**
a) 4,2 b) 12,03 c) 5,556 d) 0

**7** **Welche Zahlen wurden gerundet?**
a) Zum Beispiel: 1,35; 1,44999; 1,41058
b) Zum Beispiel: 1,055; 1,064999; 1,06325

**8** **Addieren und subtrahieren im Kopf**
a) 7,5 b) 5,7 c) 1,15 d) 4,94
e) 6,48 f) 1,18 g) 1,15 h) 19,3

**9** **Schriftlich addieren und subtrahieren**

a)

| | | | | | |
|---|---|---|---|---|---|
| | 1 | 9, | 3 | 5 | 6 |
| + | | 7, | 8 | 9 | |
| | 1 | 1 | 1 | | |
| | 2 | 7, | 2 | 4 | 6 |

b)

| | | | | | |
|---|---|---|---|---|---|
| | 0, | 2 | 4 | 3 | |
| + | 0, | 7 | 7 | 8 | 5 |
| | | 1 | 1 | 1 | |
| | 1, | 0 | 2 | 1 | 5 |

c)

| | | | | | |
|---|---|---|---|---|---|
| | 3 | 2, | 7 | 5 | 3 |
| − | | 5, | 3 | 2 | 5 |
| | 1 | | | 1 | |
| | 2 | 7, | 4 | 2 | 8 |

d)

| | | | | | |
|---|---|---|---|---|---|
| | 9 | 5, | 7 | | |
| − | 3 | 9, | 1 | 8 | 3 |
| | 1 | | | 1 | 1 |
| | 5 | 6, | 5 | 1 | 7 |

**10** **Zahlenrätsel**

a) $43{,}05 - 17{,}8 = 25{,}25$; also $17{,}8 + \mathbf{25{,}25} = 43{,}05$

b) $3{,}37 + 14{,}96 = 18{,}33$; also $18{,}33 - \mathbf{3{,}37} = 14{,}96$

c) $10{,}7 - 0{,}38 = 10{,}32$; also $10{,}7 - \mathbf{10{,}32} = 0{,}38$

**11** **Reicht das Geld?**

1,25 € + 1,10 € + 0,75 € + 6,50 € = 9,60 €

Insgesamt benötigt Susa 9,60€, ihr Geld (9,80 €) reicht damit.

## Lösungen zu Seite 83

**12** **Multiplizieren und dividieren im Kopf**

a) 156,7 b) 0,7834 c) 0,034711 d) 3,69
e) 15 f) 3,74 g) 0,005 h) 40

**13** **Schriftlich multiplizieren und dividieren**

Berechne schriftlich.

a)

| | | | | | | |
|---|---|---|---|---|---|---|
| 1 | 2, | 4 | 3 | · | 3 | 2 |
| | | 3 | 7 | 2 | 9 | |
| | | | 2 | 4 | 8 | 6 |
| | | | | 1 | | |
| | | 3 | 9 | 7, | 7 | 6 |

b)

| | | | | | |
|---|---|---|---|---|---|
| 1 | 3, | 2 | · | 4, | 7 |
| | | 5 | 2 | 8 | |
| | | | 9 | 2 | 4 |
| | | 1 | 1 | | |
| | | 6 | 2, | 0 | 4 |

c)

| | | | | | |
|---|---|---|---|---|---|
| 9 | 5, | 7 | · | 2, | 3 |
| | 1 | 9 | 1 | 4 | |
| | | 2 | 8 | 7 | 1 |
| | 1 | 1 | 1 | | |
| | 2 | 2 | 0, | 1 | 1 |

d)

| | | | | | | | |
|---|---|---|---|---|---|---|---|
| 1 | 8, | 6 | 5 | · | 1 | 7, | 2 |
| | | 1 | 8 | 6 | 5 | | |
| | | 1 | 3 | 0 | 5 | 5 | |
| | | | | 3 | 7 | 3 | 0 |
| | | 1 | 1 | 1 | | | |
| | | 3 | 2 | 0, | 7 | 8 | 0 |

e)

162,72 : 12 = 13,56
− 12
42
− 36
67
− 60
72
− 72
0

f)

1,053 : 3,9
10,53 : 39 = 0,27
− 0
105
− 78
273
− 273
0

g)

129,108 : 8,4
1291,08 : 84 = 15,37
− 84
451
− 420
310
− 252
588
− 588
0

h)

10,64 : 0,19
1064 : 19 = 56
− 95
114
− 114
0

**14** **Umkehraufgabe**

a) $4{,}6 \cdot \mathbf{100} = 460$
b) $\mathbf{10} \cdot 0{,}76 = 7{,}6$
c) $\mathbf{10} \cdot 0{,}03 = 0{,}3$
d) $73 \cdot \mathbf{0{,}001} = 0{,}073$
e) $5{,}7 \cdot \mathbf{0{,}1} = 0{,}57$
f) $\mathbf{0{,}01} \cdot 2{,}55 = 0{,}0255$
g) $0{,}23 \cdot \mathbf{1000} = 230$
h) $\mathbf{10\,000} \cdot 3{,}05 = 30\,500$

**15** **Größer oder Kleiner?**

a) $1{,}1 \cdot 1{,}2 > 1$
b) $0{,}7 \cdot 0{,}7 < 0{,}7$
c) $0{,}9 \cdot 1 = 0{,}9$
d) $1{,}1 \cdot 1{,}1 > 1{,}1$
e) $0{,}5 \cdot 1{,}2 < 1$
f) $0{,}9 \cdot 2 < 2$
g) $1{,}1 \cdot 0{,}9 < 1$
h) $1{,}2 \cdot 1{,}1 > 1$

**16** **Klassenfest**

51,75 € : 25 = 2,07 €

Die geteilten Kosten betragen 2,07 €.

**17** **Dachziegel transportieren**

3 t = 3000 kg

3000 : 2,5 = 30 000 : 25 = 1200

Der Lkw darf 1200 Dachziegel laden.

**18** **Schwimmbecken**

1 Boden: $9{,}50\,m \cdot 4{,}50\,m = 42{,}75\,m^2$

2 Seitenflächen lang: $2 \cdot 9{,}50\,m \cdot 1{,}80\,m = 34{,}20\,m^2$

2 Seitenflächen breit: $2 \cdot 4{,}50\,m \cdot 1{,}80\,m = 16{,}20\,m^2$

Gesamt: $42{,}75\,m^2 + 34{,}20\,m^2 + 16{,}20\,m^2 = 93{,}15\,m^2$

Die zu streichende Fläche ist $93{,}15\,m^2$ groß.

**19** **Periodische Dezimalzahlen**

a) $0{,}\overline{57}$ b) $1{,}\overline{0712}$ c) $3{,}21\overline{0457}$

**20** **Von der Dezimalzahl zum Bruch**

a) $\frac{3}{4}$ b) $\frac{5}{8}$ c) $\frac{6}{10} = \frac{3}{5}$

d) $3\frac{8}{1000} = 3\frac{1}{125}$ e) $2\frac{12}{100} = 2\frac{3}{25}$ f) $0{,}\overline{6} = \frac{2}{3}$

**21** **Vom Bruch zur Dezimalzahl**

a) $\frac{3}{5} = 0{,}6$ b) $\frac{11}{20} = 0{,}55$ c) $\frac{10}{6} = 1{,}\overline{6}$

d) $\frac{5}{8} = 0{,}625$ e) $\frac{3}{11} = 0{,}\overline{27}$ f) $\frac{5}{7} = 0{,}\overline{714285}$

**22** **Zahlen ordnen**

a) $0{,}6 < 0{,}66 < 0{,}\overline{6}$
b) $1{,}\overline{08} < 1{,}0\overline{8} < 1{,}80$

c) $\frac{5}{3} = 1{,}\overline{6}$ und $\frac{13}{9} = 1{,}\overline{4}$ damit: $1{,}3 < 1{,}\overline{4} < 1{,}\overline{6}$

**23 Entstehung periodischer Dezimalzahlen erforschen**

a) $\frac{1}{6}=0{,}1\overline{6}$; $\frac{2}{6}=\frac{1}{3}=0{,}\overline{3}$; $\frac{3}{6}=0{,}5$; $\frac{4}{6}=\frac{2}{3}=0{,}\overline{6}$; $\frac{5}{6}=0{,}8\overline{3}$

Bei Brüchen mit dem Nenner 6 können in der Dezimalzahldarstellung drei Fälle unterschieden werden.

Abrechende Dezimalzahlen:

$\frac{3}{6}=\frac{1}{2}=0{,}5$; $\frac{9}{6}=1\frac{1}{2}=1{,}5$; $\frac{15}{6}=2{,}5$ …

$\frac{6}{6}=1$; $\frac{12}{6}=2$ …

Periodische Dezimalzahlen:

Periodenlänge 1, direkt nach dem Komma.

$\frac{2}{6}=\frac{1}{3}=0{,}\overline{3}$; $\frac{8}{6}=\frac{4}{3}=1{,}\overline{3}$; $\frac{14}{6}=\frac{7}{3}=2{,}\overline{3}$ …

$\frac{4}{6}=\frac{2}{3}=0{,}\overline{6}$; $\frac{10}{6}=\frac{5}{3}=1{,}\overline{6}$; $\frac{16}{6}=\frac{8}{3}=2{,}\overline{6}$ …

Periodenlänge 1, ab der 2. Nachkommastelle.

$\frac{1}{6}=0{,}1\overline{6}$; $\frac{7}{6}=1{,}1\overline{6}$; $\frac{13}{6}=2{,}1\overline{6}$ …

$\frac{5}{6}=0{,}8\overline{3}$; $\frac{11}{6}=1{,}8\overline{3}$; $\frac{17}{6}=2{,}8\overline{3}$ …

b) $\frac{3}{7}=0{,}\overline{428571}$

Bei der Division durch 7 gibt es 6 verschiedene Reste. Nach 6 Divisionsschritten erhält man wieder den ersten Rest 4. Somit wiederholen sich die bisherigen Reste. Die Periodenlänge ist genau 6.

# 4 Körper

## Lösungen zu Seite 87

**5** a) Würfel und Quader haben jeweils 8 Ecken, 12 Kanten und 6 Flächen.

b) Eine quadratische Pyramide hat 5 Ecken, 8 Kanten und 5 Flächen. Dabei ist die Grundfläche quadratisch und die vier Seitenflächen haben die Form eines gleichschenkligen Dreiecks.

c) Ein Quader hat 8 Ecken, 12 Kanten und 6 Flächen. Eine quadratische Pyramide hat 5 Ecken, 8 Kanten und 5 Flächen.

## Lösungen zu Seite 88

**9** Es handelt sich um ein Dreiecksprisma. Dieses besteht aus 6 Ecken, 9 Kanten und 5 Flächen. Zwei der Flächen sind Dreiecke, die anderen drei Flächen sind Rechtecke.

## Lösungen zu Seite 88

**12** a) Würfel

b) quadratische Pyramide

c) Dreiecksprisma

d) Dreieckspyramide

## Lösungen zu Seite 90

**3** a) Würfel und quadratische Pyramide

b) Quader und quadratische Pyramide

c) Zylinder und Kegel

d) Zylinder und Halbkugel

## Lösungen zu Seite 93

**5** a)

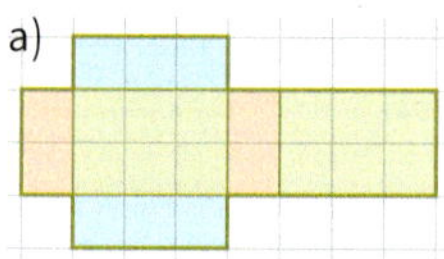

b)

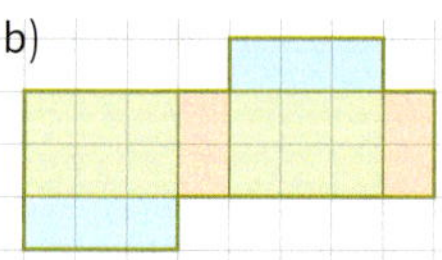

c)

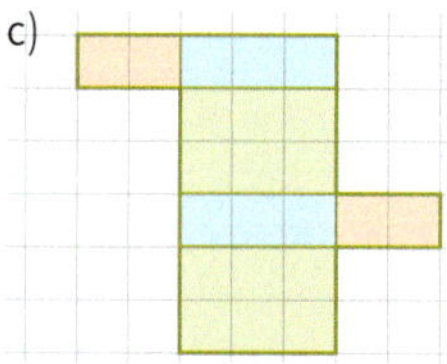

d)

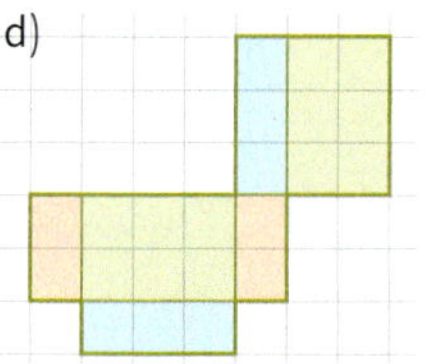

## Lösungen zu Seite 94

**9** a)

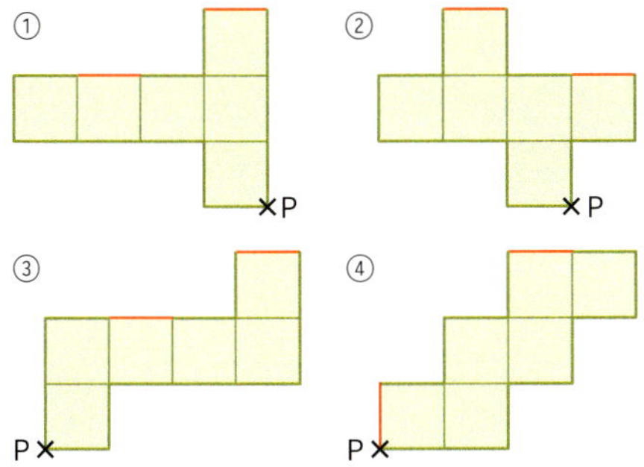


b)

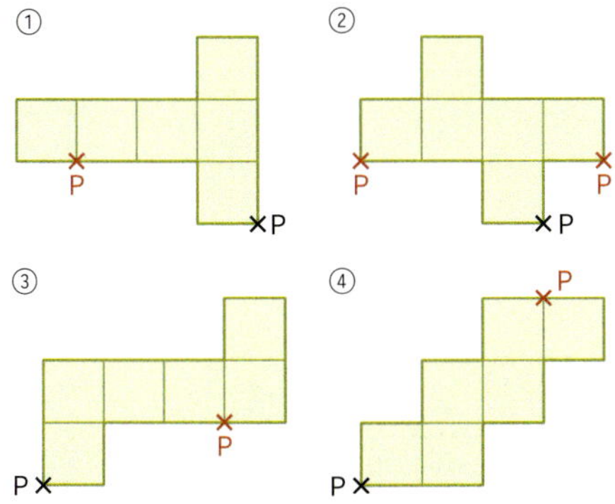


c)

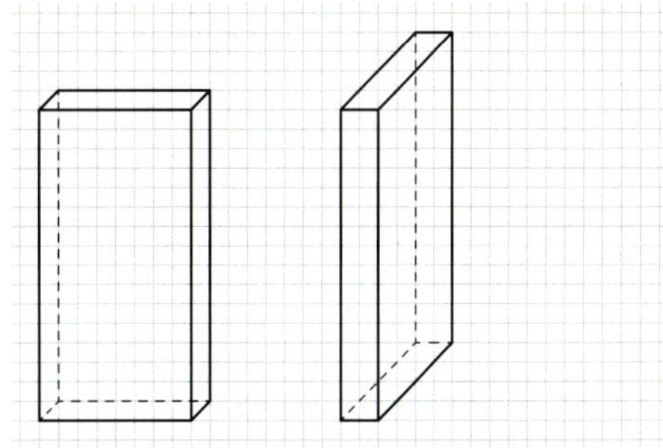

## Lösungen zu Seite 96

**5**

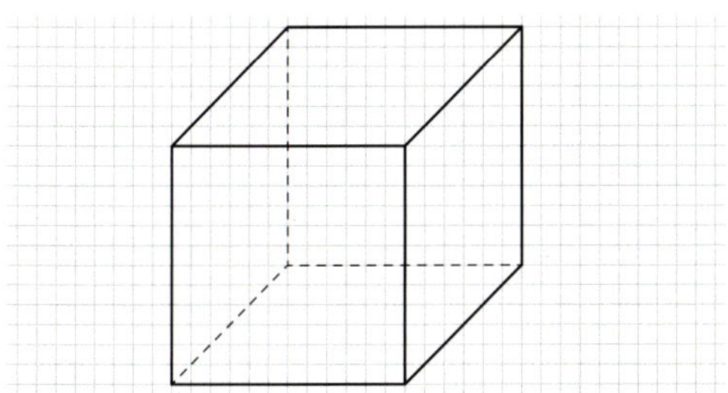

**6** a)

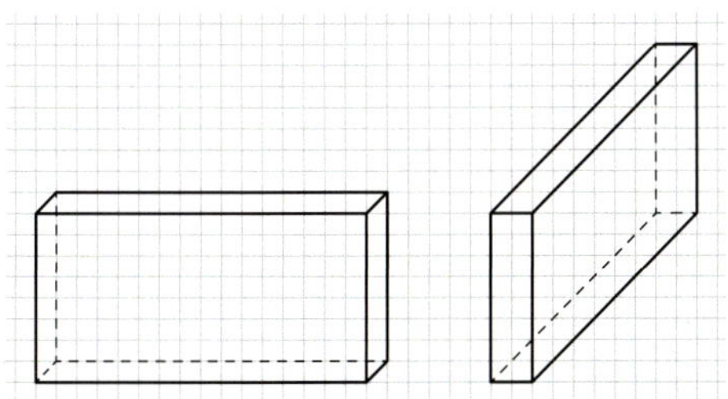

b)

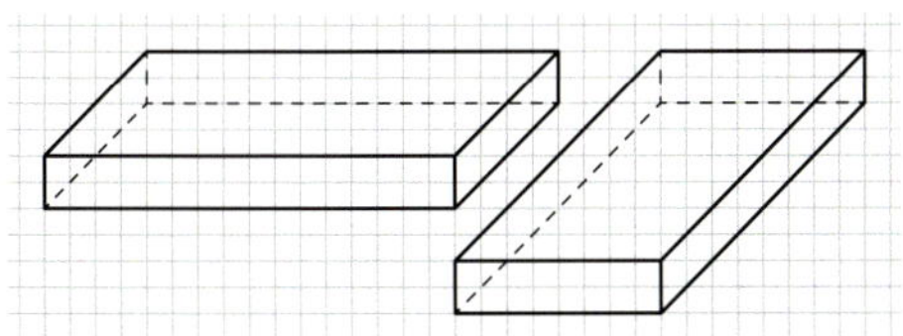

# Wiederholen für die Klassenarbeit

## Lösungen zu Seite 100

**1 Würfel und Quader**

a) Ein Würfel besteht aus 12 gleich langen Kanten, die sich in 8 Ecken treffen. Die 6 Flächen eines Würfels sind Quadrate.

b) Ein Quader besteht aus 12 Kanten, die sich in 8 Ecken treffen. Jeweils vier Kanten sind gleich lang. Die 6 Flächen eines Quaders sind Rechtecke. Dabei sind die beiden gegenüberliegenden Rechtecke jeweils gleich groß.

c) Bei einem Quader bestehen die Seitenflächen aus Rechtecken, beim Würfel aus Quadraten. Bei einem Quader sind die Kanten unterschiedlich lang, beim Würfel sind sie alle gleich lang.

**2 Körperdetektiv**

a) Quader b) Dreiecksprisma

c) quadratische Pyramide d) Würfel

**3 Quaderschnitte**

a) Die Kantenlänge des Würfels ist 4 cm, weil dies die kürzeste Kantenlänge des Quaders ist. Alle Kanten müssen auf die gleiche Länge gebracht werden und da nur etwas abgeschnitten werden kann, gibt die kürzeste Kantenlänge des Quaders die größtmögliche Kantenlänge des Würfels an.

b) 2 Schnitte

**4 Netze**

a) C b) B c) A

**5 Quader zeichnen**

a)

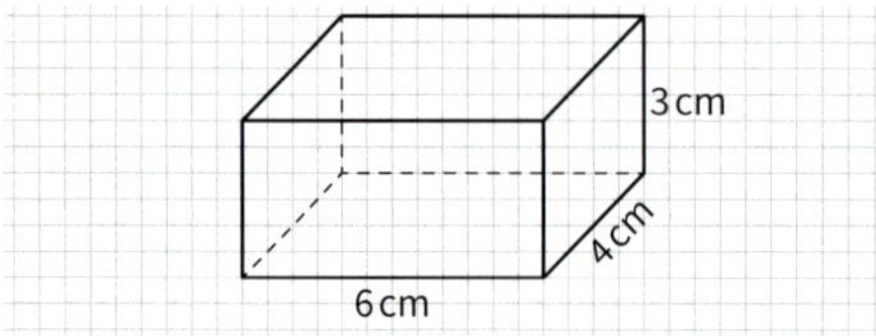


b)

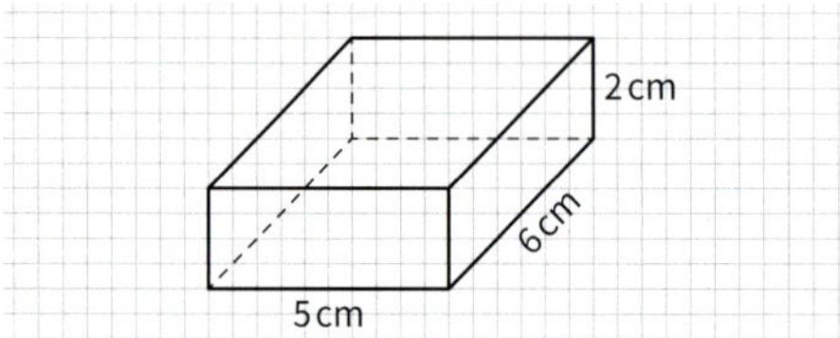


c)

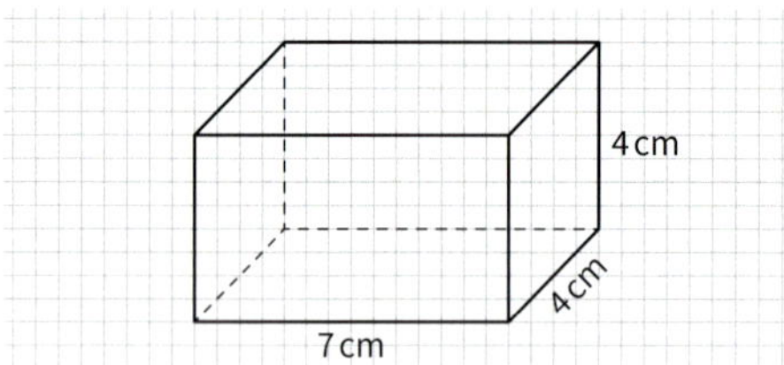


d)

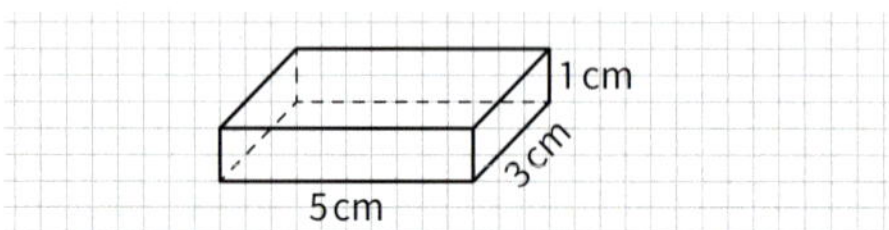


**6 Schrägbild eines Quaders**

a) Länge: 2,5 cm;
Breite: 2 cm;
Höhe: 2 cm

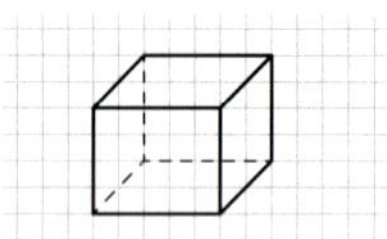

b) $4 \cdot 2{,}5\,\text{cm} + 4 \cdot 2\,\text{cm} + 4 \cdot 2\,\text{cm} = 26\,\text{cm}$
Es werden 26 cm Draht benötigt.

**7 Geöffnete Schachtel**

Die Schachtel ist zur Hälfte geöffnet, da die Schachtel 8 Kästchen breit ist und um 4 Kästchen geöffnet ist.

## Lösungen zu Seite 101

**8 Netze eines Körpers**

a)

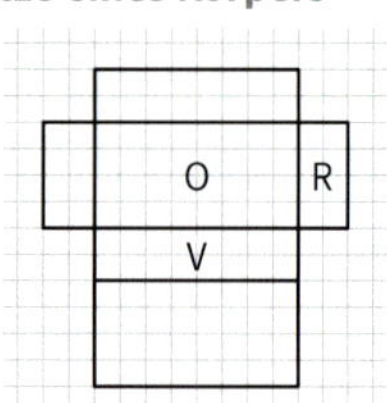


b)

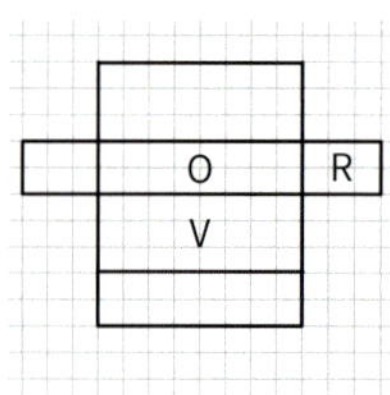


**9 Merkwürdiger Würfel?**

Bei der Rechnung werden alle Kanten doppelt gezählt, weil sie jeweils zwei Seitenflächen begrenzen.

**10 Spielwürfel**

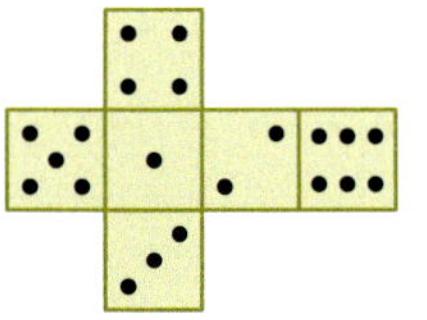

**11 Spuren im Netz**

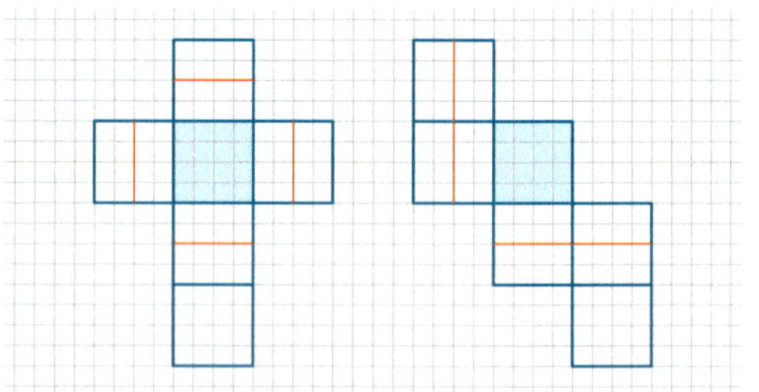

**12 Vorstellungsvermögen**

a) Dreiecksprisma
b) Dreiecksprisma
c) quadratische Pyramide

# 5 Rauminhalt von Körpern

## Lösungen zu Seite 105

**5** a) $8\,cm^3$ b) $16\,cm^3$ c) $8\,cm^3$

**6** a) $8\,cm^3$
b) 8 Würfel müssen mindestens ergänzt werden.
c) Der abgebildete Körper ist halb so groß wie der Quader. Der Anteil ist $\frac{8}{16} = \frac{1}{2}$.

## Lösungen zu Seite 109

**6** a) Zirkuszelt in $m^3$ b) Erbse in $mm^3$
c) Rucksack in $dm^3$ d) Klassenraum in $m^3$

**7** a) $6\,dm^3 = 6\,000\,cm^3$
b) $20\,000\,dm^3 = 20\,m^3$
c) $3\,000\,000\,cm^3 = 3\,m^3$
d) $99\,dm^3 = 99\,000\,000\,mm^3$

## Lösungen zu Seite 110

**13** a) $6427\,dm^3 = 6\,m^3\,427\,dm^3$
b) $376\,104\,cm^3 = 376\,dm^3\,104\,cm^3$
c) $1001\,dm^3 = 1\,m^3\,1\,dm^3$
d) $260\,045\,dm^3 = 260\,m^3\,45\,dm^3$

**14** a) $8\,m^3\,429\,dm^3 = 8{,}429\,m^3 = 8\,429\,dm^3$
b) $3\,dm^3\,21\,cm^3 = 3{,}021\,dm^3 = 3\,021\,cm^3$
c) $10\,m^3\,7\,dm^3 = 10{,}007\,m^3 = 10\,007\,dm^3$
d) $100\,dm^3\,10\,cm^3 = 100{,}010\,dm^3 = 100\,010\,cm^3$

## Lösungen zu Seite 111

**4** a) $56\,l = 56\,000\,ml$ b) $2{,}5\,l = 2500\,ml$
c) $180\,000\,ml = 180\,l$ d) $100\,ml = 0{,}1\,l$
e) $0{,}8\,l = 800\,cm^3$ f) $10\,l = 10\,dm^3$
g) $830\,cm^3 = 0{,}83\,l$ h) $150\,000\,l = 150\,m^3$

**5** a) $900\,ml < 1050\,cm^3 < 1{,}1\,l < 1{,}5\,dm^3$
b) $0{,}9\,dm^3 < 950\,cm^3 < 990\,ml < 1\,l$

## Lösungen zu Seite 114

**10** a) $V = a \cdot b \cdot c = 7\,cm \cdot 4\,cm \cdot 3\,cm = 84\,cm^3$
c) $V = a \cdot b \cdot c = 30\,mm \cdot 0{,}5\,dm \cdot 2\,cm$
$= 3\,cm \cdot 5\,cm \cdot 2\,cm = 30\,cm^3$

**11** Da die Lagerhalle nur 4 m hoch ist, können die 3 m hohen Container nicht übereinander gestapelt werden. Insgesamt passen 44 Container (2,5 m × 6 m) in die Lagerhalle (22 m × 30 m).

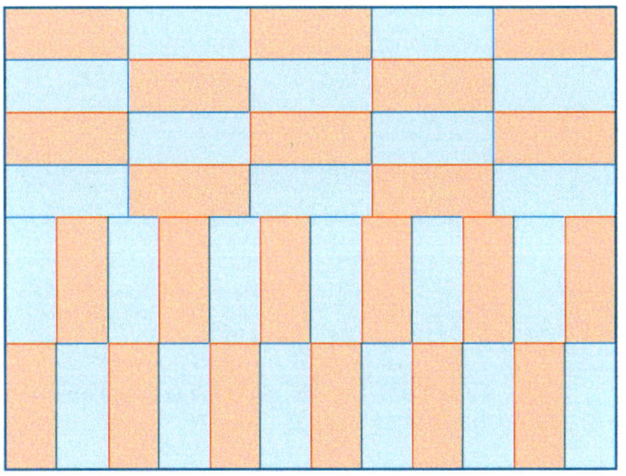

**12** a) Wenn man eine Kantenlänge halbiert, dann halbiert sich das Volumen des Quaders.
$\frac{1}{2} \cdot a \cdot b \cdot c = \frac{1}{2} \cdot V$
b) Wenn man eine Kantenlänge halbiert, dann halbiert sich das Volumen des Würfels und man erhält einen Quader mit dem halben Volumen. Wenn man nun eine Kantenlänge des neuen Quaders halbiert, dann halbiert sich das Volumen dieses Quaders auf ein Viertel des Volumens des Würfels. Wenn man nun noch die dritte Kantenlänge halbiert, dann halbiert sich das Volumen nochmals auf ein Achtel des Volumens des Würfels.
$\frac{1}{2} \cdot a \cdot \frac{1}{2} \cdot b \cdot \frac{1}{2} \cdot c = \frac{1}{8} \cdot a \cdot b \cdot c = \frac{1}{8} \cdot V$

## Lösungen zu Seite 115

**18** Volumen: $V = 900\,cm^3$ Grundfläche: $A = 60\,cm^2$
$h = 900\,cm^3 : 60\,cm^2 = 15\,cm$

**19** $V = 126\,l = 126\,dm^3$ Höhe $h = 40\,cm = 4\,dm$
$A = 126\,dm^3 : 4\,dm = 31{,}5\,dm^2$
Das Aquarium hat eine Grundfläche von $31{,}5\,dm^2$.

## Lösungen zu Seite 118

**3** a) Rechnung in Zentimeter ohne Einheiten
$A_O = 2 \cdot a \cdot b + 2 \cdot a \cdot c + 2 \cdot b \cdot c$
$= 2 \cdot 8 \cdot 10 + 2 \cdot 8 \cdot 20 + 2 \cdot 10 \cdot 20$
$= 160 + 320 + 400 = 880$
$A_O = 880\,cm^2$
b) $a = 4\,dm$, $b = 2\,m = 20\,dm$, $c = 5000\,mm = 50\,dm$
$A_O = 2 \cdot a \cdot b + 2 \cdot a \cdot c + 2 \cdot b \cdot c$
$= 2 \cdot 4 \cdot 20 + 2 \cdot 4 \cdot 50 + 2 \cdot 20 \cdot 50$
$= 160 + 400 + 2000 = 2560$
$A_O = 2560\,dm^2 = 25{,}6\,m^2$

**4** Oberfläche eines Bauklotzes

Rechnung in Zentimeter ohne Einheiten

$A_O = 2 \cdot a \cdot b + 2 \cdot a \cdot c + 2 \cdot b \cdot c$

$= 2 \cdot 4 \cdot 6 + 2 \cdot 4 \cdot 8 + 2 \cdot 6 \cdot 8$

$= 48 + 64 + 96 = 208$

4 Bauklötze: $4 \cdot 208 = 832$

Die Farbe muss mindestens für 832 cm² reichen.

## Wiederholen für die Klassenarbeit

### Lösungen zu Seite 120

**1 Zum Quader ergänzen**

a) 12 cm³

b) 12 Würfel müssen ergänzt werden.

**2 Umrechnen in eine kleinere Einheit**

a) 47 dm³ = 47 000 cm³

b) 17 cm³ = 17 000 mm³

c) 2800 cm³ = 2 800 000 mm³

d) 45 m³ = 45 000 dm³

e) 370 cm³ = 370 000 mm³

f) 15 l = 15 000 ml

g) 108 dm³ = 108 000 cm³

h) 95 l = 95 000 ml

**3 Umrechnen in eine größere Einheit**

a) 25 000 dm³ = 25 m³

b) 180 000 mm³ = 180 cm³

c) 7 300 000 mm³ = 7300 cm³

d) 75 000 dm³ = 75 m³

e) 3 600 000 ml = 3600 l

f) 670 000 cm³ = 670 dm³

g) 56 000 dm³ = 56 m³

h) 45 000 ml = 45 l

**4 Umrechnen in andere Einheiten**

a) 83 m³ = 83 000 000 cm³

b) 650 000 mm³ = 650 cm³

c) 56 000 dm³ = 56 000 000 cm³

d) 90 dm³ = 90 l

e) 38 l = 38 dm³ = 38 000 000 mm³

f) 69 000 000 cm³ = 69 m³

g) 3 m³ = 3000 l

h) 4 000 cm³ = 4 000 000 mm³

**5 Volumen umrechnen**

a) 5400 dm³ = 5,4 m³

b) 610 mm³ = 0,61 cm³

c) 5,6 dm³ = 5600 cm³

d) 0,09 dm³ = 90 cm³

e) 450 ml = 0,45 l

f) 7,5 l = 7500 ml

g) 7,34 m³ = 7340 dm³

h) 0,468 m³ = 468 000 cm³

**6 Runden von Volumina**

a) 6947 dm³ ≈ 7 m³

23 611 dm³ ≈ 24 m³

1499 dm³ ≈ 1 m³

784 498 978 cm³ ≈ 784 m³

37,47 m³ ≈ 37 m³

b) 5251 ml ≈ 5 l

509 ml ≈ 1 l

299 863 ml ≈ 300 l

94 745 ml ≈ 95 l

1 001 001 ml ≈ 1001 l

**7 Monsterzahlen**

36 401 552 102 mm³ ≈ 36 m³

Bei einer Höhe von 3 m wäre der Klassenraum 12 m² groß. Ein Klassenraum ist in der Regel mindestens 25 m² groß und mindestens 2,5 m hoch mit einem Volumen von 62,5 m³.

**8 Rechnen mit Volumina**

a) 39 m³ + 87 m³ = 126 m³

b) 4 dm³ − 680 cm³ = 4000 cm³ − 680 cm³ = 3320 cm³

c) 350 ml · 20 = 7000 ml = 7 l

d) 880 dm³ : 11 = 80 dm³

e) 630 dm³ + 0,5 m³ = 630 dm³ + 500 dm³ = 1130 dm³

f) 20,6 l − 50 ml = 20 600 ml − 50 ml = 20 550 ml

g) 2,7 m³ + 0,08 m³ = 2,78 m³

h) 2 l : 5 = 2000 ml : 5 = 400 ml

i) 2 m³ + 20 dm³ = 2000 dm³ + 20 dm³ = 2020 dm³

j) 9,1 dm³ − 7,455 dm³ = 1,645 dm³

k) 0,04 l · 24 = 40 ml · 24 = 960 ml

l) 200 dm³ : 10 dm³ = 20

**9 Holzbalken**

V = 86,4 dm³ = 86 400 cm³; a = 24 cm; c = 12 cm

Gesucht: Kantenlänge b

Grundfläche: A = 24 cm · 12 cm = 288 cm²

b = 86 400 cm³ : 288 cm² = 300 cm

Gewicht des Holzbalkens:

86 400 · 0,5 g = 43 200 g = 43,2 kg

**10 Schachteln**

Schachtel 1: $V = 10\,800\,cm^3$

$A = 30\,cm \cdot 24\,cm = 720\,cm^2$

$h_1 = 10\,800\,cm^3 : 720\,cm^2 = 15\,cm$

Schachtel 2: $V = 11\,200\,cm^3$ und $A = 700\,cm^2$

$h_2 = 11\,200\,cm^3 : 700\,cm^2 = 16\,cm$

Die Schachtel 2 ist höher.

## Lösungen zu Seite 121

**11 Aquarium**

a) $a = 1{,}20\,m = 12\,dm$; $b = 50\,cm = 5\,dm$; $c = 8\,dm$

$V = 12\,dm \cdot 5\,dm \cdot 8\,dm = 480\,dm^3 = 480\,l$

b) $480\,dm^3 : 10\,dm^3 = 48$; Familie Rausch sollte höchstens 48 Fische kaufen.

**12 Wasserbehälter**

a) $a = 20\,cm$; $b = 40\,cm$; $c = 15\,cm$

Grundfläche: $A = a \cdot b = 20\,cm \cdot 40\,cm = 800\,cm^2$

Das Wasser breitet sich auf der Grundfläche aus.

$V_{Wasser} = 4\,l = 4000\,cm^3$; $A = 800\,cm^2$

$4000\,cm^3 = 800\,cm^2 \cdot h_{Wasser}$

$h_{Wasser} = 4000\,cm^3 : 800\,cm^2 = 5\,cm$

Das Wasser steht 5 cm hoch.

b) Der Behälter ist zu $\frac{5}{15} = \frac{1}{3}$ gefüllt.

$\frac{2}{3}$ des Behälters muss noch gefüllt werden, das sind 8 Liter.

**13 Umzug**

a) $V_{Karton} = 40\,cm \cdot 72\,cm \cdot 50\,cm = 144\,000\,cm^3 = 144\,l$

b) $a = 2{,}40\,m = 24\,dm$; $b = 8\,m = 80\,dm$;

$c = 3\,m = 30\,dm$

$V_{Lkw} = 24\,dm \cdot 80\,dm \cdot 30\,dm = 57\,600\,dm^3 = 57\,600\,l$

Anzahl Kisten rechnerisch: $57\,600\,l : 144\,l = 400$

Da keine Kantenlänge des Laderaums (240 cm, 800 cm, 300 cm) durch 72 teilbar ist, kann der Laderaum des Lkw nicht vollständig mit Kisten gefüllt werden. Damit passen also keine 400 Kisten in den Laderaum des Lkw.

**14 Quader und Würfel**

a) $V = 4\,cm \cdot 6\,cm \cdot 8\,cm = 192\,cm^3$

$A_O = 2 \cdot (4 \cdot 6 + 4 \cdot 8 + 6 \cdot 8) = 2 \cdot (24 + 32 + 48) = 208$

$A_O = 208\,cm^2$

b) $V = (4\,cm)^3 = 64\,cm^3$; $O = 6 \cdot (4\,cm)^2 = 96\,cm^2$

c) $V = 5\,cm \cdot 5\,cm \cdot 7\,cm = 175\,cm^3$

$A_O = 2 \cdot (5 \cdot 5 + 5 \cdot 7 + 5 \cdot 7) = 2 \cdot (25 + 35 + 35) = 190$

$A_O = 190\,cm^2$

d) $V = 4\,cm \cdot 10\,cm \cdot 4\,cm = 160\,cm^3$

$A_O = 2 \cdot (4 \cdot 10 + 4 \cdot 4 + 10 \cdot 4) = 2 \cdot (40 + 16 + 40) = 192$

$A_O = 192\,cm^2$

**15 Quadermaße**

| | | | | | |
|---|---|---|---|---|---|
| a | 3 dm | 18 cm | **16 mm** | **15 dm** | 3 cm |
| b | 5 dm | 9 cm | 24 mm | 40 dm | **3 cm** |
| c | 6 dm | **3 cm** | 50 mm | **15 dm** | 0,3 dm |
| $a \cdot b$ | **$15\,dm^2$** | **$162\,cm^2$** | $384\,mm^2$ | $6\,m^2$ | $9\,cm^2$ |
| V | **$90\,dm^3$** | $486\,cm^3$ | **$19\,200\,mm^3$** | $9\,m^3$ | **$27\,cm^3$** |
| $A_O$ | **$126\,dm^2$** | **$486\,cm^2$** | **$4768\,mm^2$** | **$2850\,dm^2$** | **$54\,cm^2$** |

**16 Quader gesucht**

$V = 2\,cm \cdot 6\,cm \cdot 8\,cm = 96\,cm^3$

$A_O = 2 \cdot (2 \cdot 6 + 2 \cdot 8 + 6 \cdot 8) = 2 \cdot (12 + 16 + 48) = 152$

$A_O = 152\,cm^2$

a) $a = 1\,cm$, $b = 1\,cm$, $c = 96\,cm$

$V = 1\,cm \cdot 1\,cm \cdot 96\,cm = 96\,cm^3$

$A_O = 2 \cdot (1 \cdot 1 + 1 \cdot 96 + 1 \cdot 96) = 2 \cdot (1 + 96 + 96) = 386$

$A_O = 386\,cm^2$

b) Damit der Oberflächeninhalt gleich bleibt, muss gelten: $A_O = 2 \cdot (a \cdot b + a \cdot c + b \cdot c) = 152$

also $a \cdot b + a \cdot c + b \cdot c = 76$

1. Beispiel: $a = 1\,cm$ und $b = 1\,cm$:

also $1 \cdot 1 + 1 \cdot c + 1 \cdot c = 76$

also $1 + 2 \cdot c = 76$

also $c = 37{,}5\,cm$

$A_O = 2 \cdot (1 \cdot 1 + 1 \cdot 37{,}5 + 1 \cdot 37{,}5) = 2 \cdot 76 = 152$

$A_O = 152\,cm^2$

$V = 1\,cm \cdot 1\,cm \cdot 37{,}5\,cm = 37{,}5\,cm^3$

2. Beispiel: $a = 2\,cm$; $b = 3\,cm$; $c = 14\,cm$

$A_O = 2 \cdot (2 \cdot 3 + 2 \cdot 14 + 3 \cdot 14) = 2 \cdot (6 + 28 + 42) = 152$

$A_O = 152\,cm^2$

$V = 2\,cm \cdot 3\,cm \cdot 14\,cm = 84\,cm^3$

**17 Zusammengesetzter Körper**

a) Zerlegen: $V = 5 \cdot 1 \cdot 1 + 1 \cdot 1 \cdot 2 + 1 \cdot 1 \cdot 2 = 9$

$V = 9\,cm^3$

Ergänzen: $V = 5 \cdot 1 \cdot 3 - 3 \cdot 1 \cdot 2 = 15 - 6 = 9$

$V = 9\,cm^3$

b) $A_O = 2 \cdot (5 \cdot 1 + 2 \cdot 1 + 2 \cdot 1) + 2 \cdot (1 \cdot 3 + 1 \cdot 2) + 2 \cdot (5 \cdot 1)$

$= 2 \cdot 9 + 2 \cdot 5 + 2 \cdot 5 = 38$

$A_O = 38\,cm^2$

# 6 Statistische Daten

## Lösungen zu Seite 125

**4** Gesamzahl: 25

| Haustier | Hund | Katze | Hamster | Kaninchen | Wellensittich |
|---|---|---|---|---|---|
| relative Häufigkeit | $\frac{8}{25}$ | $\frac{6}{25}$ | $\frac{1}{25}$ | $\frac{7}{25}$ | $\frac{3}{25}$ |
| | 32 % | 24 % | 4 % | 28 % | 12 % |

$\frac{8}{25}+\frac{6}{25}+\frac{1}{25}+\frac{7}{25}+\frac{3}{25}=\frac{25}{25}=1$

32 % + 24 % + 4 % + 28 % + 12 % = 100 % = 1

## Lösungen zu Seite 125

**7** Mühldorf: 120 Neuhausen: 160

| | Erdbeeren | Äpfel | Birnen | Bananen | Himbeeren |
|---|---|---|---|---|---|
| Mühldorf | $\frac{30}{120}$ | $\frac{48}{120}$ | $\frac{24}{120}$ | $\frac{12}{120}$ | $\frac{6}{120}$ |
| | 25,0 % | 40,0 % | 20,0 % | 10,0 % | 5,0 % |
| Neuhausen | $\frac{36}{160}$ | $\frac{56}{160}$ | $\frac{40}{160}$ | $\frac{16}{160}$ | $\frac{12}{160}$ |
| | 22,5 % | 35,0 % | 25,0 % | 10,0 % | 7,5 % |

In Neuhausen mögen 56 Leute Äpfel am liebsten, in Mühldorf nur 48. Es haben also mehr Menschen in Neuhausen Äpfel als Lieblingsobst. Allerdings wurden in Neuhausen auch mehr Menschen befragt. Die relativen Häufigkeiten zeigen, dass in Mühldorf 40 % der Befragten Äpfel am liebsten mögen und in Neuhausen nur 35 %.

## Lösungen zu Seite 127

**3**

| relative Häufig. | $\mathbf{\frac{1}{10}}$ | $\mathbf{\frac{3}{4}}$ | $\frac{3}{5}$ | $\mathbf{\frac{1}{4}}$ | $\frac{5}{6}$ | $\mathbf{\frac{80}{360}=\frac{2}{9}}$ |
|---|---|---|---|---|---|---|
| Prozent | 10 % | **75 %** | **60 %** | 25 % | **≈ 83,3 %** | **≈ 22,2 %** |
| Winkel | **36°** | 270° | **216°** | **90°** | **300°** | 80° |

**4** Gesamtzahl: 60

| Schuhgröße | 34 | 35 | 36 | 37 | 38 | 39 |
|---|---|---|---|---|---|---|
| relative Häufig. | $\frac{1}{10}$ | $\frac{2}{15}$ | $\frac{3}{10}$ | $\frac{1}{4}$ | $\frac{2}{15}$ | $\frac{1}{12}$ |
| Winkel | 36° | 48° | 108° | 90° | 48° | 30° |

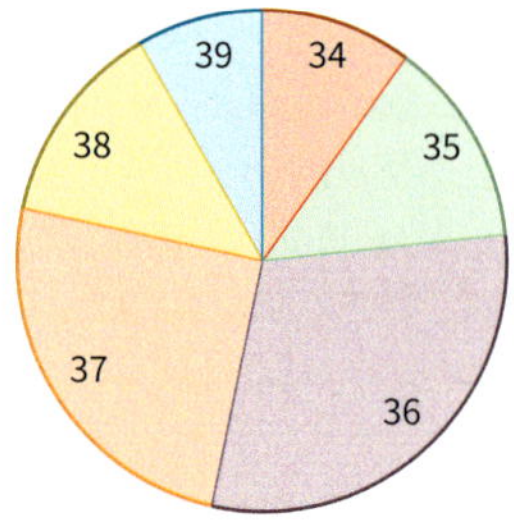


## Lösungen zu Seite 128

**9**

| | Stadtmitte | Stadtrand | Dorf | Land |
|---|---|---|---|---|
| 6 a | $\frac{150}{360}\cdot 24=10$ | $\frac{105}{360}\cdot 24=7$ | $\frac{45}{360}\cdot 24=3$ | $\frac{60}{360}\cdot 24=4$ |
| 6 b | $\frac{144}{360}\cdot 30=12$ | $\frac{96}{360}\cdot 30=8$ | $\frac{72}{360}\cdot 30=6$ | $\frac{48}{360}\cdot 30=4$ |

(1) Falsch: 7 Kinder in der 6 a und 8 in der 6 b.
(2) Richtig: 12 Kinder in der 6 b und 10 in der 6 a.
(3) Richtig
(4) Richtig: 6 Kinder in der 6 b und 3 in der 6 a.

## Lösungen zu Seite 130

**3** a) Maximum: 10 Minimum: 1
Spannweite: 9
b) Maximum: 28 Minimum: 7
Spannweite: 21
c) Maximum: 7,97 € Minimum: 7,10 €
Spannweite: 0,87 €

## Lösungen zu Seite 135

**4** $2\cdot 5=10$ Es gibt 10 Möglichkeiten.

## Lösungen zu Seite 137

**5** a) Das Feld mit der 1 ist viel größer als die anderen Felder, hat also eine größere Chance.
b) Die Felder mit den Zahlen 2, 3, 4 und 5 sind gleich groß und haben deshalb auch die gleiche Chance. Das Feld mit der 1 ist größer als diese Felder und hat deshalb auch eine größere Chance.
Die Felder mit den Zahlen 6, 7 und 8 sind gleich groß und haben deshalb die gleiche Chance. Sie sind aber kleiner als die anderen Felder. Sie haben daher die kleinste Chance.

c) Luisa hat Recht. Die Felder mit den ungeraden Zahlen sind zusammen größer als die Felder mit den geraden Zahlen. Sie haben daher auch eine größere Chance.

d) Annalena könnte zum Beispiel auf die Felder mit den Zahlen 2 und 3 setzen. Die beiden Felder sind zusammen genauso groß wie das Feld mit der 1.

**6** Summe der absoluten Häufigkeiten:
$86 + 27 + 369 + 408 + 33 + 77 = 1000$
Der Quader wurde insgesamt 1000-mal geworfen.

| | 1 | 2 | 3 |
|---|---|---|---|
| **relative Häufigkeit** | $\frac{86}{1000} \approx 0{,}09 = 9\,\%$ | $\frac{27}{1000} \approx 0{,}03 = 3\,\%$ | $\frac{369}{1000} \approx 0{,}37 = 37\,\%$ |

| | 4 | 5 | 6 |
|---|---|---|---|
| **relative Häufigkeit** | $\frac{408}{1000} \approx 0{,}41 = 41\,\%$ | $\frac{33}{1000} \approx 0{,}03 = 3\,\%$ | $\frac{77}{1000} \approx 0{,}08 = 8\,\%$ |

# Wiederholen für die Klassenarbeit

## Lösungen zu Seite 139

**1 Relative Häufigkeiten berechnen**

Berechne die relativen Häufigkeiten.

a) Gesamtzahl: 25

| **Name** | Justin | Max | Kim | Lucie |
|---|---|---|---|---|
| **relative Häufigkeit** | $\frac{9}{25}$ | $\frac{7}{25}$ | $\frac{5}{25}$ | $\frac{4}{25}$ |

b) Gesamtzahl: 120

| **AG** | Schach | Fechten | Nähen | Football |
|---|---|---|---|---|
| **relative Häufigkeit** | $\frac{18}{120}$ | $\frac{24}{120}$ | $\frac{36}{120}$ | $\frac{42}{120}$ |

**2 Absolute Häufigkeiten aus relativen Häufigkeiten berechnen**

ein Geschwisterkind: $\frac{2}{5} \cdot 120 = 48$
zwei Geschwister: $\frac{1}{5} \cdot 120 = 24$
drei oder mehr: $\frac{1}{10} \cdot 120 = 12$
keine Geschwister: $120 - 48 - 24 - 12 = 36$
oder $\left(1 - \frac{2}{5} - \frac{1}{5} - \frac{1}{10}\right) \cdot 120 = \frac{3}{10} \cdot 123 = 36$

**3 Lieblingssportarten**

| Lieblingssportarten | absolute Häufigkeit | relative Häufigkeit |
|---|---|---|
| **Fußball** | 10 | 50 % |
| **Basketball** | 5 | 25 % |
| **Badminton** | 4 | 20 % |
| **Handball** | 1 | 5 % |

**4 Kreisdiagramm und Streifendiagramm**

| | relative Häufigkeit | Winkel | Streifen |
|---|---|---|---|
| **Shopping** | 50 % | 180° | 5,0 cm |
| **Essen und Trinken** | 25 % | 90° | 2,5 cm |
| **Freizeitaktivitäten** | 20 % | 72° | 2,0 cm |
| **Sonstiges** | 5 % | 18° | 0,5 cm |

a)
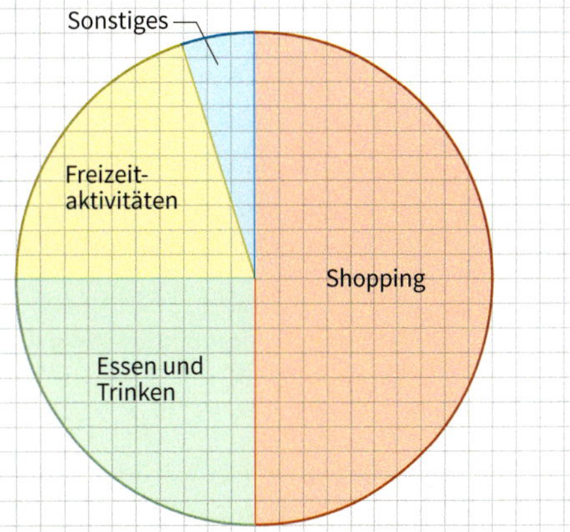


b)

**5 Klicks auf die Schulhomepage**

Die Diagramme (2) und (3) passen zu den Daten, da in den Monaten Mai, Juni und Juli nahezu gleich viel Klicks zu verzeichnen sind.
Am deutlichsten sieht man bei Diagramme (1), dass im Juni weniger Klicks verzeichnet sind, als im Mai, was nicht stimmt.

**6 Daten auswerten**

a) Maximum: 12 Minimum: 1
Spannweite: 11

b) Maximum: 2,2 m Minimum: 93 cm
Spannweite: 127 cm

c) Maximum: 1,05 kg Minimum: 98 g
Spannweite: 952 g

**7 Anwenden des allgemeinen Zählprinzips**

a) Näht man die Flagge von links nach rechts zusammen, so kann man für den linken Streifen aus fünf Farben eine beliebige Farbe wählen. Für den mittleren Streifen bleiben vier Farben zur Auswahl, für den rechten Streifen nur noch drei Farben übrig.
*Ergebnis:* Insgesamt sind es $5 \cdot 4 \cdot 3 = 60$ Gestaltungsmöglichkeiten.

b) Für den linken Streifen gibt es fünf Möglichkeiten, für den mittleren vier. Da der rechte Streifen dieselbe Farbe haben soll wie der linke Streifen, gibt es nur eine Möglichkeit.
*Ergebnis:* Insgesamt sind es $5 \cdot 4 \cdot 1 = 20$ Gestaltungsmöglichkeiten.

**8 Glücksrad**

a) Ergebnismenge: $S = \{\text{grün, rot, gelb, blau}\}$

b) Das Glücksrad ist in 12 gleich große Felder unterteilt. Da es fünf, und damit am meisten, Felder gibt, die rot sind, ist die Gewinnchance für rot am größten. Dementsprechend ist die Chance für blau mit vier Feldern am zweitgrößten, danach kommt grün und die Chance für gelb ist am kleinsten.

c) Das Glücksrad müsste dann jeweils zwei gleich große Felder mit den Farben gelb, rot und grün haben und sechs gleich große blaue Felder.

# 7 Zuordnungen

## Lösungen zu Seite 143

**5**

| Anzahl | 1 | 2 | 3 | 4 | 5 | 6 |
|---|---|---|---|---|---|---|
| Preis in € | 0,9 | 1,8 | 2,7 | 3,6 | 4 | 4,9 |

| Anzahl | 7 | 8 | 9 | 10 | 11 | 12 |
|---|---|---|---|---|---|---|
| Preis in € | 5,8 | 6,7 | 7,6 | 8 | 8,9 | 9,8 |

Die Punkte im Graphen dürfen nicht verbunden werden, da der Preis für ganze Brezel angegeben ist.

**6** a)

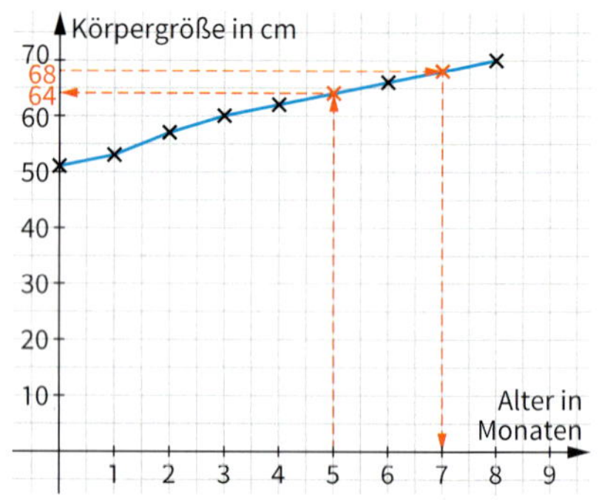


b) Ein 5 Monate altes Baby ist 64 cm groß.
Ein 68 cm großes Baby ist 7 Monate alt.

c) In den ersten 2 Monaten wächst ein Baby 6 cm. Wenn es weiterhin so schnell wächst, wäre es nach 12 Monaten $51\,\text{cm} + 6 \cdot 6\,\text{cm} = 87\,\text{cm}$ groß, ein zehnjähriges Kind wäre dann $51\,\text{cm} + 10 \cdot 6 \cdot 6\,\text{cm} = 411\,\text{cm}$ groß.

## Lösungen zu Seite 147

**4** Für den Zeitraum Januar bis Juni handelt es sich um eine „*je mehr – desto mehr*“-Zuordnung.
In den folgenden Monaten nimmt die Tageslänge aber wieder ab. Wenn man ein ganzes Jahr betrachtet, liegt keine „*je mehr – desto mehr*“- oder „*je mehr – desto weniger*“-Zuordnung vor.

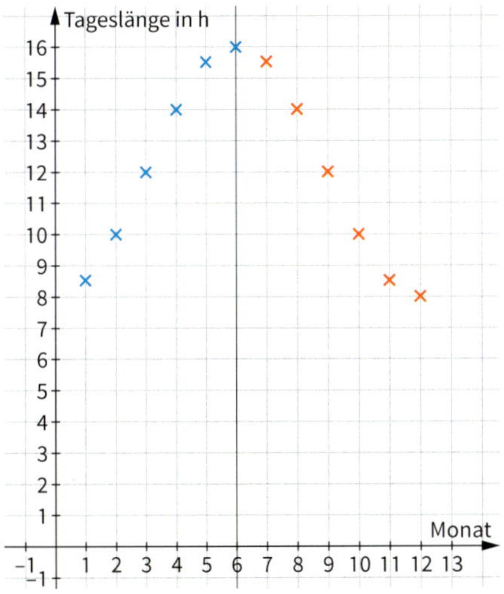


## Lösungen zu Seite 147

**7** Die Graphen sind Beispiel für einen möglichen Verlauf.

- *Seitenlänge eines Würfels → Volumen*

  *„je mehr – desto mehr"*

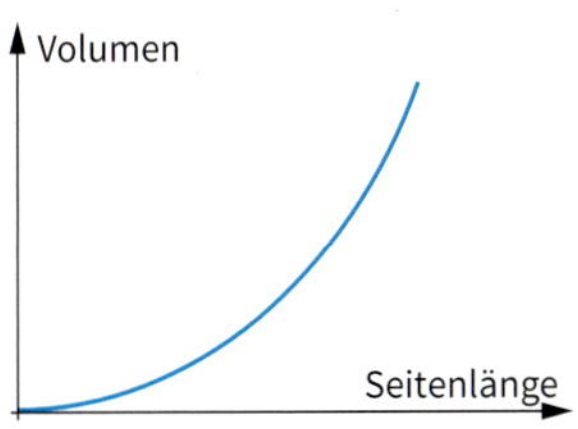


- *Gigabyte pro Monat → Preis pro Monat*

  *„je mehr – desto mehr"*

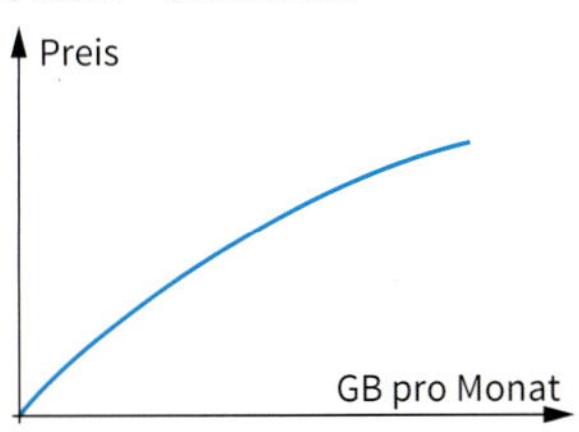


- *Anzahl der Pumpen → Zeit bis der Pool leer ist*

  *„je mehr – desto weniger"*

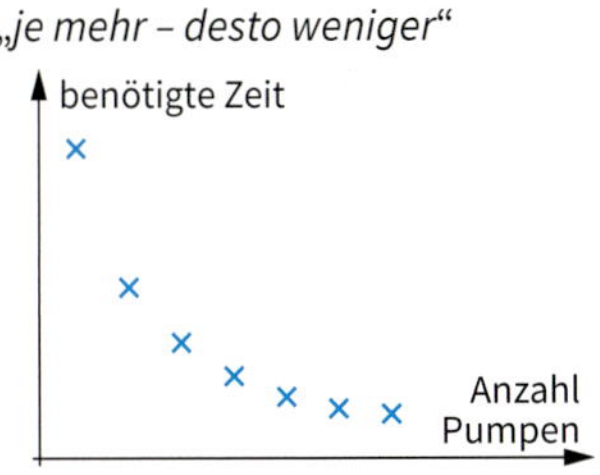


- *Alter eines Menschen → Gewicht*

  Nur für bestimmte Lebensabschnitte richtig:

  Kinder: *„je mehr – desto mehr"*

  Alte Menschen: *„je mehr – desto weniger"*

## Lösungen zu Seite 149

**7** a)

·3 ↓ ... ↓ ·3

| Erdbeeren in kg | Preis in € |
|---|---|
| **2** | **6** |
| **6** | 18 |

6 kg Erdbeeren kosten 18 €.

:4 ↓ ... ↓ :4

| Erdbeeren in kg | Preis in € |
|---|---|
| **2** | **6** |
| **0,5** | 1,5 |

500 g Erdbeeren kosten 1,50 €.

b)

:2 ↓ ... ↓ :2

| Erdbeeren in kg | Preis in € |
|---|---|
| **2** | **6** |
| 1 | **3** |

Für 3 € bekommt man 1 kg Erdbeeren.

·4 ↓ ... ↓ ·4

| Erdbeeren in kg | Preis in € |
|---|---|
| **2** | **6** |
| 8 | **24** |

Für 24 € bekommt man 8 kg Erdbeeren.

**8**

| Benzin in l | Preis in € |
|---|---|
| 5 | 8 |
| **20** | 32 |
| 40 | **64** |
| 50 | 80 |

| Zutat in g | Tortenstücke |
|---|---|
| **20** | 1 |
| 100 | 5 |
| 200 | **10** |
| **500** | 25 |

| Saft in l | Obst in kg |
|---|---|
| 10 | **15** |
| 30 | 45 |
| **60** | 90 |
| 120 | **180** |

## Lösungen zu Seite 151

**8** a)

| Apfelsaft in l | Preis in € |
|---|---|
| **4** | **6** |
| 1 | 1,5 |
| **3** | 4,5 |

| Apfelsaft in l | Preis in € |
|---|---|
| **4** | **6** |
| 2 | 3 |
| **10** | 15 |

| Apfelsaft in l | Preis in € |
|---|---|
| **4** | **6** |
| 1 | 1,5 |
| **15** | 22,5 |

3 l [10 l; 15 l] Apfelsaft kosten 4,50 € [15 €; 22,50 €].

b)

| Apfelsaft in l | Preis in € |
|---|---|
| **4** | **6** |
| 2 | 3 |
| 6 | **9** |

| Apfelsaft in l | Preis in € |
|---|---|
| **4** | **6** |
| 2 | 3 |
| 10 | **15** |

| Apfelsaft in l | Preis in € |
|---|---|
| **4** | **6** |
| 2 | 3 |
| 14 | **21** |

Wie viel Liter Für 9 € [15 € oder 21 €] kann man 6 l [10 l; 14 l] Apfelsaft kaufen.

**9**

| Birnen in kg | Birnensaft in l |
|---|---|
| **28** | **20** |
| 7 | 5 |
| **210** | 150 |

Familie Brecht wird 150 l Birnensaft erhalten.

# Wiederholen für die Klassenarbeit

## Lösungen zu Seite 154

### 1 Von der Tabelle zum Graphen

a)

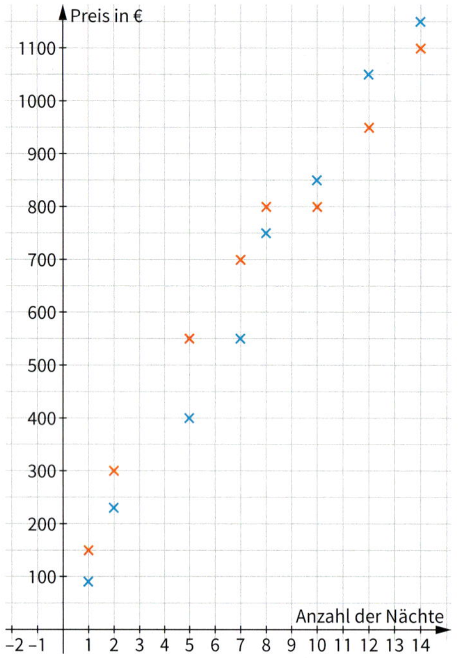


b) Von 1 bis 8 Nächste ist der Urlaub in Cavallino günstiger.

c) Es ist nicht sinnvoll die Punkte des Graphen zu verbinden, da es keine Preise für halbe Nächte gibt.

### 2 Information am Graphen ablesen

a) Temperatur um 10 Uhr: 22°C
Temperatur um 18 Uhr: 26°C

b) Wertepaar für die tiefste Temperatur: (6 | 18)
Wertepaar für die höchste Temperatur: (16 | 28)

### 3 *„Je mehr – desto“*-Zuordnungen

a) Je länger man parkt, desto mehr muss man bezahlen. Es handelt sich also in beiden Städten um eine *„je mehr – desto mehr“*-Zuordnung.

b) Karlsruhe

| Stunde | Preis für eine Stunde |
|---|---|
| 1. | 3,00 € |
| 2. | 2,50 € |
| 3. | 2,00 € |
| 4. | 2,00 € |
| 5. | 1,50 € |
| 6. | 1,50 € |

Paris

| Stunde | Preis für eine Stunde |
|---|---|
| 1. | 5,00 € |
| 2. | 6,00 € |
| 3. | 7,00 € |
| 4. | 8,00 € |
| 5. | 9,00 € |
| 6. | 10,00 € |

In Karlsruhe nimmt der Preis für die einzelne Stunde ab, je länger man parkt. Es handelt sich also um eine *„je mehr - desto weniger“*-Zuordnung.
In Paris nimmt der Preis für die einzelne Stunde zu, je länger man parkt. Es handelt sich also um eine *„je mehr - desto mehr“*-Zuordnung.
Begründungen:
Karlsruhe möchte, dass, wenn man schon mit dem Auto in die Stadt kommt, auch länger bleiben kann - um Beispiel zum Einkaufen.
Paris möchte, dass man das Parkhaus möglichst schnell wieder verlässt oder gleich mit öffentlichen Verkehrsmitteln fährt.

### 4 Rechengeschichte schreiben

Mögliche Geschichten mit Fragen:

a) Mia kauft sich im Schulkiosk „Pausensnack“ 5 Wundertüten für 9 €. Ihre Freundin Esra ist neidisch und möchte nun 3 Wundertüten kaufen. Wie viel Geld muss sie dabeihaben?

b) Der Schulgarten soll in nur 12 Tagen umgestaltet werden. „In der Zeit schaffen wir es, 8 neue Hochbeete anzulegen.“, sagt der Chef vom Bauamt. Die Schulleiterin Frau Nölle stellt fest, dass in den Ferien sogar 18 Tage für Umgestaltung zur Verfügung stehen. Wie viele Hochbeete können dann angelegt werden?

### 5 Direkte proportionale Zuordnungen erkennen

(1) direkt proportional

(2) nicht direkt proportional

(3)

| Himbeeren | Preis |
|---|---|
| 250 g | 2,25 € |
| 400 g | 3,60 € |
| 1,3 kg | 11,70 € |

## Lösungen zu Seite 155

### 6 Mit Zuordnungen Entscheidungen treffen

a)

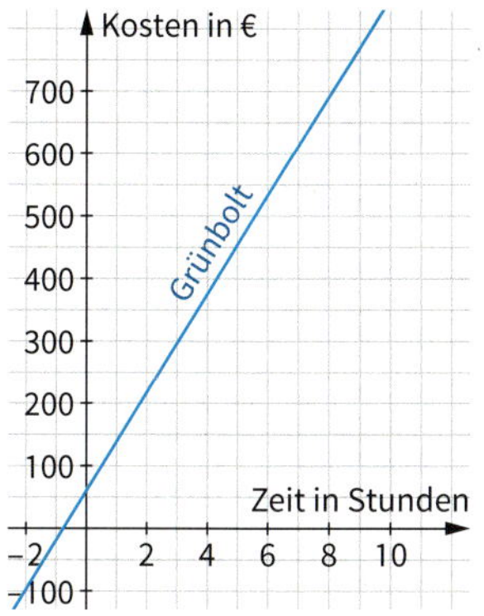


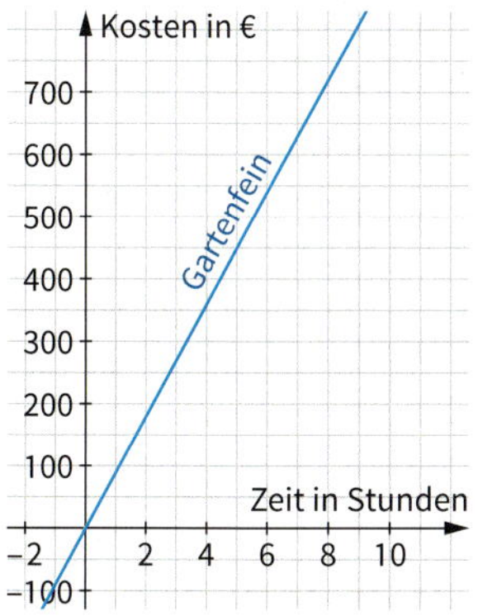


Die Graphen zeigen, wie viel Familie Rose bezahlen muss, abhängig von der Arbeitszeit der Firmen.

Der Graph für das Angebot der Firma Grünbolt schneidet die y Achse bei 60, da selbst bei einer Arbeitszeit von 0 Stunden die Anfahrt berechnet wird. Anschließend steigt der Graph mit einer Steigung von 80 € pro Stunde.

Der Graph für das Angebot der Firma Gartenfein verläuft durch den Koordinatenursprung, da keine Pauschalkosten verrechnet werden. Allerdings steigt er etwas steiler an, mit einer Steigung von 90 € pro Stunde.

b) Familie Rose sollte sich für Firma Grünbolt entscheiden, denn bei 7 Stunden Arbeitszeit ist sie mit 620 € etwas günstiger, als Firma Gartenfein mit 630 €.

c) Bei Firma Gartenfein handelt es sich um eine eine proportionale Zuordnung, da eine Verdopplung der Arbeitszeit führt zu einer Verdopplung der Kosten.

Bei Firma Grünbolt handelt es sich nicht um eine proportionale Zuordnung, da der Graph nicht durch den Koordinatenursprung läuft.

### 7 Der Dreisatz geht doch immer – oder?

Kim hat nicht recht. Der Dreisatz kann für alle proportionalen Zuordnungen genutzt werden.

### 8 Dreisatz – Proportional

a)

| Geld in Euro | US-Dollar |
|---|---|
| **100** | **112** |
| 25 | 28 |
| **175** | 196 |

b)

| Menge Bonbons | Preis in € |
|---|---|
| **250** | **3** |
| 125 | 1,50 |
| 875 | **10,50** |

c)

| gepresste Äpfel in kg | Apfelsaft in l |
|---|---|
| **14** | **10** |
| 7 | 5 |
| **63** | 45 |

### 9 Grundstückspreis

Proportionale Zuordnung:

Fläche → Preis

Grundstück 1: 30 m · 20 m = 600 m²; 81 000 €

Grundstück 2: 24 m · 18 m = 432 m²;

432 ist durch 6 teilbar (Quersumme 9 und gerade)

432 = 420 + 12, also 432 : 6 = 72

| | Fläche in m² | Preis in € | |
|---|---|---|---|
| | **600** | **81 000** | |
| : 100 | **6** | **810** | : 100 |
| · 72 | **432** | 58 320 | · 72 |

Das Grundstück kostet 58 320 €.

### 10 Schülercafé

Hinweis: Man kann nur ganze Gurken kaufen, deswegen muss bei den Gurken stets aufgerundet werden. Auch bei den anderen Zutaten müsste je nach Verpackungsgröße für den Einkauf aufgerundet werden.

a) Proportionale Zuordnungen:

| | Brötchen | Käse in g | Butter in g | Gurken | |
|---|---|---|---|---|---|
| | **50** | **1200** | **250** | **2** | |
| : 5 | 10 | 120 | 50 | 0,2 | : 5 |
| · 12 | **120** | 1440 | 600 | 2,4 | · 12 |

Für 120 Brötchen müssen 1440 g Käse, 600 g Butter und 3 Gurken gekauft werden.

| | Brötchen | Käse in g | Butter in g | Gurken | |
|---|---|---|---|---|---|
| | **50** | **1200** | **250** | **2** | |
| : 5 | 10 | 120 | 50 | 0,2 | : 5 |
| · 18 | **180** | 2160 | 900 | 3,6 | · 18 |

Für 180 Brötchen müssen 2160 g Käse, 900 g Butter und 4 Gurken gekauft werden.

| Brötchen | Käse in g | Butter in g | Gurken |
|---|---|---|---|
| **50** | **1200** | **250** | **2** |
| **250** | 6000 | 1250 | 10 |

(jeweils $\cdot 5$)

Für 250 Brötchen müssen 6 kg Käse, 1250 g Butter und 10 Gurken gekauft werden.

b)

| Brötchen | Käse in g |
|---|---|
| **50** | **1200** |
| 25 | 600 |
| 125 | **3000** |

($:2$, $\cdot 5$)

3 kg Käse reicht für 125 Brötchen.

| Brötchen | Käse in g |
|---|---|
| **50** | **1200** |
| $\frac{25}{6}$ | 100 |
| $\frac{625}{6} = 104\frac{1}{6}$ | **2500** |

($:12$, $\cdot 25$)

2500 g Käse reicht für 104 Brötchen.

| Brötchen | Käse in g |
|---|---|
| **50** | **1200** |
| 250 | **6000** |

($\cdot 5$)

6 kg Käse reicht für 250 Brötchen.

**11 Vogelfutter**

Proportionale Zuordnung:

| Vogelfutter in g | Preis in € |
|---|---|
| **75** | **2,10** |
| 150 | 4,20 |
| 50 | 1,40 |
| 350 | 9,80 |
| 70 | 1,96 |

150 g [50 g, 350 g, 70 g] Vogelfutter kosten 4,20 € [1,40 €, 9,80 €, 1,96 €].

**12 Mit direkt proportionalen Zuordnungen vergleichen**

a) $8{,}50\,\frac{€}{m^2} \cdot 17{,}5\,m^2 = 148{,}75\,€$

Es entstehen Kosten in Höhe von 148,75 €.

b) $11{,}20\,\frac{€}{m^2} \cdot 17{,}5\,m^2 = 196\,€$;

$196\,€ - 148{,}75\,€ = 47{,}25\,€$

Es wäre um 47,25 € teurer.

c) $\frac{200\,€}{8{,}50\,\frac{€}{m^2}} \approx 23{,}53\,m^2$

Man könnte etwa 23,5 m² mit Rollrasen auslegen. Eine solche rechteckige Rasenfläche könnte zum Beispiel die Seitenlängen 1 m und 23,5 m oder 2,9375 m und 8 m haben.

**13 Doppelter Dreisatz – Hühner**

a) Proportionale Zuordnungen:

| Anzahl Hühner | Zeit in Tagen | Anzahl Eier |
|---|---|---|
| **8** | 8 | **32** |
| 2 | 8 | 8 |
| **6** | 8 | 24 |

($:4$, $\cdot 3$)

6 Hühner legen in 8 Tagen 24 Eier.

b) Proportionale Zuordnungen:

| Anzahl Hühner | Zeit in Tagen | Anzahl Eier |
|---|---|---|
| **8** | 8 | **32** |
| 1 | 8 | 4 |
| **3** | 8 | 12 |
| 3 | 2 | 3 |
| 3 | **6** | 9 |

($:8$, $\cdot 3$, $:4$, $\cdot 3$)

3 Hühner legen in 6 Tagen 9 Eier.

# 8 Terme und Gleichungen

## Lösungen zu Seite 159

**4** (1) 9; 11; 13; 15; 17
(2) 10; 12; 14; 16; 18
(3) 15; 18; 21; 24; 27
(4) 25; 36; 49; 64; 81

## Lösungen zu Seite 160

**8** Die Variable n gibt an, wie viele Kugeln sich in jedem der Säckchen befinden.
a) Term: $3n+5$ b) Term: $5n+3$

**9** a)

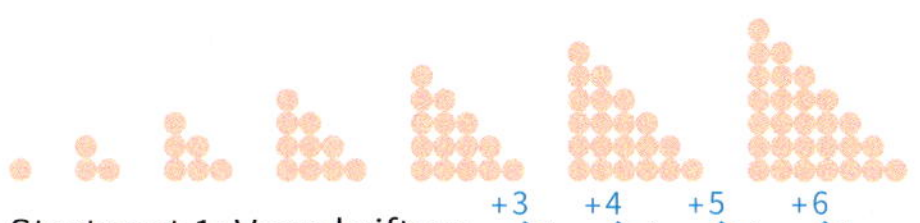

Startwert 1; Vorschriften: $\xrightarrow{+3}$; $\xrightarrow{+4}$; $\xrightarrow{+5}$; $\xrightarrow{+6}$; …
Folgeglieder: 1; 3; 6; 10; 15; 21; 28; 36; 45; 55;

b)

Bezeichnet man in den rechteckig angeordneten Figuren die Anzahl der Punkte in der unteren Reihe mit n, so befinden sich darüber immer $n \cdot n$, also $n^2$ Punkte.
Für die Folge mit den rechteckig angeordneten Figuren ergibt sich der Term: $n^2+n$.
In den blauen dreieckigen Figuren befinden sich immer halb so viele Punkte.
Für die Folge mit den dreieckig angeordneten Figuren ergibt sich also der Term: $(n^2+n):2$.

## Lösungen zu Seite 161

**4** a)

| x | Wert des Terms |
|---|---|
| 9 | $9 \cdot 4 + 16 = 36 + 16 = 52$ |
| 15 | $15 \cdot 4 + 16 = 60 + 16 = 76$ |
| 24 | $24 \cdot 4 + 16 = 96 + 16 = 112$ |
| 33 | $33 \cdot 4 + 16 = 132 + 16 = 148$ |

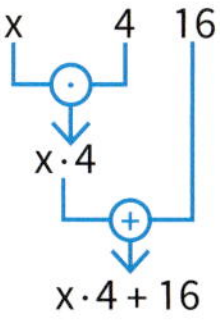


b)

| x | Wert des Terms |
|---|---|
| 9 | $90 \cdot 9 + 31 = 810 + 31 = 841$ |
| 15 | $90 \cdot 15 + 31 = 1350 + 31 = 1381$ |
| 24 | $90 \cdot 24 + 31 = 2160 + 31 = 2191$ |
| 33 | $90 \cdot 33 + 31 = 2970 + 31 = 3001$ |

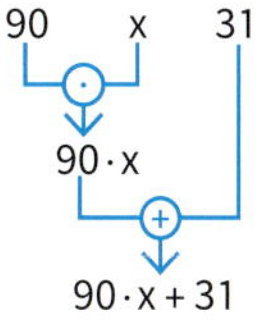


c)

| x | Wert des Terms |
|---|---|
| 9 | $(9-6) \cdot 5 - 9 = 3 \cdot 5 - 9 = 15 - 9 = 6$ |
| 15 | $(15-6) \cdot 5 - 15 = 9 \cdot 5 - 15 = 45 - 15 = 30$ |
| 24 | $(24-6) \cdot 5 - 24 = 18 \cdot 5 - 24 = 90 - 24 = 66$ |
| 33 | $(33-6) \cdot 5 - 33 = 27 \cdot 5 - 33 = 135 - 33 = 102$ |

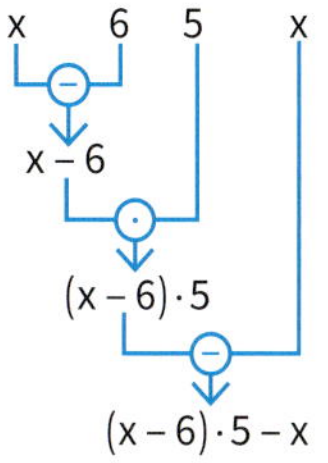


d)

| x | Wert des Terms |
|---|---|
| 9 | $9 \cdot 4 - 9:3 + 12 = 36 - 3 + 12 = 45$ |
| 15 | $15 \cdot 4 - 15:3 + 12 = 60 - 5 + 12 = 67$ |
| 24 | $24 \cdot 4 - 24:3 + 12 = 96 - 8 + 12 = 100$ |
| 33 | $33 \cdot 4 - 33:3 + 12 = 132 - 11 + 12 = 133$ |

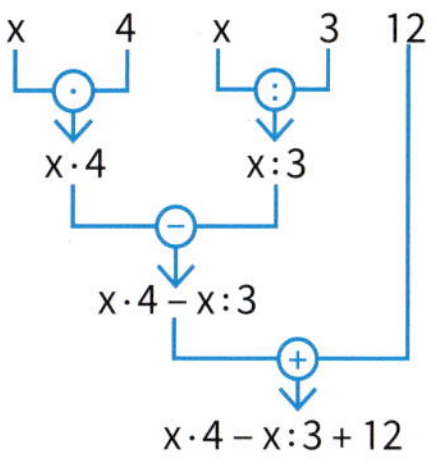


## Lösungen zu Seite 165

**4** a) $x = 15$ b) $x = 9$
c) $x = 42$ d) $x = 96$

**5** $8 \cdot x - 5 = 6 \cdot x + 7$

| x | $8 \cdot x - 5$ | $6 \cdot x + 7$ | |
|---|---|---|---|
| 4 | 27 | 31 | ⊗ |
| 5 | 35 | 37 | ⊗ |
| 6 | 43 | 43 | ✓ |

Die Lösung ist $x = 6$.

**Lösungen zu Seite 166**

**11** a) $x \xrightarrow{\cdot 7} 7 \cdot x \xrightarrow{+34} 55$

$3 \xleftarrow{:7} 21 \xleftarrow{-34} 55$

$x = 3$ ist Lösung der Gleichung.

b) $x \xrightarrow{\cdot 6} 6 \cdot x \xrightarrow{-52} 50$

$17 \xleftarrow{:6} 102 \xleftarrow{+52} 50$

$x = 17$ ist Lösung der Gleichung.

c) $x \xrightarrow{:3} x:3 \xrightarrow{+173} 200$

$81 \xleftarrow{\cdot 3} 27 \xleftarrow{-173} 200$

$x = 81$ ist Lösung der Gleichung.

d) $x \xrightarrow{:5} x:5 \xrightarrow{-24} 41$

$325 \xleftarrow{\cdot 5} 65 \xleftarrow{+24} 41$

$x = 325$ ist Lösung der Gleichung.

**12** x: Anzahl Taschenbücher

$6{,}5 \cdot x + 3 = 42$

$42 - 3 = 39$

$39 : 6{,}5 = 6$

Julius kauft 6 Taschenbücher.

# Wiederholen für die Klassenarbeit

**Lösungen zu Seite 167**

**1 Folgeglieder berechnen**

a) 5; 7; 9; 11; 13; 15; 17; 19 Term: $3 + 2 \cdot x$

b) 3; 6; 9; 12; 15; 18; 21; 24 Term: $3 \cdot x$

**2 Punktmuster**

4; 5; 6; 7; 8; 9; 10; 11

**3 Termwerte berechnen**

a) $x = 3$ $3 \cdot 4 + 16 = 12 + 16 = 28$

$x = 12$ $12 \cdot 4 + 16 = 48 + 16 = 64$

$x = 25$ $25 \cdot 4 + 16 = 100 + 16 = 116$

b) $x = 8$ $(8 - 6)\,5 - 8 = 2 \cdot 5 - 8 = 10 - 8 = 2$

$x = 12$ $(12 - 6)\,5 - 12 = 6 \cdot 5 - 12 = 30 - 12 = 18$

$x = 15$ $(15 - 6)\,5 - 15 = 9 \cdot 5 - 15 = 45 - 15 = 30$

**4 Zahlenrätsel**

a) Gleichung: $x \cdot 7 - 2 = 33$

$33 + 2 = 35$ $35 : 7 = 5$ $x = 5$

b) Gleichung: $(x \cdot 3 + 11) : 7 = 5$

$5 \cdot 7 = 35$ $35 - 11 = 24$ $24 : 3 = 8$ $x = 8$

# Stichwortverzeichnis

## S



## T



## U



## V



## W



## Z

# Bildquellenverzeichnis

Alamy Stock Photo (RMB), Abingdon/Oxfordshire: Chernykh, Aleksander V./PhotoXpress/ZUMA Press 64.1; Gorulko, Andrii 149.1; MITO images GmbH/Niedring, Robert 152.1; Ujetto, Mauro/NurPhoto 3.3, 62.1 |fotolia.com, New York: dispicture 188.10 |imprint, Zusmarshausen: 38.2, 193.1, 193.2, 193.3, 193.4, 193.5, 193.6, 193.7, 193.8, 193.9, 193.10, 193.11, 193.12, 193.13, 193.14, 193.15, 193.16, 193.17, 194.1, 195.1, 195.2, 195.3, 195.4, 195.5, 195.6, 195.7, 195.8, 195.9, 195.10, 195.11, 195.12, 196.1, 196.2, 196.3, 196.4, 196.5, 199.1, 199.3, 199.4, 206.1, 206.2, 207.1, 207.2, 207.3, 207.4, 207.5, 207.6, 207.7, 207.8, 207.9, 207.10, 207.11, 207.12, 208.1, 208.2, 208.3, 208.4, 208.5, 208.6, 208.7, 208.8, 208.9, 208.10 |iStockphoto.com, Calgary: AlSimonov 5.2, 156.1; aprott 89.7; claudio.arnese 75.2; grafvision 3.1, 8.1; Inside Creative House 5.3, 168.1; Pauli, Dirk Titel; xxmmxx Titel |Mettin, Markus, Offenbach: 92.1, 92.2, 107.1, 107.2 |Microsoft Deutschland GmbH, München: 145.9, 145.10, 145.11, 145.12, 145.13, 145.14, 145.15, 162.1, 162.2, 163.1, 163.2, 163.3 |Schlierf, Birgit und Olaf, Lachendorf: 39.2, 106.2, 106.3, 106.4, 106.5, 106.6, 106.7, 106.8, 106.9, 106.10, 107.3, 107.4, 107.5, 107.6, 107.7, 107.8, 135.2, 162.1, 162.2, 163.1, 163.2, 163.3, 181.2 |Shutterstock.com, New York: 4.2, 102.1; Anticiclo 90.5; ebenart 89.8; Foerstner, Oliver 4.1, 84.1; grey_and 3.2, 34.1; guentermanaus 89.5; Interior Design 76.3; KabirK 152.2; nongamt 4.3, 122.1; oliveromg 76.4 |stock.adobe.com, Dublin: AnneGM 112.1; Bartussek, Ingo 155.1; Ceruti, Matteo 150.3; Ede, Hans und Christa 61.1, 89.2; Sanders, Gina 5.1, 140.1 |Valentinelli, Mario, Rostock: 6.1, 6.2, 6.3, 6.4, 6.5, 6.6, 6.7, 6.8, 7.1, 7.2, 10.1, 10.3, 10.4, 10.5, 11.1, 11.2, 11.3, 11.4, 11.5, 11.6, 11.7, 11.8, 12.1, 12.2, 12.3, 12.4, 12.5, 12.6, 12.7, 12.8, 12.9, 13.1, 13.2, 13.3, 13.4, 14.1, 14.2, 14.3, 14.4, 15.1, 15.3, 15.4, 15.5, 16.1, 16.2, 16.3, 16.4, 17.1, 17.2, 17.3, 17.4, 17.5, 18.1, 18.3, 18.4, 18.5, 18.6, 18.7, 18.8, 19.1, 19.2, 19.3, 19.4, 20.1, 20.2, 20.3, 20.4, 20.5, 21.1, 21.2, 21.3, 21.5, 21.6, 21.7, 21.8, 22.1, 22.3, 22.4, 22.5, 23.1, 23.2, 23.3, 23.4, 24.1, 24.2, 24.3, 24.5, 24.6, 24.7, 25.2, 26.1, 26.2, 26.4, 26.5, 26.6, 26.7, 26.8, 27.1, 27.2, 28.1, 28.2, 29.1, 29.2, 29.3, 29.4, 29.5, 30.1, 30.2, 31.1, 31.2, 31.3, 31.4, 31.5, 32.1, 32.2, 32.3, 32.4, 33.1, 33.2, 33.3, 33.4, 36.1, 36.2, 36.3, 36.5, 36.6, 36.7, 36.8, 37.1, 37.3, 37.4, 37.5, 37.6, 38.3, 38.4, 38.5, 38.6, 38.7, 40.1, 40.2, 40.4, 40.5, 40.6, 41.1, 41.2, 42.1, 42.2, 42.3, 42.4, 42.5, 43.1, 43.2, 43.3, 44.1, 45.1, 45.2, 45.3, 46.1, 46.2, 46.3, 46.4, 46.5, 47.1, 47.3, 48.1, 48.2, 48.3, 49.1, 49.2, 49.3, 50.1, 50.2, 51.1, 51.2, 51.3, 52.1, 52.3, 53.1, 53.2, 54.1, 54.2, 54.3, 55.1, 55.2, 55.3, 56.1, 56.2, 56.3, 56.4, 56.5, 57.1, 58.1, 58.2, 58.3, 60.1, 60.2, 65.1, 65.2, 65.4, 67.1, 67.3, 67.4, 68.1, 68.2, 68.4, 68.5, 69.1, 69.3, 70.1, 70.2, 70.4, 71.1, 72.1, 72.3, 72.4, 73.1, 73.3, 73.4, 74.1, 74.2, 75.1, 75.3, 76.1, 76.2, 76.5, 76.6, 77.1, 77.3, 78.1, 79.1, 79.3, 86.1, 86.4, 86.5, 87.1, 87.2, 87.3, 88.1, 88.2, 88.3, 88.4, 88.5, 88.6, 88.7, 88.8, 89.1, 89.4, 89.6, 89.9, 90.1, 90.2, 90.3, 90.4, 90.6, 91.1, 91.2, 91.3, 91.5, 92.4, 92.5, 92.6, 92.7, 93.1, 93.2, 93.3, 93.4, 93.5, 94.1, 94.2, 94.3, 94.4, 94.5, 94.6, 94.7, 95.1, 95.4, 95.5, 96.1, 96.2, 96.3, 96.4, 96.5, 96.6, 96.7, 97.1, 97.2, 97.3, 97.4, 97.5, 98.1, 98.3, 99.1, 99.2, 99.3, 99.4, 99.5, 99.6, 99.7, 99.8, 99.9, 99.10, 99.11, 99.12, 100.1, 100.2, 100.3, 101.1, 101.2, 101.3, 101.4, 104.1, 104.3, 104.4, 104.5, 104.6, 105.1, 105.2, 105.3, 105.4, 105.5, 106.1, 108.1, 108.3, 108.4, 108.5, 108.6, 108.7, 109.1, 110.1, 110.2, 110.3, 111.1, 111.2, 111.4, 111.5, 112.2, 112.3, 113.1, 113.3, 113.4, 113.5, 113.6, 113.7, 113.8, 113.9, 114.2, 114.3, 115.2, 115.3, 116.1, 116.3, 116.4, 116.5, 116.6, 116.7, 116.8, 117.1, 117.2, 117.4, 117.5, 117.6, 118.1, 118.2, 118.3, 118.4, 119.1, 119.2, 119.4, 119.5, 119.6, 119.7, 120.1, 120.2, 121.1, 121.2, 121.3, 125.1, 126.1, 126.3, 127.1, 127.2, 127.3, 127.4, 128.2, 128.3, 129.4, 133.1, 136.4, 136.5, 136.6, 136.7, 137.3, 138.3, 138.5, 139.1, 139.2, 142.1, 142.3, 142.4, 143.1, 143.2, 143.3, 143.4, 144.1, 144.2, 144.3, 144.4, 144.5, 145.2, 145.3, 145.4, 145.5, 145.6, 145.7, 145.8, 146.2, 146.3, 146.4, 146.5, 147.1, 148.1, 149.2, 150.1, 151.1, 151.2, 152.3, 152.4, 152.5, 152.6, 153.1, 153.2, 153.3, 154.1, 158.4, 159.3, 164.3, 165.1, 167.1, 170.1, 170.2, 170.3, 170.4, 170.5, 170.6, 170.7, 170.8, 170.9, 170.10, 170.11, 170.12, 170.13, 170.14, 170.15, 170.16, 170.17, 170.18, 171.1, 171.2, 171.3, 171.4, 171.5, 171.6, 171.7, 171.8, 171.9, 171.10, 171.11, 171.12, 171.13, 171.14, 171.15, 171.16, 171.17, 171.18, 172.1, 172.2, 172.3, 172.4, 172.5, 172.6, 172.7, 172.8, 172.9, 172.10, 172.11, 172.12, 172.13, 172.14, 172.15, 172.16, 172.17, 172.18, 173.1, 173.2, 173.3, 173.4, 173.5, 173.6, 173.7, 173.8, 173.9, 173.10, 173.11, 173.12, 173.13, 173.14, 173.15, 173.16, 173.17, 173.18, 174.2, 174.3, 174.4, 174.6, 174.7, 177.1, 181.3, 181.4, 184.2, 184.3, 184.4, 184.5, 184.6, 184.7, 184.8, 184.9, 184.10, 185.2, 185.3, 185.5, 185.6, 185.7, 185.8, 186.2, 186.3, 186.4, 186.5, 186.6, 187.2, 187.3, 187.4, 187.5, 187.6, 187.7, 188.2, 188.3, 188.4, 188.5, 188.6, 188.7, 188.8, 188.9, 188.11, 198.1, 198.2, 199.2, 204.1, 209.1, 212.1, 213.1, 214.1, 215.1, 215.2, 215.3, 215.4, 216.1; bearb. von imprint 44.3.